工业机器人一体化系列教材

工业机器人的三维造型与设计一体化教程

主 编 何成平

西安电子科技大学出版社

内 容 简 介

本书主要介绍工业机器人离线编程及仿真练习中所需的各种实体模型的建模,可辅助"工业机器人操作与维护""工业机器人离线编程"等课程学习,其所建立的资源完全可用于工业机器人离线编程及仿真教学,可以弥补机器人编程、操作教学中的设备不足及场地限制。

本书围绕工业机器人设备系统,循序渐进地讲解了工业机器人从基础零部件建模到复杂部件装配、零件或装配体的工程图生成等。全书共分 7 个模块,分别是认识工业机器人与CAD/CAM、典型零件建模、工业机器人的本体零件设计、工业机器人执行机构的设计、工业机器人执行机构的装配、工程图创建及工业机器人零部件运动仿真。

本书可作为中、高职机器人专业及相关专业教学用书,也可供技师学院和高级技工学校机电专业、机器人专业使用,还可供工厂中工业机器人操作与维护人员学习、参考。

图书在版编目(CIP)数据

工业机器人的三维造型与设计一体化教程 / 何成平主编. —西安:西安电子科技大学出版社,2020.6(2024.8 重印)
ISBN 978-7-5606-5650-2

Ⅰ.① 工… Ⅱ.① 何… Ⅲ.① 工业机器人—教材 Ⅳ.① TP242.2

中国版本图书馆 CIP 数据核字(2020)第 070817 号

策 划 毛红兵 刘小莉
责任编辑 王 静
出版发行 西安电子科技大学出版社(西安市太白南路 2 号)
电 话 (029)88202421 88201467 邮 编 710071
网 址 www.xduph.com 电子邮箱 xdupfxb001@163.com
经 销 新华书店
印刷单位 广东虎彩云印刷有限公司
版 次 2020 年 6 月第 1 版 2024 年 8 月第 2 次印刷
开 本 787 毫米×1092 毫米 1/16 印 张 15.5
字 数 365 千字
定 价 40.00 元

ISBN 978 - 7 - 5606 - 5650 - 2

XDUP 5952001 -2

如有印装问题可调换

前　言

随着"中国制造 2025"的提出以及国家部署全面推进实施制造强国战略,"智能制造"被定位为中国制造的主攻方向,工业机器人的作用在其中不可或缺。CAD 软件作为制造业软件核心工具之一,已经渗透到制造企业研发、设计及生产经营管理等众多环节。智能制造对 CAD 软件产业发展提出了更高的要求和期待,CAD 软件的应用已从单纯提升设计效率转向注重设计效率与企业信息化管理兼顾的更高层次。

本书主要介绍工业机器人离线编程及仿真练习中所需的各种实体模型的建模,可辅助"工业机器人操作与维护""工业机器人离线编程"等课程学习,其所建立的资源完全可用于工业机器人离线编程及仿真教学,弥补机器人编程、操作教学中的设备不足及场地限制。通过建模及离线编程,可以达到或近似模拟真实场景的效果。本书具有以下特点:

1. 校企合作完成

本书以校企合作为平台,积极推行行动导向的课程开发与实施,校企共同进行课程、教学团队、实践教学环境等的建设。

2. 内容源于实例

本书以源自生产一线的工业机器人系统典型案例或工业机器人实训系统等为载体,以任务为主线进行内容编排,符合"少而精"的原则;深浅适度,符合学生的实际水平;与相邻课程相互衔接。

3. 工学结合

本书体现了工作与学习相结合的教学模式,体现了以职业能力为本位,以应用为核心,以"必需、够用"为原则的职业教育特征;突出一体化教学的特点,紧密联系生产实际。

4. 理实一体化

本书体现了教学过程的实践性、开放性和职业性,内容编排采用理实一体化模式,重视课程学习与实际工作的一致性与相融性。

本书围绕工业机器人设备系统,循序渐进地讲解了工业机器人从基础零部件建模到复杂部件装配、零件或装配体的工程图生成等内容。全书共分 7 个模块,分别是认识工业机器人与 CAD/CAM、典型零件建模、工业机器人的本体零件设计、工业机器人执行机构的设计、工业机器人执行机构的装配、工程图创建及工业机器人零部件运动仿真。

本书由常州工业职业技术学院(原常州轻工职业技术学院)何成平主编,何成平提出编写提纲,并进行全书内容的编写、统稿和定稿。

常州工业职业技术学院沈建明老师和徐工集团铁路装备有限公司岳泰宇高级工程师为本书提供了大量资源及素材，并对书稿内容提出了许多宝贵意见，在此表示感谢！

　　由于作者水平有限，加之时间仓促，书中难免有疏漏及不足之处，恳请广大读者、专家批评指正。

　　最后，对支持本书出版的所有工作人员及出版社表示衷心的感谢！

编　者

2020 年 2 月

目　　录

模块一

认识工业机器人与 CAD/CAM

任务一　认识工业机器人

Robot(机器人)一词最早出现于 1920 年捷克作家 Karel Capek 的剧本《罗萨姆的万能机器人》中。在剧本中，作家塑造了一个具有人的外表、特征和功能，愿意为人类服务的机器人奴仆 "Robota"。

在现实生活中，机器人是综合了人的特长和机器特长的一种拟人的电子机械装置。这种装置既有人对环境状态的快速反应和分析判断能力，又有机器可长时间持续工作、精确度高、抗恶劣环境的能力。从某种意义上说，机器人是机器进化过程的产物，是工业以及非产业界重要的生产和服务性设备，也是先进制造技术领域不可缺少的自动化设备。

有关机器人的定义随着时代的进步在发生着变化。简单来说，可以把具有下述性质的机械看作是机器人：

(1) 可以代替人进行工作。机器人能像人那样使用工具和机械，因此，数控机床和汽车不是机器人。

(2) 具有通用性。机器人既可简单地变换所进行的作业，又能按照工作状况的变化相应地进行工作。一般的玩具机器人不具有通用性。

(3) 直接对外界工作。机器人不仅能像计算机那样进行计算，而且能依据计算结果对外界产生作用。

机器人技术是综合了计算机、控制论、机构学、信息和传感技术、人工智能、仿生学等多种学科而形成的高新技术，是当代研究十分活跃、应用日益广泛的领域。而且，机器人应用情况是反映一个国家工业自动化水平的重要标志。

1.1.1　机器人的分类

1. 按照应用类型分类

机器人按应用类型可分为工业机器人、极限作业机器人和娱乐机器人。

(1) 工业机器人。工业机器人有搬运、焊接、装配、喷漆、涂胶等机器人，主要用于现代化的工厂和柔性加工系统中，如图 1-1 所示。

(2) 极限作业机器人。极限作业机器人主要是指在人们难以进入的核电站、海底、宇宙空间进行作业的机器人，也包括建筑、农业机器人等，如图 1-2 所示。25

(3) 娱乐机器人。娱乐机器人包括弹奏乐器的机器人、舞蹈机器人、玩具机器人等(具有某种程度的通用性)，也有根据环境而改变动作的机器人，如图 1-3 所示。

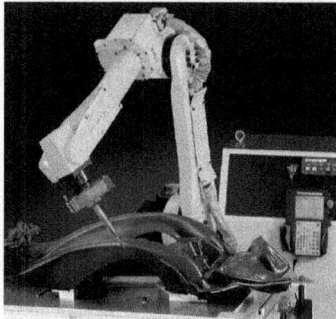
图 1-1　焊接机器人

图 1-2　火星探测机器人

图 1-3　宠物机器狗

动画：机器狗

2. 按照控制方式分类

机器人按控制方式可分为操作机器人、程序机器人、示教再现机器人、智能机器人和综合机器人。

(1) 操作机器人。操作机器人的典型代表是在核电站处理放射性物质时远距离进行操作的机器人。在这种场合，相当于人手操纵的部分称为主动机械手，而从动机械手基本上与主动机械手类似，只是从动机械手要比主动机械手大一些，作业时的力量也更大。其他如海参捕捞机器人、卫星回收机械臂等均属于此类。图 1-4 所示为海参捕捞机器人。

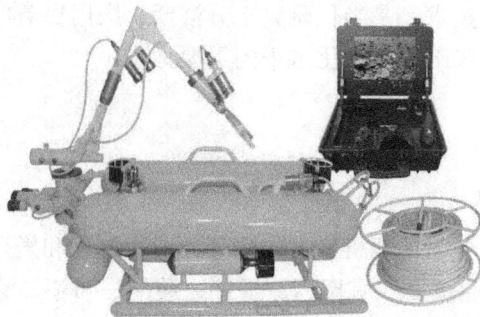
图 1-4　海参捕捞机器人

(2) 程序机器人。程序机器人按预先给定的程序、条件、位置进行作业,目前大部分机器人都采用这种控制方式工作。

(3) 示教再现机器人。示教再现机器人同盒式磁带的录放一样,将所教的操作过程自动记录在磁盘、磁带等存储器中,当需要再现操作时,可重复所教过的动作过程。示教方法有手把手示教、有线示教和无线示教,如图 1-5 所示。

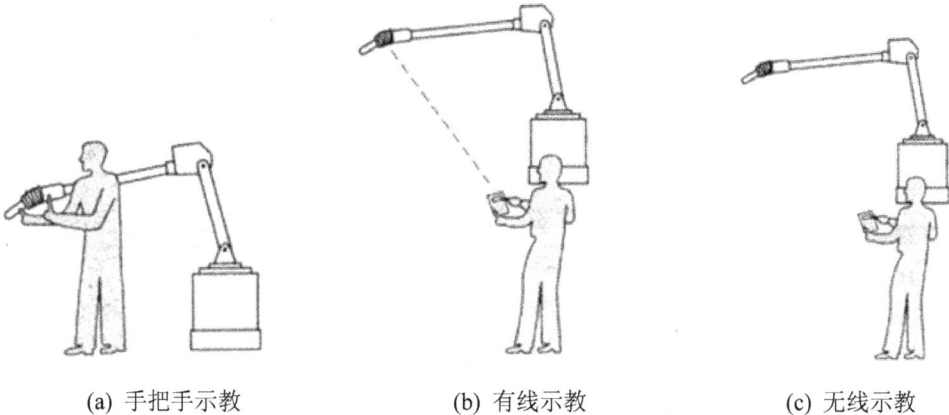

(a) 手把手示教   (b) 有线示教   (c) 无线示教

图 1-5 机器人示教方式

(4) 智能机器人。智能机器人不仅可以完成预先设定的动作,还可以按照工作环境的变化改变动作。

(5) 综合机器人。综合机器人是由操作机器人、示教再现机器人、智能机器人组合而成的机器人,如火星探测机器人,其着陆后三个盖子的打开状态如图 1-6 所示。它在摄像机平台上装有两台 CCD 摄像机,通过立体观测而得到空间信息。

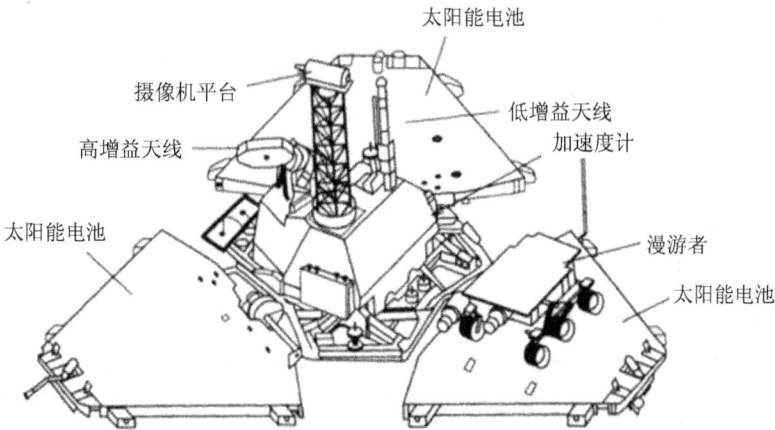

图 1-6 火星探测机器人

火星探测机器人既可按地面上的指令移动,也能自主地移动。地面上的操纵人员通过视频可以了解火星地形,但由于电波往返一次大约需要 40 分钟,因此不能完全依靠远程操纵,而是需要预先编制相应的程序,然后通过传感器检测障碍物等环境情况来令机器人进行一定的自主移动。

1.1.2 工业机器人的分类

根据国家标准，工业机器人被定义为："自动控制的、可重复编程、多用途的操作机，可对三个或三个以上的轴进行编程。它可以是固定式或移动式的。在工业自动化中使用。"其中操作机被定义为："用来抓取和(或)移动物体，由一系列互相铰接或相对滑动的构件所组成的多自由度机器。"

工业机器人按运动方式的不同，可分为直角坐标型、圆柱坐标型、极坐标型、多关节型、球坐标型、平面关节型及并联型工业机器人。

1. 直角坐标型工业机器人

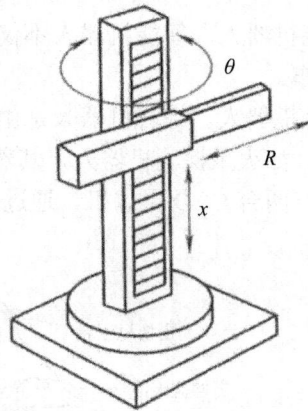

如图 1-7 所示，直角坐标型机器人手部的位置变化是通过沿着三个相互垂直的轴线移动来实现的，这类形式的机器人常应用于生产设备的上下料和高精度的装配。

2. 圆柱坐标型工业机器人

圆柱坐标型工业机器人的结构如图 1-8 所示，其 R、θ 和 x 为坐标系的三个坐标，R 是手臂的径向长度，θ 是手臂的角位置，x 是垂直方向上手臂的位置。如果机器人手臂的径向坐标 R 保持不变，机器人手臂的运动将形成一个圆柱表面。

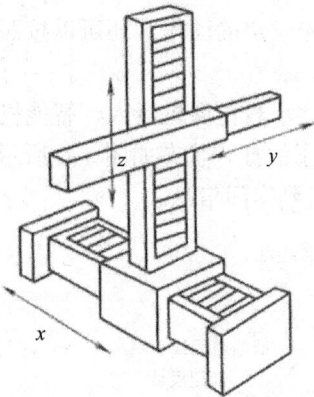

图 1-7　直角坐标型工业机器人　　　图 1-8　圆柱坐标型工业机器人

3. 极坐标型工业机器人

如图 1-9 所示，机器人的手臂能上下俯仰、前后伸缩，并能绕立柱回转，在空间构成部分球面。这类机器人占地面积较小，结构紧凑，比圆柱坐标型机器人更为灵活，操作范围更大，能与其他机器人协调工作，而且其质量较轻，但其避障性差，有平衡问题，位置误差与臂长成正比。

4. 多关节型工业机器人

多关节型工业机器人如图 1-10 所示，它是以其各相邻运动部件之间的相对角位移作为坐标系的。θ、α 和 ϕ 为坐标系的坐标，其中 θ 是绕底座铅垂轴的转角，ϕ 是过底座的水平线与第一臂之间的夹角，α 是第二臂相对于第一臂的转角。这种机器人手臂可以达到球形体积内绝大部分的位置，所能达到区域的形状取决于两个臂的长度比例。

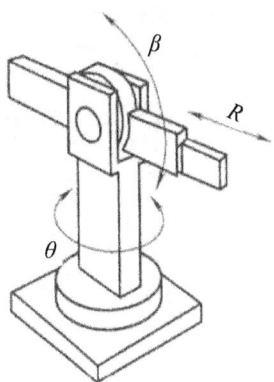

图 1-9 极坐标型工业机器人

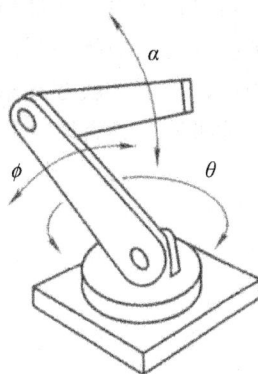

图 1-10 多关节型工业机器人

5. 球坐标型工业机器人

球坐标型工业机器人采用球坐标系，它用一个滑动关节和两个旋转关节来确定部件的位置，再用一个附加的旋转关节确定部件的姿态。机器人可以绕中心轴旋转，中心支架附近的工作范围大，两个转动驱动装置容易密封，覆盖工作空间较大。球坐标型工业机器人的工作范围呈球状，如图 1-11 所示。

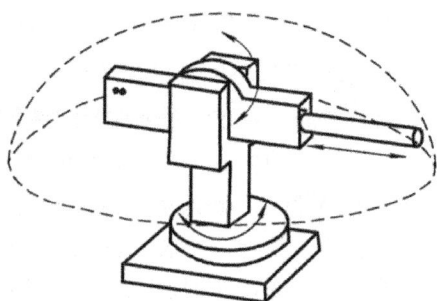

图 1-11 球坐标型工业机器人

6. 平面关节型工业机器人

这种机器人可看作是关节型坐标机器人的特例，它只有平行的肩关节和肘关节，关节轴线共面。如 SCARA(Selective Compliance Assembly Robot Arm)机器人有两个并联的旋转关节，可以使机器人在水平面上运动，此外，再用一个附加的滑动关节做垂直运动。SCARA机器人常用于装配作业，最显著的特点是它们在 xy 平面上的运动具有较大的柔性，而沿 z 轴具有很强的刚性，所以它具有选择性的柔性。这种机器人在装配作业中获得了较好的应用。平面关节型工业机器人如图 1-12 所示。

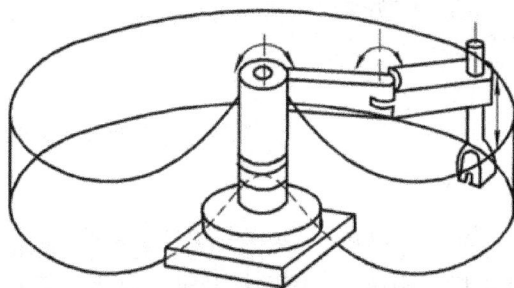

图 1-12 平面关节型工业机器人

7. 并联型工业机器人

并联型工业机器人又称并联机构(Parallel Mechanism，PM)，一般结构如图 1-13 所示。

并联型机器人可以定义为动平台和静平台两种形式，二者通过至少两个独立的运动链相连接，其机构是具有两个或两个以上自由度，且以并联方式驱动的一种闭环机构。

并联型工业机器人具有以下几个特点：

(1) 无累积误差，精度较高；

(2) 驱动装置可置于定平台上或接近定平台的位置，这样运动部分的质量轻，速度高，动态响应好；

(3) 结构紧凑，刚度高，承载能力大；

(4) 完全对称的并联机构具有较好的各向同性；

(5) 工作空间较小。

图 1-13 并联型工业机器人结构

1.1.3 工业机器人的应用

目前，工业机器人主要用于以下几个方面。

1. 恶劣工作环境及危险工作

压铸车间及核工业等领域的作业是有害健康并可能危及生命，或不安全因素很大而不宜于人去从事的作业，采用工业机器人作业最为适合。图 1-14 所示为核工业上沸腾水式反应堆(BWR)燃料自动交换机。BWR 的燃料是把浓缩的铀丸放在长 4 m 的护套内，集中在一起作为燃料的集合体，装入反应堆的堆心。每隔一定时期要变更已装入燃料的位置，以提高铀的燃烧效率，并把已充分燃烧的燃料集合体与新的燃料集合体进行交换。为了冷却使用过的燃料和遮蔽放射线，燃料交换作业是在水中进行的。

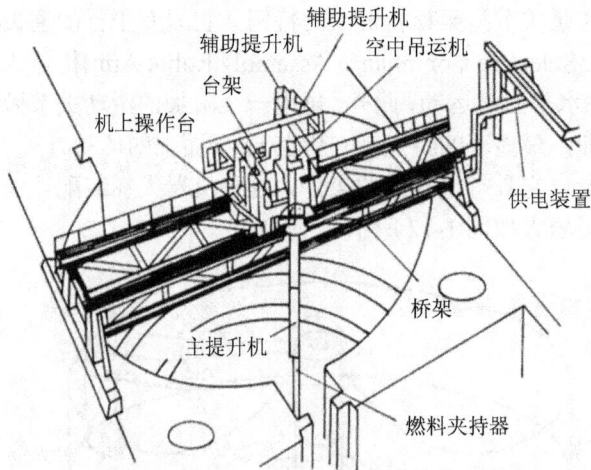

动画：机械手

图 1-14 沸腾水式反应堆燃料自动交换机

燃料自动交换机主要由机上操作台、辅助提升机、台架、空中吊运机、主提升机、燃料夹持器等组成；采用计算机控制方式，可依据操作人员的运转指令，完成自动运转、半自动运转和手动运转模式下的燃料交换。交换机的使用不仅提高了效率，降低了对操作人员的辐射，而且由计算机控制的操作自动化可以提高作业的安全性。

2. 特殊作业场合和极限作业

火山探险、深海探密和空间探索等领域对于人类来说是力所不能及的，只有机器人才能进行作业。如图 1-15 所示的航天飞机上用来回收卫星的操作臂 RMS(Remote Manipulator System)，该操作臂额定载荷为 15 000 kg，最大载荷为 30 000 kg；末端操作器的最大速度空载时为 0.6 m/s，承载 15 000 kg 时为 0.06 m/s，承载 30 000 kg 时为 0.03 m/s；定位精度为±0.05 m。这些额定参数是在外层空间抓放飞行体时的参数。

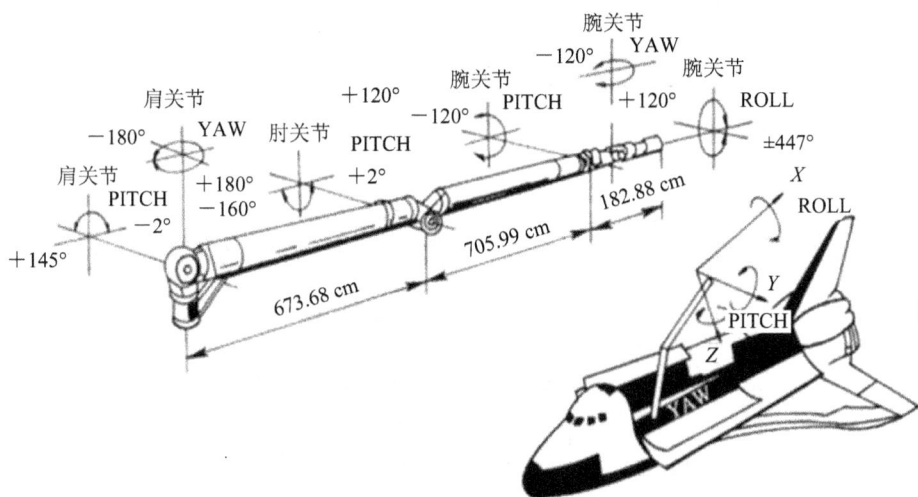

图片：卫星回收
操作臂

图 1-15 航天飞机上的操作臂

3. 自动化生产领域

早期的工业机器人在生产上主要用于机床上下料、点焊和喷漆。随着柔性自动化的出现，机器人在自动化生产领域扮演了更重要的角色。这一领域工业机器人的典型应用如下：

(1) 焊接机器人。汽车制造厂已广泛应用焊接机器人进行承重大梁和车身结构的焊接。弧焊机器人需要 6 个自由度，其中 3 个自由度用来控制焊具跟随焊缝的空间轨迹，另外 3 个自由度保持焊具与工件表面有正确的姿态关系，这样才能保证良好的焊缝质量。

(2) 材料搬运机器人。材料搬运机器人可用来上下料、码垛、卸货以及抓取零件、定向作业等。一个简单抓放作业机器人只需较少的自由度；一个给零件定向作业的机器人要求有更多的自由度，以增加其灵巧性。

(3) 装配机器人。装配是一个比较复杂的作业过程，不仅要检测装配作业过程中的误差，而且要试图纠正这种误差。因此，装配机器人上应用有许多传感器，如接触传感器、视觉传感器、接近传感器和听觉传感器等。

(4) 喷漆和喷涂机器人。一般在三维表面进行喷漆和喷涂作业时，至少要有 5 个自由度。由于可燃环境的存在，驱动装置必须防燃防爆。在大件上作业时，往往把机器人装在一个导轨上，以便行走。

总而言之，工业机器人的广泛应用，减少了工业生产中的人力成本，提高了生产效率，改进了产品质量，增加了制造过程的柔性，减少了材料浪费，并可控制和加快库存的周转，降低生产成本，消除危险和工作环境恶劣的劳动岗位。

1.1.4　工业机器人的结构组成及主要参数

1. 工业机器人的基本组成

工业机器人由三大部分六个子系统组成。三大部分是机械部分、传感部分和控制部分。六个子系统是驱动系统、机械结构系统、感受系统、机器人-环境交互系统、人机交互系统和控制系统，如图 1-16 和图 1-17 所示。

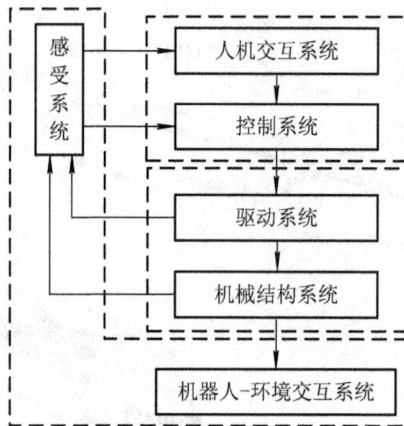

图 1-16　工业机器人系统组成

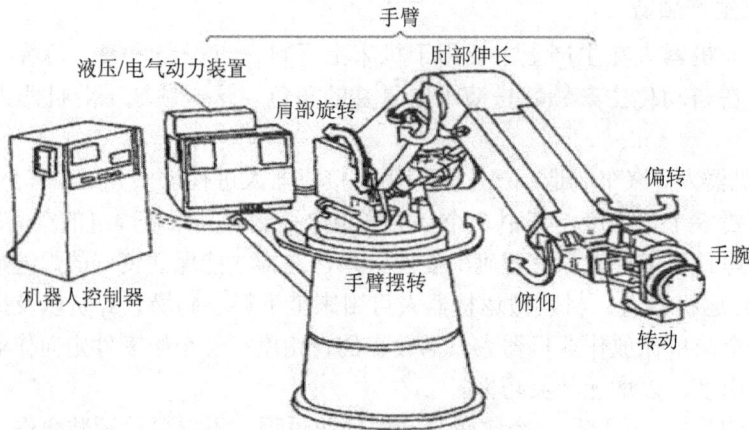

图 1-17　工业机器人总体结构

1) 驱动系统

要使机器人运行起来，需给各个关节即每个运动自由度安装传动装置，这就是驱动系统。驱动系统可以是液压传动、气动传动、电动传动，或者把它们结合起来应用的综合系统；也可以是直接驱动或者是通过同步带、链条、轮系、谐波齿轮等机械传动机构进行间接驱动。

2) 机械结构系统

工业机器人的机械结构系统由基座、手臂、末端操作器三大件组成，如图 1-18 所示。每一大件都有若干自由度，构成一个多自由度的机械系统。若基座具备行走机构，则构成行走机器人；若基座不具备行走及腰转机构，则构成单机器人臂。手臂一般由上臂、下臂和手腕组成。末端操作器是直接装在手腕上的一个重要部件，它可以是二手指或多手指的手爪，也可以是喷漆枪、电动扳手等作业工具。

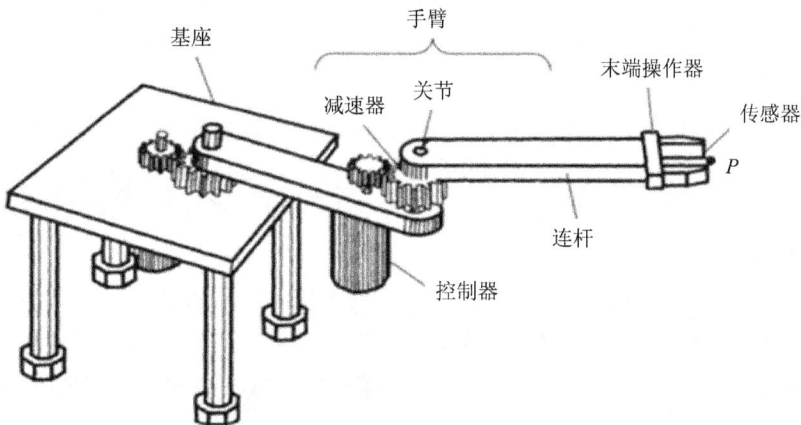

图 1-18　工业机器人的机械结构系统

3) 感受系统

感受系统由内部传感器模块和外部传感器模块组成，用以获取内部和外部环境状态中有意义的信息。

4) 机器人-环境交互系统

机器人-环境交互系统是实现工业机器人与外部环境中的设备相互联系和协调的系统。工业机器人与外部设备集成为一个功能单元，如加工制造单元、焊接单元、装配单元等。当然，也可以是多台机器人、多台机床或设备、多个零件存储装置等集成为一个执行复杂任务的功能单元。

5) 人机交互系统

人机交互系统是使操作人员参与机器人控制并与机器人进行联系的装置，例如，计算机的标准终端、指令控制台、信息显示板、危险信号报警器、示教盒等。该系统归纳起来分为两大类：指令给定装置和信息显示装置。

6) 控制系统

控制系统的任务是根据机器人的作业指令程序以及从传感器反馈回来的信号支配机器人的执行机构去完成规定的运动和功能。根据控制原理，控制系统可分为程序控制系统、适应性控制系统和人工智能控制系统。根据控制运动的形式，控制系统可分为点位控制和轨迹控制。

2. 工业机器人的技术参数

工业机器人的技术参数是各工业机器人制造商在产品供货时所提供的技术数据。尽管各厂商提供的技术参数不完全一样，工业机器人的结构、用途等有所不同，且用户的要求也不同，但工业机器人的主要技术参数一般应有自由度、定位精度、工作范围、最大工作速度和承载能力等。

1) 自由度

自由度是指机器人所具有的独立坐标轴运动的数目，不包括手爪(末端操作器)的开合自由度。在三维空间中描述一个物体的位置和姿态(简称位姿)需要 6 个自由度。但是，工业机器人的自由度是根据其用途而设计的，可能小于 6 个自由度，也可能大于 6 个自由度。

2) 定位精度

工业机器人精度是指定位精度和重复定位精度。定位精度是指机器人手部实际到达位置与目标位置之间的差异。重复定位精度是指机器人重复定位其手部于同一目标位置的能力，可以用标准偏差这个统计量来表示，它用于衡量一列误差值的密集度(即重复度)。

3) 工作范围

工作范围是指机器人手臂末端或手腕中心所能到达的所有点的集合，也叫工作区域。因为末端操作器的尺寸和形状是多种多样的，为了真实反映机器人的特征参数，所以这里是指不安装末端操作器时的工作区域。图 1-19 所示为 ABB 工业机器人 IRB120 的工作范围示意图。

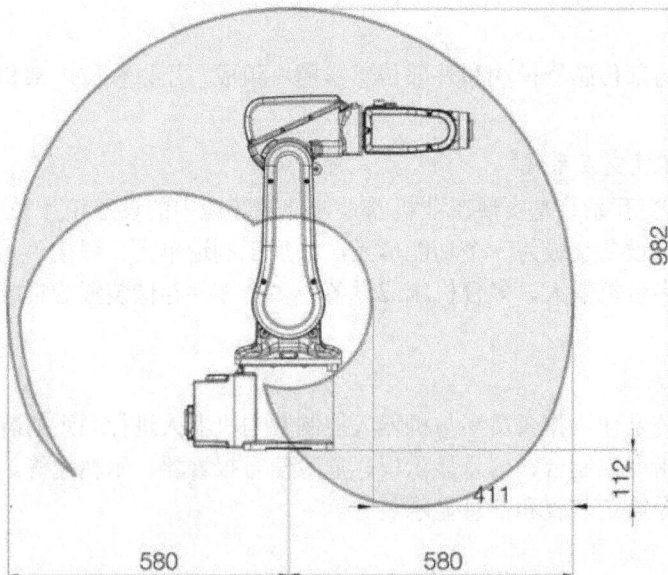

图 1-19 ABB 工业机器人 IRB120 的工作范围

4) 速度和加速度

速度和加速度是表明机器人运动特性的主要指标。由于驱动器输出功率的限制，从启动到最大稳定速度或从最大稳定速度到停止，都需要一定的时间。如果最大稳定速度高，允许的极限加速度小，则加减速的时间就会长一些，对应用而言的有效速度就要低一些；反之，如果最大稳定速度低，允许的极限加速度大，则加减速的时间就会短一些，这有利于有效速度的提高。但如果加速或减速过快，有可能引起定位时超调或振荡加剧，使得到达目标位置后需要等待振荡衰减的时间增加，这也可能使有效速度反而降低。所以，考虑机器人运动特性时，除了注意最大稳定速度外，还应注意其最大允许的加减速度。

5) 承载能力

承载能力是指机器人在工作范围内的任何位置上所能承受的最大质量。承载能力不仅取决于负载的质量，而且还与机器人运行的速度和加速度的大小与方向有关。为了安全起见，承载能力这一技术指标是指机器人高速运行时的承载能力。通常，承载能力不仅指负载，而且还包括了机器人末端操作器的质量。

任务二 认识 CAD/CAM

1.2.1 计算机辅助设计(CAD)

利用计算机及其图形设备帮助设计人员进行设计工作，简称 CAD(Computer Aided Design，计算机辅助设计)。在工程和产品设计中，计算机可以帮助设计人员担负计算、信息存储和制图等项工作。在设计中通常要用计算机对不同方案进行大量的计算、分析和比较，以决定最优方案；各种设计信息，不论是数字的、文字的或图形的，都能存放在计算机的内存或外存里，并能快速地检索；设计人员通常用草图开始设计，将草图变为工作图的繁重工作可以交给计算机完成；利用计算机可以进行与图形的编辑、放大、缩小、平移和旋转等有关的图形数据加工工作。

CAD 技术诞生于 20 世纪 60 年代，是美国麻省理工学院提出的交互式图形学的研究计划，由于当时硬件设施昂贵，只有美国通用汽车公司和美国波音航空公司使用自行开发的交互式绘图系统。

CAD 最早的应用是在汽车制造、航空航天以及电子工业的大公司中。随着计算机变得更便宜，其应用范围也逐渐变广。

CAD 技术经过了许多演变。刚开始的时候主要被用于产生和手绘的图纸相仿的图纸，计算机技术的发展使得计算机在设计活动中得到更为灵活的应用。如今，CAD 已经不仅仅用于绘图和显示，它开始进入设计者的专业知识中更"智能"的部分。

随着计算机技术的日益发展、计算机性能的提升和价格的下降，许多公司已采用立体的绘图(3D)设计。以往，碍于电脑性能的限制，绘图软件只能停留在平面设计(2D)上，欠缺真实感，而立体绘图则冲破了这一限制，令设计蓝图更实体化，3D 图纸绘制也能够表达出 2D 图纸无法绘制的曲面，能够更充分地表达设计师的意图。

1.2.2 计算机辅助制造(CAM)

CAM(Computer Aided Manufacturing，计算机辅助制造)主要是指利用计算机辅助完成从生产准备到产品制造整个过程的活动，即通过直接或间接地把计算机与制造过程和生产设备相联系，用计算机系统进行制造过程的计划、管理以及对生产设备的控制与操作运行，处理产品制造过程中所需的数据，控制和处理物料(毛坯和零件等)的流动，对产品进行测试和检验等。

计算机辅助制造的核心是计算机数值控制(简称数控)，是将计算机应用于生产制造过程的系统或设备。1952年美国麻省理工学院首先成功研制出数控铣床。数控的特征是由编码在穿孔纸带上的程序指令来控制机床。此后发展了一系列的数控机床，包括称为"加工中心"的多功能机床，能从刀库中自动换刀和自动转换工作位置，能连续完成铣、钻、铰、攻丝等多道工序，这些都是通过程序指令控制运作的，只要改变程序指令就可改变加工过程，数控的这种加工灵活性称为"柔性"。

计算机辅助制造系统可以分为硬件和软件两方面：硬件方面有数控机床、加工中心、输送装置、装卸装置、存储装置、检测装置、计算机等，软件方面有数据库、计算机辅助工艺过程设计、计算机辅助数控程序编制、计算机辅助工装设计、计算机辅助作业计划编制与调度和计算机辅助质量控制等。

计算机辅助制造主要包括两类软件：计算机辅助工艺设计软件(CAPP)和数控编程软件(NCP)。狭义的CAM可理解为数控加工，即把CAM软件看作数控编程软件。其实，目前大部分商业化的CAM软件都包含数控编程功能。广义的CAM包括CAPP和NCP。更为广义的CAM则是指应用计算机辅助完成从原材料到产品的全部制造过程，包括直接制造过程和间接制造过程，如工艺准备、生产作业计划、物流过程的运行控制、生产控制和质量控制等。

1.2.3　CAD/CAM软件

工业机器人本体、周边设备及操作对象均为机械或机电一体化设备，与机械有着内在的联系。对机械零件或整机系统进行数值分析或机构的运动仿真，都需要利用CAD/CAM软件进行零部件的造型、装配、曲面设计，即建模。

目前市面上常用的三维CAD软件有Pro/E、SolidWorks、UG、CAXA、CATIA、中望3D等。不同的软件各有侧重的领域，一般来说，Pro/E适用于工艺产品造型设计；SolidWorks更擅长于机械结构设计；UG在模具设计中有较多应用。院校中各专业应用也不尽相同，一般工业设计等专业多选择Pro/E软件；机电一体化、工业机器人等专业常选择SolidWorks软件；模具设计与制作、数控技术等专业通常选择UG软件。

任务三　CAD/CAM软件的安装与启动

本任务以SolidWorks 2016软件为例，介绍三维CAD/CAM软件的安装与启动。

1.3.1　软件的安装

软件安装的步骤如下：

(1) 软件安装前先检查操作系统及存储空间是否匹配,无误后打开 SolidWorks 安装文件夹,双击"setup"安装程序图标,弹出如图 1-20 所示的安装界面。

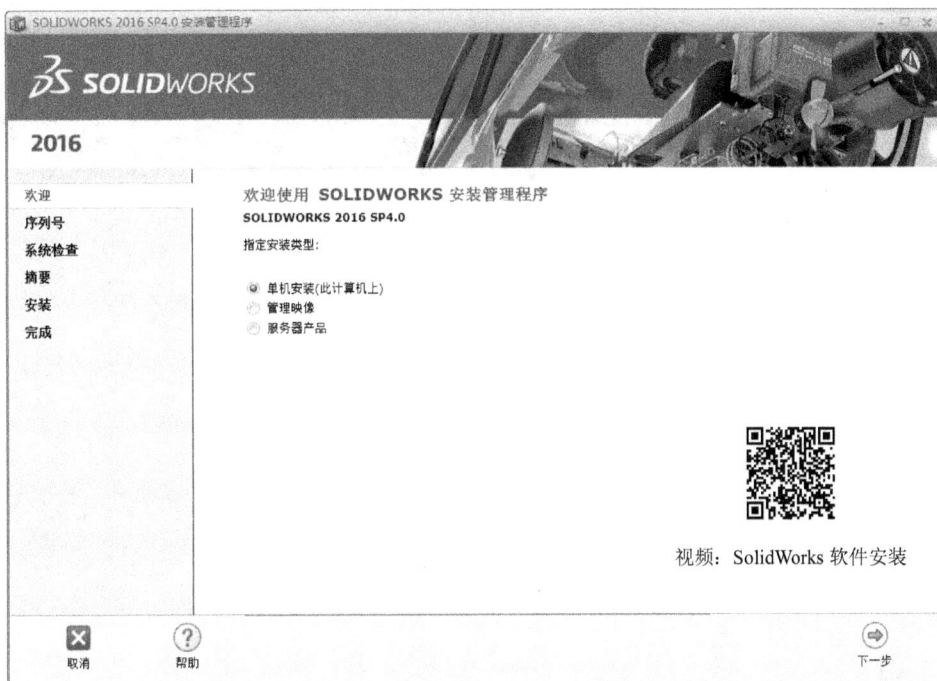

图 1-20　安装程序欢迎界面

(2) 选择"单机安装(此计算机上)",单击【下一步】按钮,进入序列号界面(见图 1-21)。

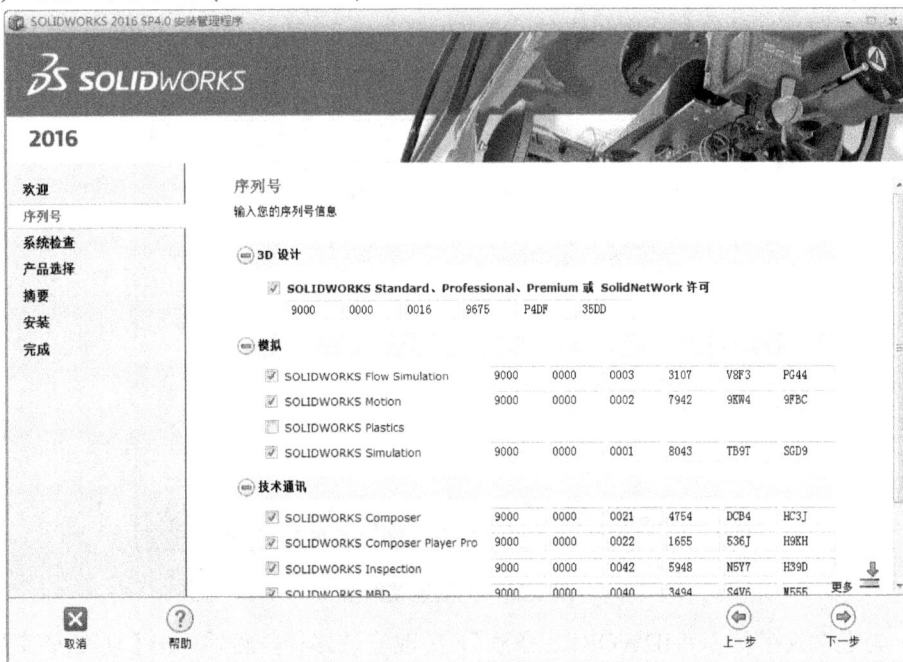

图 1-21　选择软件功能模块并填写序列号

(3) 选择需要安装的软件功能包，并在对应位置填写相应的授权序列号，单击【下一步】按钮，SolidWorks 会自动连接序列号服务器来检查序列号的合法性，如图 1-22 所示。

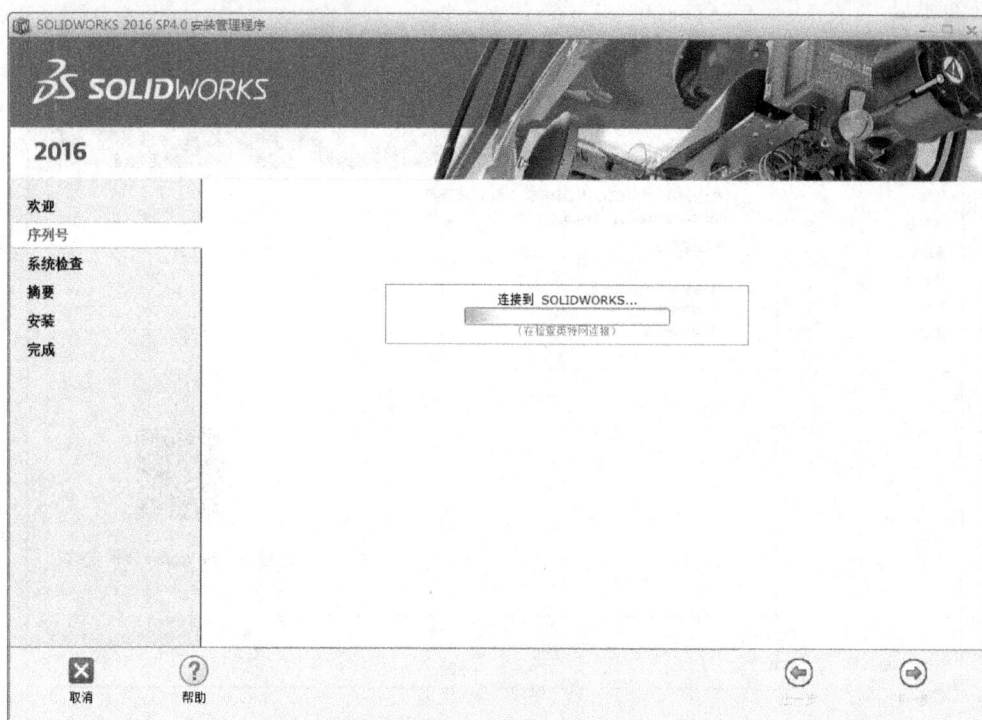

图 1-22　序列号合法性检查

(4) 如果用户计算机无法连接网络，也可以跳过该步(在弹出的 SolidWorks 安装管理程序窗口中单击【取消】按钮)，如图 1-23 所示。

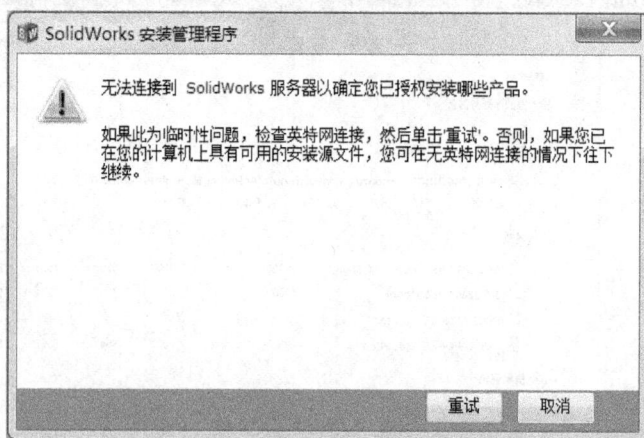

图 1-23　无法连接网络

(5) 勾选"我接受 SOLIDWORKS 条款"，更改安装路径，然后单击【现在安装】按钮，如图 1-24 所示。

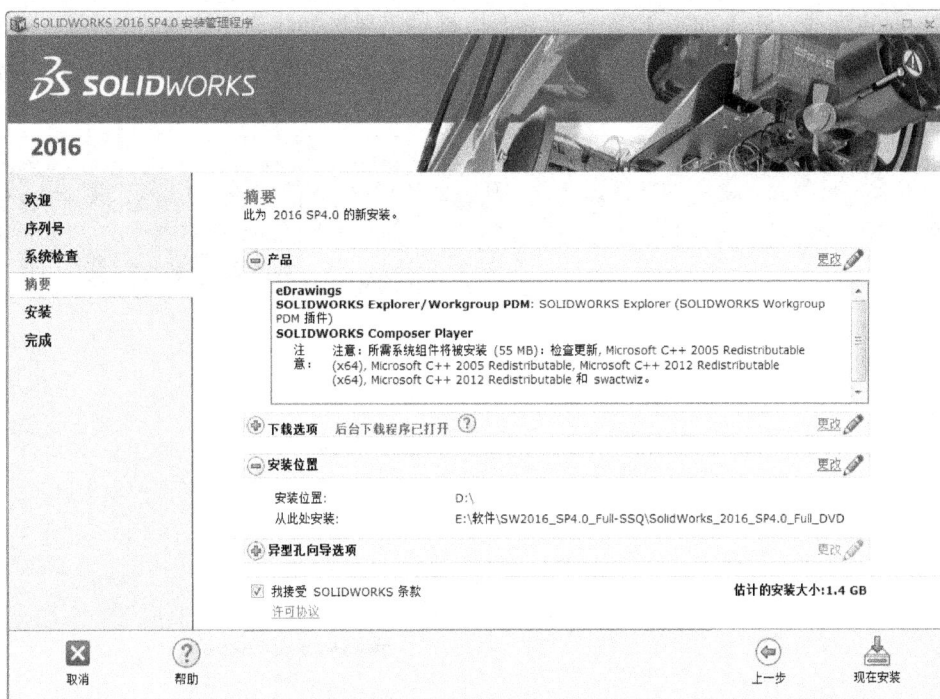

图 1-24 确认安装

(6) 程序进入安装界面，如图 1-25 所示。实际安装时间从几分钟至十几分钟不等，视具体的计算机系统及硬件配置而定。

图 1-25 安装界面

（7）安装完成，进入如图 1-26 所示界面。根据需要选择相应用户改进计划，一般可选择"不，谢谢"选项，单击【完成】按钮退出程序安装。如果勾选了图 1-26 中的"为我详细介绍"选项，则在退出时自动打开该版本软件的 PDF 说明文档。

图 1-26　安装完成界面

1.3.2　SolidWorks 的启动与退出

1. 启动 SolidWorks

单击桌面右下角的【开始】按钮，弹出【开始】菜单，在【开始】菜单中依次选择【所有程序】→【SOLIDWORKS】→【SOLIDWORKS 2016 x64 Edition】选项或者双击桌面上的 SolidWorks 快捷图标，如图 1-27 所示。

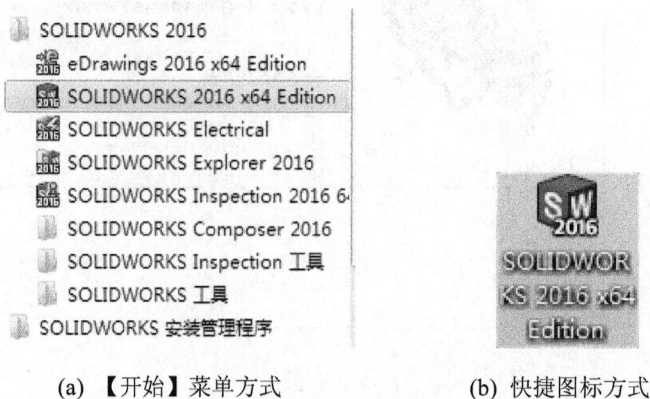

(a)　【开始】菜单方式　　　　　(b)　快捷图标方式

图 1-27　启动 SolidWorks

2. 创建文件

在打开的 SolidWorks 窗口中，单击菜单栏【新建】(Ctrl+N)，弹出【新建 SOLIDWORKS 文件】对话框，如图 1-28 所示，用户可选择创建零件、装配体和工程图文件。"零件"模块用于零件实体造型；"装配体"模块则可将设计的零件按实际装配要求创建部件或成品的装配体；"工程图"模块可快速将零部件实体图转换成平面 CAD 视图。

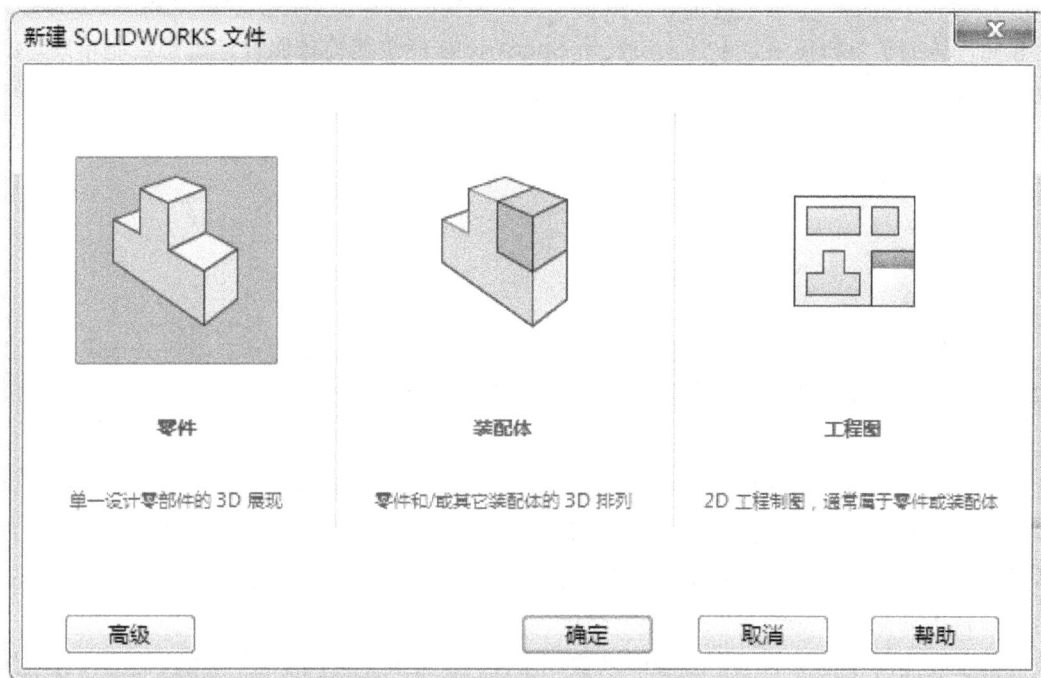

图 1-28 【新建 SOLIDWORKS 文件】对话框

"零件"模块用于单个零件的实体造型设计，包括草图设计、曲面设计、实体建模、钣金设计和模具设计等，其文件名称后缀为 .sldprt。

"装配体"模块用于进行零件的插入、移动、旋转、配合设置、替换零部件、制作爆炸视图等操作，可动态观察整个装配体中的所有运动，并可对运动零件进行动态干涉检查及间隙检测，提供镜像、阵列等工具，快速进行具有相应特性的装配设计。智能化装配技术可以自动地捕捉并定义装配关系，其文件名称后缀为 .sldasm。

"工程图"模块可以从零件的实体模型或装配体中自动生成工程图，包括各个视图及尺寸标注等；提供了完整的工程图工具，当修改图样时，零件模型、所有视图及装配体会自动被修改；使用交替位置显示视图，以便了解运动顺序；具有详细视图及剖视图功能。工程图文件名称后缀为.slddrw。

3. 退出 SolidWorks

单击【文件】→【退出】按钮，或者单击 SolidWorks 软件右上角的【×】按钮，可退出 SolidWorks 程序。

任务四　CAD/CAM 软件应用基础

SolidWorks 是一个基于特征、参数化、实体建模的设计工具，该软件采用 Windows 图形界面，易于学习和使用。设计人员使用 SolidWorks 能快速地按照设计思想绘制草图，创建全相关的三维实体模型和制作详细的工程图。

1.4.1　基本概念和术语

1. 基本概念

1) 原点

原点显示为两个蓝色箭头，代表模型空间的坐标为(0，0，0)的点。当进入草图绘制状态时，草图原点为红色，代表草图的(0，0，0)坐标点。

2) 基准面

基准面是平面构造几何体，是绘制草图、创建特征的参照平面，或三维模型的剖视图和拔模特征的中心面等。SolidWorks 向用户提供了三个基准面，分别是上视基准面、右视基准面、前视基准面。默认情况下，基准面不显示，需要在设计树中选择相应基准面并右击，在弹出的菜单中点击显示按钮 即可。

除了使用程序提供的三个基准面来绘制草图外，用户还可以在零件或装配图文件中生成基准面。

3) 轴

轴用于生成模型、特征或整列的参考直线。用户可以使用多种方法来生成轴，比如使用两个交叉的基准面生成轴，另外，SolidWorks 软件默认在圆柱体、圆柱孔和圆锥面的中心生成临时轴。

4) 平面

平面是帮助定义模型的形状或曲面形状的边界。例如圆锥体有两个面，圆柱体有三个面，面是模型或曲面上可以选择的区域。

5) 边线

边线是两个或以上的面相交的公共部分。在绘制草图和标注尺寸时经常使用边线为模型添加约束。

6) 顶点

顶点是两条或更多条边线相交时的点。

基本概念图示如图 1-29 所示。

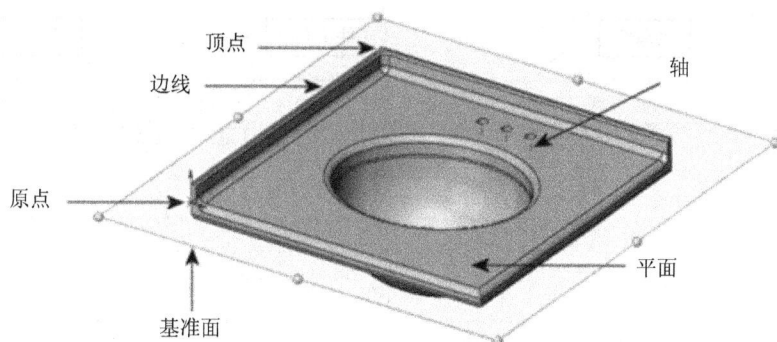

图 1-29 SolidWorks 基本概念图示

2. 基本术语

1) 草图

SolidWorks 软件中，草图是指由直线、圆弧等元素构成的基本形状。通常，草图有欠定义、完全定义和过定义三种情况，如图 1-30 所示。欠定义表示草图约束不完全，可能尺寸、角度或图形元素之间的位置关系定义不全；完全定义表示草图定义完整；过定义则代表草图过度约束(封闭尺寸链)，过定义导致草图计算错误。

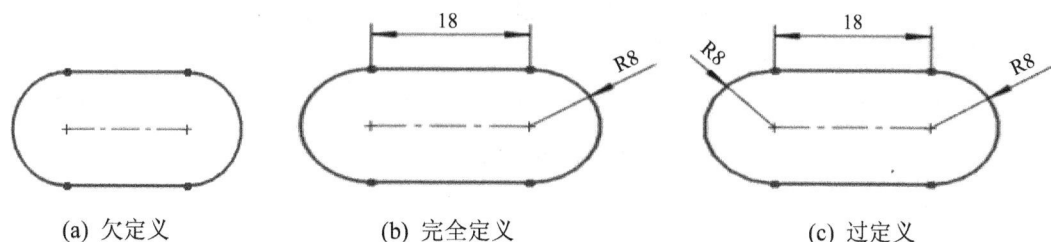

(a) 欠定义   (b) 完全定义   (c) 过定义

图 1-30 草图定义状态

2) 特征

SolidWorks 软件中，零件模型是由单独元素构成的，这些元素统称为特征。特征分为草图特征和应用特征。

草图特征：基于二维草图的特征，通常该草图可以通过拉伸、旋转、扫描等命令转换为实体模型。

应用特征：直接创建于实体模型上的特征(没有草图)，如圆角、倒角、抽壳、阵列等。

3) 约束

SolidWorks 草图可以使用共线、垂直、水平、相等、平行等几何关系约束草图几何体，对于草图尺寸和特征尺寸，SolidWorks 软件也支持用方程式来创建尺寸参数之间的数学关系。例如，设计人员可以通过方程式来实现管道模型中管道截面内径和外径尺寸的数学关系。

1.4.2 SolidWorks 工作界面

SolidWorks 工作界面如图 1-31 所示，包括设计树、菜单栏、工具栏按钮、图形区、任务窗格、状态栏等。

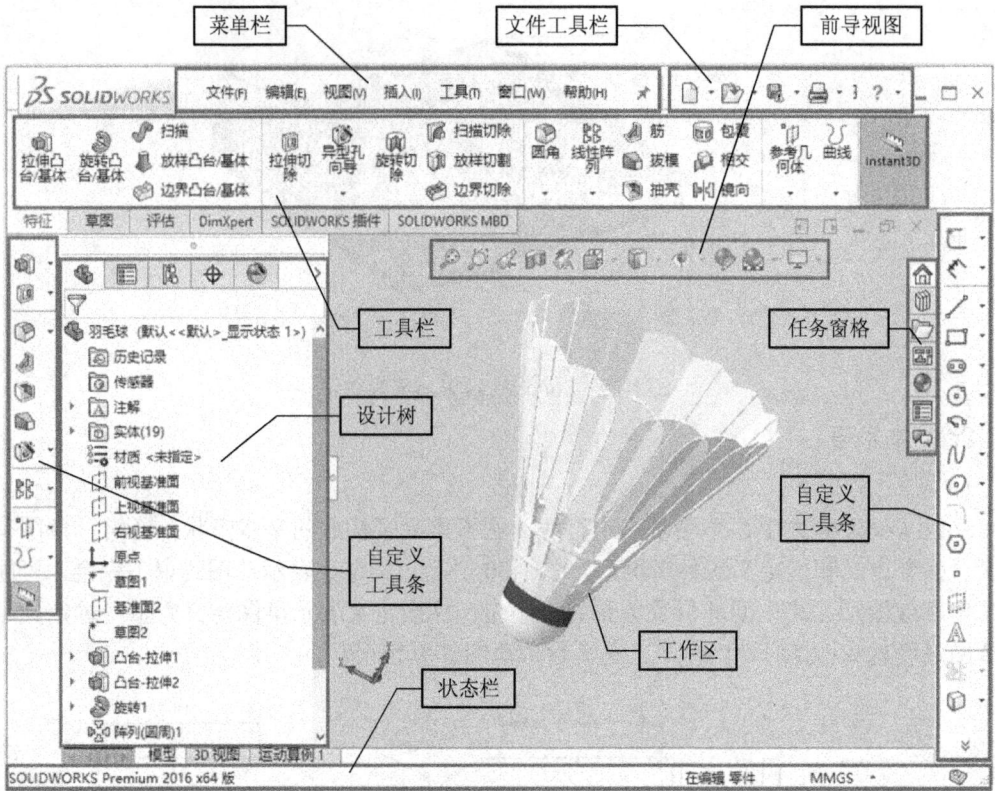

图 1-31　SolidWorks 工作界面

1. 设计树

"设计树"中列出了活动文件中的所有实体、特征以及基准面、基准轴、坐标系等，并以数的形式显示，通过设计树可以方便地进行查看和修改。

(1) 双击某特征的名称显示特征的尺寸。

(2) 右击某特征，选择【特征属性】可更改特征名称。

(3) 右击某特征，选择【编辑特征】按钮，可修改特征参数。

(4) 重排序特征，通过鼠标拖动及放置来重新调整特征的创建顺序。

2. 菜单栏

菜单栏包含创建、保存、修改模型和设置软件环境的一些操作命令。

3. 工具栏

工具栏为快速进入命令及设置工作环境提供了极大方便，用户可以根据具体情况定制工具栏。

1.4.3　鼠标操作技巧

SolidWorks 软件以鼠标操作为主，通过选择菜单或点击工具图标执行命令操作，选择面、线、点、特征等，采用键盘进行数值输入。与其他 CAD 软件相似，SolidWorks 提供各种鼠标按钮的组合功能，进行选择对象、编辑对象以及视图的平移、缩放、旋转等。

对象的选择可在设计树或工作区中进行，两者相互关联，选中的对象被高亮显示。通过鼠标中键的操作，可快速完成视图变换。

1. 缩放视图

滚动中键滚轮，向前滚动缩小视图，向后滚动放大视图，视图的放大以鼠标所在位置点为中心。

2. 平移视图

先按住【Ctrl】键，然后按住鼠标中键，移动鼠标，可进行视图移动。

3. 旋转视图

按住鼠标中键，移动鼠标，此时工作区中鼠标指针变为 ↻，视图同时跟着鼠标旋转。

4. 对象的选择

1) 选取单个对象

直接用鼠标左键单击需选取的对象，或在特征树中单击对象名称，即可选择相应的对象，被选取的对象将高亮显示。

2) 选取多个对象

按住【Ctrl】键，用鼠标左键逐次单击特征树中的对象名称，或在工作区中直接依次点击对象，可进行多个对象的选取，选中的对象高亮显示；再次点击选中的对象，则取消选取；如用鼠标左键点击其他区域，则取消所有已选对象。

3) 利用"选择过滤器"工具条

"选择过滤器"工具条有助于在工作区或工程图图样区域中选择特定项。在工具栏右击鼠标，在弹出的菜单栏中单击【选择过滤器(I)】按钮 🔻，将激活【选择过滤器】工具条，如图 1-32 所示。

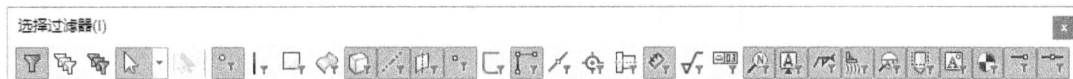

图 1-32 【选择过滤器】工具条

1.4.4 工作环境及界面定义

用户通过自定义工作界面，合理设置工作环境，可方便操作，提高工作效率。

1. 环境设置

SolidWorks 中的环境设置包括"系统选项"和"文档属性"两项。

1) 系统选项的设置

选择菜单栏【工具】→【选项…】命令，系统弹出【系统选项(S)-普通】对话框(见图 1-33)，利用该对话框可以设置草图、颜色、显示和工程图等参数。在该对话框左侧选项列表中单击【草图】，切换至【系统选项(S)-草图】对话框，可以设置草图相关选项。

当在对话框左侧选项列表中单击【颜色】时，对话框即切换至【系统选项(S)-颜色】对话框，此时可以设置工作区及操作对象的颜色配置方案(见图 1-34)。

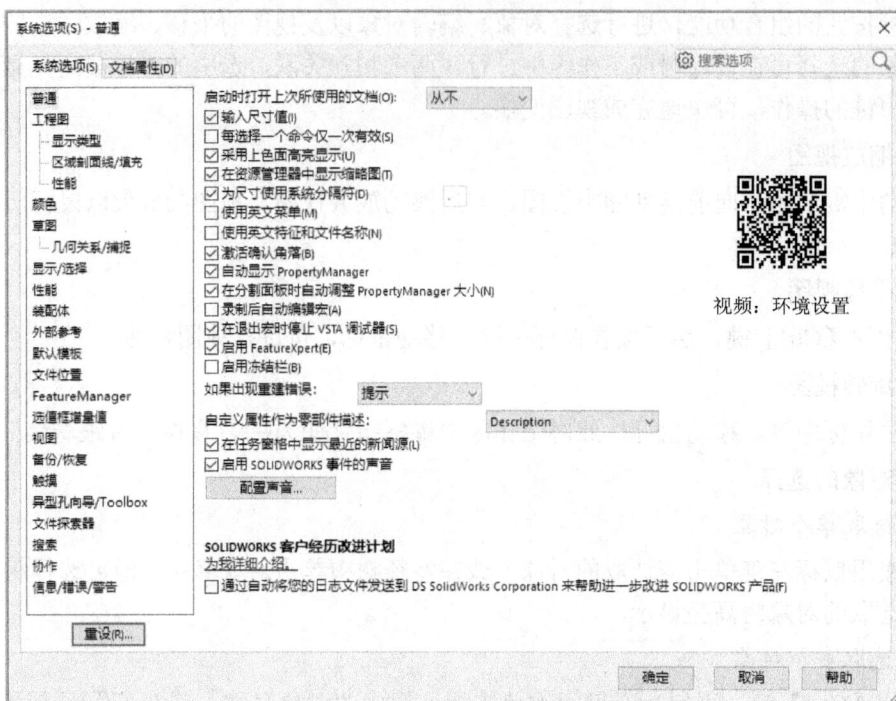

图 1-33　【系统选项(S)-普通】对话框

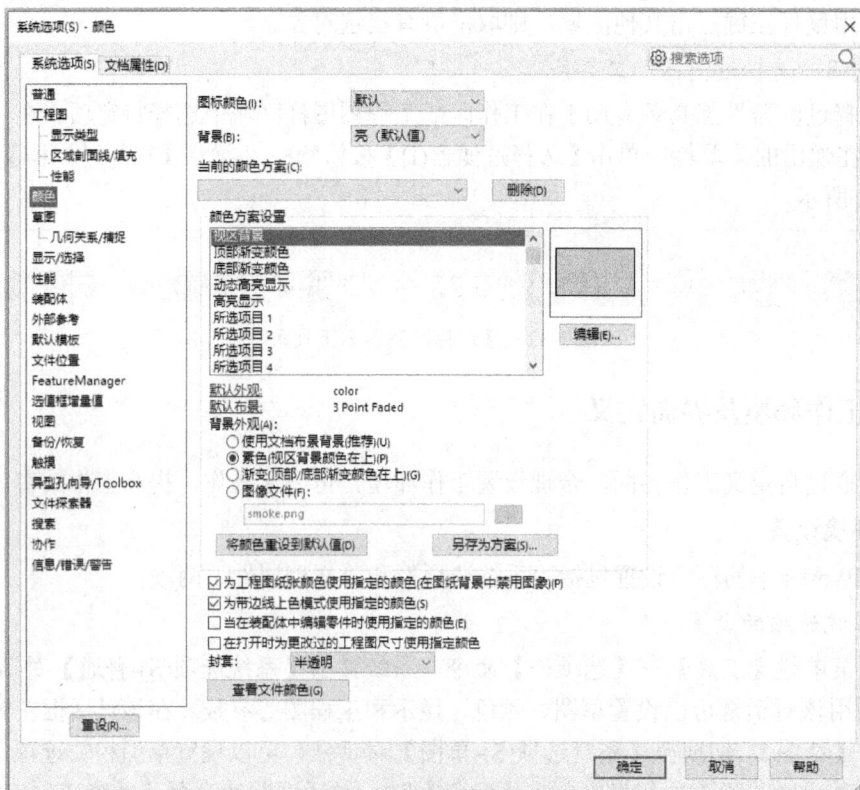

图 1-34　【系统选项(S)-颜色】对话框

2) 文档属性的设置

选择菜单栏【工具】→【选项…】命令，系统弹出【系统选项(S)-普通】对话框，单击【文档属性】选项卡，切换至【文档属性(D)-绘图标准】对话框(见图1-35)，在此可以设置有关工程图及草图的一些参数。

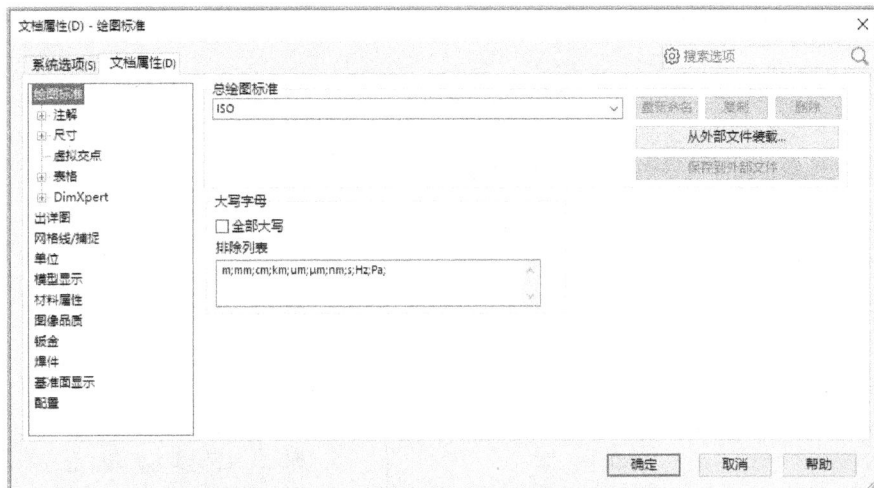

图1-35　【文档属性(D)-绘图标准】对话框

2. 自定义工作界面

1) 自定义工具栏

选择菜单栏【工具】→【自定义…】命令，打开【自定义】对话框，利用此对话框可自行定义所需工具栏、工具条，如图1-36所示。或用鼠标右击工具栏，在弹出的快捷菜单中直接勾选或取消相应的选项。

图1-36　【自定义】对话框【工具栏】选项卡

2) 自定义命令按钮

自定义命令按钮的一般操作过程如下：

(1) 选择菜单栏【工具】→【自定义…】命令，打开【自定义】对话框。

(2) 切换至【命令】选项卡，在"类别"列表框中选择相应工具条项(见图1-37)。

图1-37　【自定义】对话框【命令】选项卡

(3) 选择相应按钮，按住鼠标左键，可将选中的按钮拖放至工具栏或其他工具条上。也可选中不需要的按钮，拖放至工作区空白处，从而删除此项。

3. 自定义菜单命令

择菜单栏【工具】→【自定义…】命令，打开【自定义】对话框，切换至【菜单】选项卡，其操作过程如下：

(1) 选择需要自定义的命令。在【自定义】对话框"类别"列表框中选择相应菜单选项，在"命令"列表框中选择命令选项(见图 1-38)。

(2) 在"更改什么菜单"下拉列表框中选择相应菜单项，设置将上述选择的命令添加到什么菜单项。

(3) 在"菜单上位置"下拉列表框中选择位置如"自动""在顶端"等，设置命令添加菜单项中具体位置。

(4) 在"命令名称"输入框中填写该命令在新菜单中的名称、快捷键信息(如非特别需要，不建议更改，保持系统默认即可)。

(5) 确认设置无误后，单击【确认】按钮，完成命令的自定义操作。

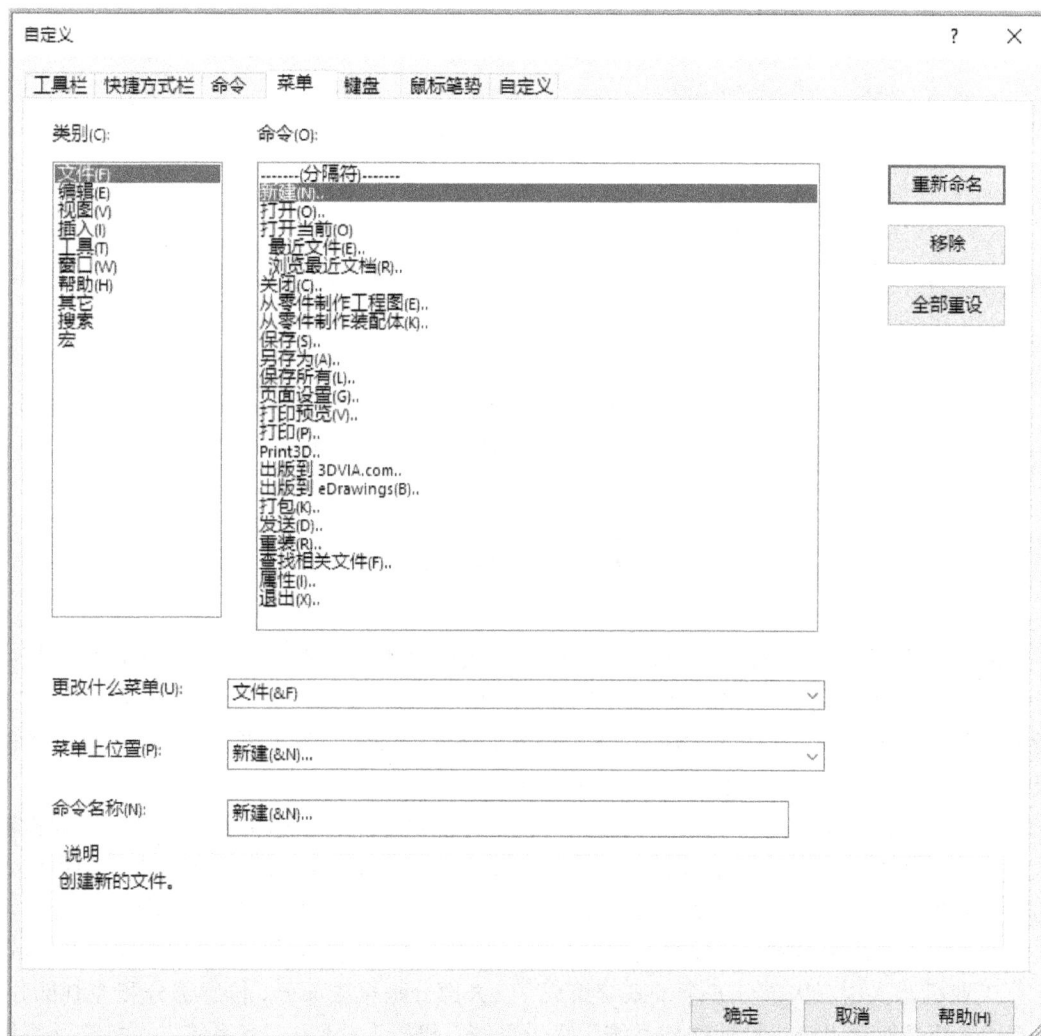

图 1-38 【自定义】对话框【菜单】选项卡

4. 自定义键盘

选择菜单栏【工具】→【自定义…】命令，打开【自定义】对话框，切换至【键盘】选项卡，即可设置执行命令的快捷键，以便快速执行命令，提高效率，如图 1-39 所示。

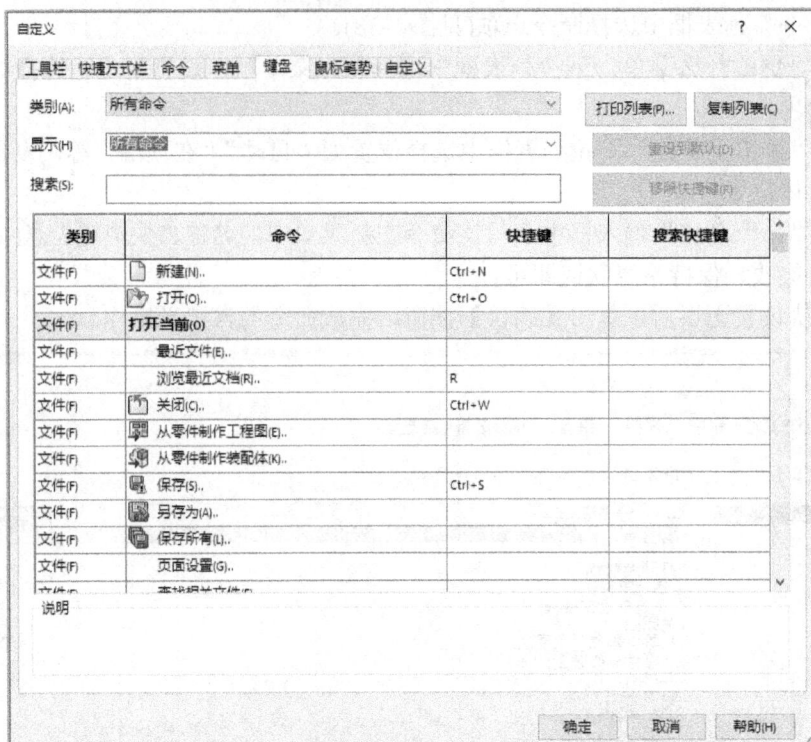

图1-39 【自定义】对话框【键盘】选项卡

本模块小结

本模块主要介绍了机器人的概念，工业机器人的分类、基本组成以及主要应用领域；计算机辅助设计CAD和计算机辅助制造CAM的主要特点及技术优势，以及主流三维CAD设计软件；以SolidWorks软件为例，着重介绍了软件的安装、基本概念和术语、软件界面及菜单、操作环境设置、界面定制及基本操作。

机器人按应用类型可分为工业机器人、极限作业机器人和娱乐机器人。其中工业机器人是指自动控制的、可重复编程、多用途的操作机器人。工业机器人按运动方式的不同，可分为直角坐标型、圆柱坐标型、极坐标型、多关节型、平面关节型及并联型工业机器人。工业机器人主要用于恶劣工作环境及危险工作、特殊作业场合和极限作业及自动化生产领域。

工业机器人由三大部分6个子系统组成。三大部分是机械部分、传感部分和控制部分。6个子系统是驱动系统、机械结构系统、感受系统、机器人-环境交互系统、人机交互系统和控制系统。

SolidWorks软件中零件模型是由单独元素构成的，这些元素统称为特征。特征分为草图特征和应用特征。草图特征是指基于二维草图的特征，通常该草图可以通过拉伸、旋转、扫描等命令转换为实体模型；应用特征是指直接创建于实体模型上的特征(没有草图)，如圆角、倒角、抽壳、阵列等。建模过程就是简单特征经过相互叠加、切割及组合的过程。

模块二

典型零件建模

SolidWorks 建模都是由 2D 草图绘制开始，定义实体的截面形状、尺寸及位置等，在草图的基础上添加特征创建实体模型。事实上，零件实体的建模可抽象为多个简单特征经过相互叠加、切割、组合而成，因此 SolidWorks 建模过程中特征的生成顺序非常重要。

SolidWorks 将构成零件的特征分为基本特征和构造特征两类，最先建立的特征是基本特征，通常是零件最重要的特征。

建立基本特征后，才能创建其他各种特征，即构造特征。另外，按照特征生成方法的不同分为草图特征和应用特征。

零件实体的建模一般过程：

(1) 根据工程图，分析零件特征，确定特征创建顺序。

(2) 选择绘图面，绘制基本特征的截面草图。

(3) 在草图的基础上创建和修改基本特征。

(4) 选择绘图面，绘制构造特征草图。

(5) 创建和修改构造特征。

任务一　简单零件建模

SolidWorks 草图对象由点、直线、曲线等元素构成，草图的基本操作包括草图基本元素绘制、几何约束、尺寸标注、对称、草图阵列、圆角、倒角和等距实体等。

2.1.1　草图绘制基础

1. 进入和退出草图模式

要进入草图绘制模式，必须选择一个平面作为绘图面，也即确定待绘制的草图在三维空间中的放置位置。绘图面可以是系统默认的三个基准面(前视、上视和右视基准面)，也可以是自定义基准面，或实体特征上的面。

视频：进入和退出草图

选择绘图面，右击，在弹出的窗口中单击【正视于】按钮 ⬇，使绘图面正面对操作者；点击【草图绘制】按钮 ⌐ 进入草图绘制状态。

退出草图模式有两种：草图绘制正确并完成，单击工作区右上角 ⤵ 按钮，保存所绘草图并退出草图绘制模式；或者单击工作区右上角 ✖ 按钮，取消所绘草图并退出草图绘制模式。

2. 草图绘制工具

进入草图绘制环境后，屏幕中工具栏会自动转为草图设计工具栏，包含常用工具按钮，鼠标停留其上会显示简要提示信息。用户也可按前述通过自定义，将"草图"工具条放置于屏幕两侧固定位置。绘图操作同样可使用菜单命令来实现，其所处位置分别位于"工具"菜单下的"草图绘制实体""草图工具""草图设定"菜单等，如图 2-1 所示。

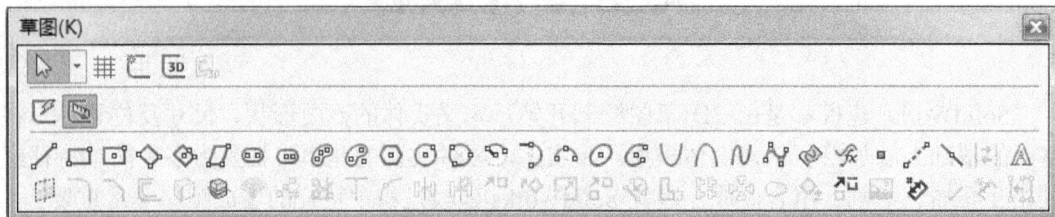

图 2-1 "草图"工具条

2.1.2 零件工程图分析

1. 工程图和三维视图

电机齿轮连接轴的工程图及三维视图如图 2-2 所示。

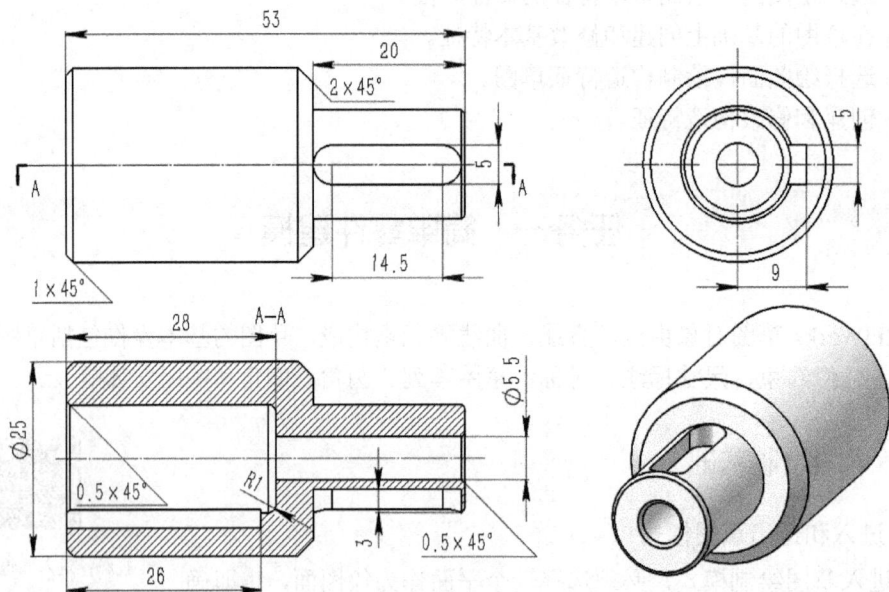

图 2-2 电机齿轮连接轴

2. 建模步骤

根据上图，齿轮连接轴由拉伸、拉伸切除、倒角等特征元素组成，因而可通过草图、拉伸、拉伸切除、倒角等命令完成模型的创建，参考步骤如表 2-1 所示。

视频：电机齿轮轴建模

表 2-1 电机齿轮连接轴建模步骤

步骤	1. 创建圆柱体 $\phi 25 \times 33$	2. 创建圆柱体 $\phi 14 \times 20$	3. 创建倒角 $2 \times 45°$	4. 创建外键槽绘图面
图示				
步骤	5. 拉伸切除创建外键槽	6. 创建倒角 $0.5 \times 45°$	7. 创建倒角 $1 \times 45°$	8. 创建拉伸切除 $\phi 14 \times 28$
图示				
步骤	9. 拉伸切除创建内键槽	10. 拉伸切除 $\phi 5.5 \times 25$	11. 创建倒角 $0.5 \times 45°$	12. 创建圆角
图示				

3. 模型创建详细步骤

1) 创建圆柱体 $\phi 25 \times 33$

(1) 单击菜单栏，选择【文件】→【新建】，选择"零件"，单击【确定】按钮。

(2) 在设计树中选择前视基准面，在弹出菜单中单击【正视于】按钮，使前视基准面正对计算机屏幕。

(3) 单击【草图绘制】按钮进入草图绘制状态。单击【圆形绘制】按钮，以原点为圆心，绘制草图，并标注直径，如图 2-3(a)所示。

(4) 单击特征工具栏【拉伸凸台/基体】按钮右侧的下拉箭头，选择"拉伸凸台/基体"，在【拉伸凸台/基体】属性对话框中，确定拉伸方向，拉伸深度为 33 mm(见图 2-3(b))，设置完成后，模型如图 2-3(c)所示。

(a) 草图   (b) 拉伸凸台参数设置   (c) 形成圆柱体

图 2-3 创建圆柱体 $\phi 25 \times 33$

2) 创建圆柱体 $\phi 14 \times 20$

(1) 选择 1)中圆柱体上端面,进入草图绘制,绘制与圆柱体同心的 $\phi 14$ 的圆,如图 2-4(a) 所示。

(2) 拉伸凸台/基体,深度为 20 mm,勾选"合并结果",如图 2-4(b)所示。完成设置后 的模型如图 2-4(c)所示。

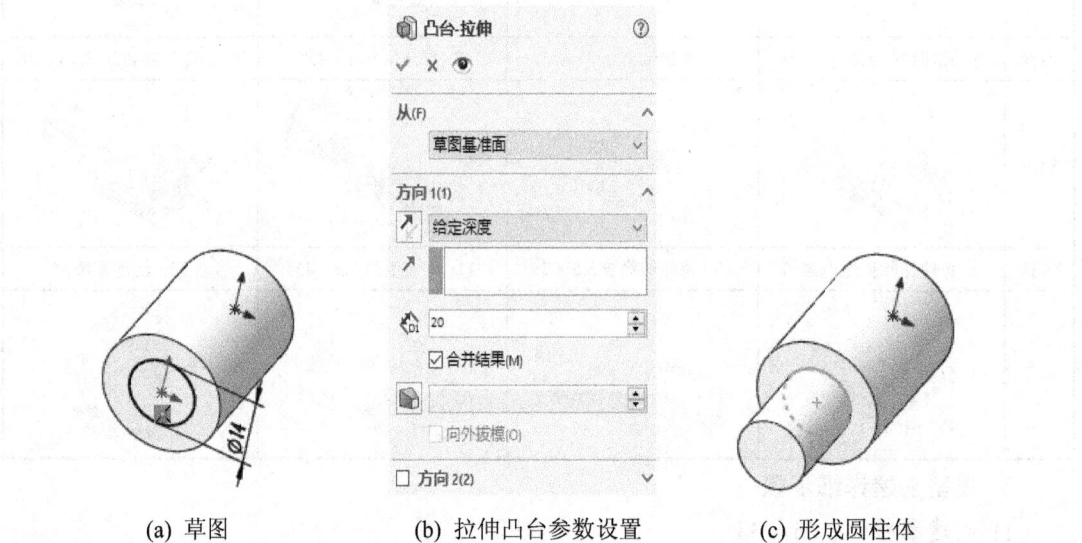

(a) 草图   (b) 拉伸凸台参数设置   (c) 形成圆柱体

图 2-4   创建圆柱体 $\phi 14 \times 20$

3) 创建倒角 $2 \times 45°$

选择图 2-5(a)中所示边线,然后单击工具栏 图标下方下拉箭头,选择 倒角。在倒角 属性对话框中进行参数设置:倒角类型为选择"角度距离",距离为 2 mm,角度为 45°, 如图 2-5(b)所示。完成设置后的模型如图 2-5(c)所示。

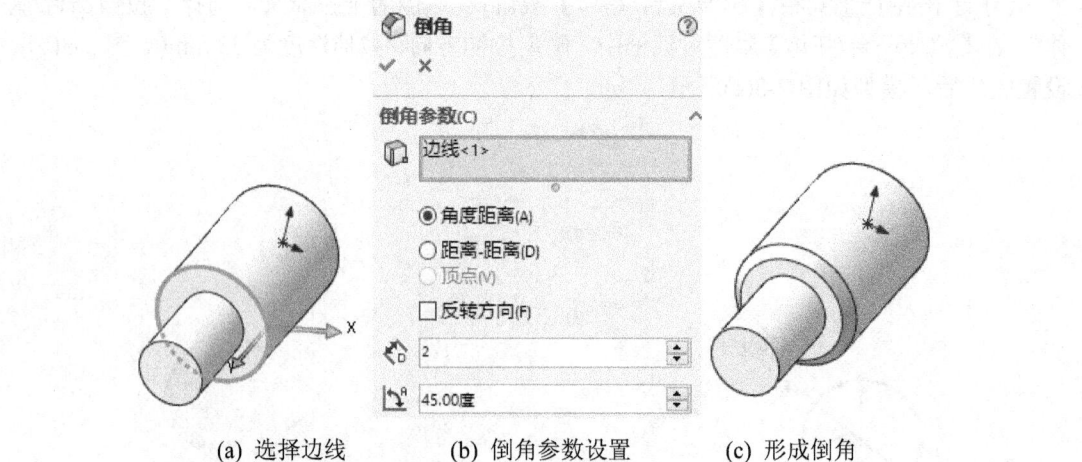

(a) 选择边线   (b) 倒角参数设置   (c) 形成倒角

图 2-5   创建倒角 $2 \times 45°$

4) 创建外键槽绘图面

选择上视基准面,单击特征工具栏【参考几何体】下方下拉箭头,单击 基准面 按钮,创建新基准面，设置距离上视基准面的距离为 7 mm，如图 2-6 所示。

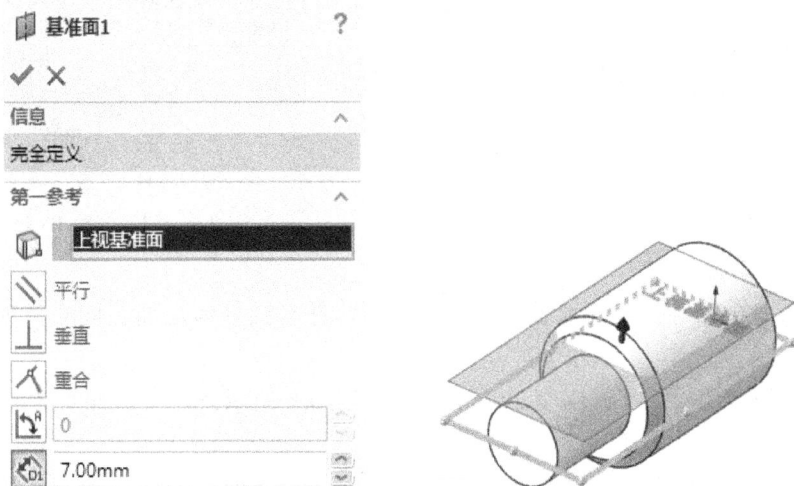

图 2-6 创建外键槽绘图面

5) 创建外键槽

(1) 选择上步创建的绘图面，使之正视于屏幕，进入草图绘制界面。

(2) 单击草图绘制栏 ▭ 直槽口 按钮，绘制草图如图 2-7(a)所示。

(3) 单击特征工具栏【拉伸切除】按钮 ▣ 拉伸切除，深度为 3 mm(见图 2-7(b))，完成后如图 2-7(c)所示。

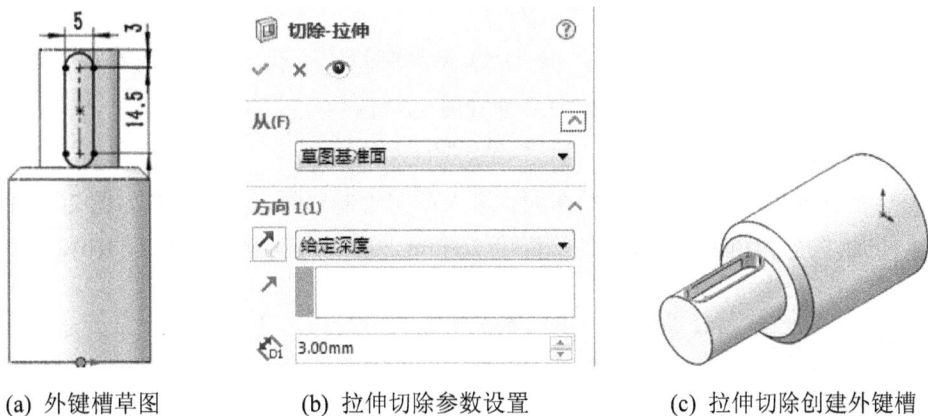

(a) 外键槽草图　　(b) 拉伸切除参数设置　　(c) 拉伸切除创建外键槽

图 2-7 拉伸切除创建外键槽

6) 创建倒角 0.5×45°

选择 φ14 圆柱外端面，添加"倒角"特征，设置倒角类型为"角度距离"，距离为 0.5 mm，角度 45°，如图 2-8 所示。

7) 创建倒角 1×45°

选择 φ25 圆柱外端面，添加"倒角"特征，设置倒角类型为"角度距离"，距离为 1 mm，角度 45°，如图 2-9 所示。

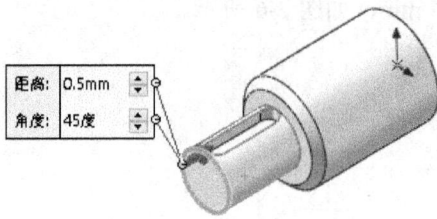

图 2-8 创建倒角 0.5 × 45°

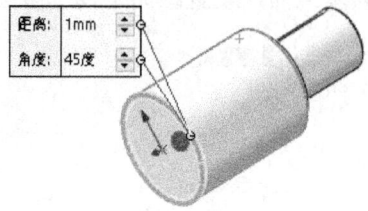

图 2-9 创建倒角 1 × 45°

8) 创建圆孔 $\phi14 \times 28$

(1) 选择 $\phi25$ 圆柱外端面绘制草图 $\phi14$ 的圆，并与圆柱体端面圆同心，如图 2-10(a) 所示。

(2) 添加拉伸切除特征，深度 28 mm，如图 2-10(b)所示。

(3) 设置完成后效果如图 2-10(c)所示。

(a) 草图 　　　　　　(b) 拉伸切除参数设置 　　　　　(c) 形成 $\phi14 \times 28$ 圆孔

图 2-10 创建圆孔 $\phi14 \times 28$

9) 创建内键槽

(1) 选择 $\phi25$ 圆柱外端面作为绘图面，进入草图绘制界面，绘制草图如图 2-11(a)所示。

(2) 添加"拉伸切除"特征，切除深度 26 mm，形成内键槽，如图 2-11(b)、(c)所示。

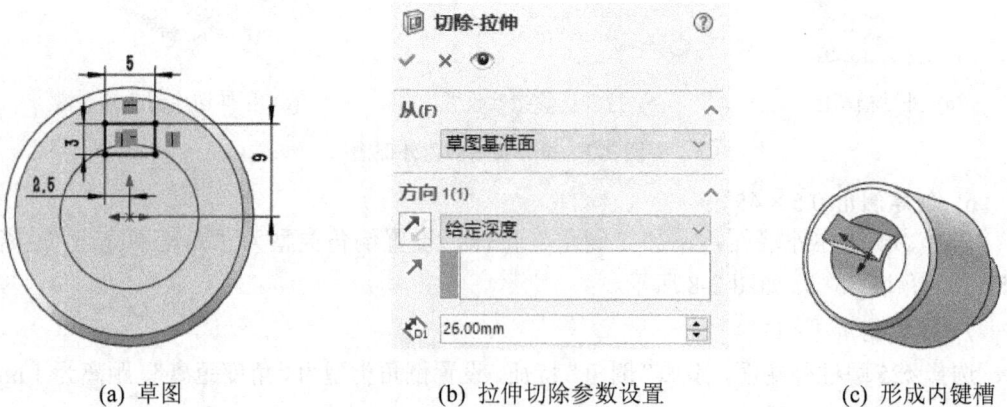

(a) 草图 　　　　　　(b) 拉伸切除参数设置 　　　　　(c) 形成内键槽

图 2-11 创建内键槽

10) 创建圆孔 $\phi 5.5 \times 25$

(1) 选择 $\phi 14$ 圆柱面作为绘图面，进入草图绘制，绘制草图如图 2-12(a)所示。

(2) 添加"拉伸切除"特征，切除深度选择"完全贯穿"，如图 2-12(b)、(c)所示。

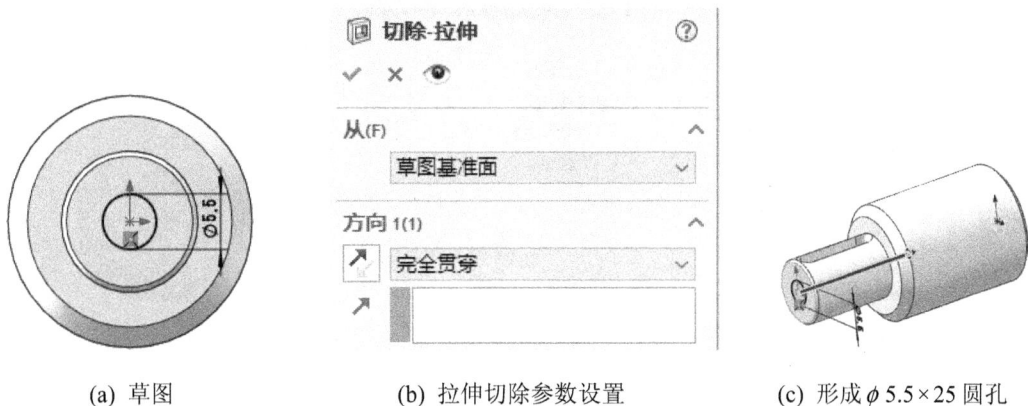

| (a) 草图 | (b) 拉伸切除参数设置 | (c) 形成 $\phi 5.5 \times 25$ 圆孔 |

图 2-12 创建圆孔 $\phi 5.5 \times 25$

11) 创建倒角 $0.5 \times 45°$

选择 $\phi 14$ 和 $\phi 5.5$ 圆孔外端面边线，如图 2-13(a)所示。添加"倒角"特征，类型为"角度距离"，距离为 0.5 mm，角度为 45°，如图 2-13(b)、(c)所示。

| (a) 边线选择 | (b) 倒角参数设置 | (c) 形成倒角 |

图 2-13 创建倒角 $0.5 \times 45°$

12) 创建圆角 R1

选择图 2-14(a)所示边线，单击工具栏 圆角 按钮添加"圆角"特征，圆角半径为 1 mm，如图 2-14(b)、(c)所示。完成后保存文件，文件名：电机齿轮连接轴.sldprt。

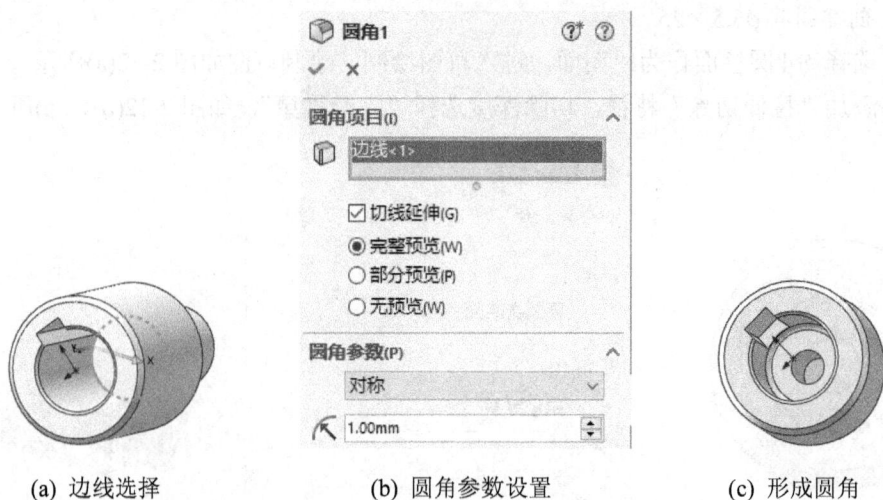

(a) 边线选择   (b) 圆角参数设置   (c) 形成圆角

图 2-14 创建倒角 R1

🎥 知识扩展

特征工具栏简介

SolidWorks 三维建模是"基于特征的","特征"表示与制造操作和加工工具相关的形状及技术属性。采用"特征"添加的方法创建三维模型，更符合工程技术人员的习惯，与加工制造过程相近，并附加了工程制造的信息，便于理解和使用。

SolidWorks 特征工具栏包括【拉伸凸台/基体】、【旋转凸台/基体】、【扫描】、【拉伸切除】、【旋转切除】、【圆角】、【加强筋】、【阵列】等基本特征工具，如图 2-15 所示。特征是各种单独的加工形状，当将它们组合起来时就形成了各种零件实体。

图 2-15 特征工具栏

任务二 复杂零件建模

2.2.1 零件工程图分析

1. 工程图与三维视图

某底座零件的工程图与三维视图如图 2-16 所示。

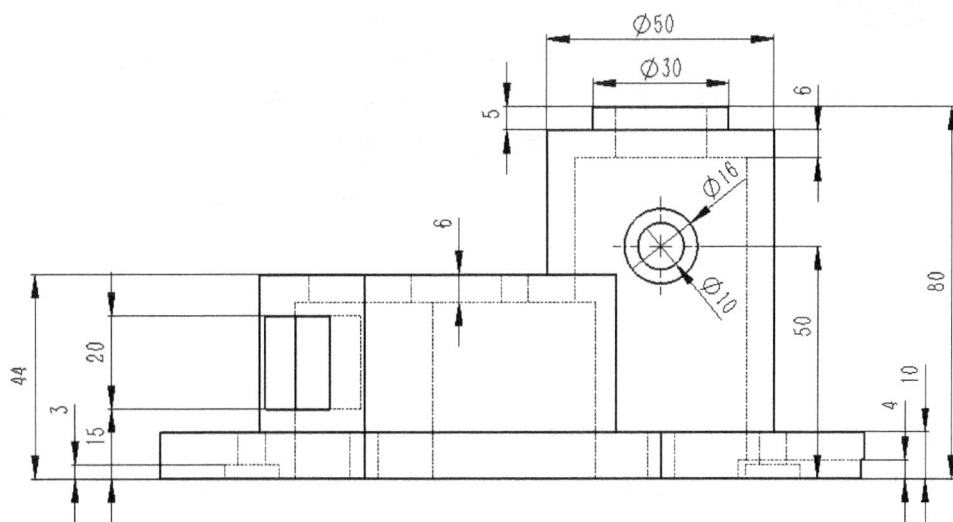

(a) 前视图

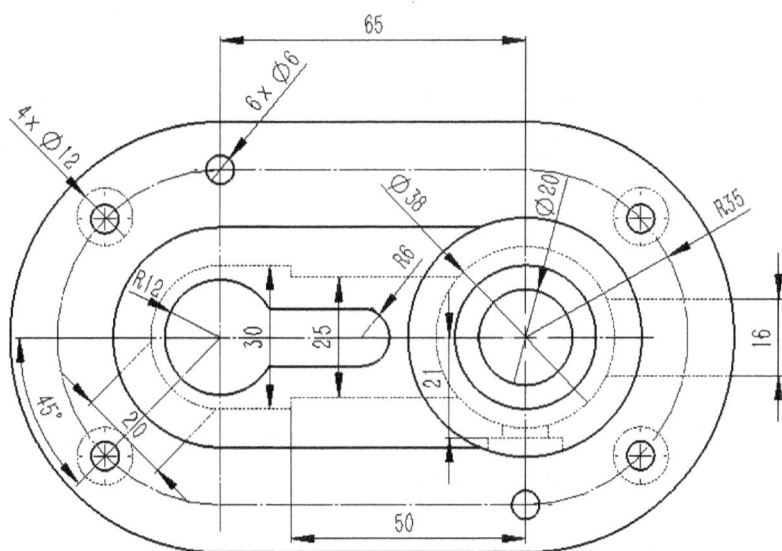

(b) 俯视图

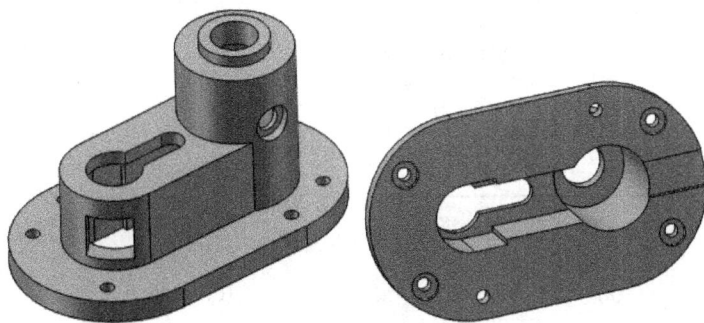

(c) 三维视图

图 2-16　底座工程图与三维视图

2. 建模步骤

根据图 2-16，底座由阵列、拉伸、拉伸切除等特征元素组成，因而可通过草图、草图阵列、拉伸、拉伸切除等完成模型的创建，参考步骤如表 2-2 所示。

表 2-2　底座参考建模步骤

步骤	1. 创建底板	2. 创建立柱	3. 创建中心孔	4. 创建底面槽
图示				

步骤	5. 创建凸台	6. 创建底面切槽 2	7. 创建立柱侧面孔	8. 创建凸台弧面切槽
图示				

2.2.2　建模过程

1. 底板模型创建

(1) 新建"零件"，选择上视基准面作为绘图面，绘制草图如图 2-17(a)所示。添加"拉伸凸台"特征，拉伸高度为 10 mm，完成模型创建，如图 2-17(b)所示。

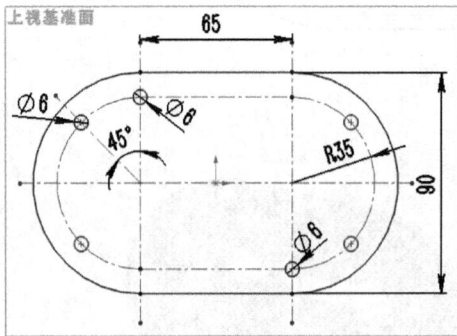

视频：底板建模

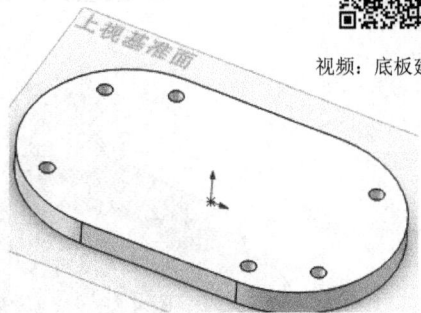

(a) 草图　　　　　　　　(b) 拉伸凸台效果

图 2-17　零件底板建模

(2) 选择上视基准面,绘制草图如图 2-18(a)所示。添加"拉伸切除"特征,深度为 3 mm,如图 2-18(b)所示。

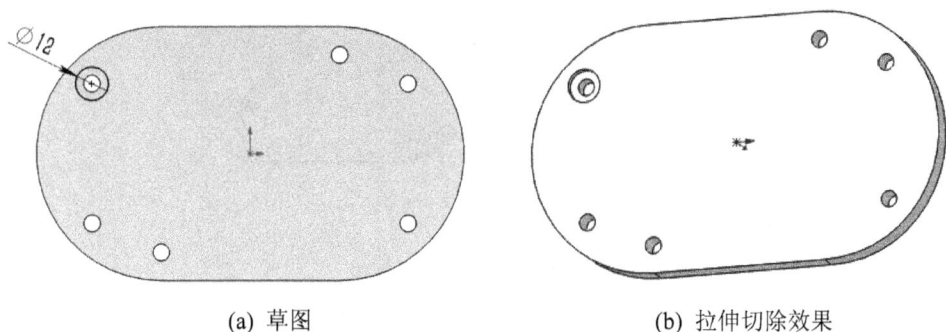

(a) 草图　　　　　　　　　　　　　(b) 拉伸切除效果

图 2-18　单个沉孔建模

(3) 选择上步所创建的沉孔,单击工具栏 ⧉ 线性阵列按钮添加"线性阵列"特征。在线性阵列参数设置中选择实体的一条边线及前视基准面作为阵列方向,间距分别为 114.5 mm 和 49.5 mm,进行 2×2 阵列,形成 4 个沉孔特征,如图 2-19 所示。

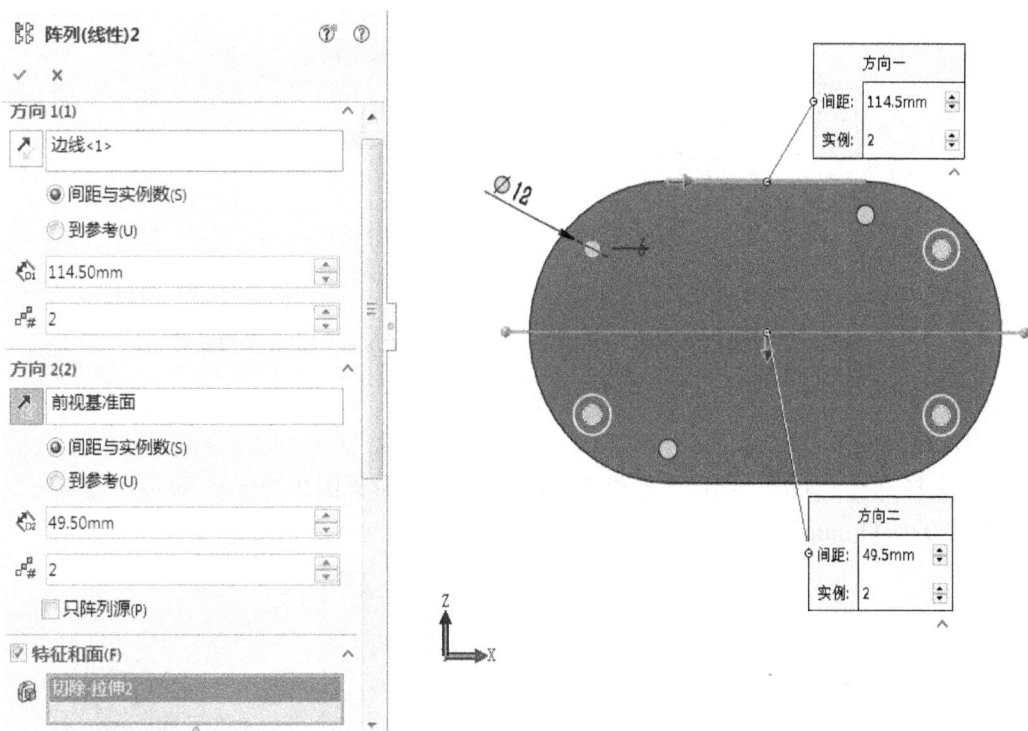

图 2-19　阵列完成沉孔建模

2. 立柱建模

(1) 选择底板模型沉孔所在面的对立面作为绘图面,绘制 $\phi 50$ 的圆,并添加约束,与侧圆面同心,如图 2-20 所示。

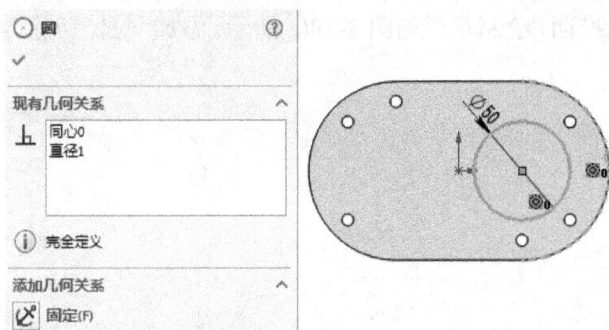

图 2-20　立柱外轮廓草图

(2) 选择所绘草图，添加"拉伸凸台"特征，高度为 70 mm。

(3) 选择立柱上表面，绘制草图如图 2-21(a)所示，添加"拉伸切除"特征，勾选"反侧切除"，深度为 5 mm，如图 2-21(b)所示。

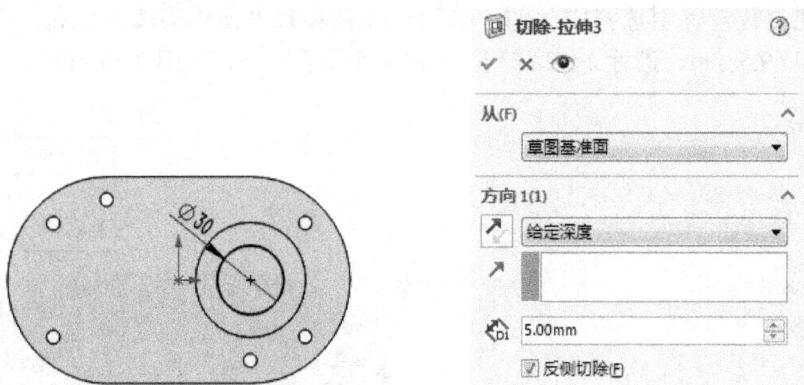

(a) 立柱拉伸切除草图　　　　　　　　(b) 拉伸切除参数设置

图 2-21　创建立柱模型

3. 创建立柱中心孔

(1) 选择立柱上端面，绘制立柱外圆面同心 $\phi 20$ 的圆(见图 2-22(a))。添加"拉伸切除"特征，深度为 11 mm(见图 2-22(b))。

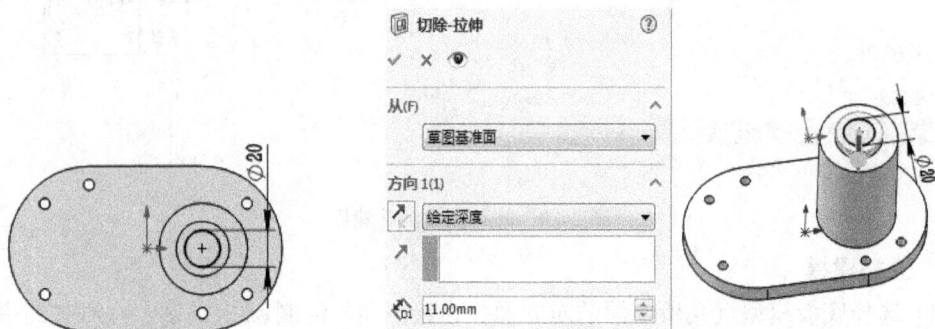

(a) 草图　　　　　　　　(b) 拉伸切除参数设置及效果

图 2-22　创建上端面中心孔

(2) 选择底板底面为绘图面，绘制 $\phi 38$ 的圆，并添加约束，使之与立柱外圆面同心，草图如图 2-23(a)所示。添加"拉伸切除"特征，深度为 69 mm(见图 2-23(b))。

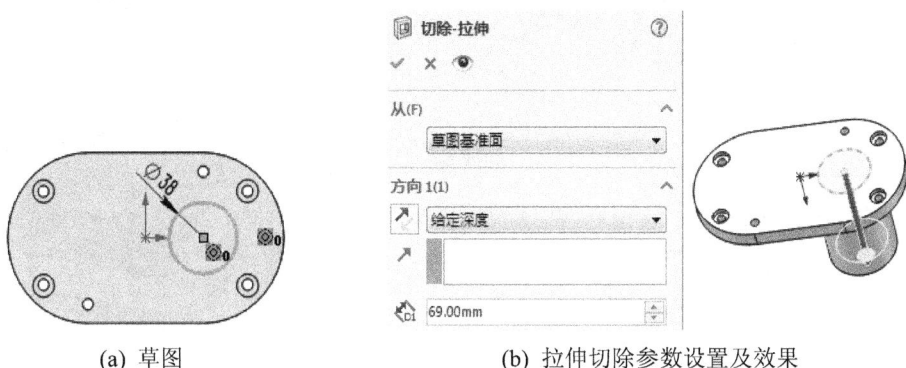

(a) 草图　　　　　　　　(b) 拉伸切除参数设置及效果

图 2-23　创建底面中心孔

4. 创建底面槽

选择底板底面，绘制 R19、R45 两段圆弧并与孔同心，绘制关于中心线对称的两条线段，间距为 16 mm，草图如图 2-24(a)所示。添加"拉伸切除"特征，深度为 4 mm，如图 2-24(b)所示。

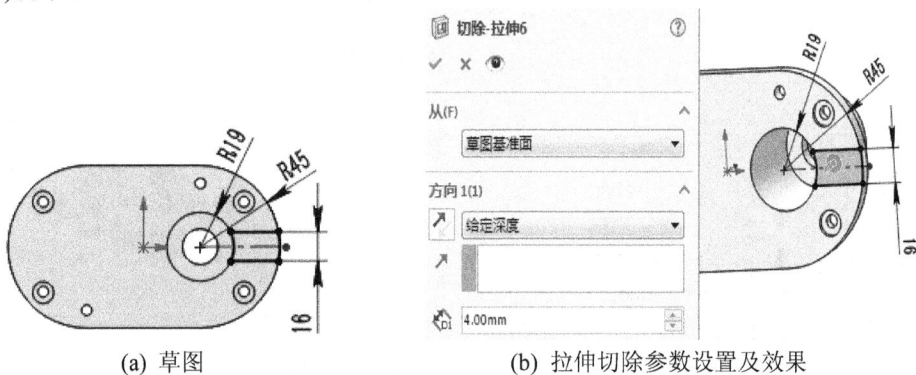

(a) 草图　　　　　　　　(b) 拉伸切除参数设置及效果

图 2-24　创建底面槽

5. 创建凸台

(1) 选择底板上表面为绘图面，绘制草图如图 2-25(a)所示。添加"拉伸凸台"特征，深度为 34 mm，如图 2-25(b)所示。

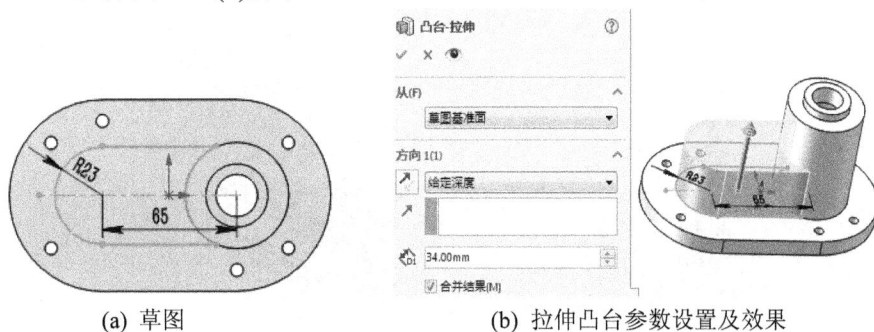

(a) 草图　　　　　　　　(b) 拉伸凸台参数设置及效果

图 2-25　创建上表面凸台

(2) 选择上一步创建的凸台上表面，绘制草图如图 2-26(a)所示。添加"拉伸切除"特征，拉伸深度为 6 mm，如图 2-26(b)所示。

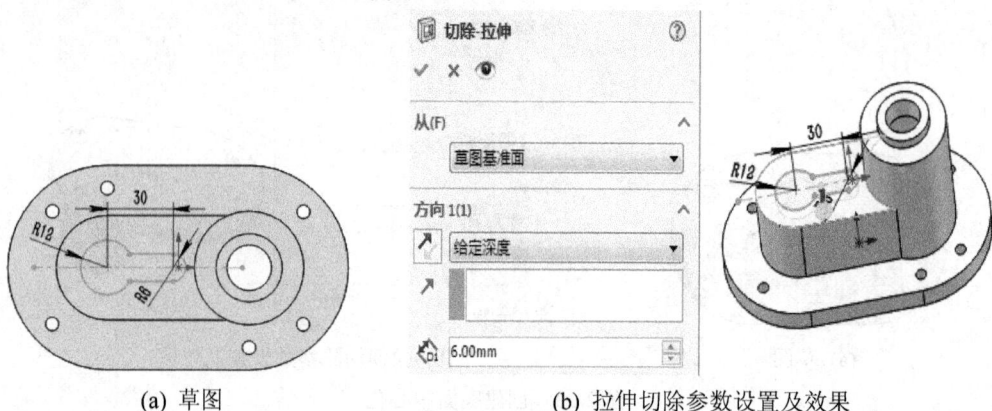

(a) 草图

(b) 拉伸切除参数设置及效果

图 2-26　创建凸台切槽

6. 创建底面切槽 2

(1) 选择底板下表面，绘制草图，如图 2-27(a)所示。

(2) 添加"拉伸切除"特征，深度为 38 mm，如图 2-27(b)所示。

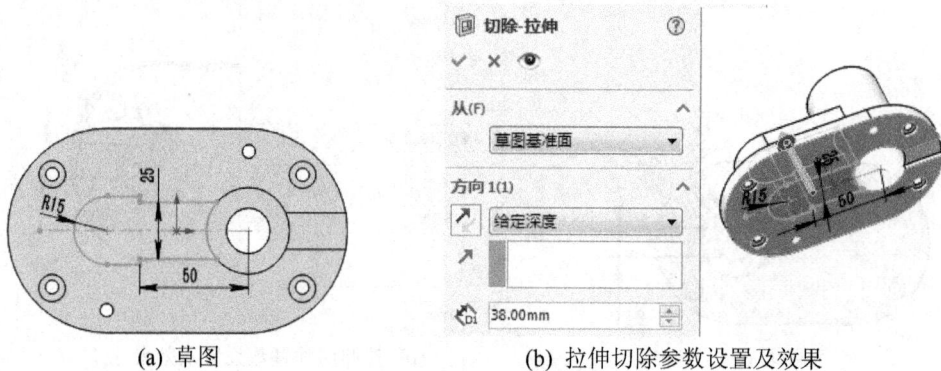

(a) 草图

(b) 拉伸切除参数设置及效果

图 2-27　创建底面切槽 2

7. 创建立柱侧面孔

(1) 创建基准面，第一参考选择"前视基准面"，距离为 25 mm，如图 2-28 所示。

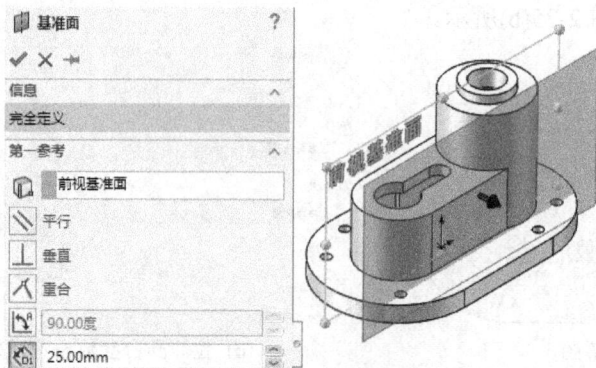

图 2-28　创建基准面

（2）在创建的基准面上绘制草图，如图 2-29(a)所示。添加"拉伸切除"特征，深度为 4 mm，如图 2-29(b)所示。

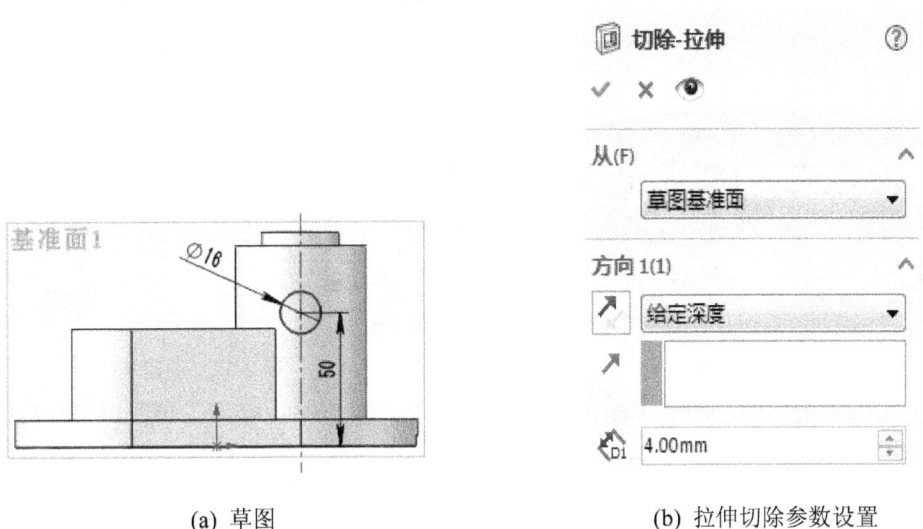

(a) 草图　　　　　　　　　　(b) 拉伸切除参数设置

图 2-29　创建侧面外圆孔

（3）在上述基准面上绘制如图 2-30(a)所示 $\phi 10$ 的圆，并与上步绘制的圆同心。添加"拉伸切除"特征，深度为 10 mm，如图 2-30(b)所示。

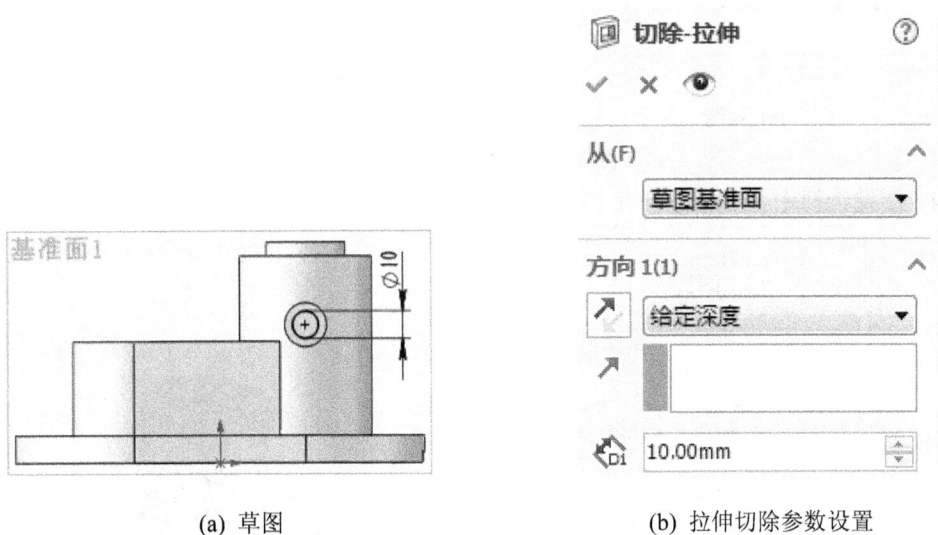

(a) 草图　　　　　　　　　　(b) 拉伸切除参数设置

图 2-30　创建侧面内圆孔

8. 创建凸台弧面切槽

（1）选择凸台上表面，绘制中心线，如图 2-31 所示。

（2）创建基准面，第一参考选择与水平呈 45° 的中心线，第二参考选择中心线末端点，如图 2-32 所示。

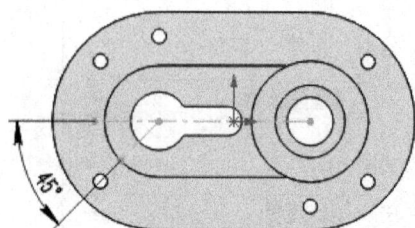

图 2-31　绘制中心线

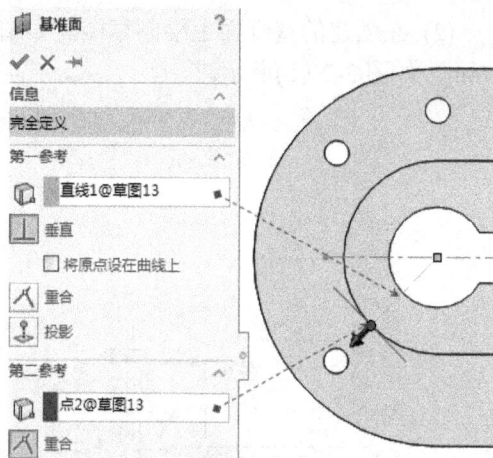

图 2-32　创建基准面

(3) 在上步创建的基准面上绘制草图，如图 2-33(a)所示。添加"拉伸切除"特征，深度为 15 mm，如图 2-33(b)所示。

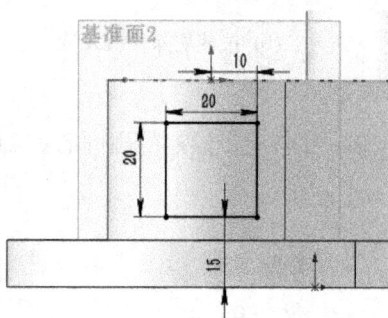

(a) 草图

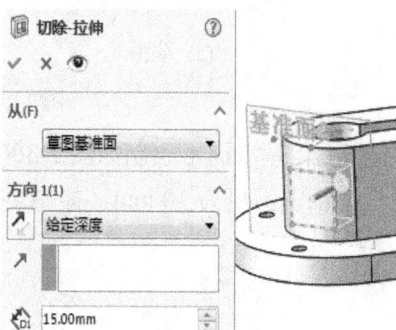

(b) 拉伸切除

图 2-33　创建凸台弧面切槽

(4) 在设计树中，右击选择【材料】→【黄铜】，如图 2-34 所示。

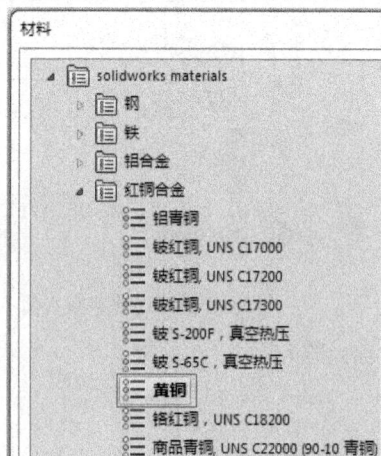

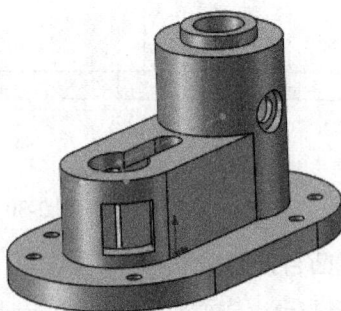

图 2-34　材质设置

(5) 在"评估"栏中，单击【质量属性】按钮，可查询质量、体积、重心等信息，如图 2-35 所示。保存文件。

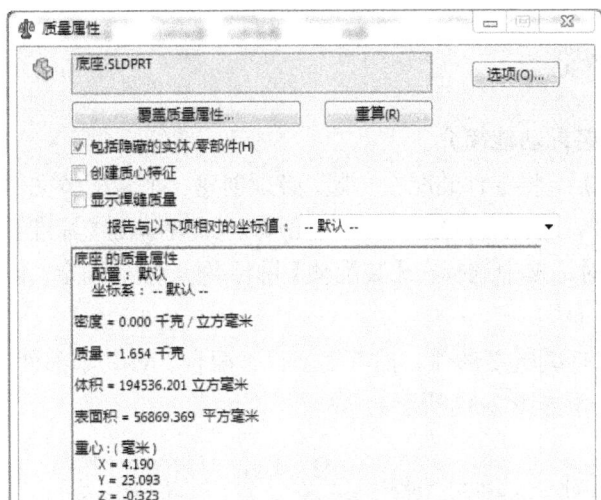

图 2-35　【质量属性】对话框

任务三　零件的装配

工程中产品往往由多个零件通过装配组合而成。SolidWorks 装配设计有两种基本形式:自底向上和自顶向下装配设计。如果先设计零件,然后通过将零件作为部件添加到装配体中,则称为自底向上装配;反之,先设计好装配体模型,再分别拆分成各零件,则称为自顶向下装配。

通过定义装配配合可以指定零件相对于装配体中其他零部件的位置。装配类型包括重合、平行、垂直、同轴心、距离配合、角度配合等。一个零件通过装配配合添加到装配体后,它的位置会随着与其有约束关系的零部件的位置改变而改变。

2.3.1　任务简介

本任务以机器人周边设备传输带为例介绍一般零件的装配过程。任务中的传输带模型包括支架、电机、出料气缸、顶料气缸、传输皮带、滚轮、料仓、电机连接轴、固定板、轴套等,如图 2-36 所示。

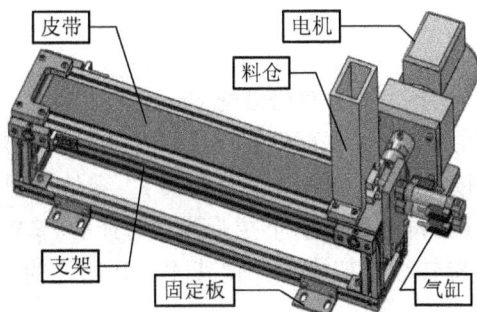

动画:传输带模型展示

图 2-36　传输带模型

2.3.2 装配步骤概览

1. SolidWorks 装配功能简介

零件设计完成之后，将零件装配在一起，必须创建一个装配体文件方能进行装配操作。打开 SolidWorks 软件，选择"新建"→"装配体"，或者单击【标准】工具栏中的【新建】按钮 ，在弹出的对话框中选择在【装配体】图标 ，然后确定，创建一个装配体文件，并进入装配体操作界面。

装配基本操作包括编辑零部件、插入零部件、配合、移动零部件、材料明细、爆炸视图等，装配工具栏按钮如图 2-37 所示。

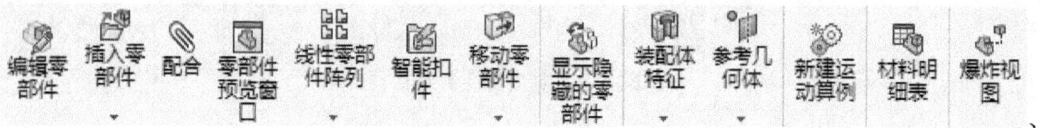

图 2-37 SolidWorks 装配工具栏

2. 参考装配步骤

参考装配步骤如表 2-3 所示。

表 2-3 传输带装配步骤概览

步骤	1. 装配支架	2. 装配皮带、滚轮、固定板	3. 装配料仓及电机	4. 装配气缸
图示				

2.3.3 装配过程

1. 支架装配

(1) 创建装配体文件，保存为"传输带装配.sldasm"。

(2) 选择菜单命令【插入】→【零部件】→【现有零部件/装配体…】命令，或单击装配工具栏【插入零部件】按钮 ，插入 2 个"支架 1"零件模型。

(3) 单击装配工具栏【移动零部件】下拉箭头，选择 旋转零部件 图标，选择其中一个支架，按下鼠标拖动，旋转该支架模型，使其 4 个开槽孔的一面基本相对，如图 2-38 所示。

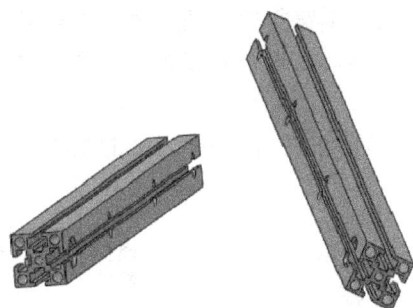

图 2-38　旋转后的两个支架相互关系

(4) 单击工具栏【配合】按钮◎，添加配合，使 4 个孔两面相互平行，如图 2-39 所示。继续添加配合，使两支架上表面和端面重合。

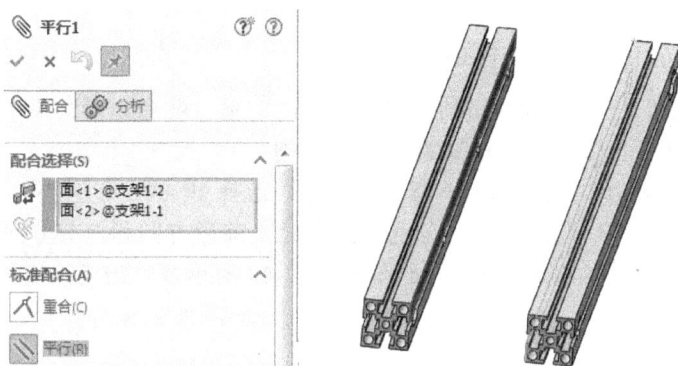

图 2-39　两面平行配合

(5) 添加距离配合，选择两支架内侧表面，设置其距离为 50 mm，完成后效果如图 2-40 所示。

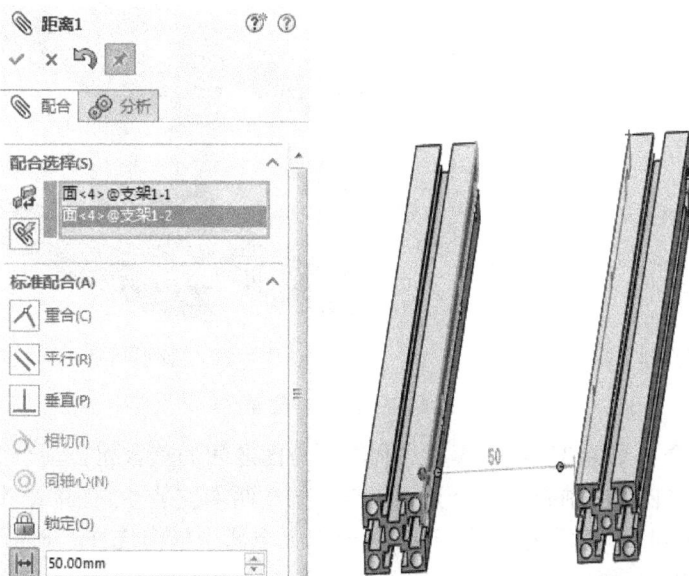

图 2-40　距离配合

(6) 单击【插入零件】按钮，浏览文件，插入两个"支架 2"模型。

(7) 通过平行和重合配合关系，使 4 个支架相互关系如图 2-41 所示，其中上方两个为支架 1，下方两个为支架 2。

(8) 添加距离配合，使上下两组支架内侧面之间的距离为 80 mm，如图 2-42 所示。

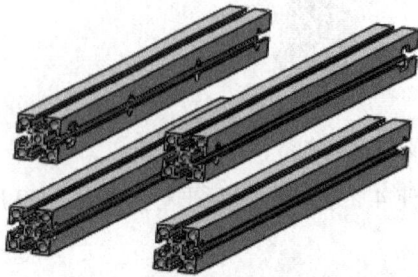

图 2-41　两组支架之间的位置关系

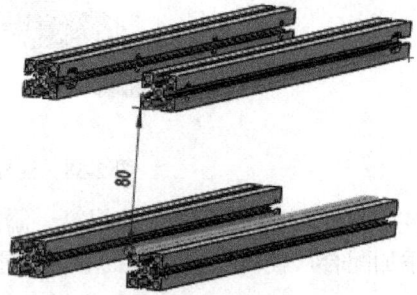

图 2-42　上下支架间距离

(9) 插入"支架 4"零件模型，利用面与面之间的重合配合，将支架 4 作为上下两组纵向支架之间的连接杆，带孔的一端靠近支架 1。

(10) 单击工具栏【线性阵列】下方下拉按钮，选择 线性零部件阵列，设置阵列参数，阵列实体为支架 4，阵列方向 1 和 2 分别选择支架 1 前后方向和左右方向的边线，数量为 2×2，阵列距离分别为 440 mm 和 70 mm，如图 2-43 所示。单击【确定】完成设置。

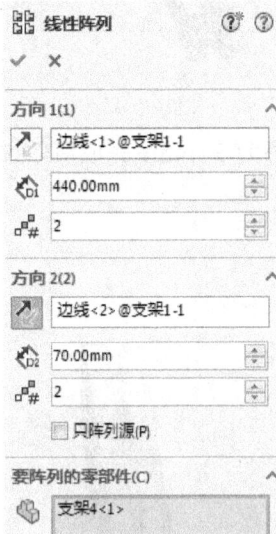

(a) 阵列参数设置

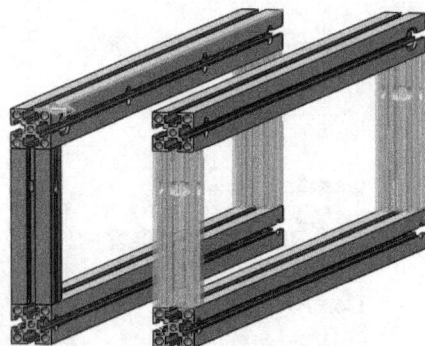

(b) 阵列预览

图 2-43　阵列支架 4

(11) 插入 2 个"支架 3"零件模型，利用面与面之间的重合配合，一个支架 3 中心圆孔与支架 4 外侧安装孔同轴心，一个支架 3 与支架 2 两端安装孔同轴心，将支架 3 作为横向连接杆，如图 2-44 所示。利用阵列，产生另一端上下两个横向连杆，阵列距离为 440 mm。完成后效果如图 2-45 所示。

图 2-44　添加同轴心配合

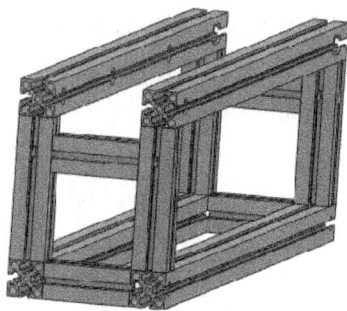

图 2-45　阵列得到 4 个横向连杆

(12) 插入"长螺栓"，利用同轴心及重合配合，将横向连接杆与上下支架连接，如图 2-46 所示。

(13) 插入"长螺栓"，利用同轴心及重合配合，将纵向连接杆与上下支架连接，如图 2-47 所示。

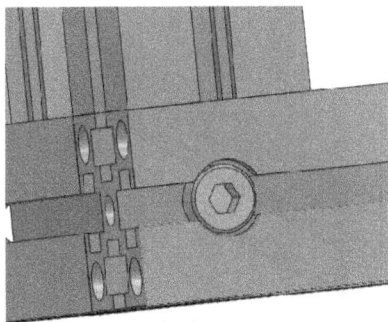

图 2-46　横向连接螺栓

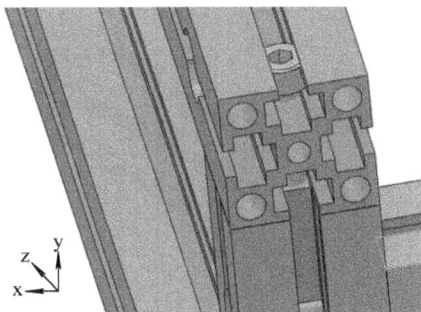

图 2-47　纵向连接螺栓

2. 滚轮、皮带及固定板装配

(1) 插入"从动轴"模型，按图 2-48 装配，其大圆端面与上支架内侧面间隙为 0.5 mm。

(2) 插入"固定板 5""轴套""沉头螺钉""长螺栓"模型，按图 2-49 在两侧装配。利用线性阵列在另一端两侧产生相应零件并装配，阵列距离为 410 mm。

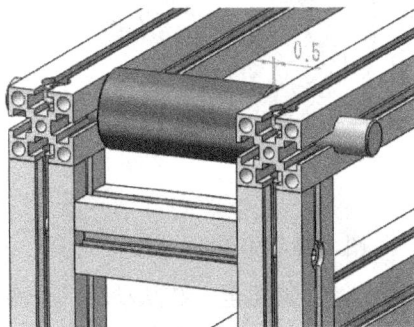

视频：滚轮、皮带
及固定板装配

图 2-48　从动轴装配

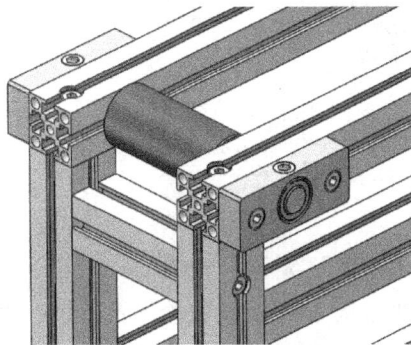

图 2-49　固定板 5、轴套等装配

(3) 插入"滚轮"和"滚轮轴"，在上支架中间两处安装孔位置按图 2-50 装配，滚轮端面离两侧支架内侧面间隙为 1.5 mm。

(4) 插入"电机传动轴"，安装于支架另一端，如图 2-51 所示，中间大圆柱端面与支架内侧面间隙为 0.5 mm。

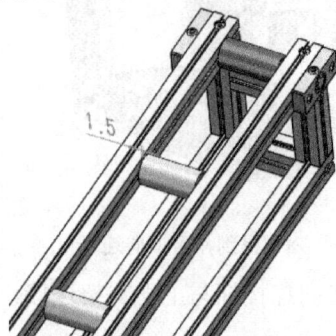

图 2-50　滚轮及滚轮轴装配

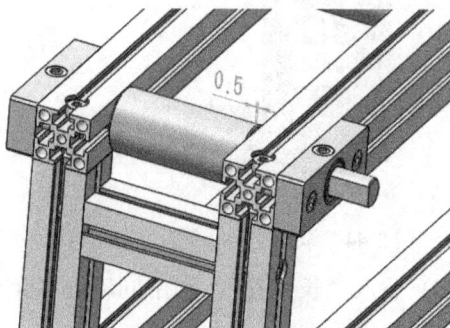

图 2-51　电机传动轴装配

(5) 插入"皮带"，皮带一端外圆面与电机传动轴同轴心，皮带侧面与两侧内侧面间隙为 0.5 mm，如图 2-52 所示。

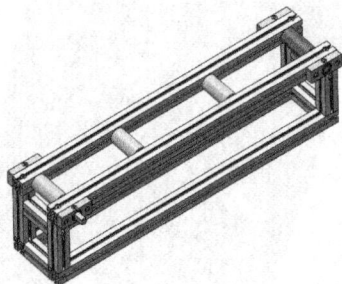

(a) 安装皮带前

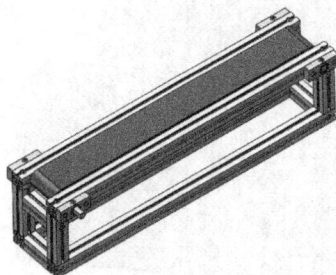

(b) 安装皮带后

图 2-52　皮带装配

(6) 插入"固定板 3"和"短螺栓"，按图 2-53 装配于下支架与竖直支架连接处内侧面。

(7) 插入"固定板 4"和"短螺栓"，按图 2-54 装配，距端面距离 52 mm。

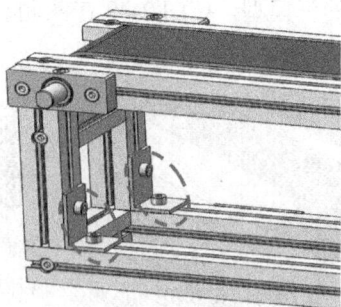

图 2-53　固定板 3、短螺栓的装配

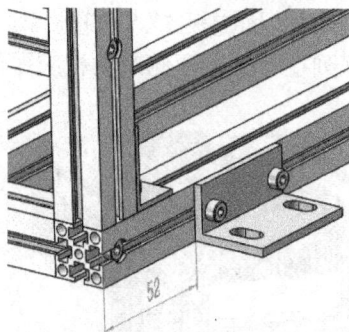

图 2-54　固定板 4 装配

(8) 插入"固定板 6""沉头螺栓"及"销"零件模型，将其装配至安装从动轴的一端两侧。固定板 6 与固定板 5 的间隙为 3 mm，销的一端面与固定板 5 侧面重合，如图 2-55 所示。

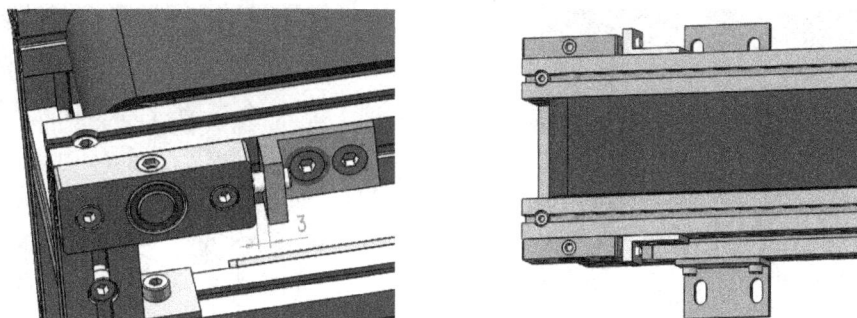

图 2-55 固定板 6 的装配

(9) 插入"固定板 2"和"长螺栓",按图 2-56 装配到传输带装有从动轴的一端。

(10) 插入"固定板 1",按图 2-57 装配到传输带装有电机传动轴的一端。

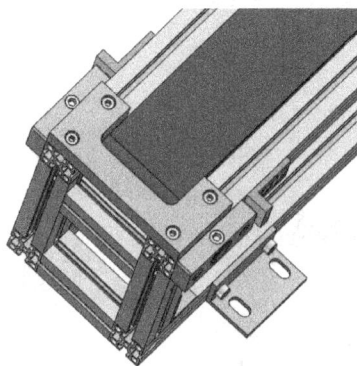

图 2-56 固定板 2 装配

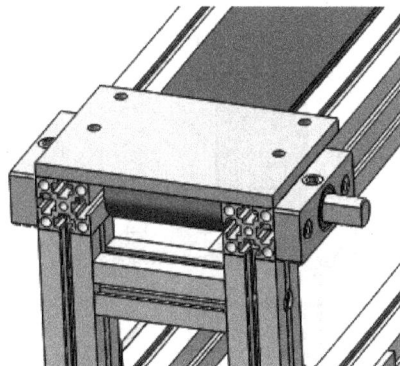

图 2-57 固定板 1 装配

3. 料仓及电机装配

(1) 插入"料仓"及"长螺栓",按图 2-58 装配。

(2) 插入"联轴器 2"和"短螺栓",按如图 2-59 进行装配,螺栓头底面与联轴器 2 外圆面相切,螺栓外圆面与联轴器 2 安装孔同轴心。

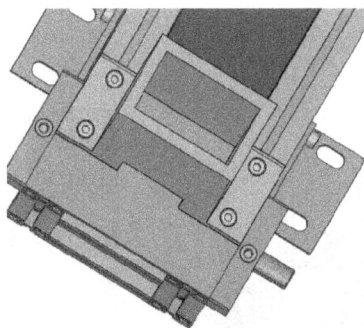

视频:料仓及电机装配

图 2-58 料仓装配

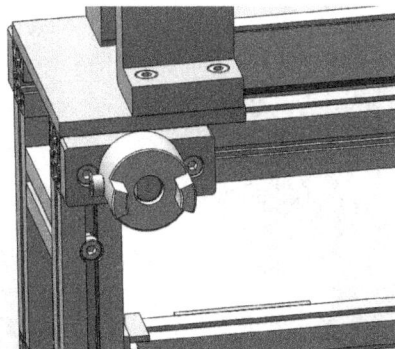

图 2-59 联轴器 2 装配

(3) 插入"联轴器 1",按图 2-60 装配。

(4) 插入"联轴器 2"和"短螺栓",按图 2-61 装配。

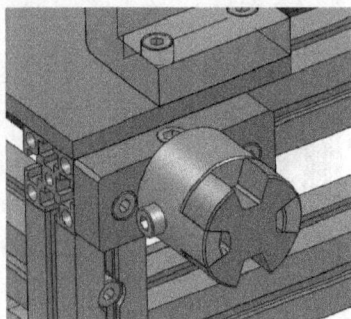

图 2-60 联轴器 1 装配

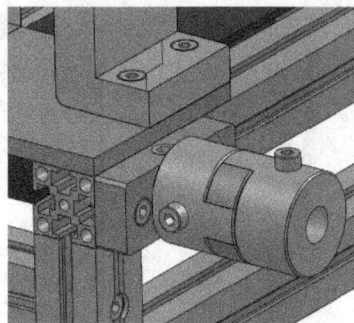

图 2-61 第二个联轴器 2 装配

(5) 插入"电机固定板",按图 2-62 装配。其中,电机固定板与第二个联轴器 2 之间的间隙为 2.5 mm,大圆孔与联轴器 2 内孔同轴心。

(6) 插入"电机"和"长螺栓",电机轴与电机固定板大圆孔同轴心,4 个螺栓从电机固定板侧配合,如图 2-63 所示。

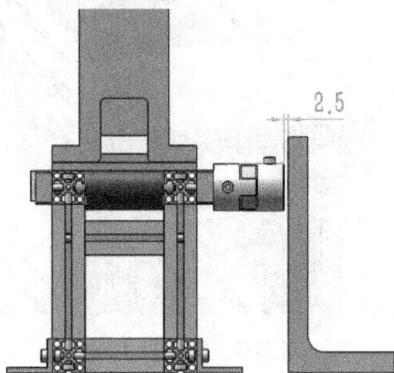

图 2-62 电机固定板装配

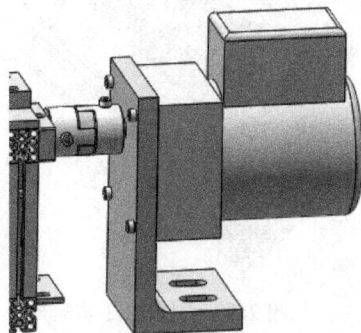

图 2-63 电机装配

4. 气缸装配

(1) 插入"气缸固定板",设置其上表面与已装配的固定板 1 表面之间的距离为 45 mm,左侧面到纵向支架左侧面之间的距离为 20 mm,内侧面与纵向支架外侧面重合,如图 2-64 所示。

(2) 插入"短螺栓",按图 2-65 所示装配。

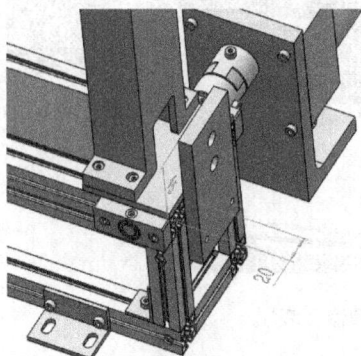

视频:气缸装配

图 2-64 气缸固定板装配

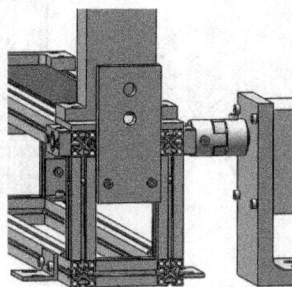

图 2-65 短螺栓与气缸固定板装配

(3) 插入 2 个"气缸", 其顶杆分别穿过气缸固定板上的 2 个大圆孔, 如图 2-66 所示。

(4) 插入"顶料块", 按图 2-67 进行装配。至此, 装配全部完成, 保存文件。

文本:模块 2 拓展练习

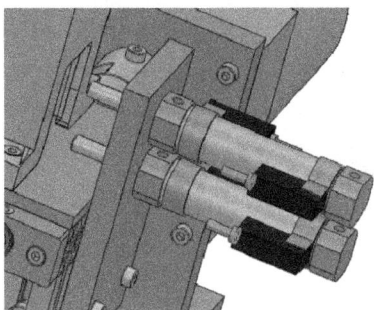

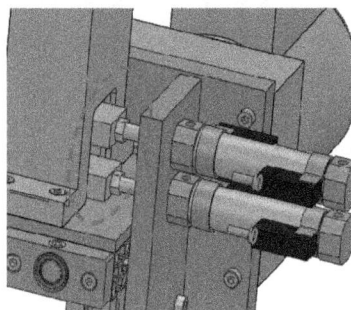

图 2-66 气缸装配　　　　图 2-67 顶料块装配

本模块小结

本模块通过典型零件的建模及传输带装配实例,详细讲解了工程图分析,实体特征元素的构成,进而进行草图基本元素绘制、几何约束、尺寸标注、草图特征,创建实体特征如拉伸、切除、倒角、圆角;零件材质设置,零件的物理特性评估计算;部件的装配。

零件实体的建模一般过程:根据工程图,分析零件特征,确定特征创建顺序;绘制基本特征的截面草图;在草图的基础上创建和修改基本特征;绘制构造特征草图;创建和修改构造特征。

草图特征包括点、线、圆、椭圆、圆弧、矩形、槽口、正多边形、等距实体、圆角、倒角、对称、镜像、草图阵列,通过绘制、剪裁、添加约束和尺寸标注即可完成草图绘制。

通过学习,重点掌握草图工具、尺寸标注及几何关系等命令,完成草图绘制,应用特征如拉伸、旋转、切除、倒角的创建和修改,掌握零件建模的一般过程和步骤,软件建模的应用技巧,以及部件装配的基本操作。

模块三

工业机器人的本体零件设计

任务一　认识工业机器人本体

目前，服务于生产制造一线的工业机器人多为关节型工业机器人，包括 4 自由度、5 自由度、6 自由度等。6 自由度关节型工业机器人机械结构包括基座、大臂、小臂、手腕等，可实现手腕的偏转、翻转、俯仰，以及大臂、小臂、基座的转动，如图 3-1 所示。

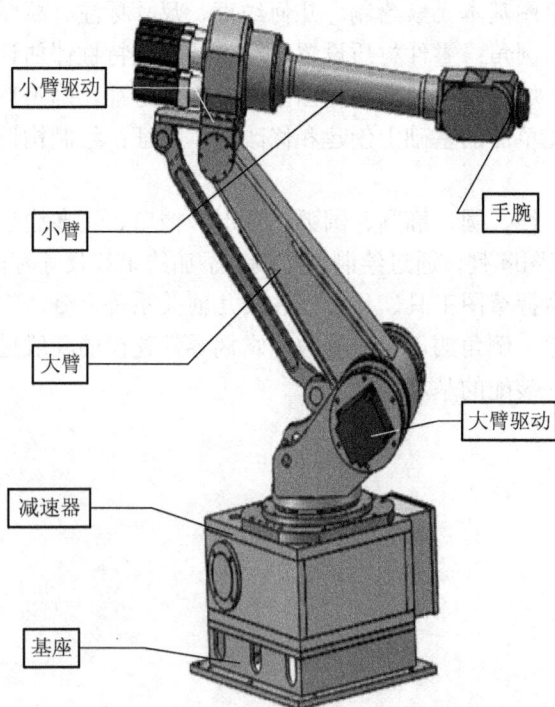

动画:6 自由度机器人

图 3-1　6 自由度工业机器人机械结构

实际的工业机器人各关节还包括电机、传动机构(同步皮带、丝杠等)、减速器(谐波齿轮、行星齿轮等)等驱动、传动部件，以及必要的末端执行机构如夹爪、吸盘或焊枪、涂胶枪等，如图 3-2～图 3-4 所示。

(a) 圆柱齿轮   (b) 斜齿轮   (c) 锥齿轮

动画：行星齿轮

(d) 蜗轮蜗杆   (e) 行星轮系

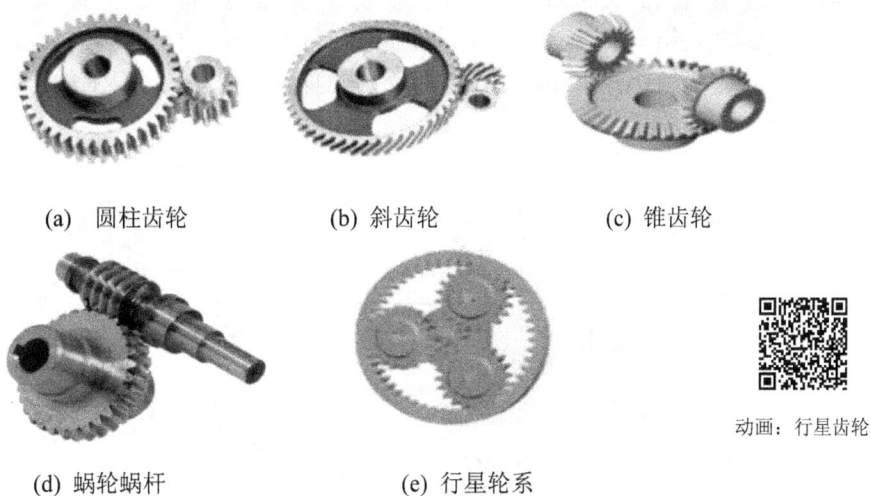

图 3-2 常用减速齿轮组

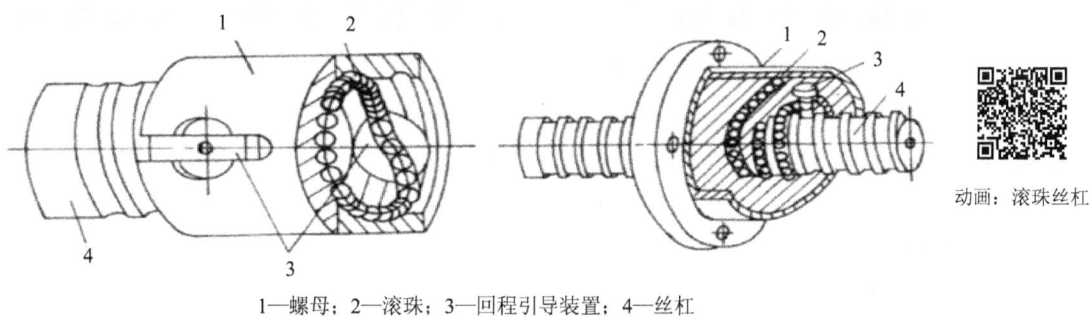

动画：滚珠丝杠

1—螺母；2—滚珠；3—回程引导装置；4—丝杠

图 3-3 滚珠丝杠副

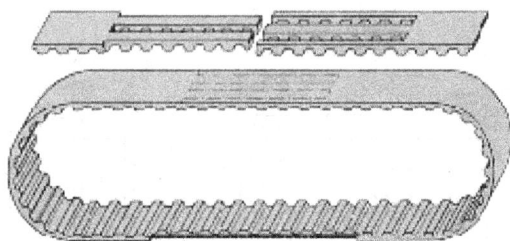

图 3-4 同步皮带

任务二 基座的设计

如图 3-1 所示，本任务所涉及的工业机器人为串联结构机器人，即各关节在结构上串联，前面关节的动作改变后续关节的坐标原点。

机器人基座位于机器人底部，通过螺栓安装于底面固定板或工作台面上，实现机器人本体的定位。机器人第一关节驱动臂座通过轴承与基座减速机构输出轴相连，减速器侧面安装的伺服电机经蜗轮蜗杆驱动输出轴，从而对驱动臂座及安装于其后的大臂、小臂等进行水平旋转控制，如图 3-5 所示。

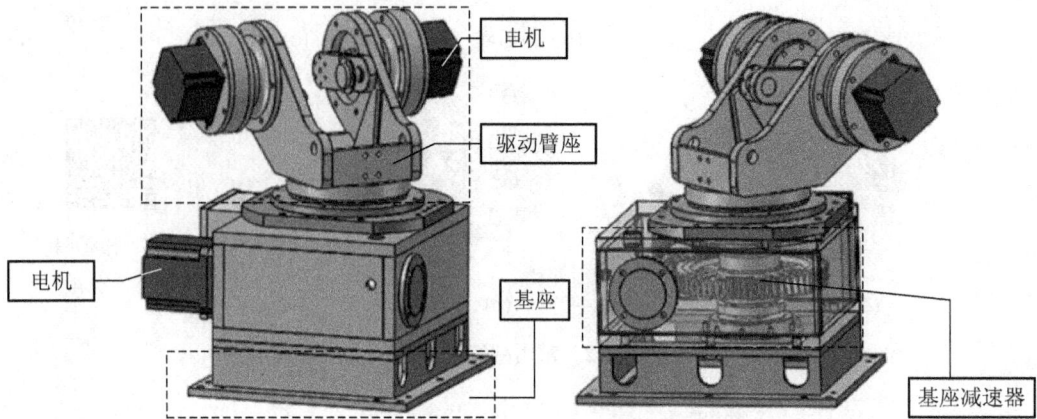

图 3-5　机器人基座

本任务主要介绍基座、驱动臂座及其连接法兰建模，减速器设计将在任务六中详细讲解。

3.2.1　机器人基座

1. 基座建模过程概览

基座工程图如图 3-6 所示，其参考建模过程见表 3-1。

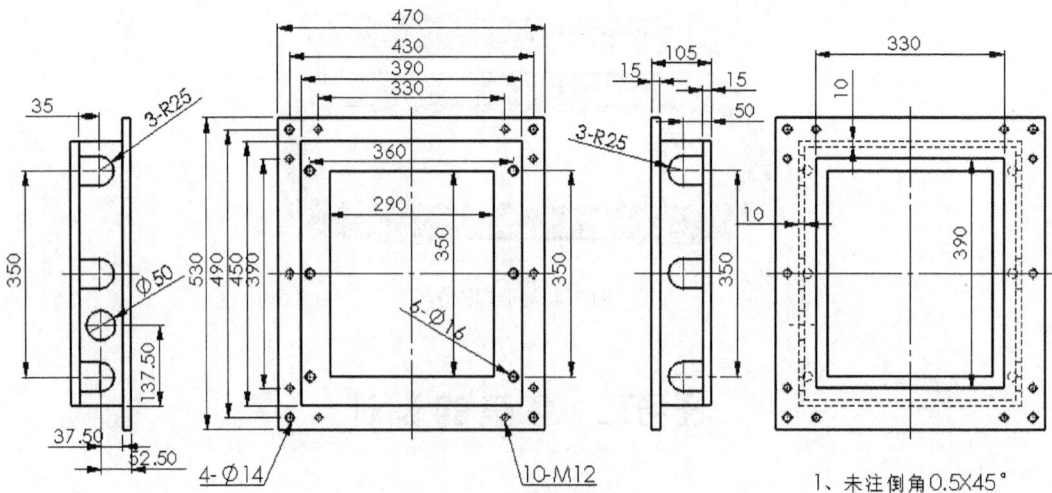

图 3-6　机器人基座工程图

表 3-1　基座建模过程概览

步骤	1. 基座表面和侧面	2. 表面开槽	3. 底面法兰	4. 上表面安装孔
图示				
步骤	5. 侧面开槽	6. 侧面槽底边圆角	7. 法兰安装孔	8. 侧面圆孔
图示				

2. 基座建模过程

(1) 新建"零件"，命名为"基座.sldprt"。

(2) 选择"前视基准面"，绘制草图如图 3-7(a)所示；添加"拉伸凸台"特征，深度为 15 mm(见图 3-7(b))。

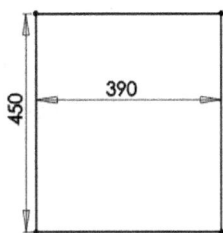

(a) 草图　　　　　　　(b) 拉伸参数设置

视频：基座建模

图 3-7　基座上面板

(3) 选择(2)所创建模型底面，绘制草图如图 3-8(a)所示，添加"拉伸凸台"特征，深度为 75 mm，形成侧面板，如图 3-8(b)所示。

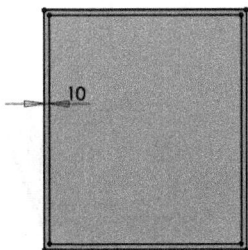

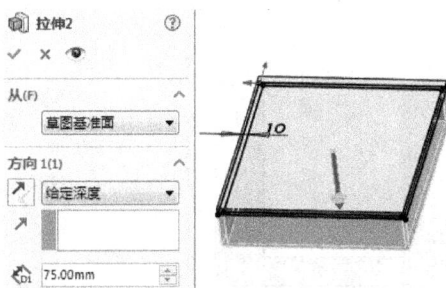

(a) 草图　　　　　　　(b) 拉伸参数设置及效果

图 3-8　创建侧面板模型

(4) 选择(2)中所创建模型的底面，绘制草图如图 3-9(a)所示，添加"拉伸切除"特征，深度为 15 mm，如图 3-9(b)、(c)所示。

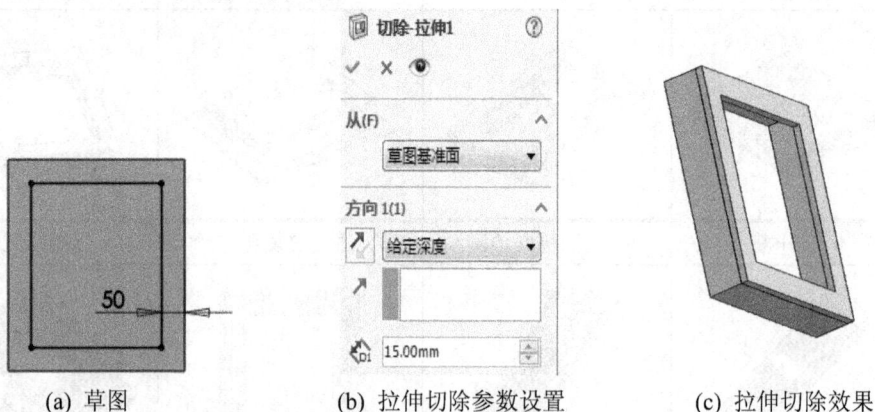

(a) 草图　　　　(b) 拉伸切除参数设置　　　　(c) 拉伸切除效果

图 3-9　上面板中部切除

(5) 选择侧面板底面为绘图面，绘制 2 个矩形，草图如图 3-10(a)所示。添加"拉伸凸台"特征，合并结果，深度为 15 mm，形成基座法兰，如图 3-10(b)、(c)所示。

(a) 草图　　　　(b) 拉伸凸台参数设置　　　　(c) 拉伸凸台效果

图 3-10　基座法兰建模

(6) 选择上面板的上表面，绘制 6 个 $\phi6$ 的圆，草图如图 3-11(a)所示，添加"拉伸切除"特征，深度为 30 mm，形成上面板安装孔，如图 3-11(b)、(c)所示。

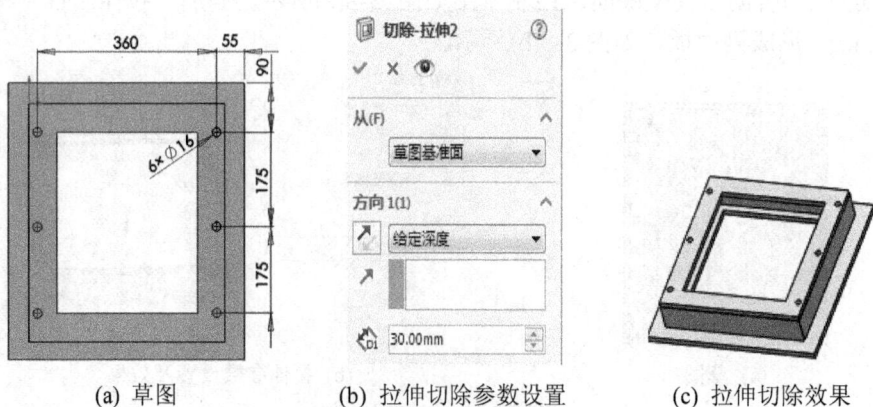

(a) 草图　　　　(b) 拉伸切除参数设置　　　　(c) 拉伸切除效果

图 3-11　上面板安装孔

(7) 选择有安装孔的一侧表面，绘制草图如图 3-12(a)所示。添加"拉伸切除"特征，选择"完全贯穿"，如图 3-12(b)、(c)所示。

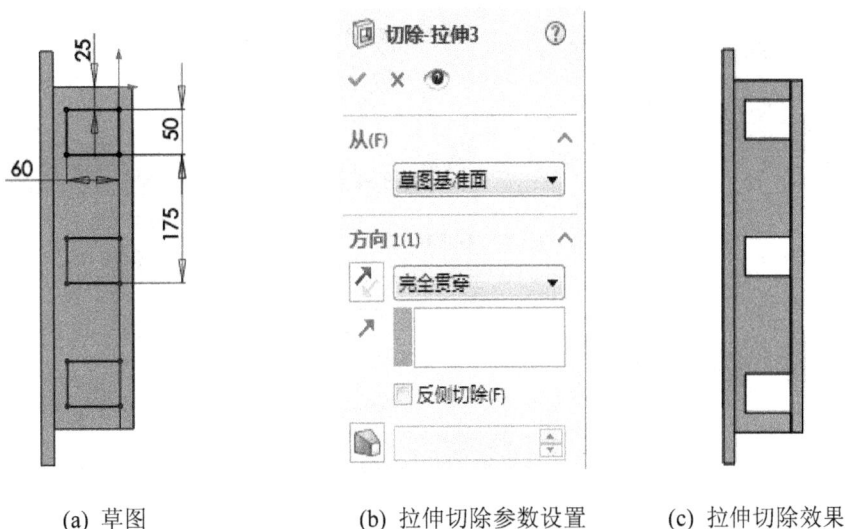

(a) 草图　　　　　　　　(b) 拉伸切除参数设置　　　　　　(c) 拉伸切除效果

图 3-12　侧面槽

(8) 单击工具栏【圆角】按钮 圆角，添加"圆角"特征，选择图 3-13(a)所示侧面开槽底部共 6 处边线，设置圆角半径为 25 mm(见图 3-13(b))，完成设置后效果如图 3-13(c)所示。

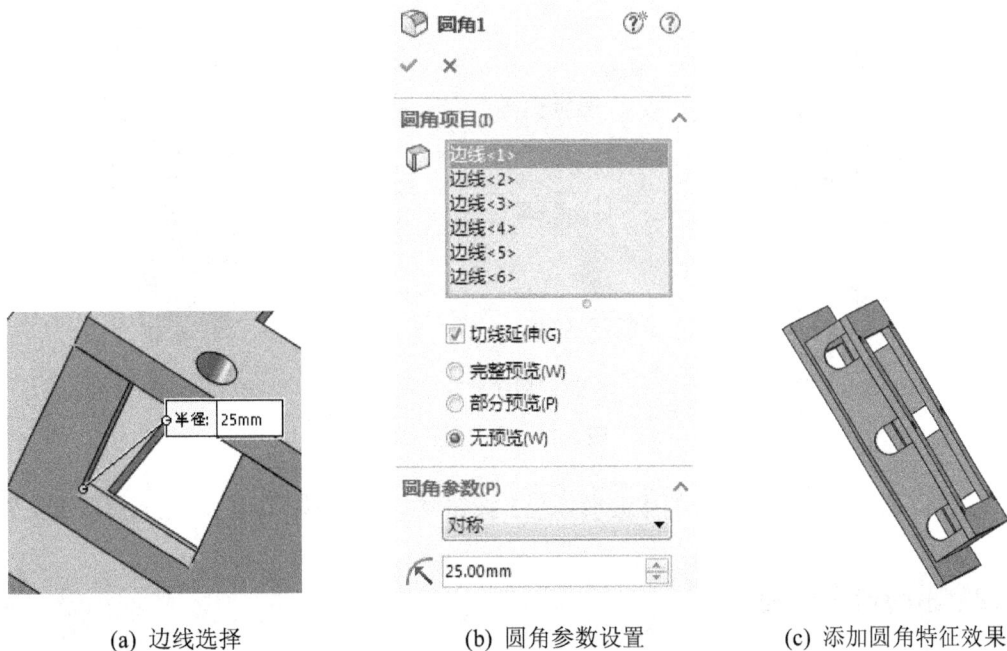

(a) 边线选择　　　　　　　　(b) 圆角参数设置　　　　　　(c) 添加圆角特征效果

图 3-13　侧面槽底部圆角

(9) 按上步方法，完成对侧面槽圆角特征的添加。

(10) 选择底面法兰上表面,绘制安装孔,草图如图 3-14(a)所示。添加"拉伸切除"特征,深度为 15 mm(见图 3-14(b)、(c))。

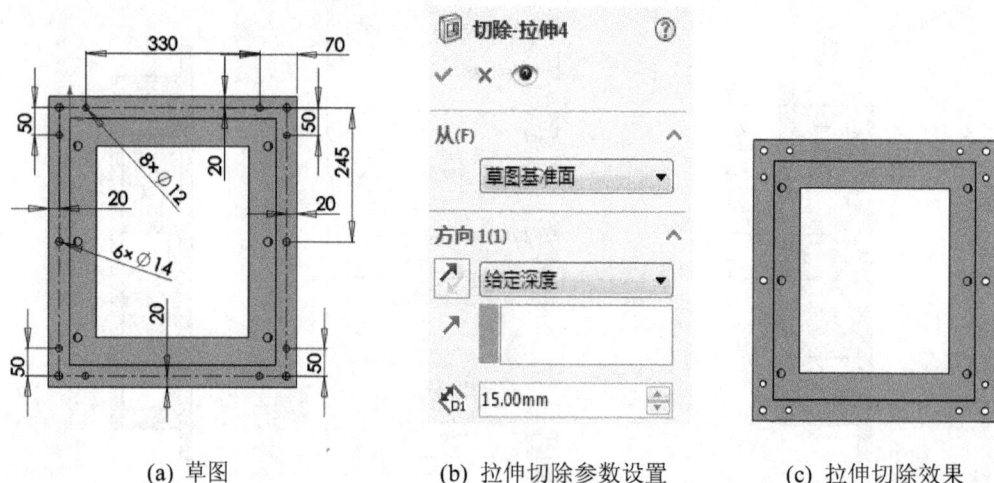

(a) 草图　　　　　(b) 拉伸切除参数设置　　　　(c) 拉伸切除效果

图 3-14　法兰安装孔

(11) 选择其中一个有开槽的面,绘制 φ50 的圆。添加"拉伸切除"特征,深度为 30 mm,如图 3-15 所示。

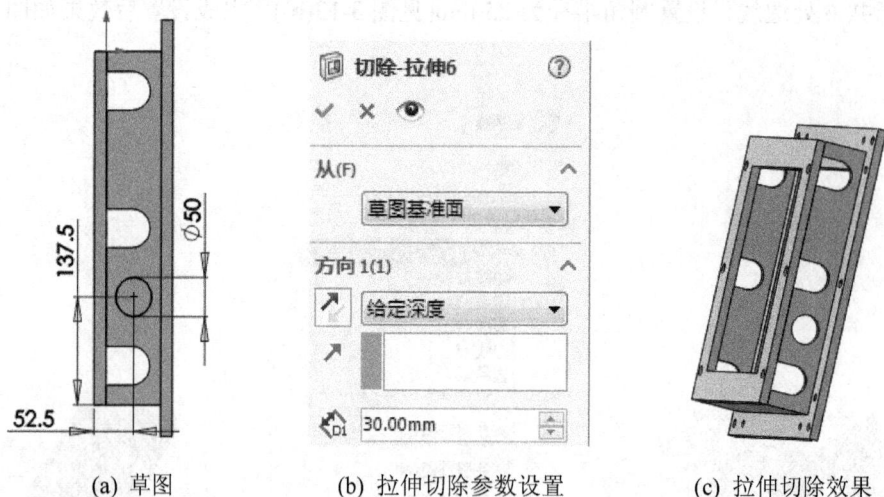

(a) 草图　　　　　(b) 拉伸切除参数设置　　　　(c) 拉伸切除效果

图 3-15　侧面圆孔

(12) 单击"前导视图"中的【编辑外观】按钮 ,设置模型颜色。完成后保存文件。

3.2.2　驱动臂座机构

驱动臂座机构主要包括底盘法兰盖、蜗轮轴上法兰、驱动臂座、蜗轮轴下法兰,如表 3-2 所示。

表 3-2　驱动臂座零部件

零件	底盘法兰盖	蜗轮轴上法兰	驱动臂座	蜗轮轴下法兰
图示				

1. 底盘法兰盖

底盘法兰盖工程图如图 3-16 所示。

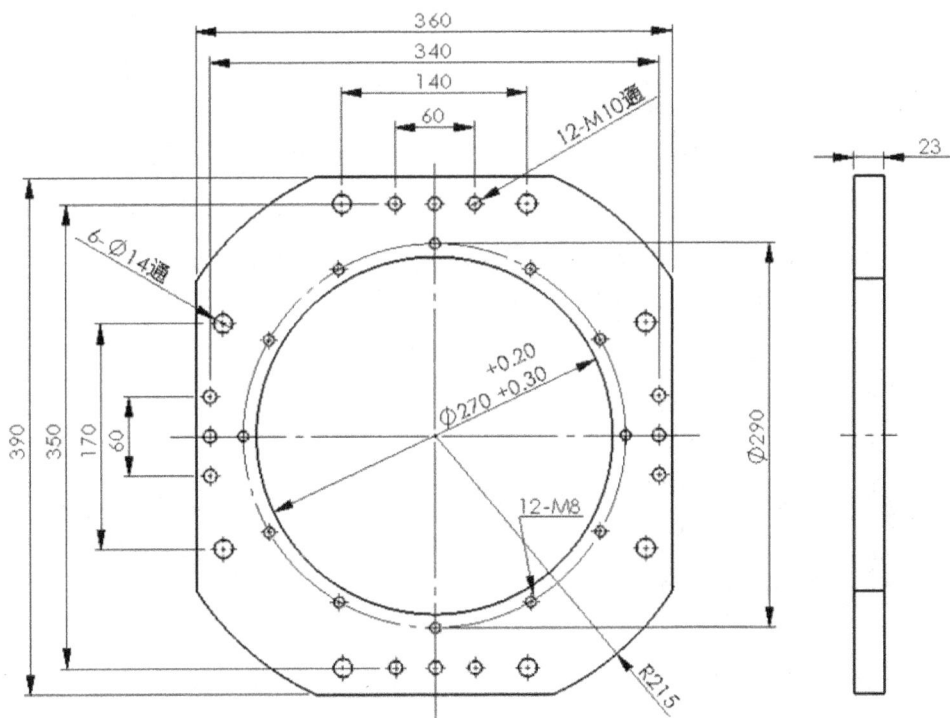

图 3-16　底盘法兰盖工程图

(1) 新建零件，选择"前视基准面"，绘制草图如图 3-17 所示。添加"拉伸凸台"特征，深度为 23 mm。

(2) 选择法兰上表面，绘制草图如图 3-18 所示，添加"拉伸切除"特征，深度为 23 mm。

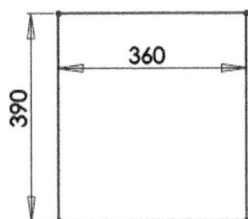

图 3-17　底盘法兰盖草图

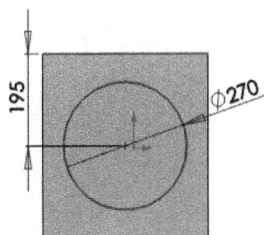

图 3-18　圆孔草图

视频：底盘法兰盖建模

(3) 选择法兰上表面，利用【圆周草图阵列】工具 ![图标] 圆周草图阵列 绘制如图 3-19 所示的草图，添加"拉伸切除"特征，深度 23 mm，形成 12 个 ϕ8 圆孔。

(4) 选择法兰上表面，绘制草图如图 3-20 所示，添加"拉伸切除"特征，深度为 23 mm，形成 8 个 ϕ14 圆孔。

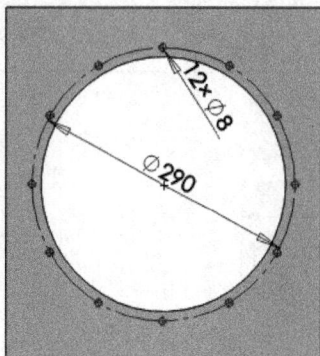

图 3-19　ϕ8 圆孔草图

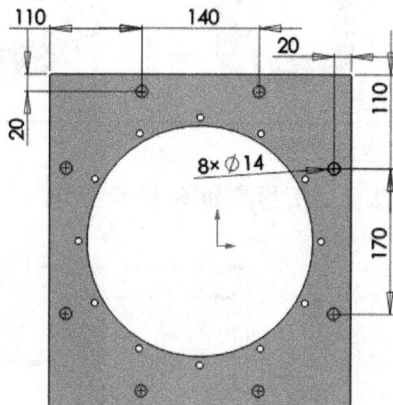

图 3-20　ϕ14 圆孔草图

(5) 选择法兰盖上表面，绘制草图如图 3-21 所示。添加"拉伸切除"特征，勾选"反侧切除"，方向"完全贯穿"，形成圆角，如图 3-22 所示。

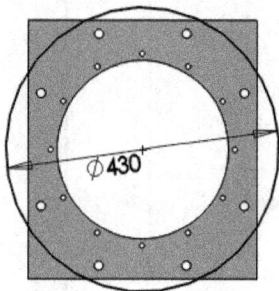

图 3-21　圆角草图

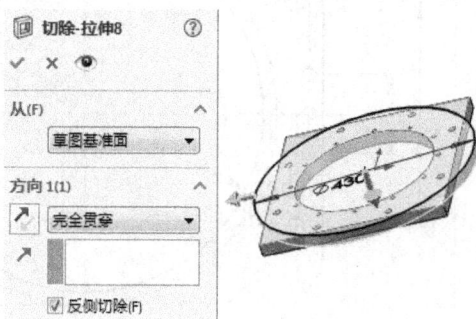

图 3-22　拉伸切除形成圆角

(6) 选择法兰上表面，绘制草图如图 3-23 所示，添加"拉伸切除"特征，深度为 23 mm，形成 12 个 ϕ10 的圆孔。修改颜色并保存文件。

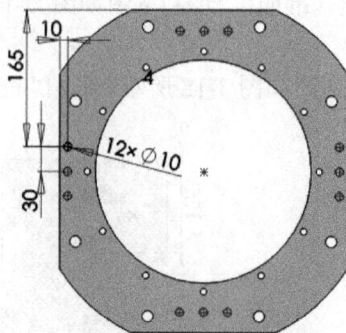

图 3-23　ϕ10 圆孔草图

2. 蜗轮轴上法兰

蜗轮轴上法兰工程图如图 3-24 所示。

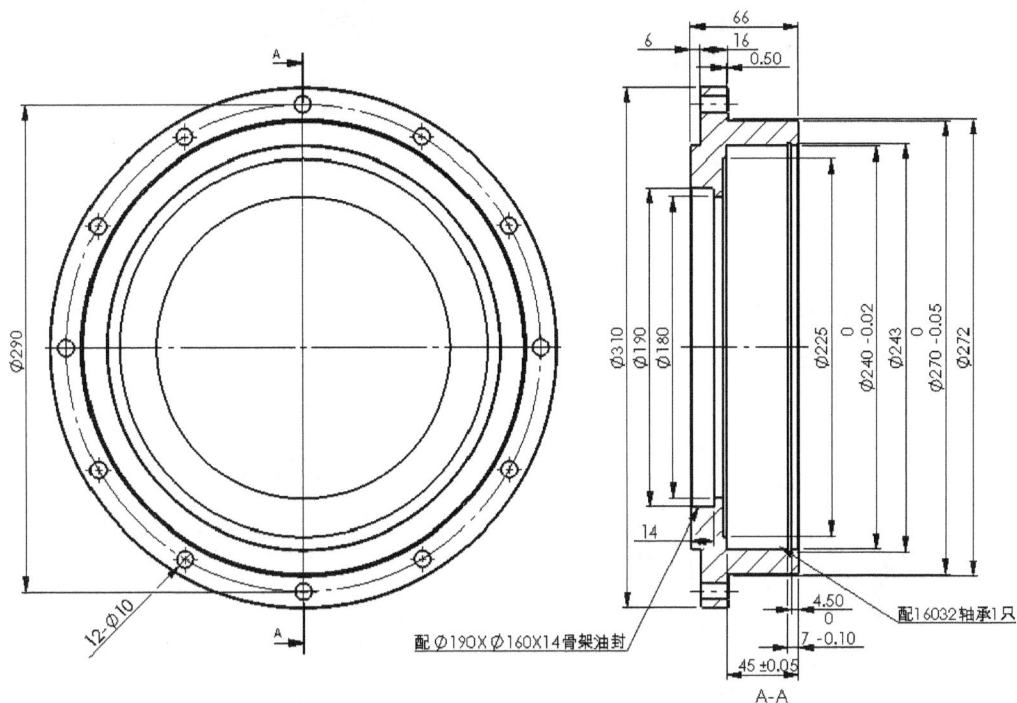

图 3-24　蜗轮轴上法兰工程图

(1) 新建零件，选择"右视基准面"，绘制草图如图 3-25 所示。

视频：蜗轮轴上法兰建模

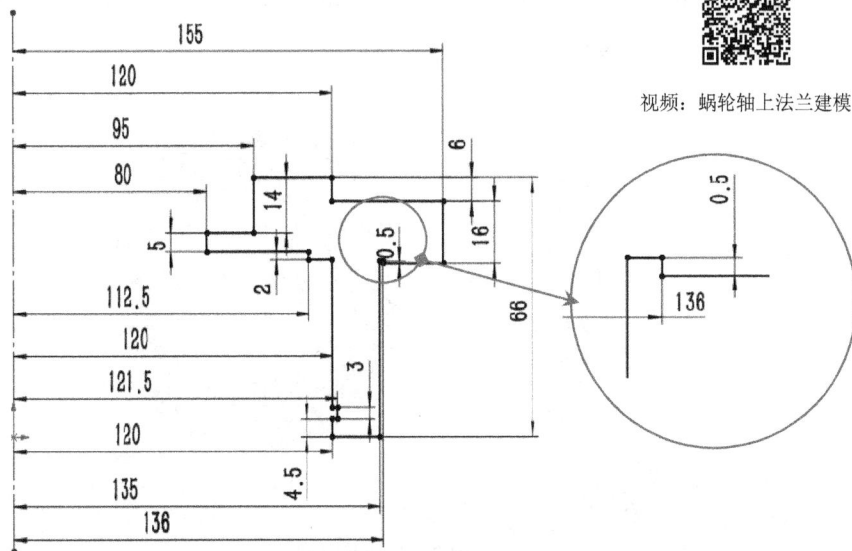

图 3-25　法兰剖面草图

(2) 旋转凸台，如图 3-26 所示。

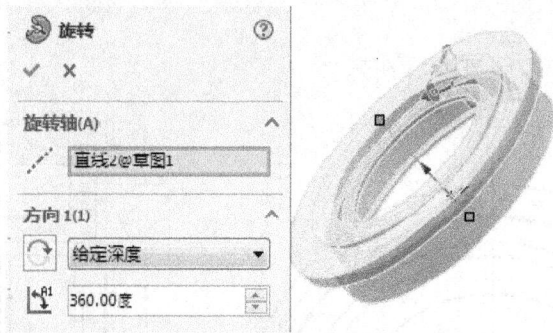

图 3-26　旋转凸台

(3) 选择绘图面(见图 3-27(a))，绘制草图如图 3-27(b)所示，添加"拉伸切除"特征，深度为 20 mm，形成法兰安装孔。

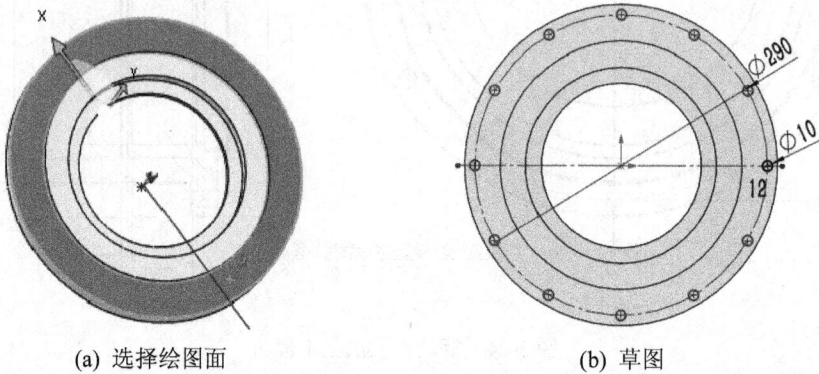

(a) 选择绘图面　　　　　　　　　　　　(b) 草图

图 3-27　法兰安装孔

(4) 添加"倒角"特征，选择模型各圆边，倒角 0.5×45°，如图 3-28 所示。

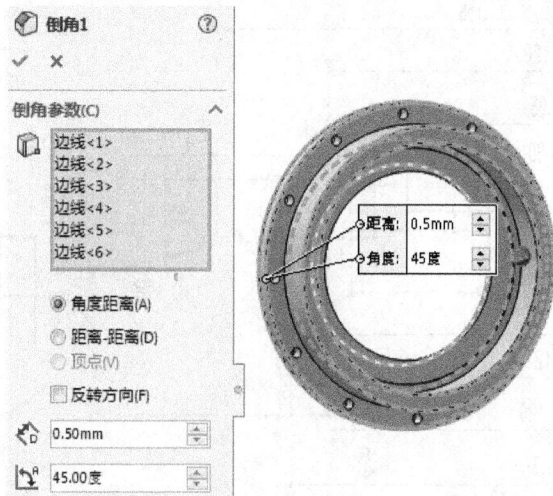

图 3-28　圆边倒角

3. 驱动臂座

驱动臂座工程图及三维视图如图 3-29 所示。

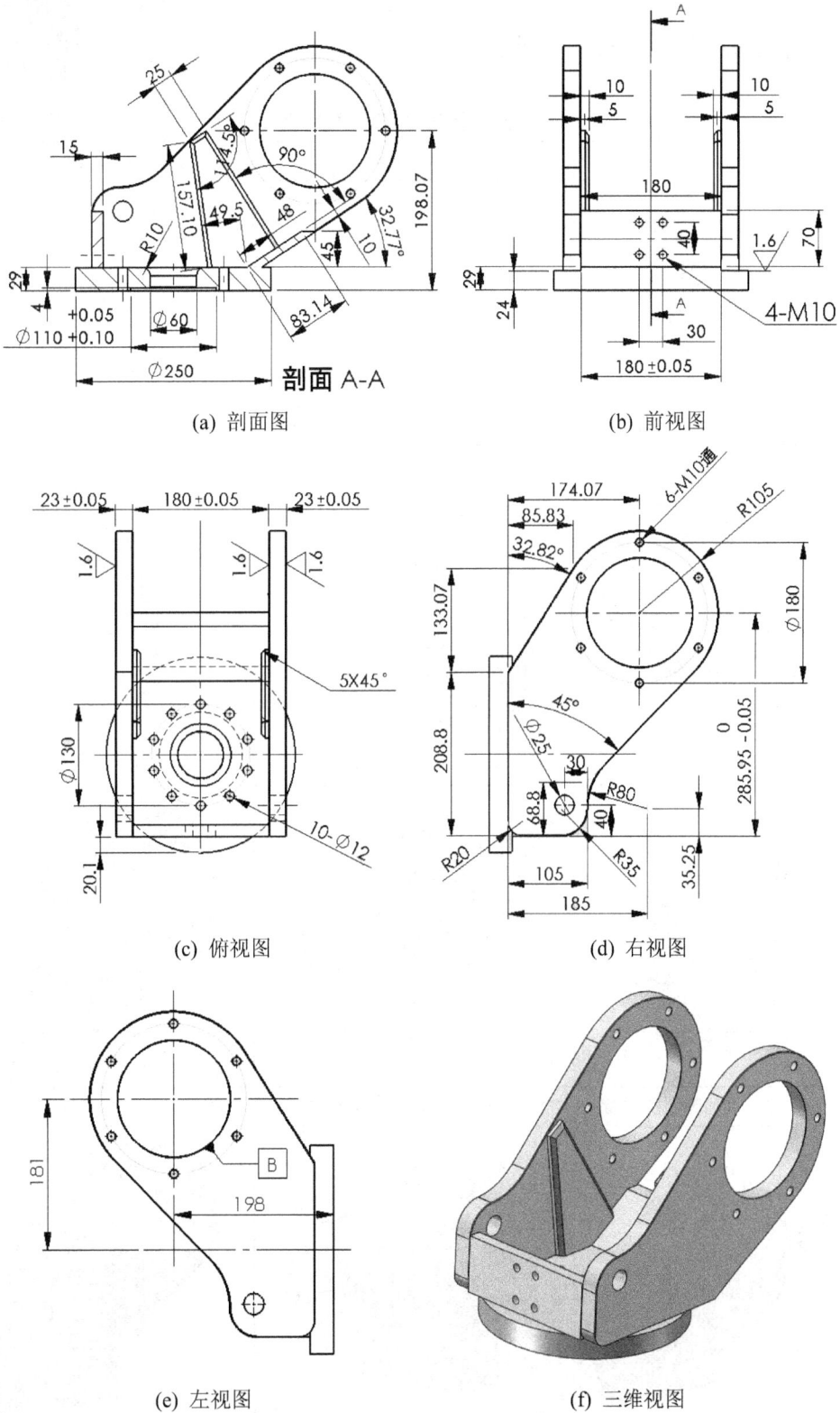

(a) 剖面图

(b) 前视图

(c) 俯视图

(d) 右视图

(e) 左视图

(f) 三维视图

图 3-29 驱动臂座工程图及三维视图

驱动臂座的建模步骤如表 3-3 所示。

表 3-3　驱动臂座建模步骤

步骤	1. 草图，拉伸凸台 29 mm	2. 创建基准面 1，距离 90 mm	3. 创建基准面 2，距离 90 mm
图示	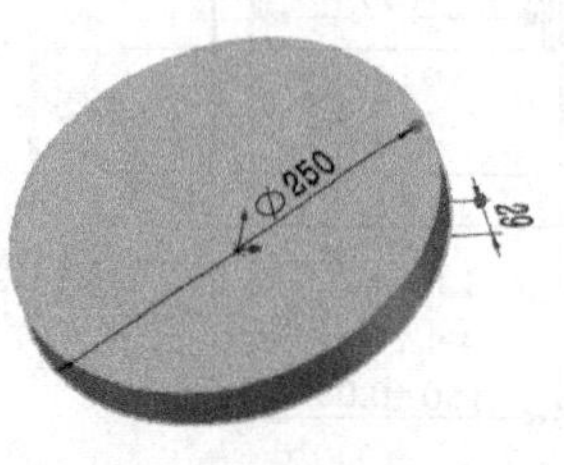	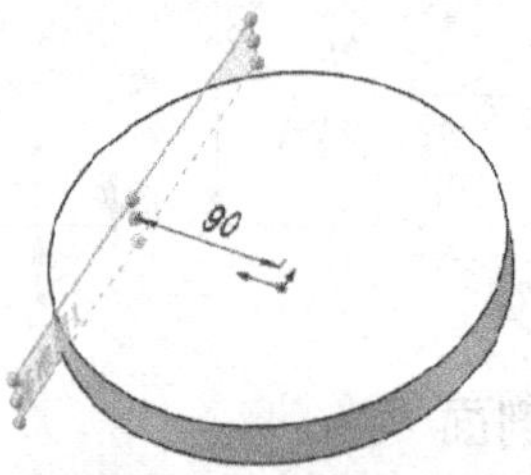	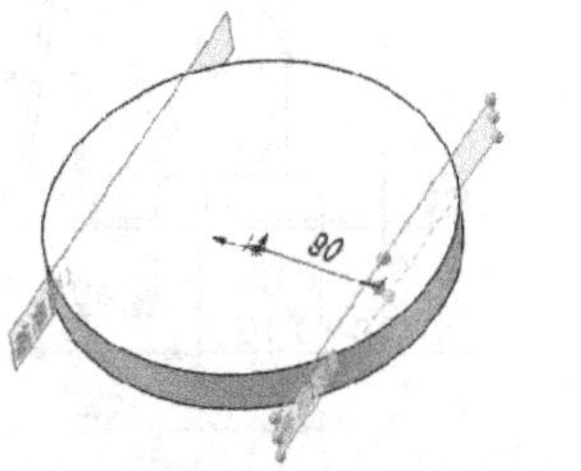
步骤	4. 草图，拉伸切除 5 mm	5. 基准面 1 草图，拉伸凸台 23 mm	6. 基准面 2 草图，拉伸凸台 23 mm
图示	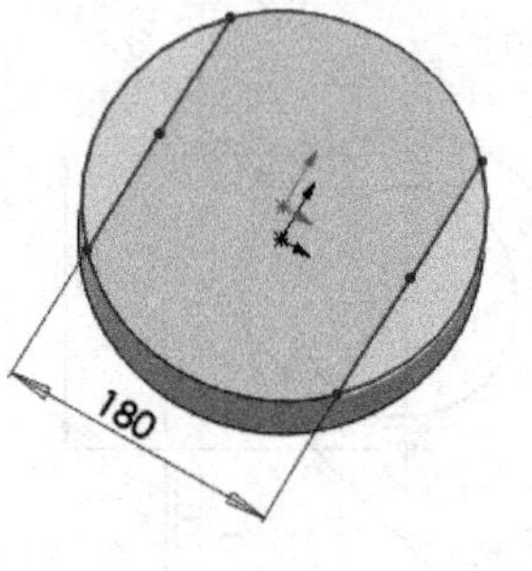	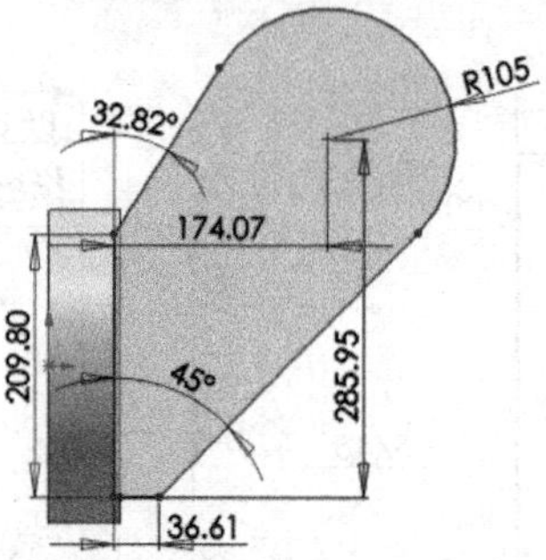	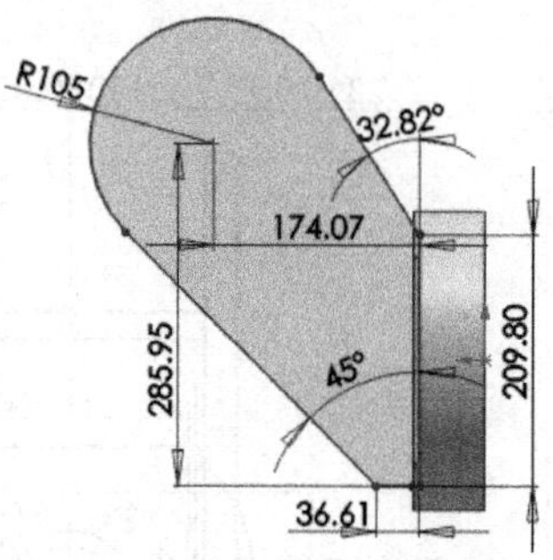
步骤	7. 草图，拉伸凸台 70 mm	8. 草图，拉伸凸台 23 mm	9. 草图，拉伸切除完全贯穿
图示	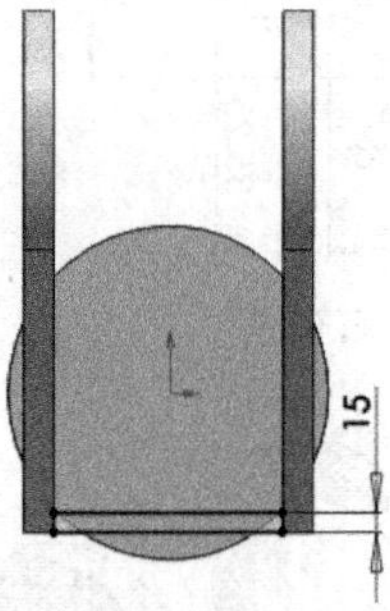	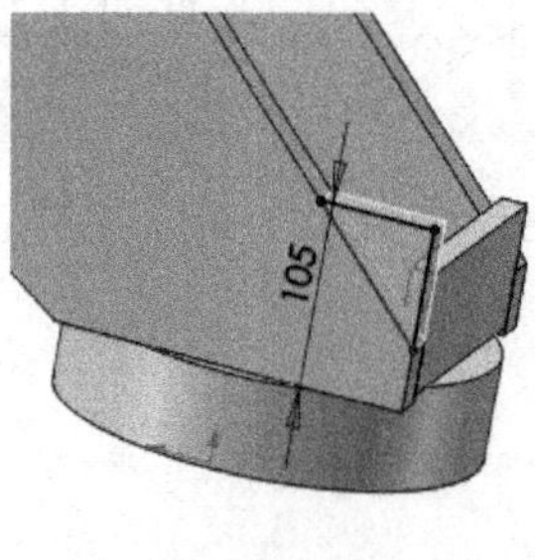	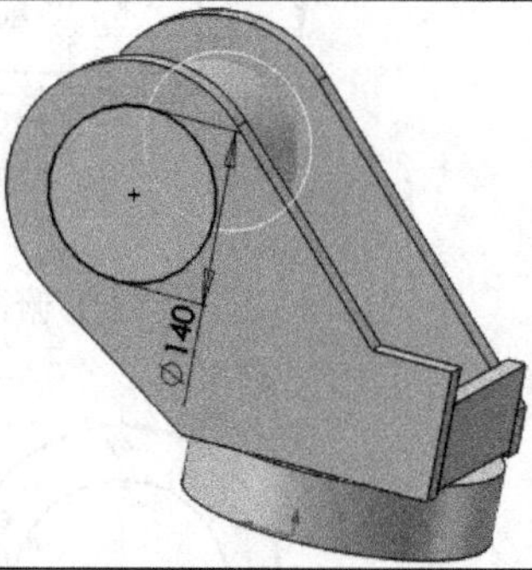
步骤	10. 草图，拉伸切除完全贯穿	11. 草图并拉伸凸台 23 mm	12. 圆角，半径 80 mm
图示	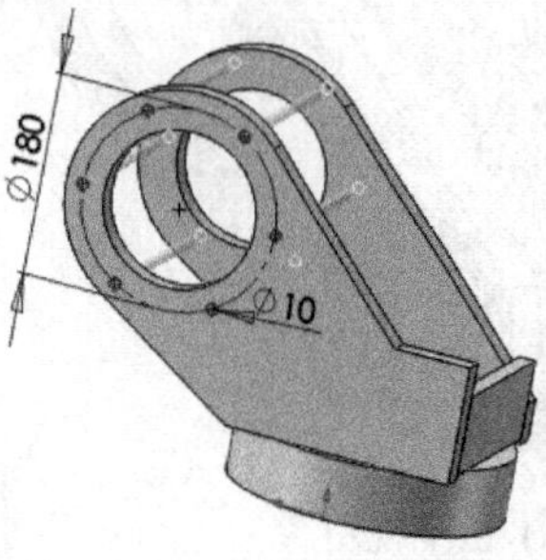	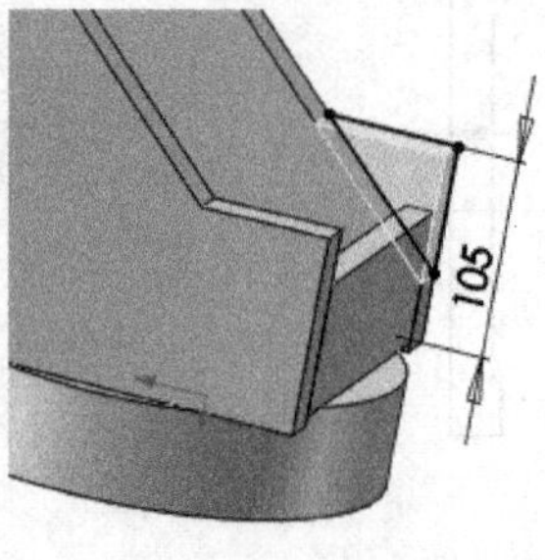	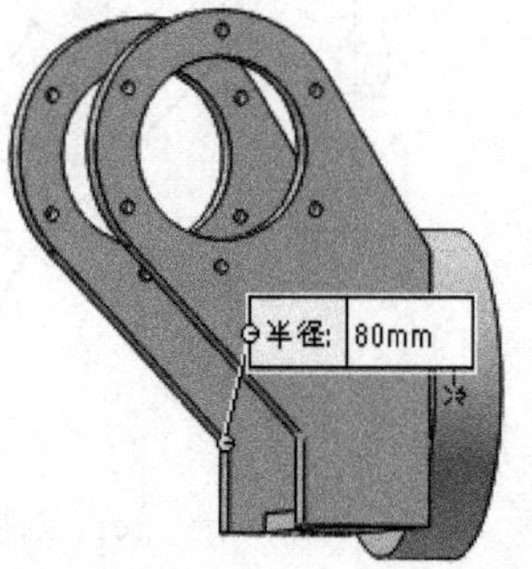

步骤	13. 圆角，半径 35 mm	14. 草图，拉伸凸台成型到对侧面	15. 边线倒角，1 × 45°
图示	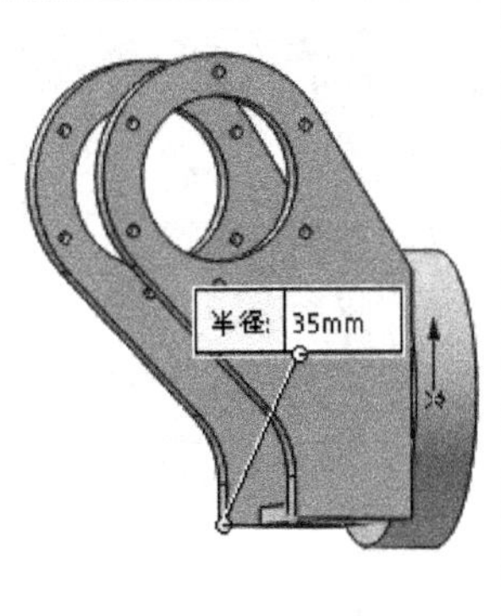	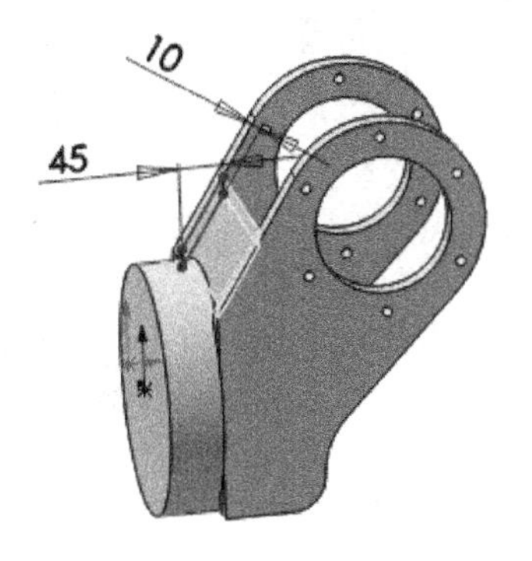	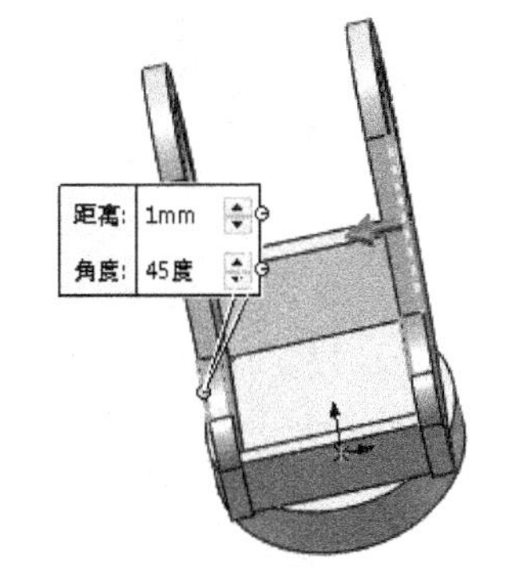
步骤	16. 边线倒角 0.5 × 45°	17. 草图，拉伸切除，深度 30 mm	18. 草图，拉伸切除，深度 4 mm
图示	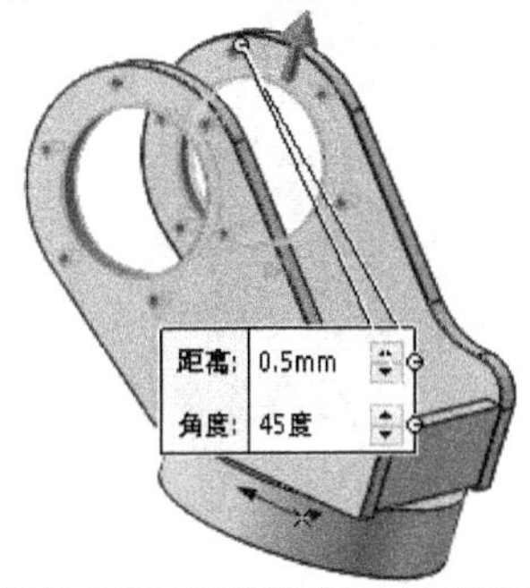	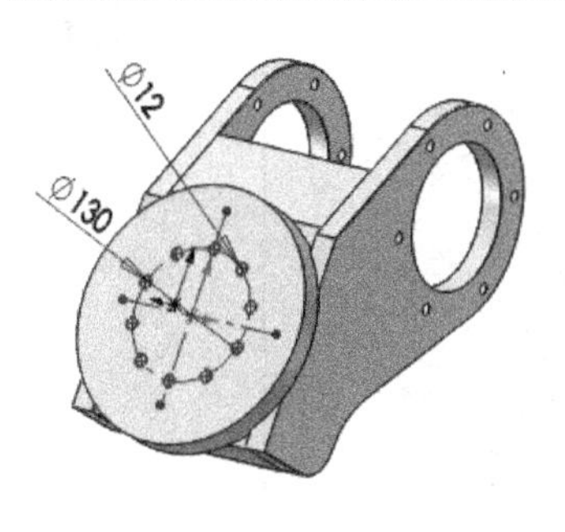	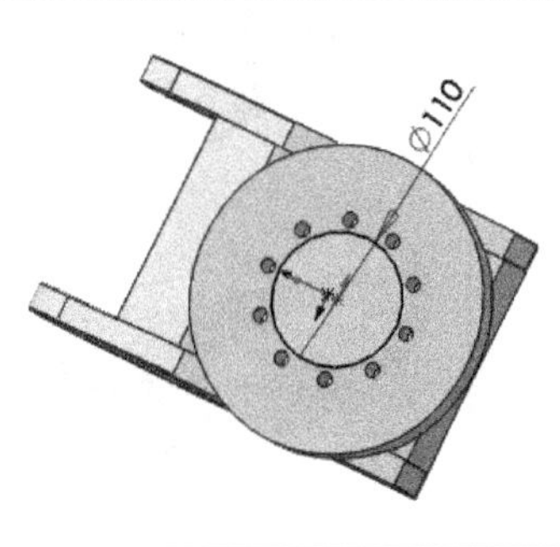
步骤	19. 草图，拉伸切除，深度 30 mm	20. 侧板内面草图，拉伸深度 10 mm	21. 对侧板内面草图，拉伸深度 10 mm
图示	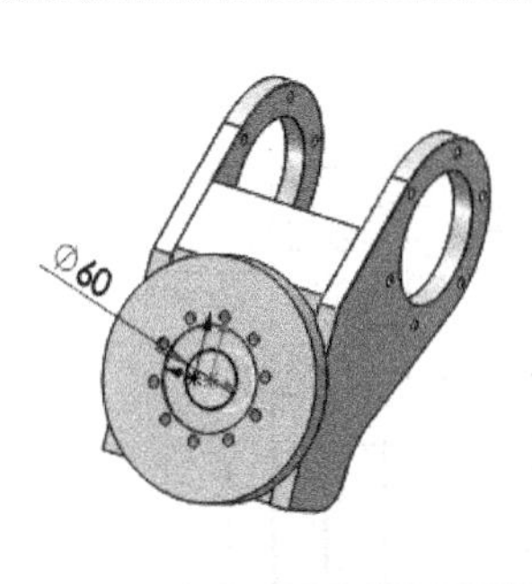	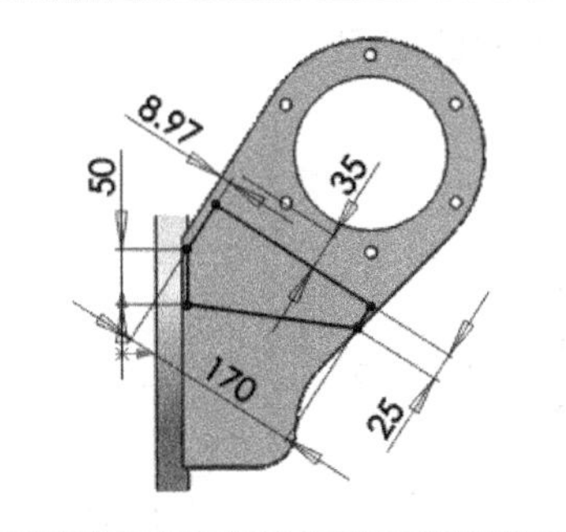	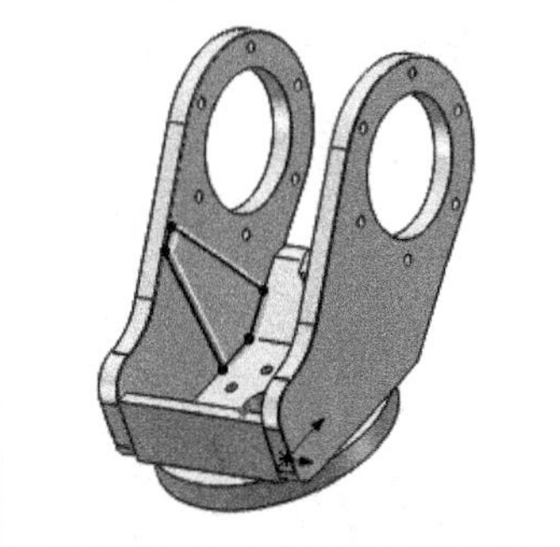
步骤	22. 圆角 R20	23. 圆角 R20	24. 倒角 5 × 45°
图示	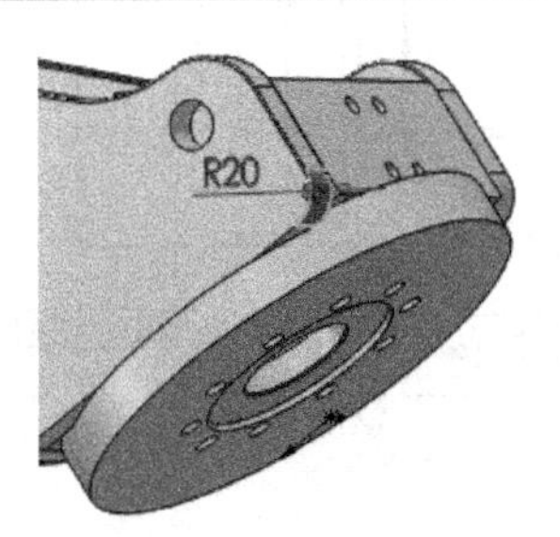	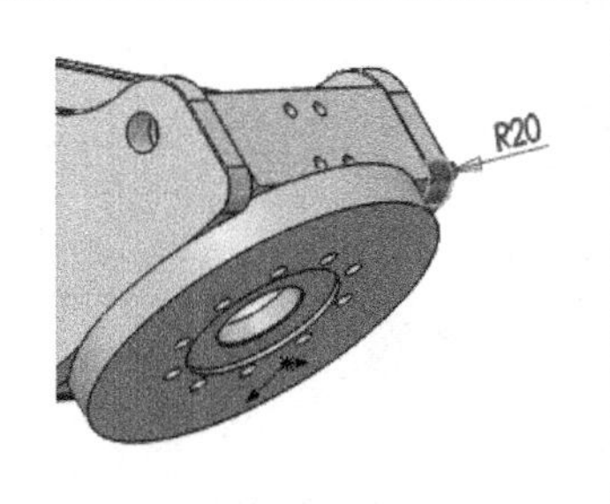	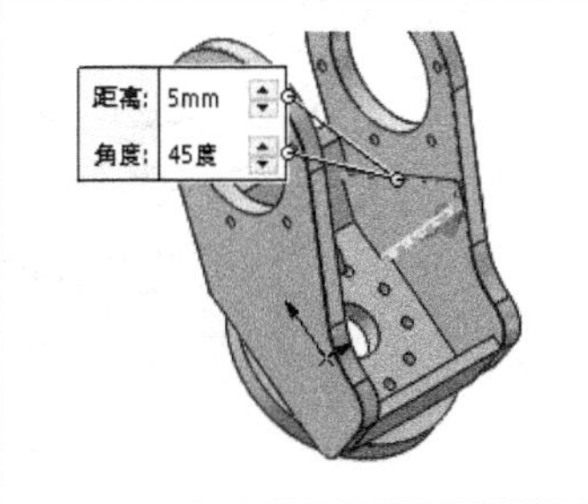

步骤	25. 倒角 5×45°	26. 草图，拉伸切除，深度 20 mm	27. 圆角 R10
图示			

步骤	28. 倒角 1×45°	29. 草图，拉伸切除，完全贯穿
图示		

4. 蜗轮轴下法兰

蜗轮轴下法兰工程图与三维视图如图 3-30 所示。

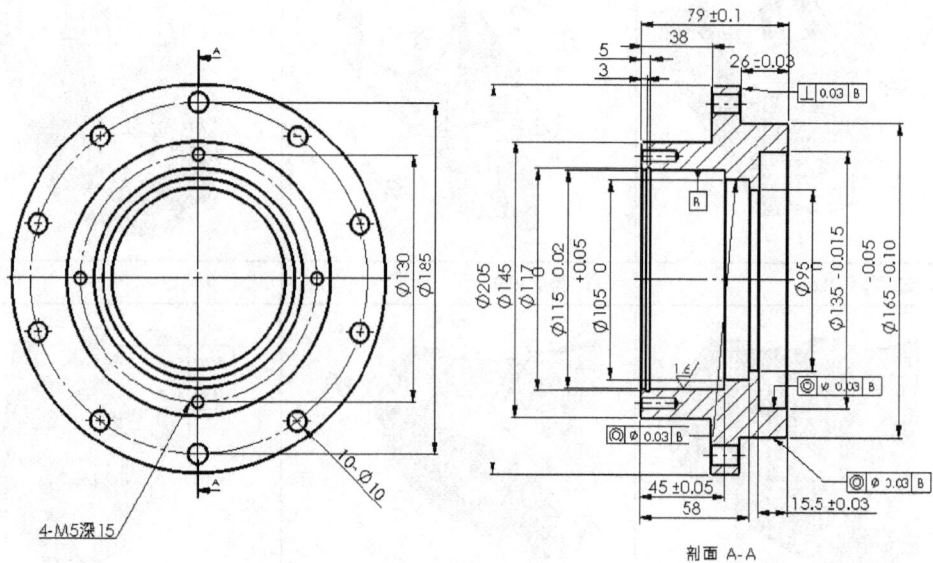

(a) 工程图

(b) 三维视图

图 3-30　蜗轮轴下法兰工程图及三维视图

蜗轮轴下法兰建模过程如表 3-4 所示。

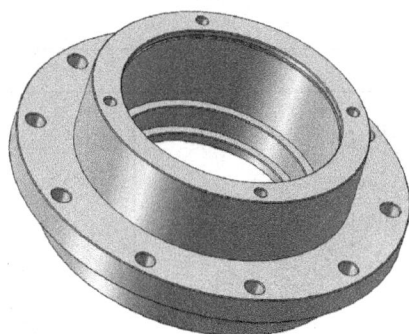

文本：电机法兰、底盘轴承

法兰建模

表 3-4　蜗轮轴下法兰建模步骤

步骤	1. 草图	2. 旋转凸台
图示		

步骤	3. 草图	4. 拉伸切除，深度 30 mm
图示		

步骤	5. 绘制草图	6. 拉伸切除，深度 20 mm
图示	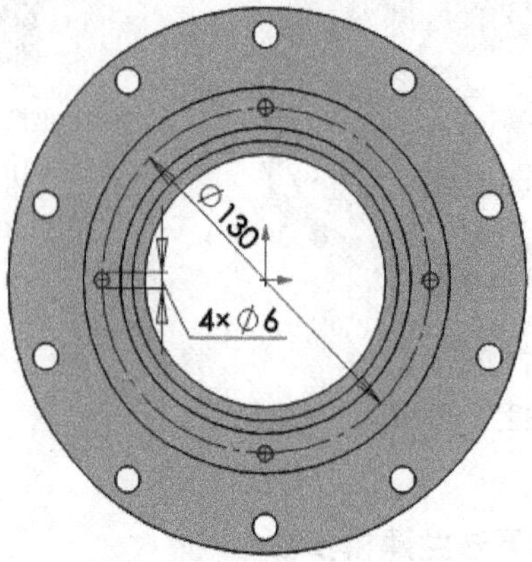	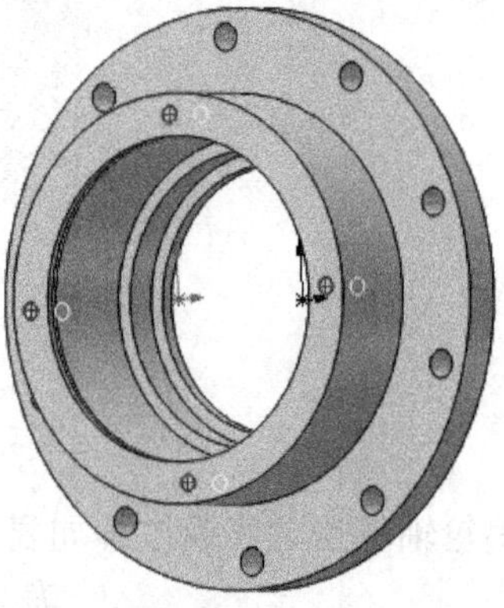
步骤	7. 外边线倒角 0.5 × 45°	8. 内边线倒角 0.5 × 45°
图示	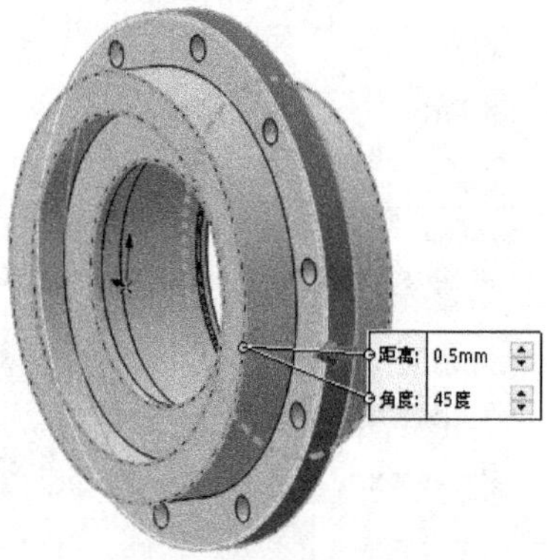	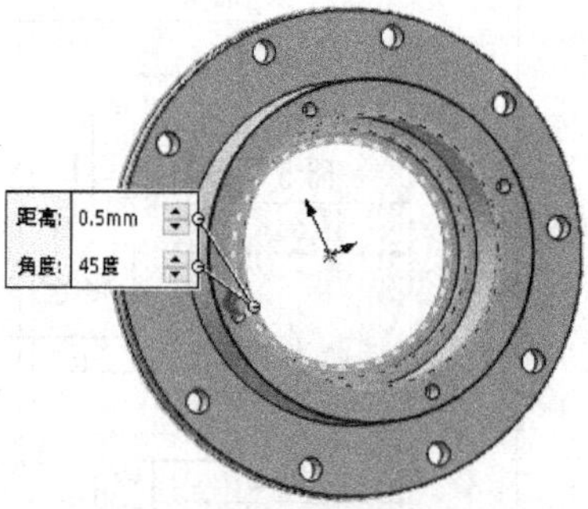
步骤	9. ϕ6 孔底部边线倒角，1.7 × 60°，形成底部锥形	10. ϕ10 孔边线倒角，0.5 × 45°
图示	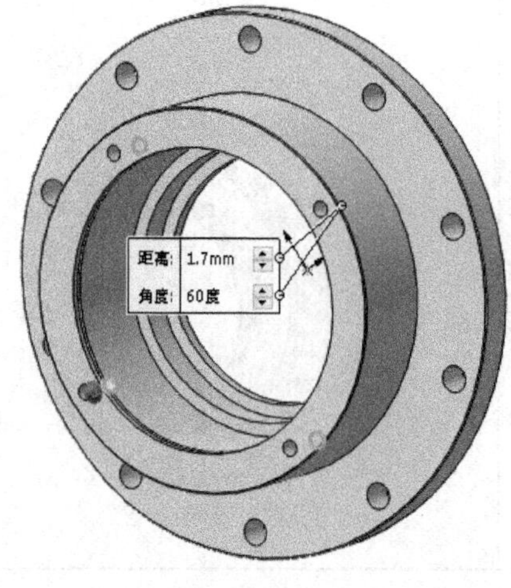	

任务三 大臂的设计

图 3-31 所示为工业机器人大臂，主要包括大臂主体、摆线减速器、连杆、连杆伺服电机、连杆传动轴、减速器安装法兰、连杆轴承套等，各零件模型如表 3-5 所示。

限于篇幅，本任务主要讲解大臂主体、连杆及摆线减速器的建模过程。

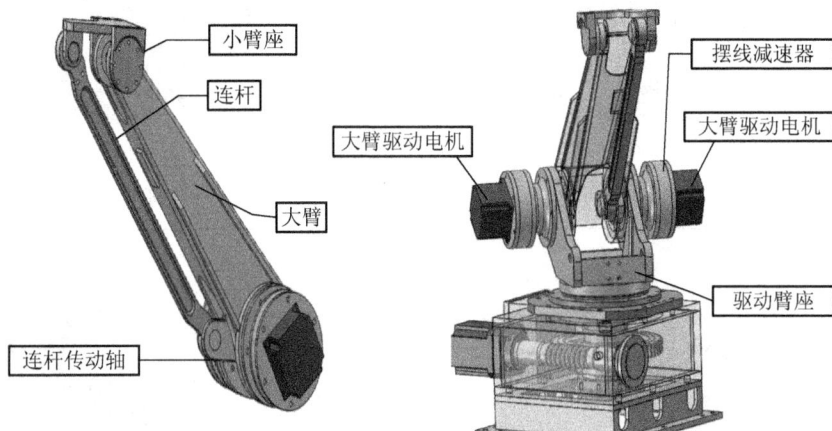

图 3-31 机器人大臂

表 3-5 大臂主要组成零部件

名称	大 臂	连 杆
图示		
名称	摆线减速器	摆线减速器安装法兰
图示		

名称	大臂轴套	连杆轴承盖
图示	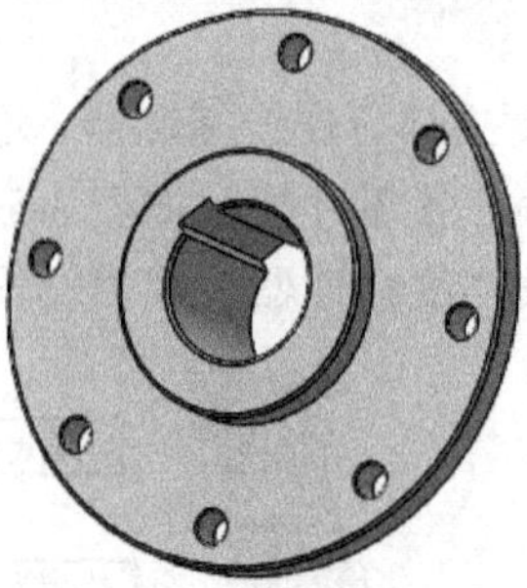	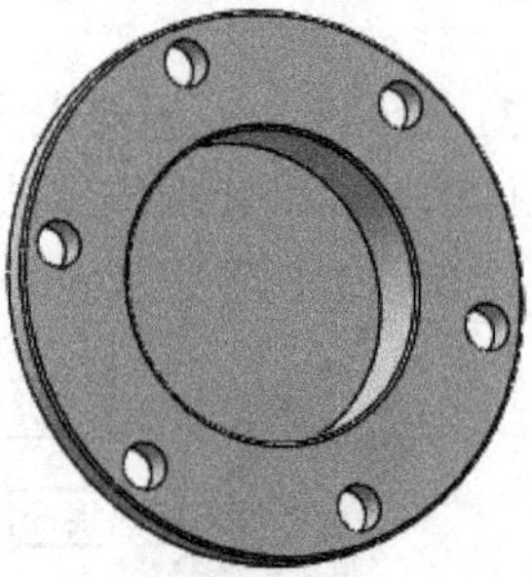

名称	连杆轴承套	连杆传动轴
图示	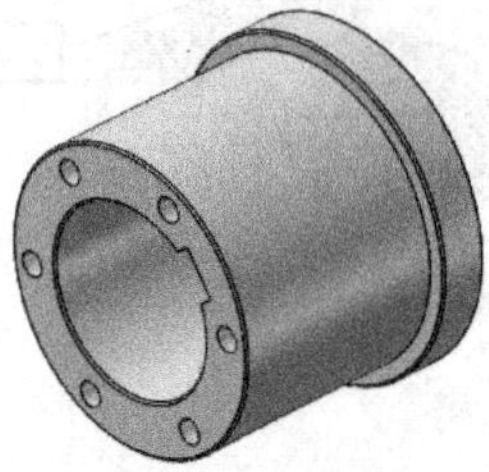	

名称	连杆传动轴芯	连杆伺服电机
图示	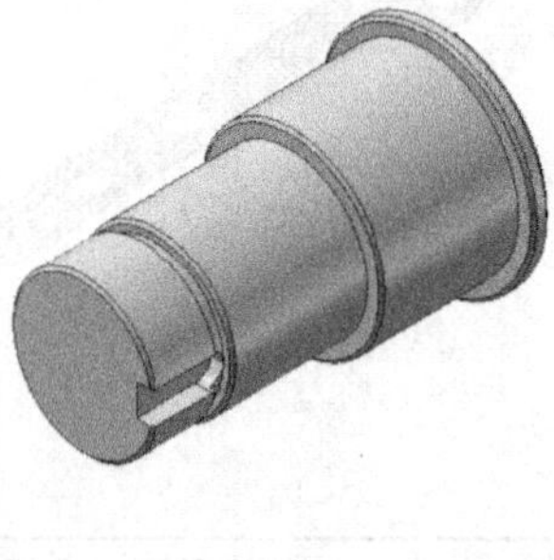	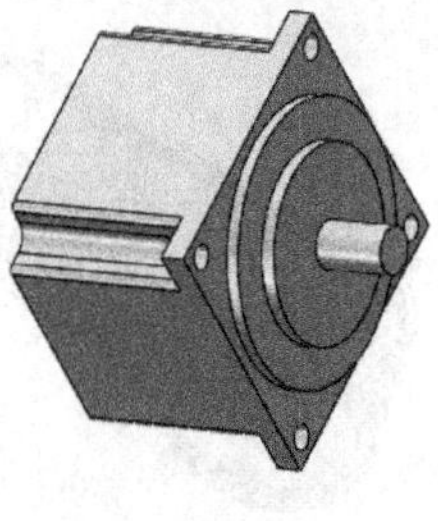

3.3.1 机器人大臂

1. 大臂工程图

工业机器人大臂安装于减速器法兰，伺服电机、摆线减速器输出轴实现对大臂俯仰的控制，其工程图如图 3-32 所示。

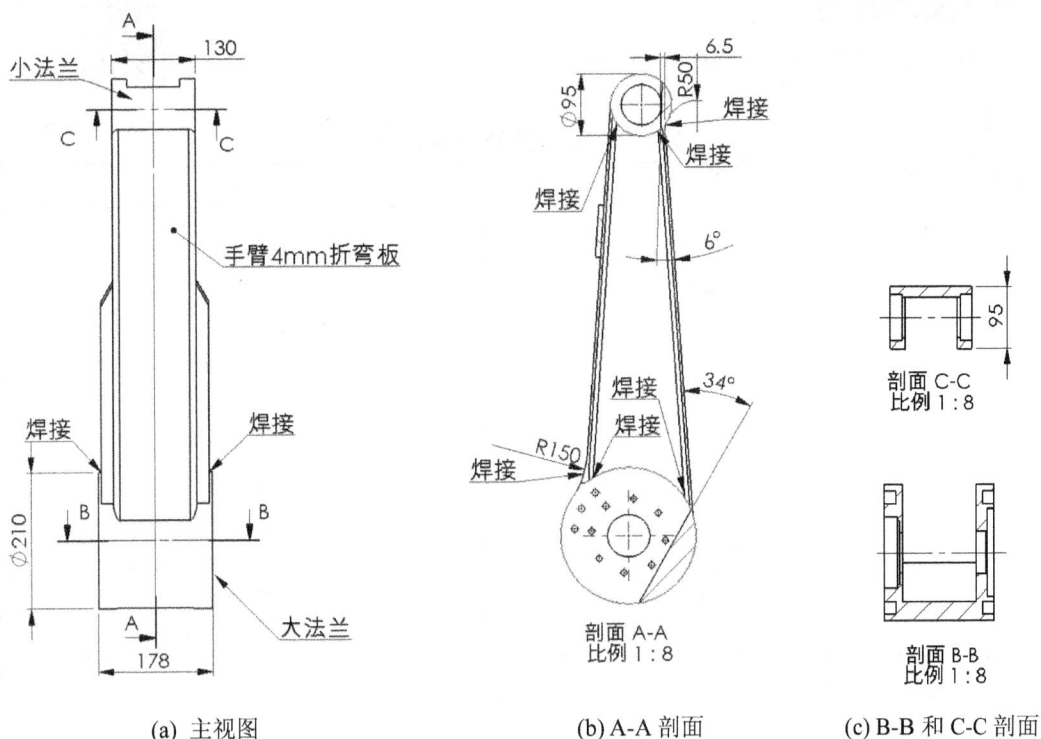

(a) 主视图　　　　　　　(b) A-A 剖面　　　　　(c) B-B 和 C-C 剖面

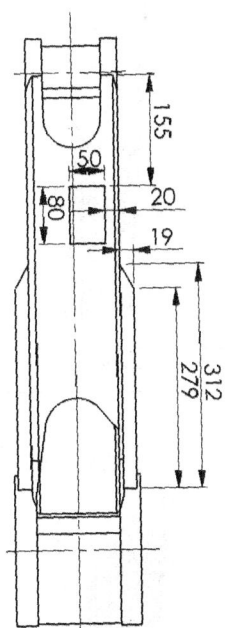

视图 P
比例 1：8

(d) 后视图

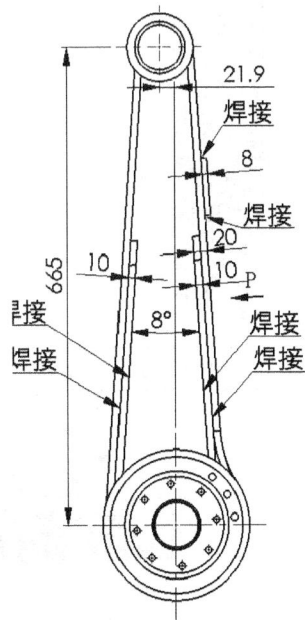

(e) 右视图

图 3-32　大臂工程图

2. 大臂建模过程

机器人大臂建模参考过程如表 3-6 所示。

视频：机器人大臂建模

表 3-6　大臂建模参考过程

步骤	1. 前视基准面绘制草图	2. 拉伸凸台，深度 130 mm
图示	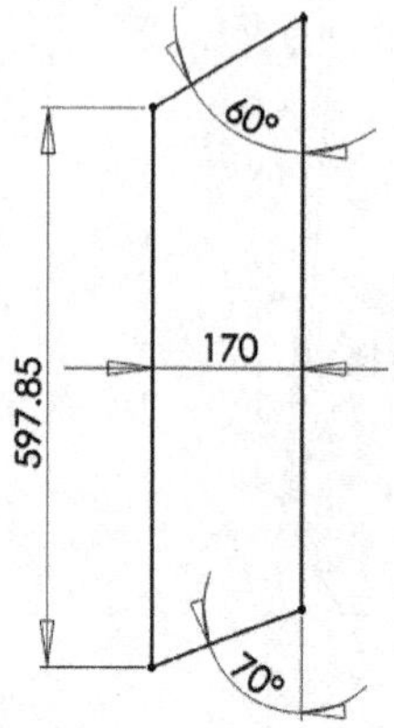	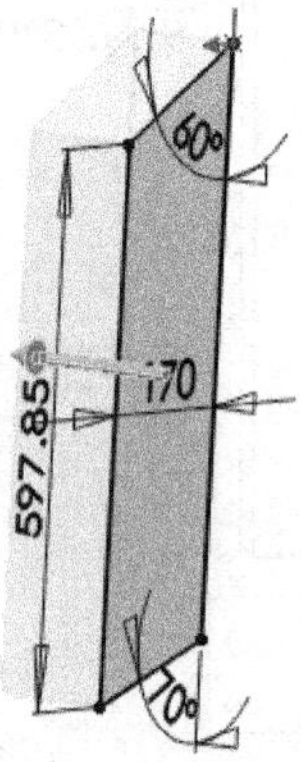
步骤	3. 侧面绘制草图	4. 拉伸切除，深度 135 mm
图示	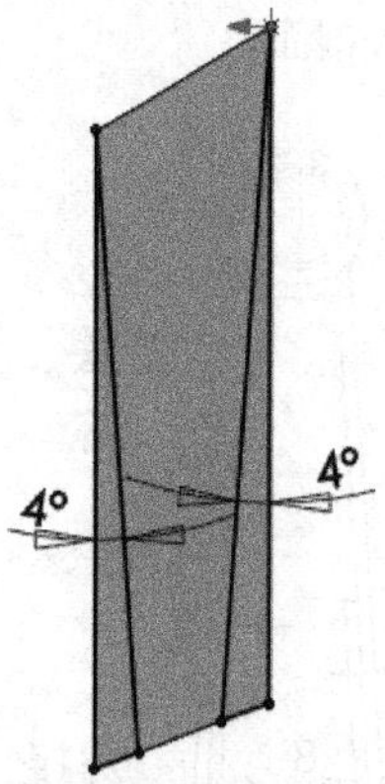	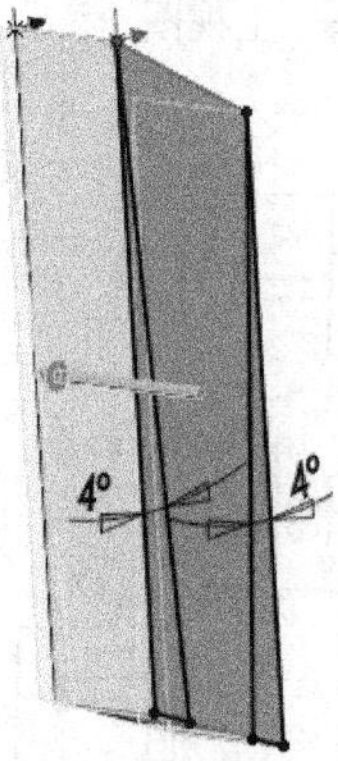
步骤	5. 选择上下两端面为去除面进行抽壳，壁厚 4 mm	6. 侧面为绘图面，绘制草图
图示	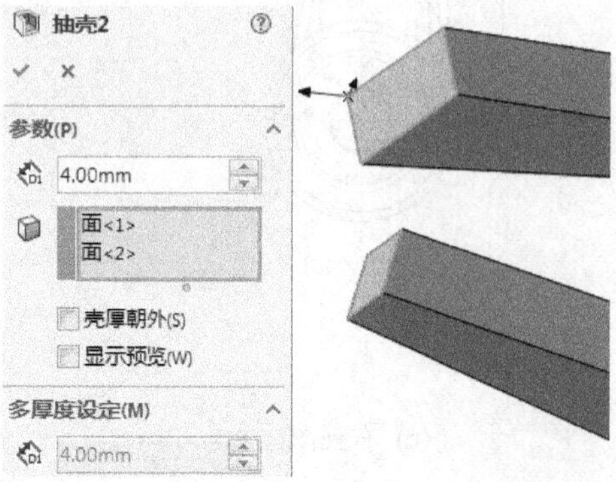	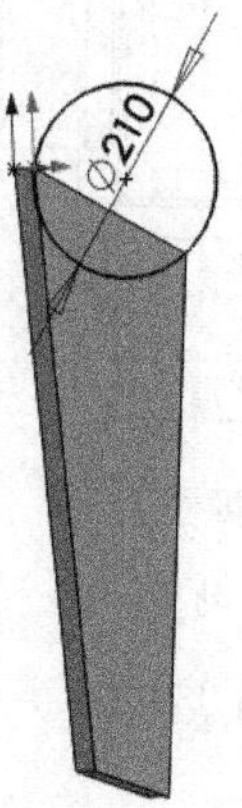

续表一

步骤	7. 拉伸切除，深度 135 mm	8. 选择侧面绘制草图
图示	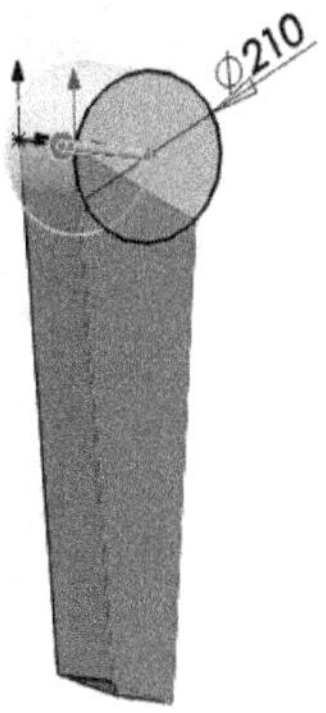	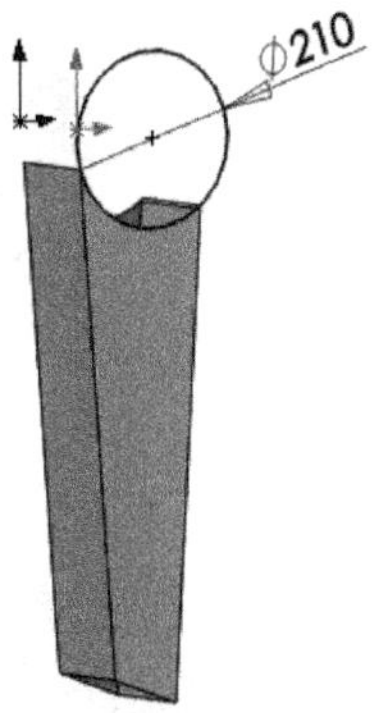
步骤	9. 双向向外拉伸凸台，向内 6 mm，向外 24 mm，合并结果	10. 在另一侧面绘制草图
图示	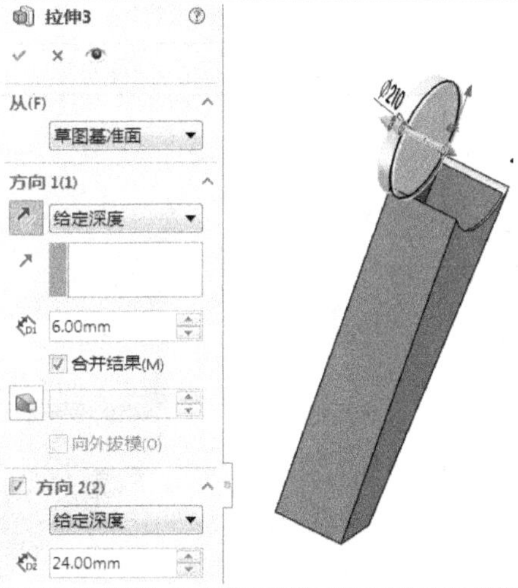	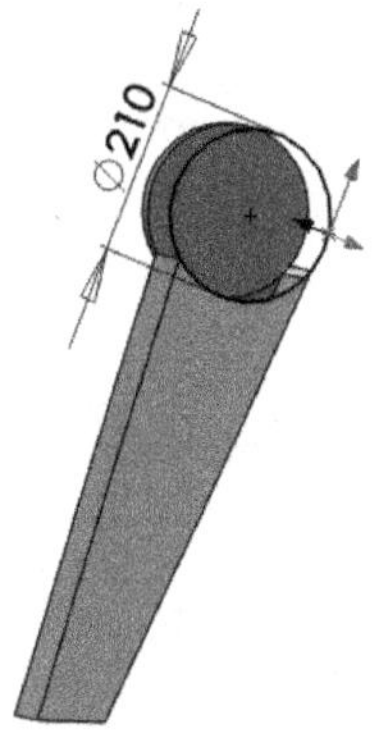
步骤	11. 双向向外拉伸凸台，向内 6 mm，向外 24 mm，合并结果	12. 选择绘图面绘制草图
图示	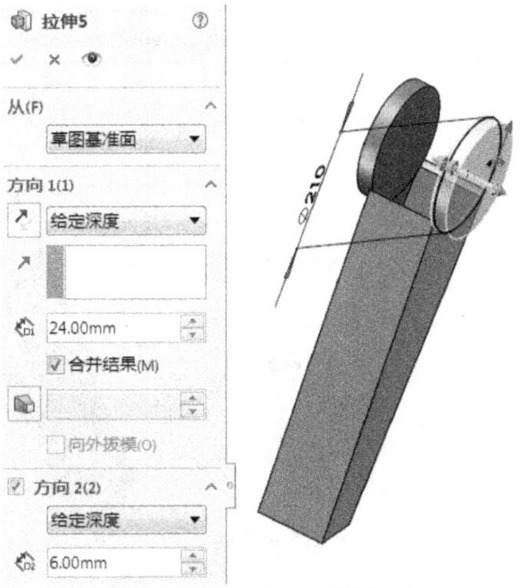	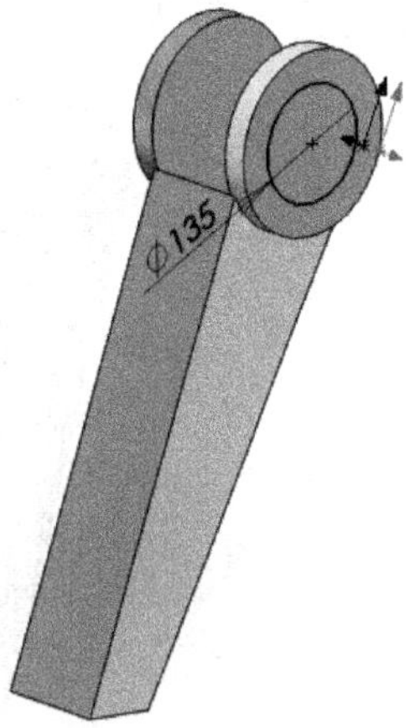

续表二

步骤	13. 拉伸切除，深度 12 mm	14. 绘制侧面加强筋草图
图示	Ø135	105 400 10 10 10
步骤	15. 拉伸凸台，深度 19 mm，合并结果	16. 加强筋末端边线倒角 20×60°
图示	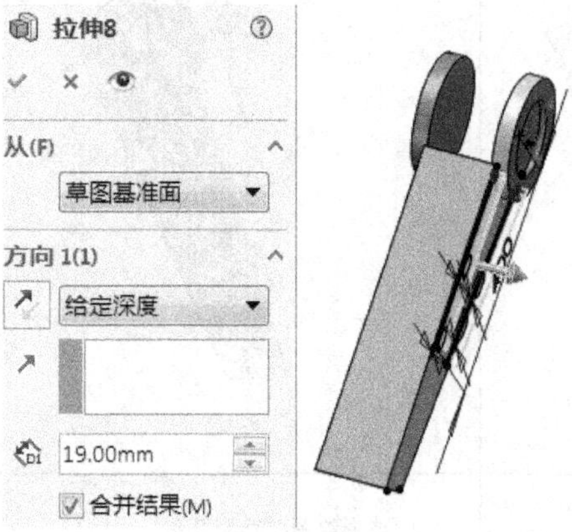 拉伸8 从(F) 草图基准面 方向1(1) 给定深度 19.00mm 合并结果(M)	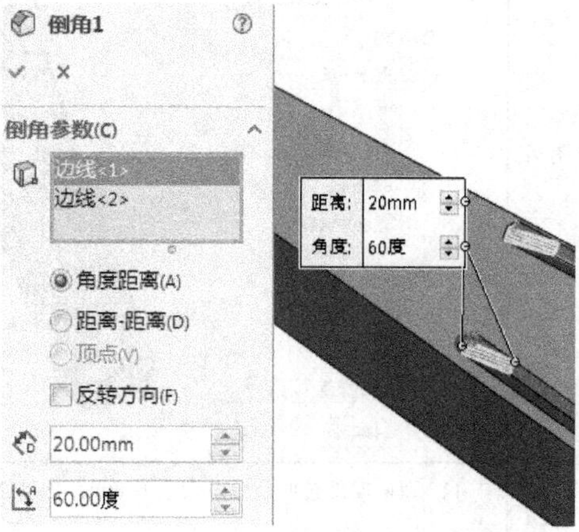 倒角1 倒角参数(C) 边线<1> 边线<2> 角度距离(A) 距离-距离(D) 顶点(V) 反转方向(F) 20.00mm 60.00度 距离:20mm 角度:60度
步骤	17. 在另一侧面绘制加强筋草图	18. 拉伸凸台，深度 19 mm，合并结果
图示	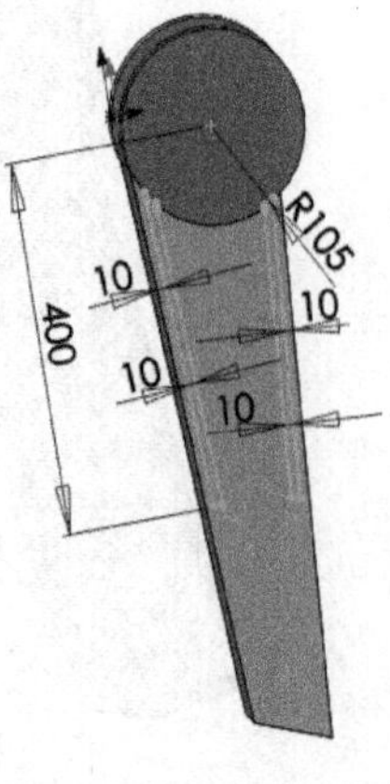 R105 400 10 10 10 10	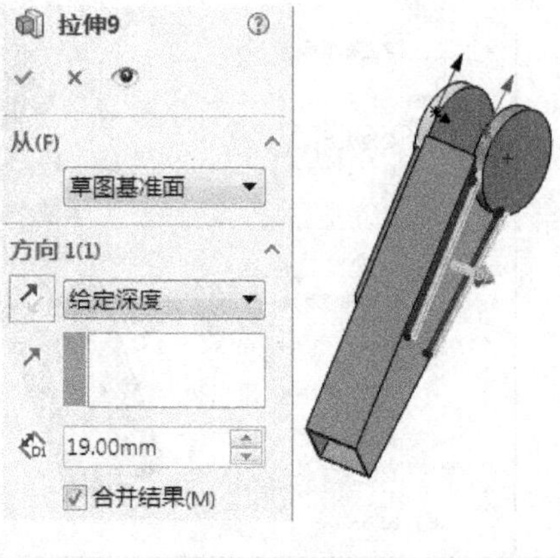 拉伸9 从(F) 草图基准面 方向1(1) 给定深度 19.00mm 合并结果(M)

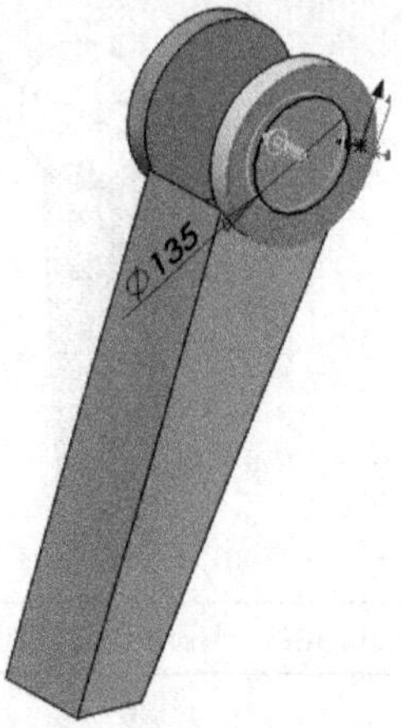

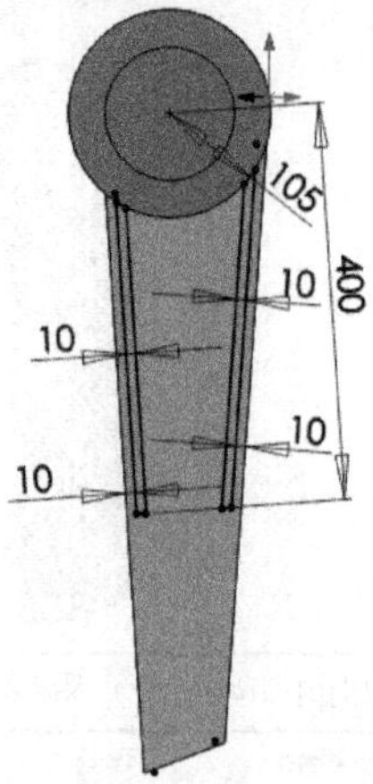

步骤	19. 加强筋末端边线倒角，20×60°	20. 选择绘图面草图绘制
图示	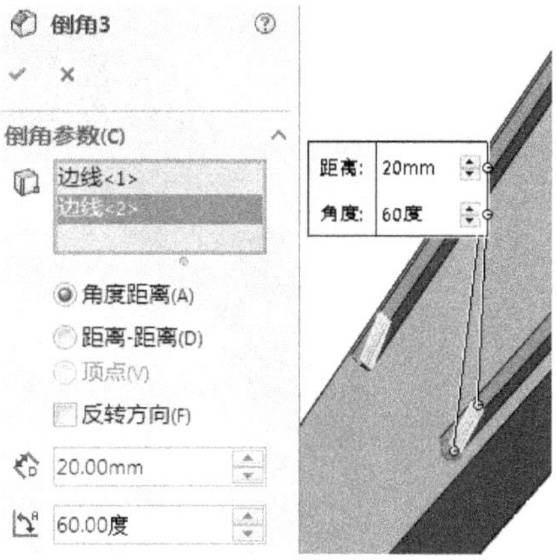	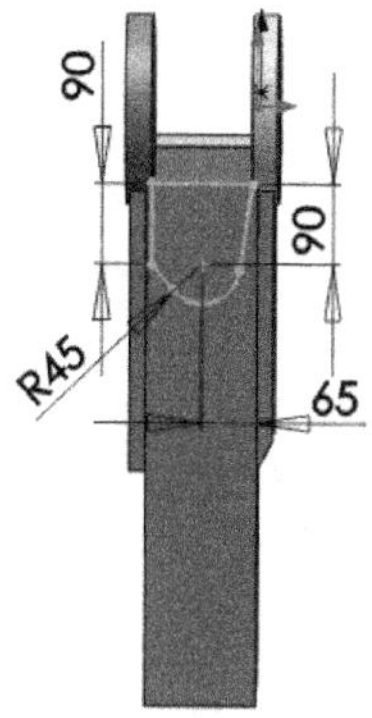
步骤	21. 拉伸切除，深度 19 mm	22. 选择边线添加圆角特征，半径 150 mm，形成圆弧面
图示	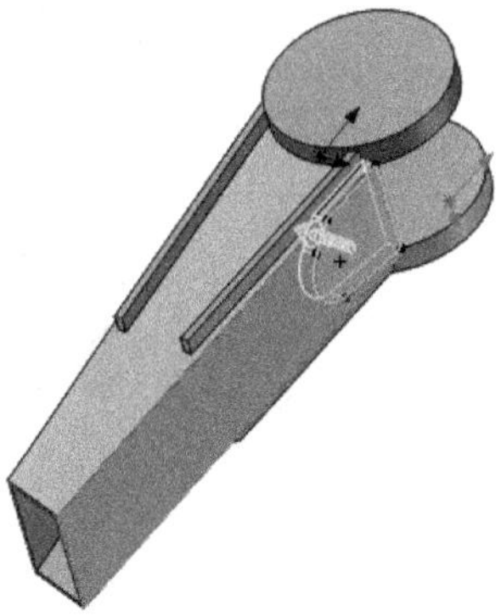	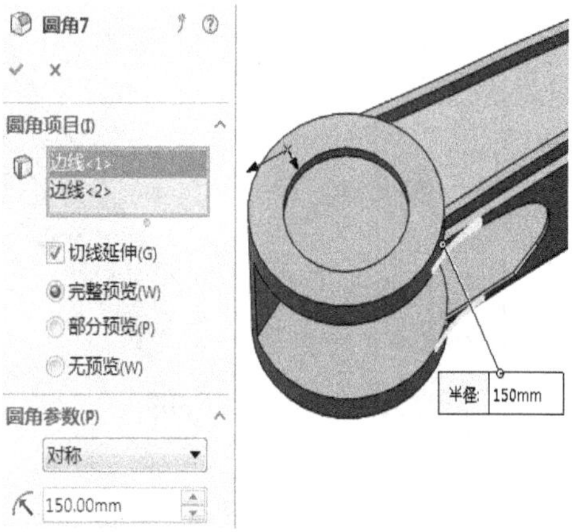
步骤	23. 在法兰盘内侧面上绘制草图	24. 拉伸凸台，成形到对侧面，合并结果
图示	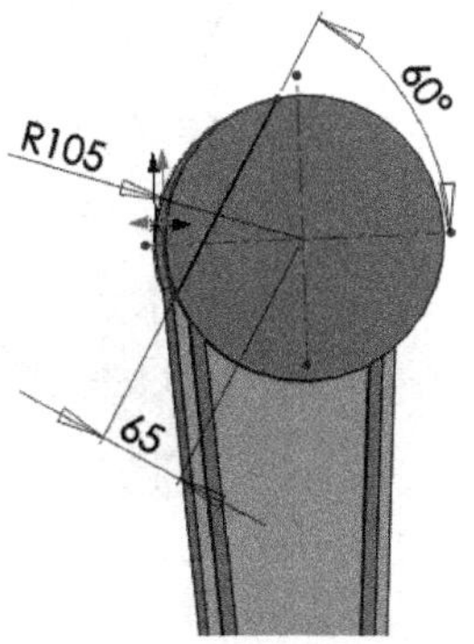	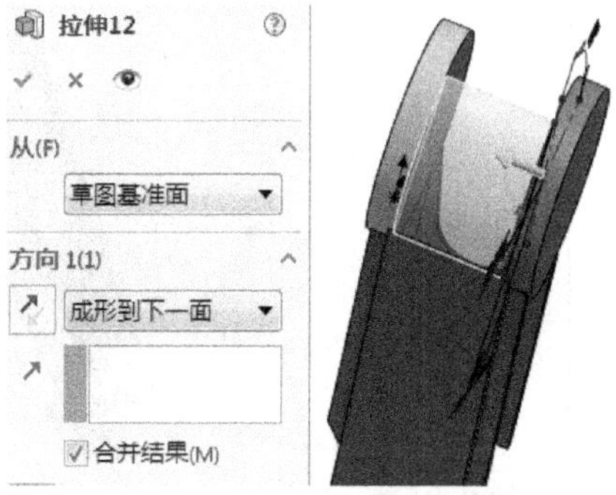

续表四

步骤	25. 边线圆角，半径 10 mm	26. 在外侧面进行草图绘制
图示	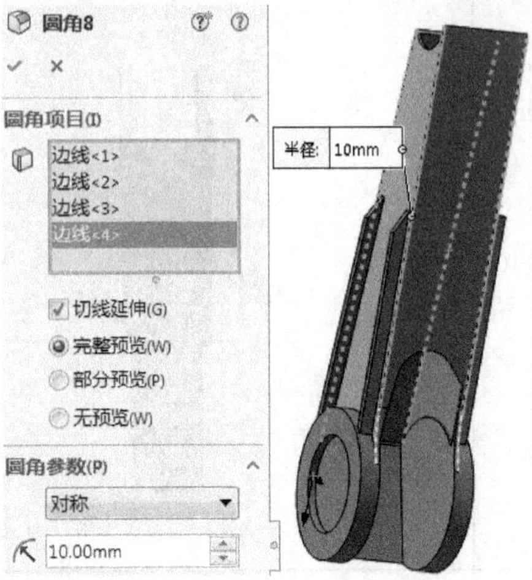	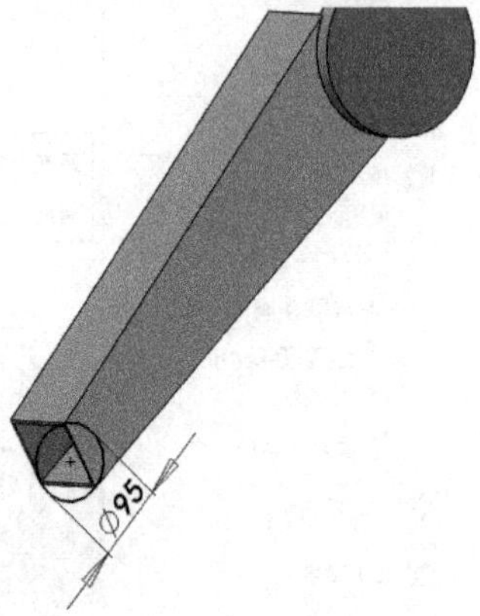
步骤	27. 拉伸切除，完全贯穿	28. 在外侧面进行草图绘制
图示	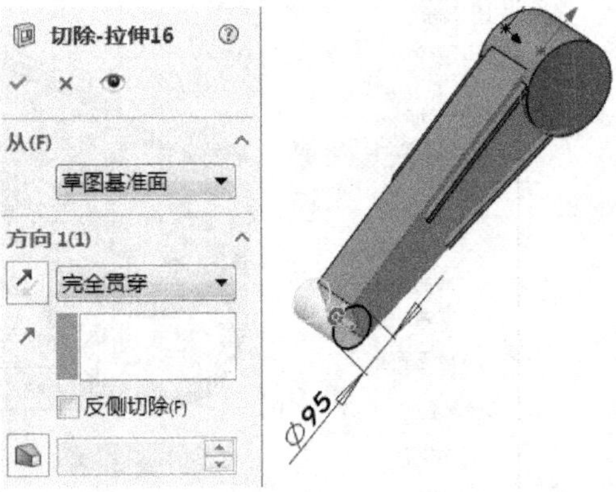	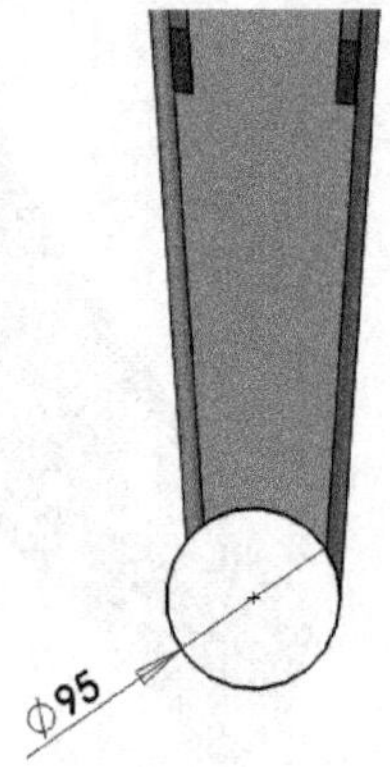
步骤	29. 拉伸凸台，深度 130 mm，合并结果	30. 选择绘图面绘制草图
图示	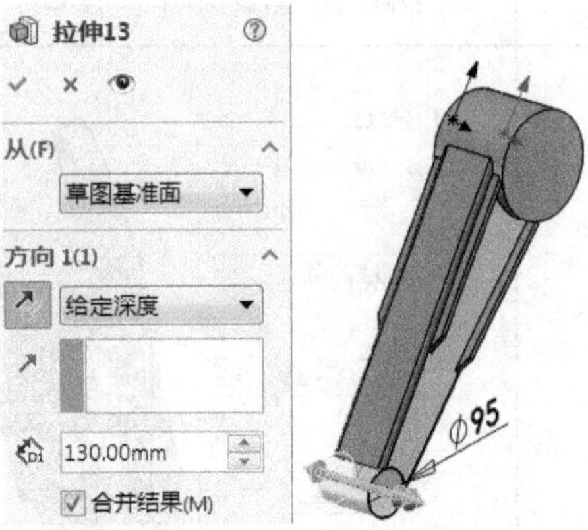	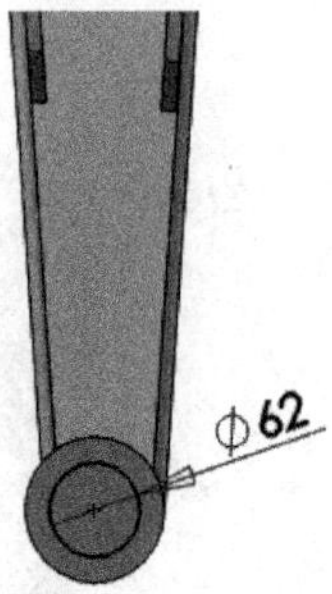

续表五

步骤	31. 拉伸切除，深度 150 mm	32. 选择绘图面绘制草图
图示	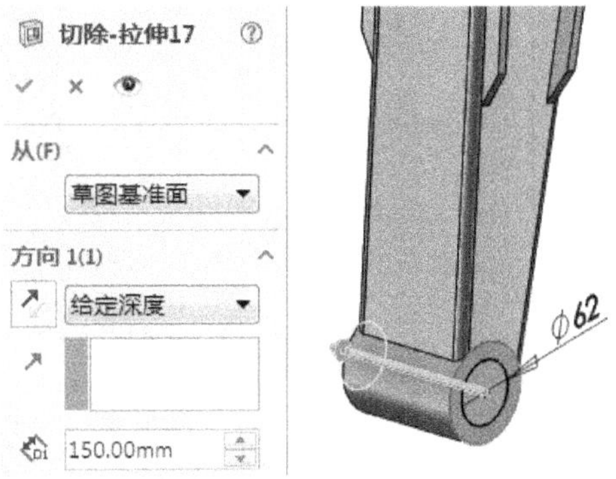 切除-拉伸17 从(F) 草图基准面 方向 1(1) 给定深度 150.00mm　Φ62	Φ72　Φ72
步骤	33. 拉伸切除，深度 19 mm	34. 选择另一法兰面绘制草图
图示	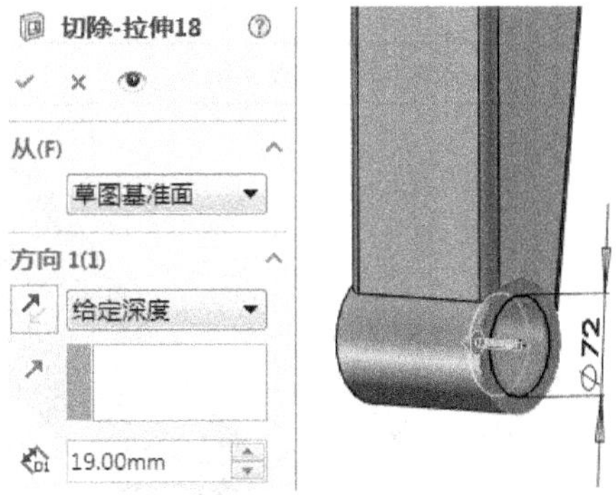 切除-拉伸18 从(F) 草图基准面 方向 1(1) 给定深度 19.00mm　Φ72	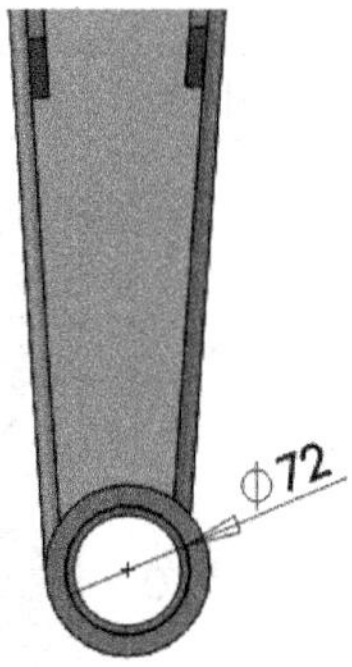 Φ72
步骤	35. 拉伸切除，深度 19 mm	36. 创建基准面
图示	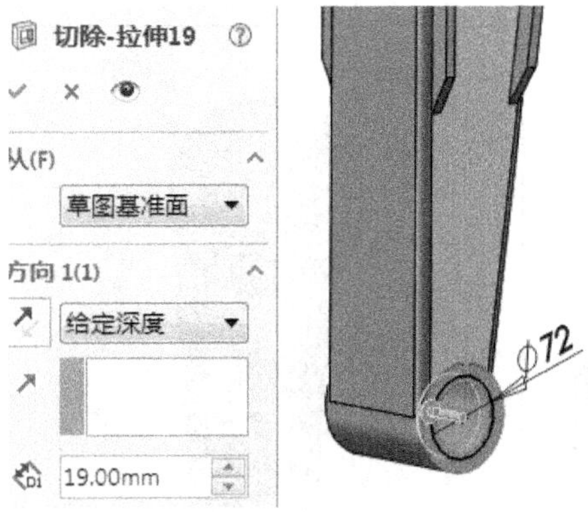 切除-拉伸19 从(F) 草图基准面 方向 1(1) 给定深度 19.00mm　Φ72	 基准面2 信息 完全定义 第一参考 面<1> 平行 垂直 重合 0 65.00mm 反转等距

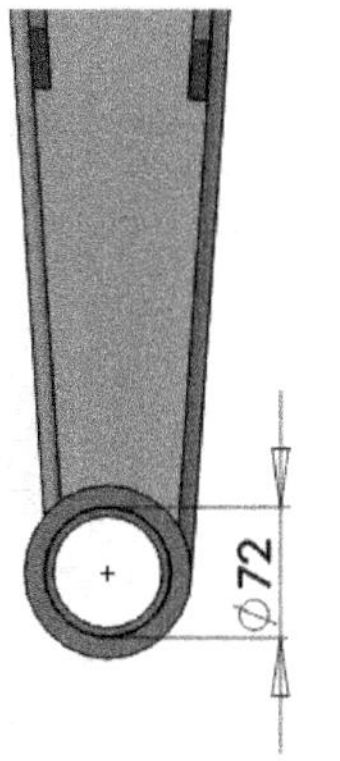

续表六

步骤	37. 在新创建的基准面上绘制草图	38. 双向拉伸切除，深度均为 41 mm
图示	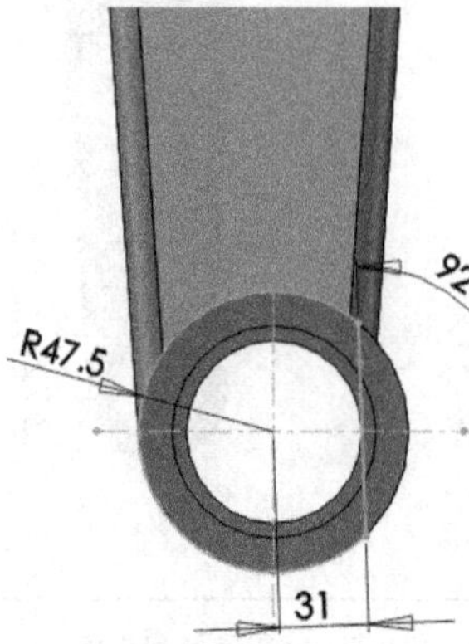	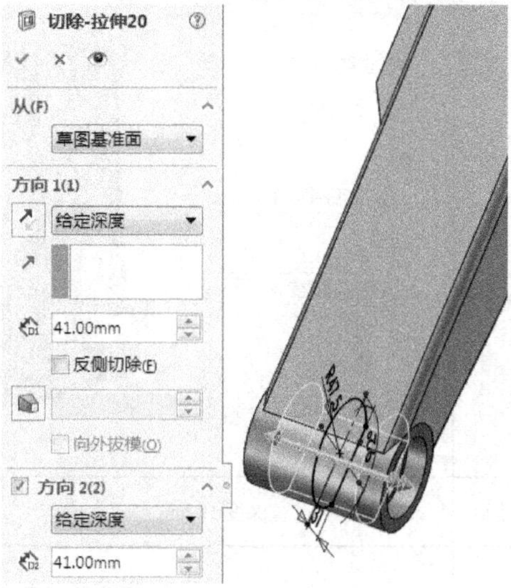
步骤	39. 选择侧面绘制草图	40. 拉伸切除，深度 41 mm
图示	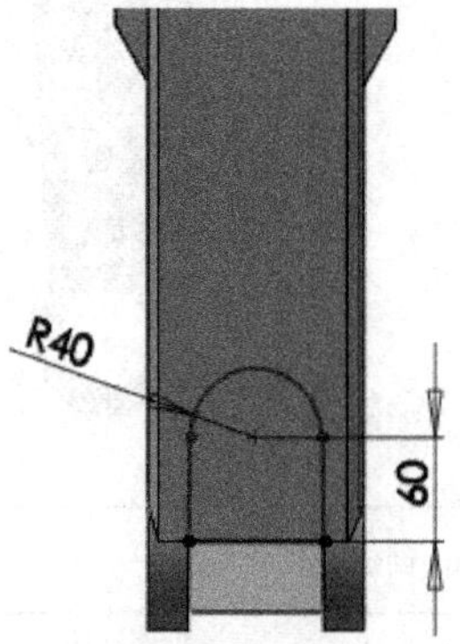	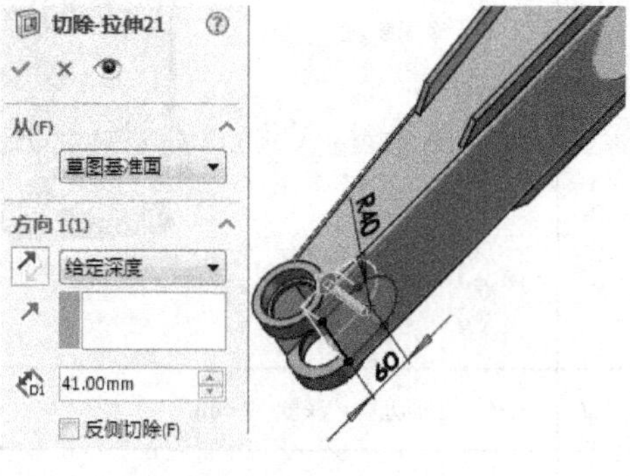
步骤	41. 内侧 4 条边线圆角，半径 7 mm	42. 在大端法兰面绘制草图
图示	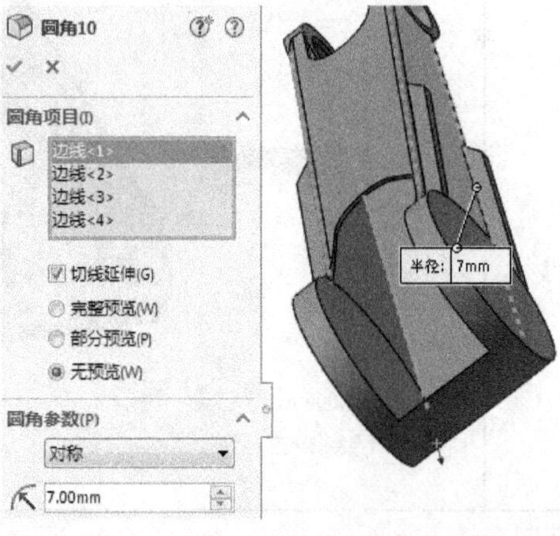	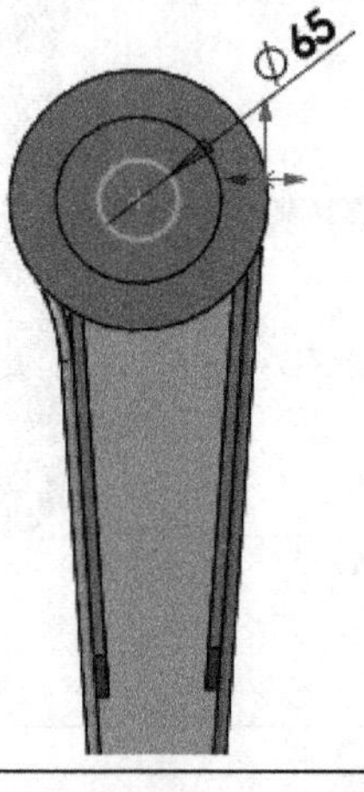

步骤	43. 拉伸切除，深度 40 mm	44. 在大端法兰面绘制草图
图示	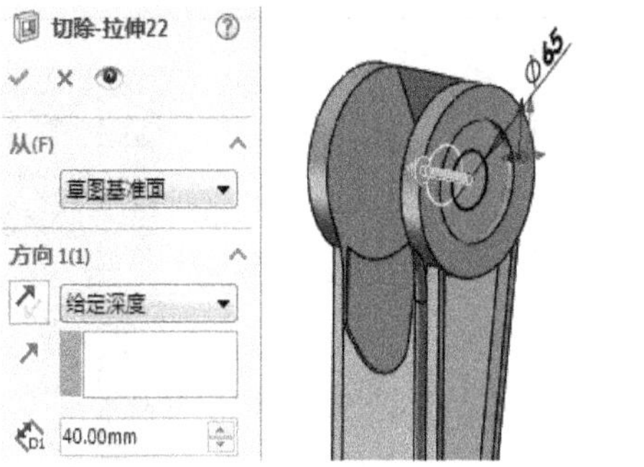	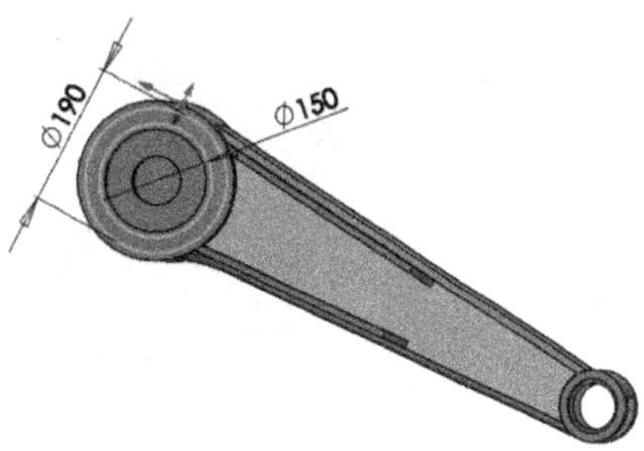
步骤	45. 拉伸切除，深度 20 mm	46. 在大端法兰面绘制草图
图示	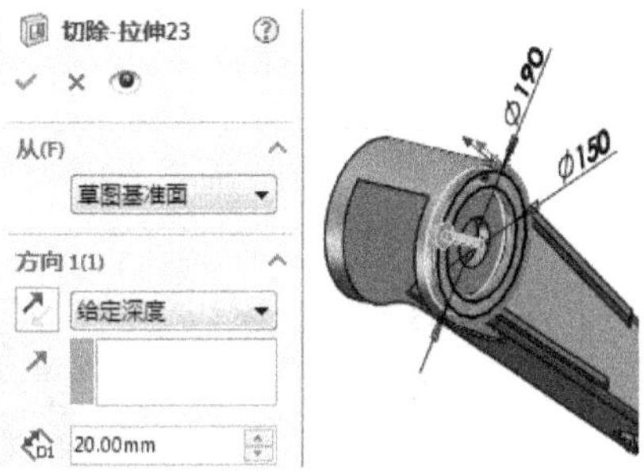	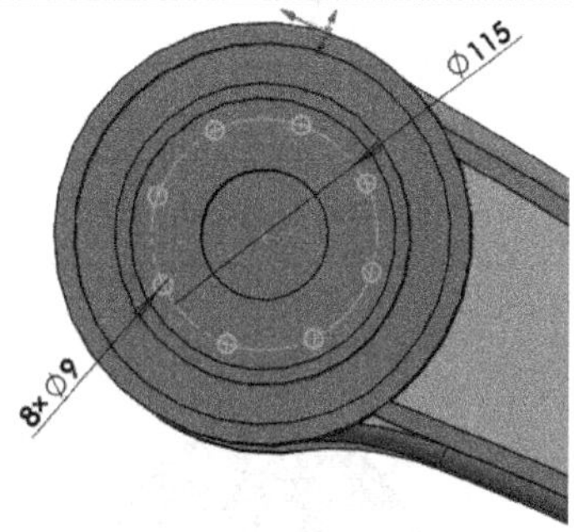
步骤	47. 拉伸切除，深度 30 mm	48. 在大端对侧法兰面上绘制草图
图示	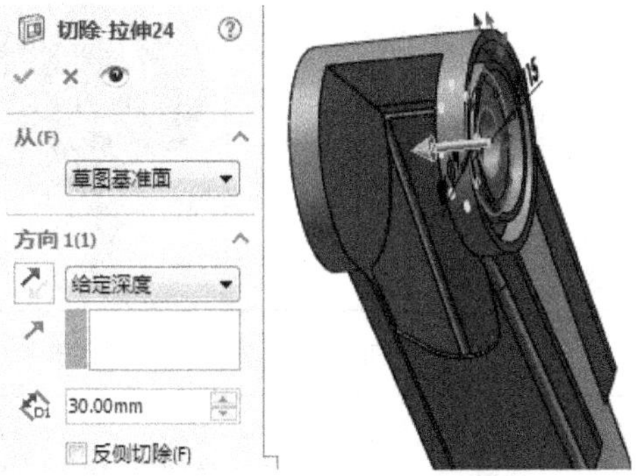	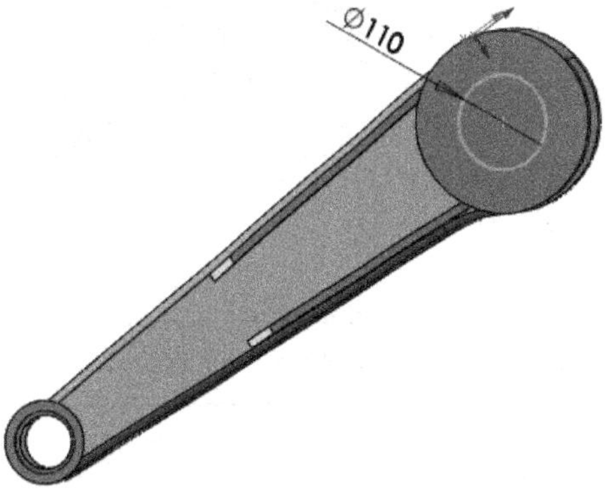
步骤	49. 拉伸切除，深度 40 mm	50. 选择法兰内侧表面为绘图面
图示	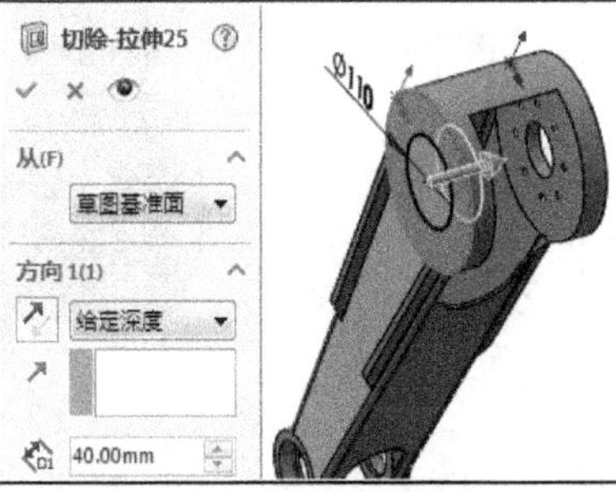	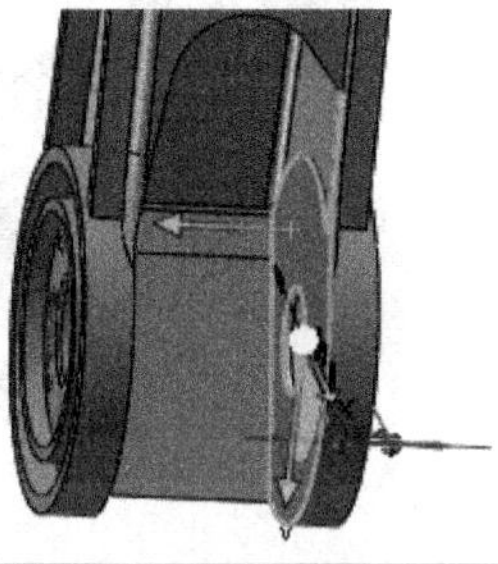

续表八

<table>
<tr><td>步骤</td><td>51. 绘制草图</td><td>52. 拉伸凸台，深度 8 mm，合并结果</td></tr>
<tr><td>图示</td><td>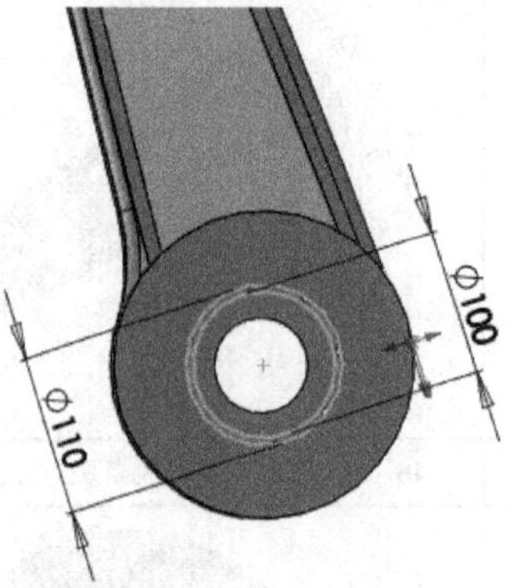
</td><td>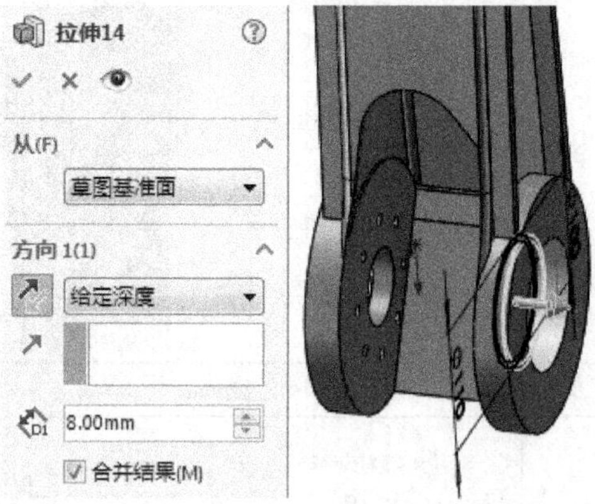
</td></tr>
<tr><td>步骤</td><td>53. 选择步骤 50 绘图面，绘制草图</td><td>54. 拉伸凸台，深度 5 mm，合并结果</td></tr>
<tr><td>图示</td><td>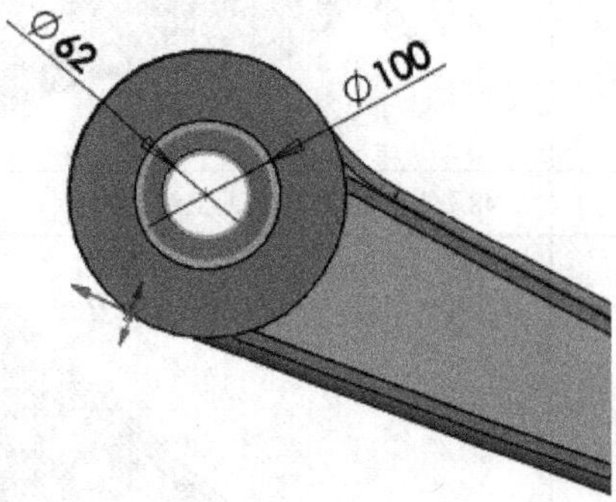
</td><td>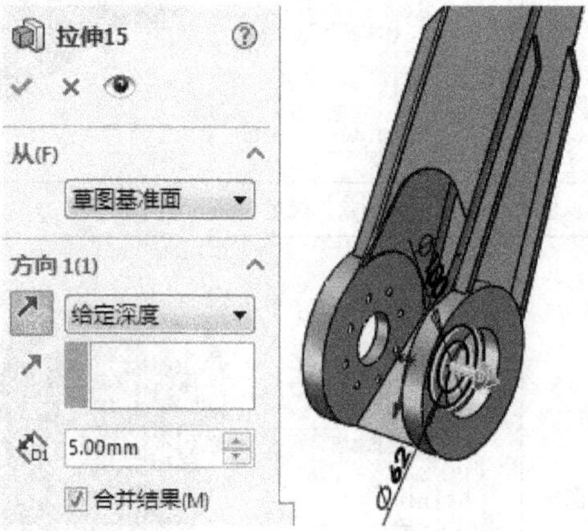
</td></tr>
<tr><td>步骤</td><td>55. 选择大端法兰外侧表面绘制草图</td><td>56. 拉伸切除，深度 20 mm，形成凹槽</td></tr>
<tr><td>图示</td><td>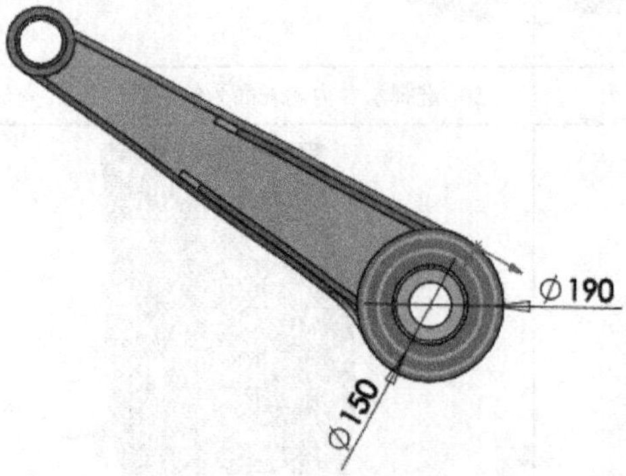
</td><td>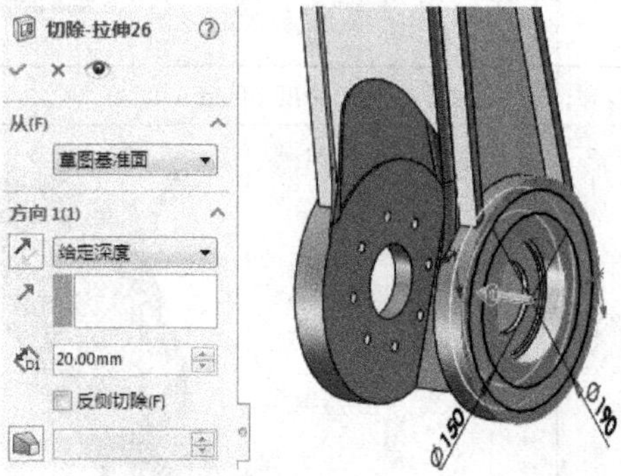
</td></tr>
</table>

续表九

步骤	57. 选择绘图面绘制草图	58. 拉伸凸台，深度 8 mm
图示	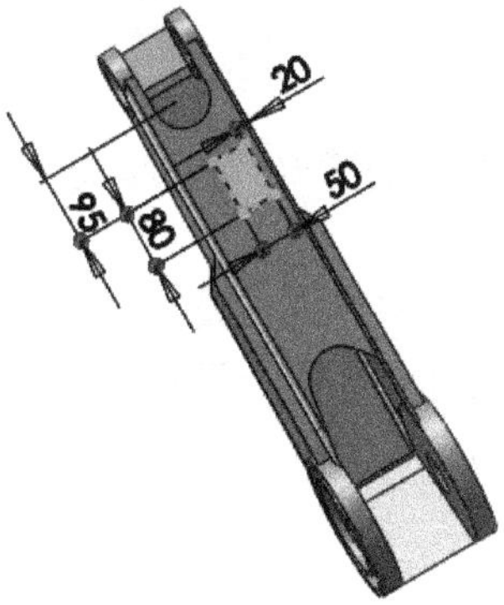	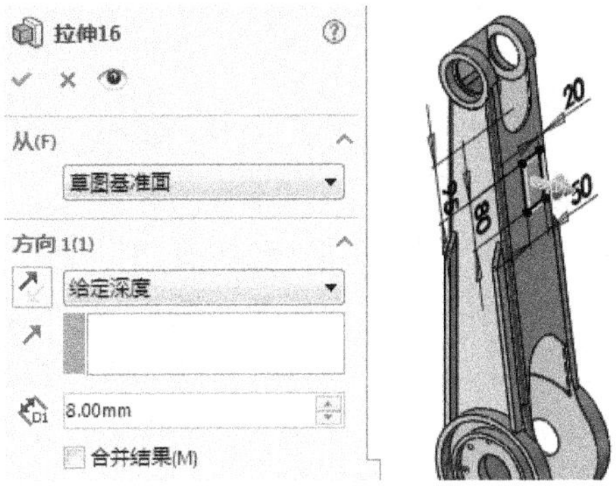
步骤	59. 在有孔的法兰外侧表面绘制草图	60. 拉伸切除，深度 30 mm
图示	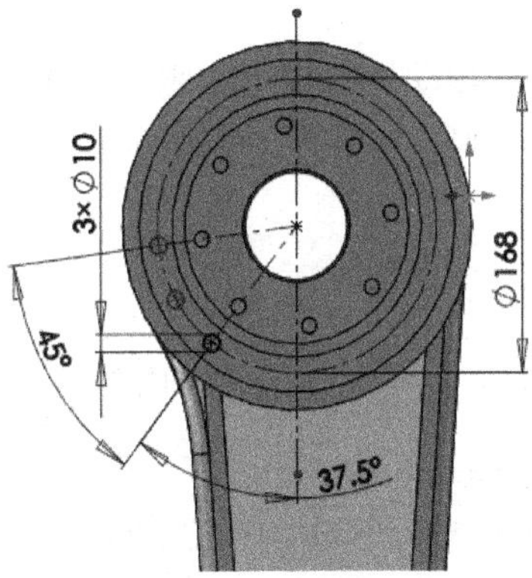	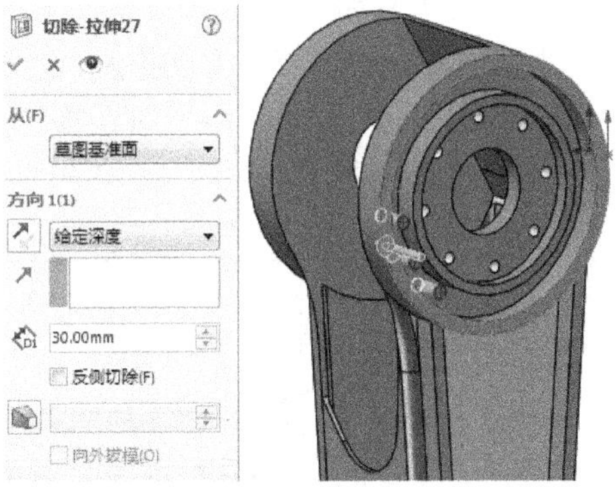
步骤	61. 孔边线倒角，2 × 45°	
图示	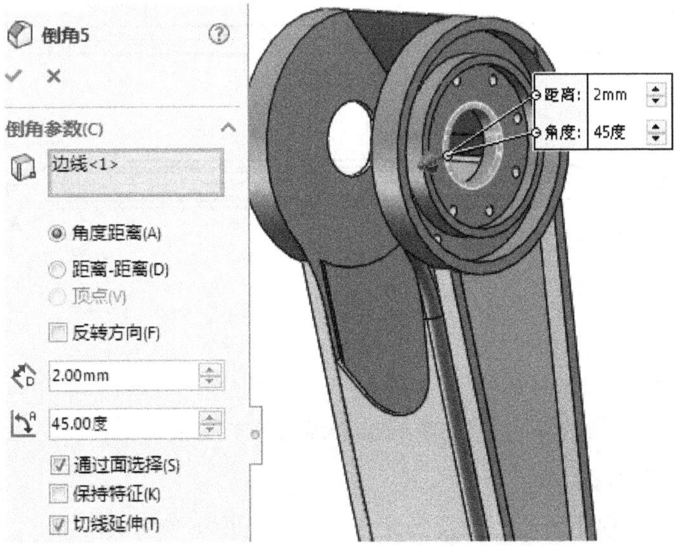	

📹 知识扩展

"抽壳"特征

"抽壳"特征是将实体的内部掏空，留下一定厚度的薄壁(等壁厚或多壁厚)空腔，空腔可以是封闭的，也可不封闭。

"抽壳"特征属性参数有"厚度""要移除的面""壁厚方向设置"和"多壁厚设定"。其中，多壁厚设定有两个参数："多厚度"和"多厚度面"，用于设置与默认壁厚不同的特定面壁厚。设置多壁厚时，在"多厚度面"中添加需要设置不同壁厚的面，选择保留面中相应的面，在"多厚度"中修改壁厚值。

3.3.2 连杆

1. 连杆工程图

大臂连杆一端连接小臂支撑座，一端通过连杆传动轴与固定于驱动臂座的减速器机构输出轴连接(见图 3-33)，用于对连接于其末端的小臂支撑座及后续关节姿态进行控制，其工程图如图 3-33 所示。

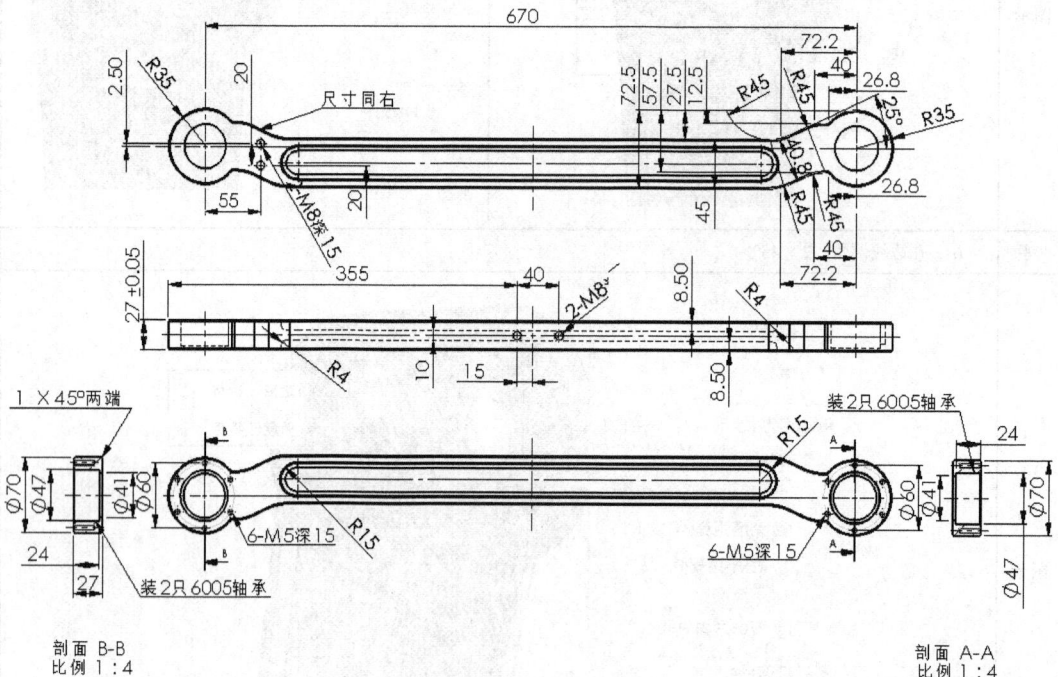

图 3-33　大臂连杆工程图

2. 连杆建模过程

根据连杆的工程图所绘形状及尺寸，其建模过程可参考表 3-7。

视频：连杆建模

表 3-7 大臂连杆建模过程

步骤	1. 前视基准面绘制草图	2. 拉伸凸台，深度 27 mm
图示	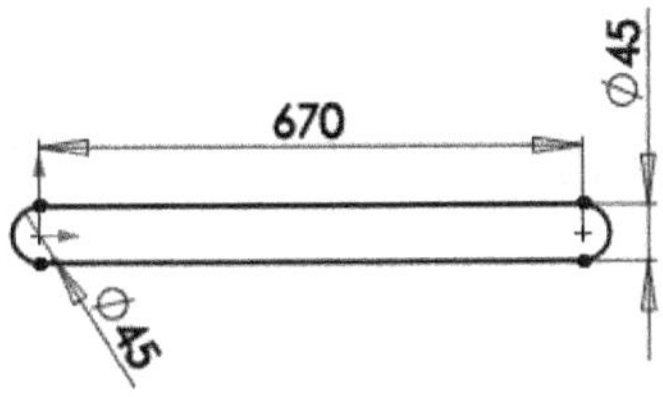	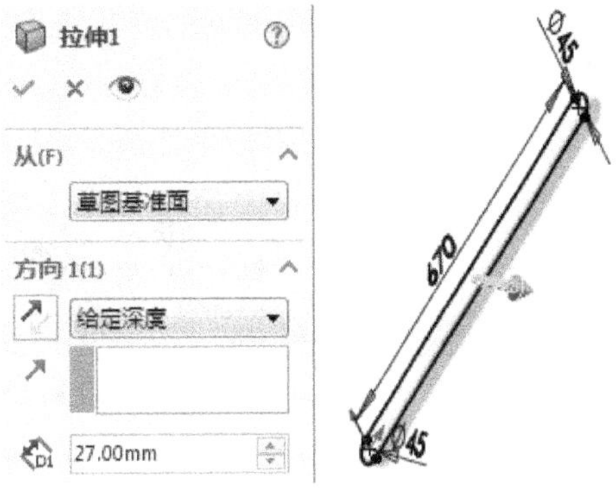
步骤	3. 前视基准面绘制草图	4. 拉伸切除，深度 45 mm
图示		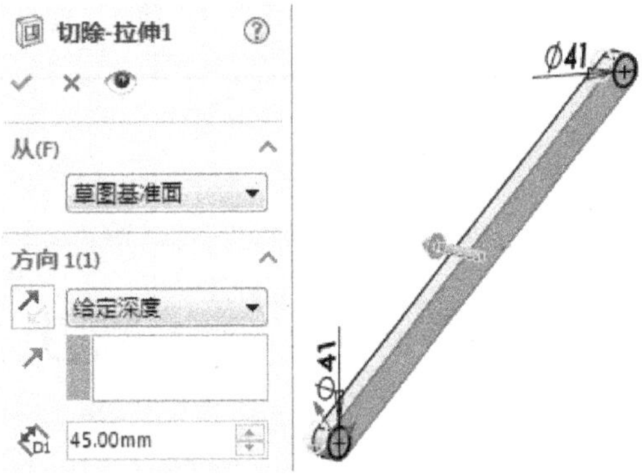
步骤	5. 绘制草图	6. 拉伸切除，深度 50 mm
图示	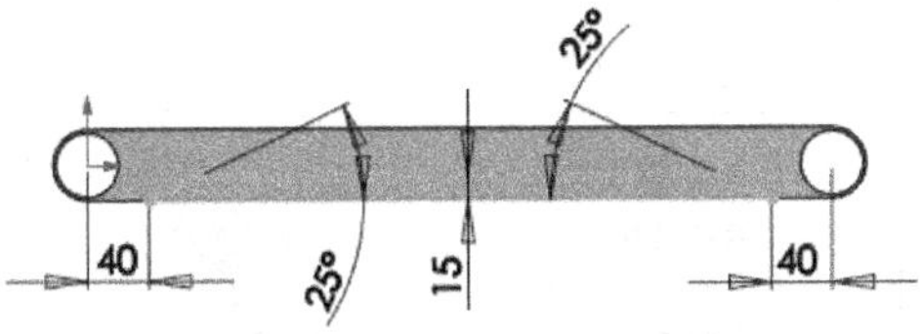	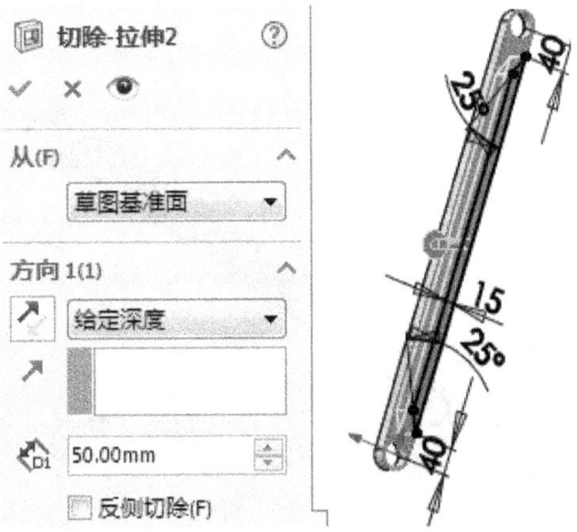

续表一

<table>
<tr><td>步骤</td><td>7. 绘制草图</td><td>8. 拉伸凸台，深度 27 mm，合并结果</td></tr>
<tr><td>图示</td><td>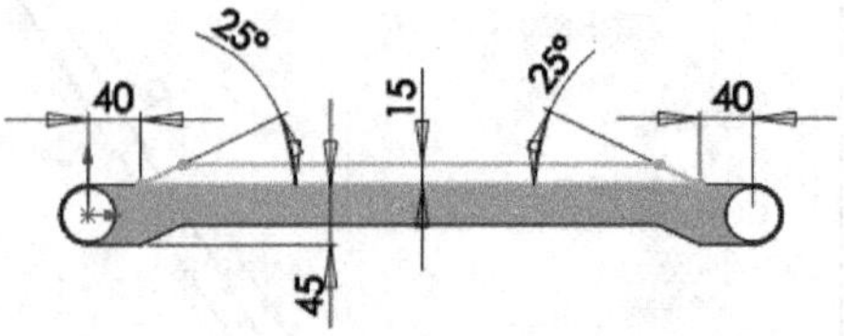
</td><td>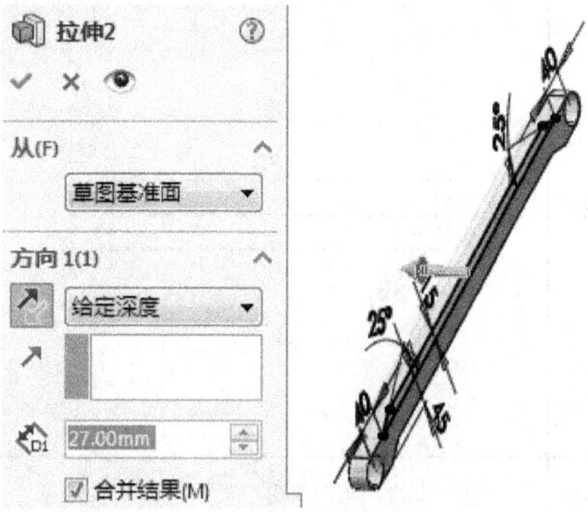
</td></tr>
<tr><td>步骤</td><td>9. 绘制草图</td><td>10. 拉伸切除，深度 8.5 mm，形成长圆沟槽</td></tr>
<tr><td>图示</td><td>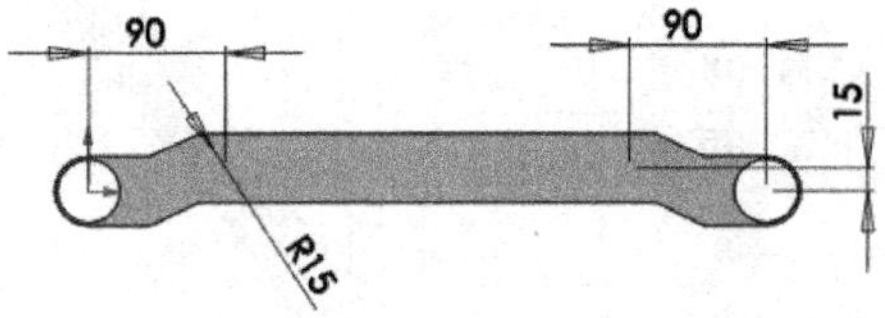
</td><td>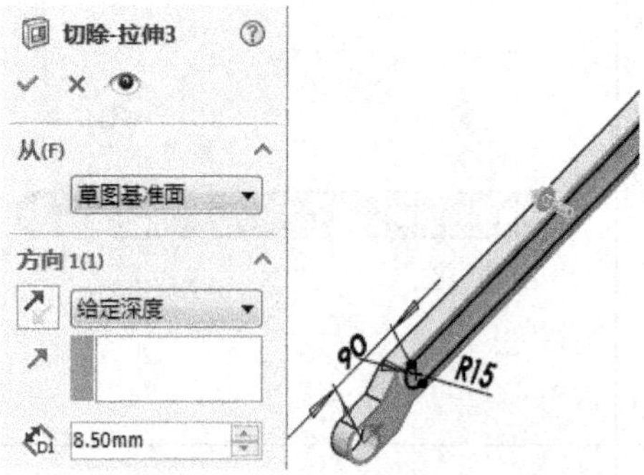
</td></tr>
<tr><td>步骤</td><td>11. 在支架对侧面，重复步骤 9、10，形成长圆沟槽</td><td>12. 选择两侧长圆沟槽，倒角，1 × 45°</td></tr>
<tr><td>图示</td><td>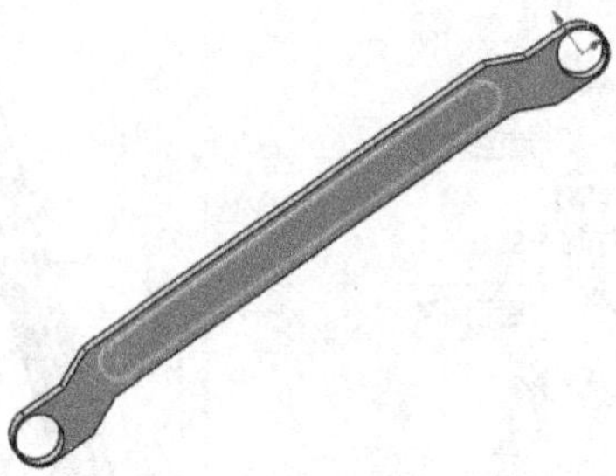</td><td>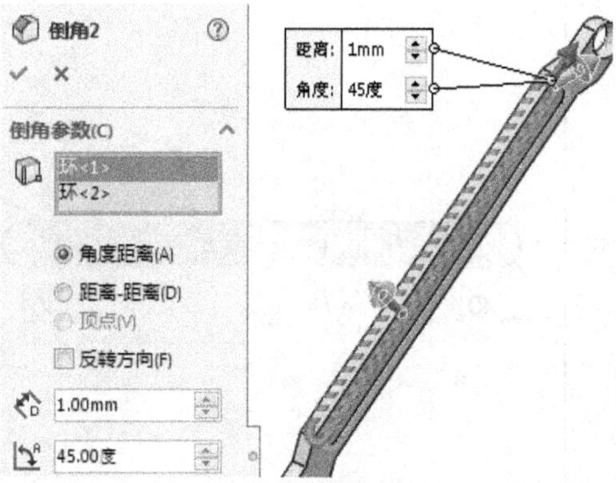
</td></tr>
</table>

续表二

步骤	13. 双侧长圆沟槽底边线圆角,半径 4 mm	14. 两端弯折处边线圆角,半径 45 mm
图示	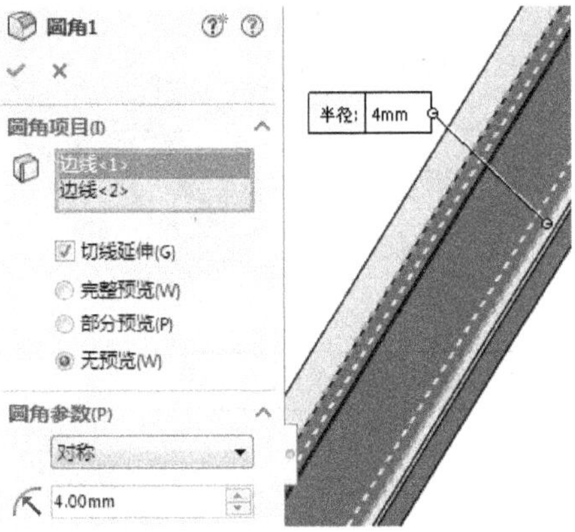	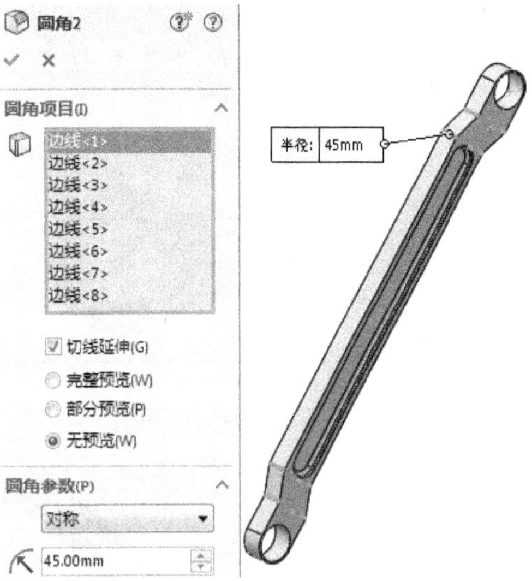
步骤	15. 草图绘制	16. 拉伸,深度 27 mm,合并结果
图示	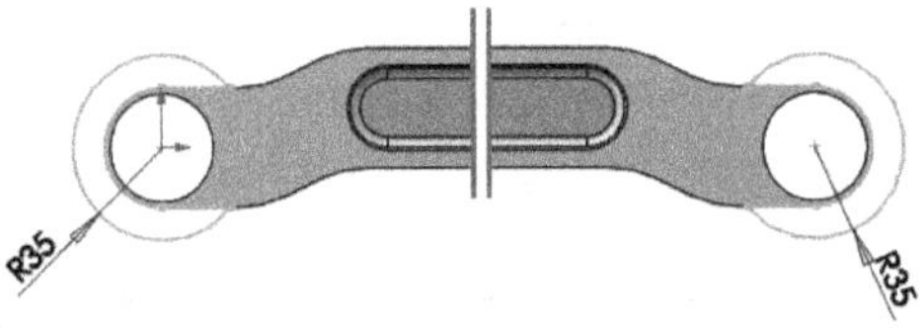	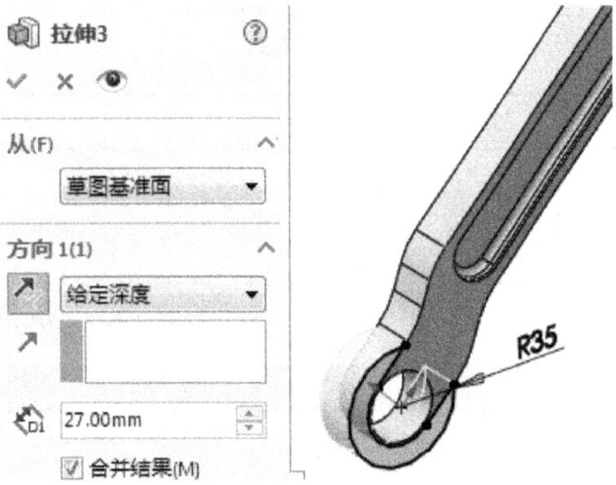
步骤	17. 草图绘制	18. 拉伸切除,深度 24 mm
图示	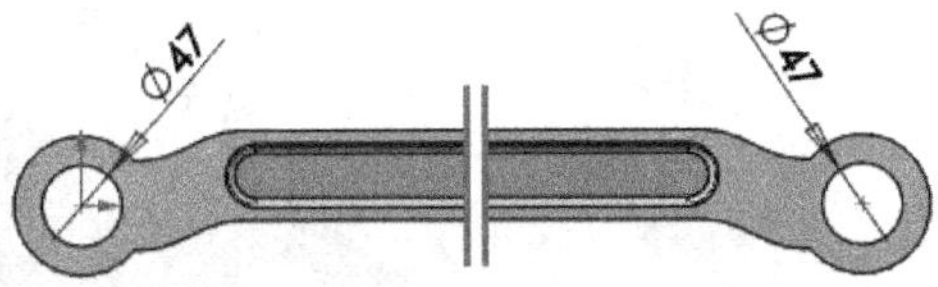	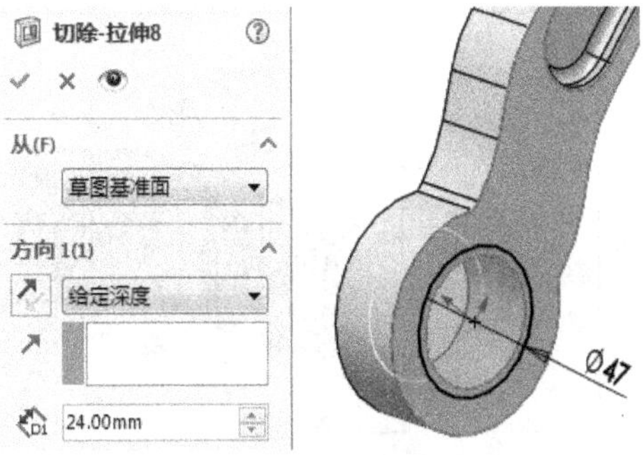

步骤	19. 草图绘制	20. 拉伸切除，深度 20 mm
图示	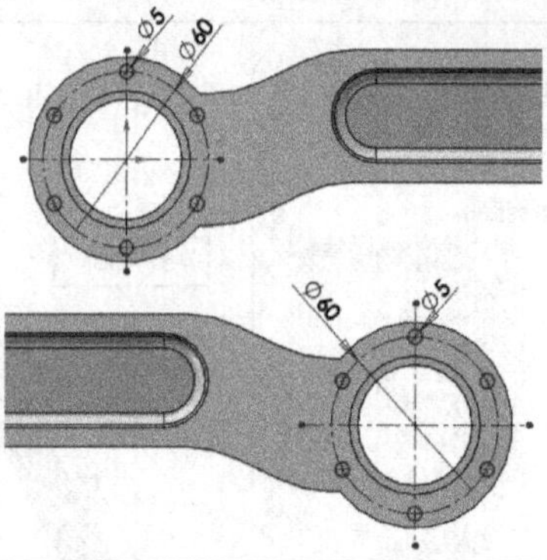	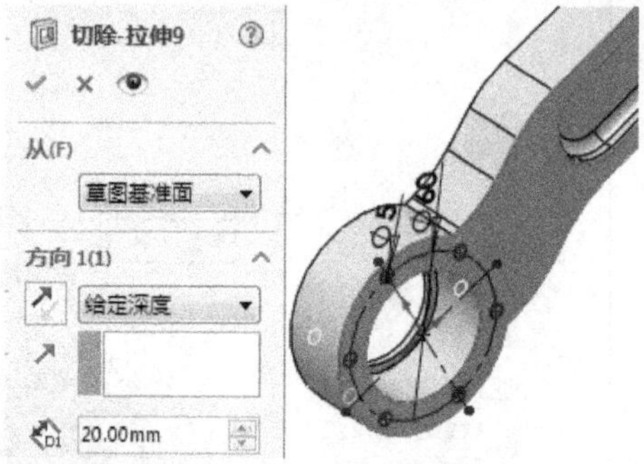
步骤	21. ϕ47 圆孔边线倒角，$0.5 \times 45°$	22. 所有外侧边线倒角，$1 \times 45°$
图示	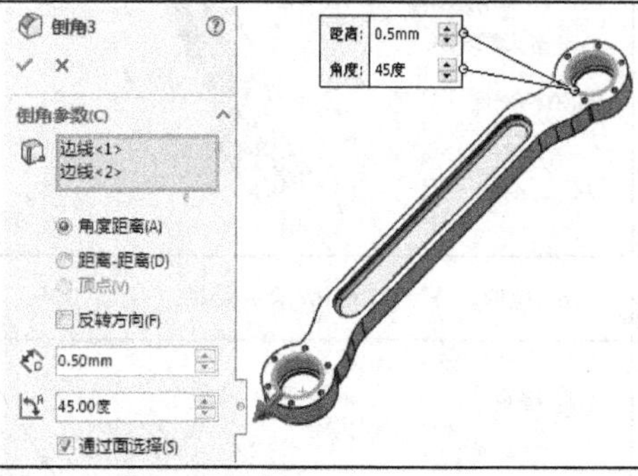	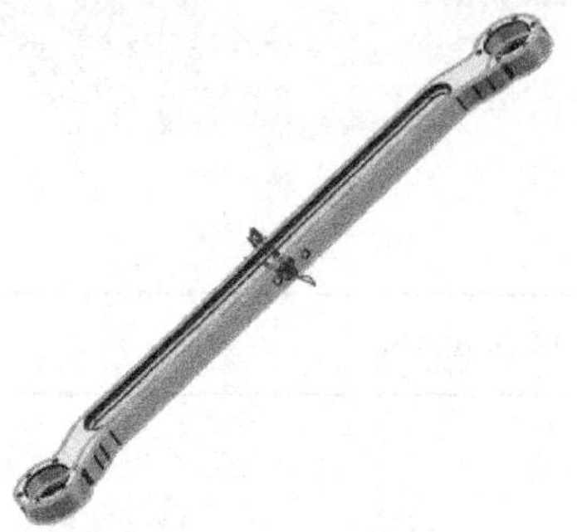
步骤	23. 侧面圆孔草图绘制	24. 拉伸切除，深度 20 mm
图示	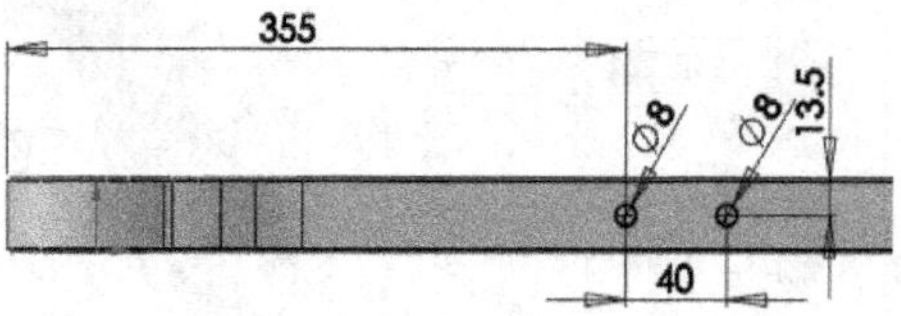	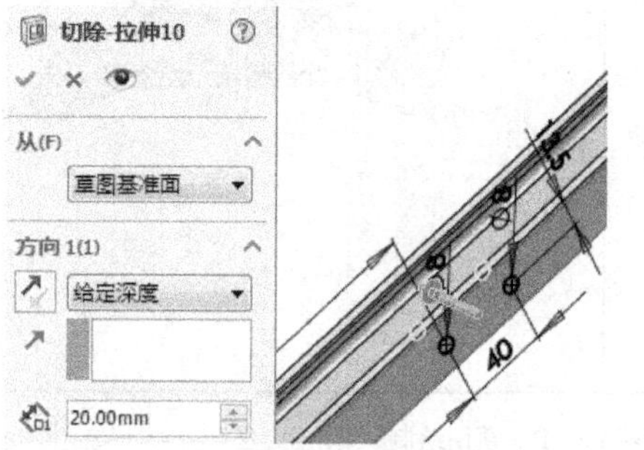
步骤	25. 一端拐弯处绘制 2-ϕ8 圆孔草图	26. 拉伸切除，深度 20 mm
图示	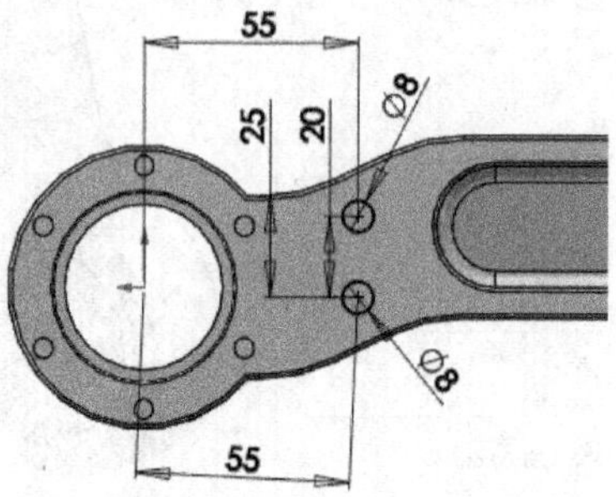	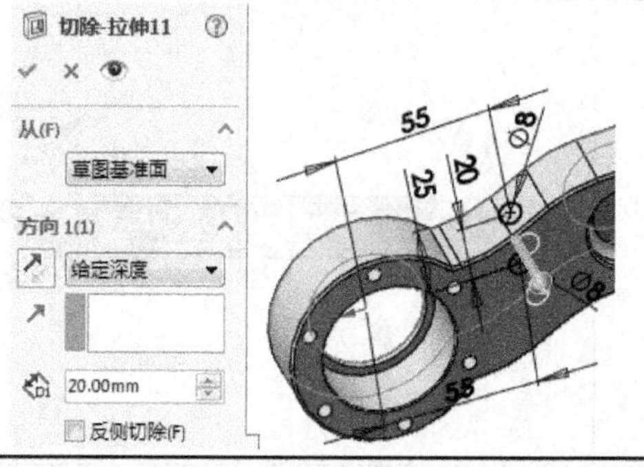

3.3.3　大臂其他附属零部件

机器人大臂机构的其他附属零部件如摆线减速器安装法兰、大臂轴套、连杆轴承盖、连杆轴承套、连杆传动轴、连杆传动轴芯及连杆伺服电机，其工程图如图 3-34～图 3-40 所示，读者可参照图示自行完成上述零部件的造型设计。

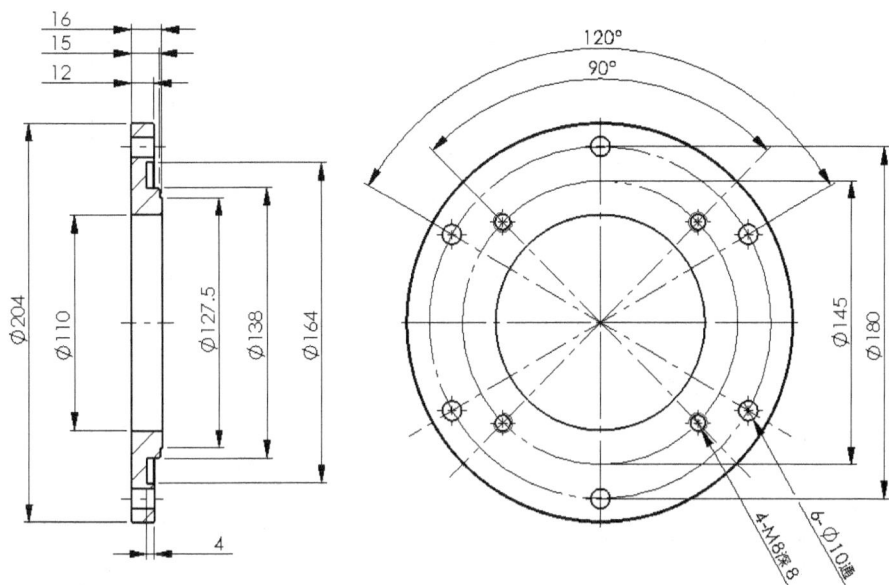

图 3-34　摆线减速器安装法兰工程图

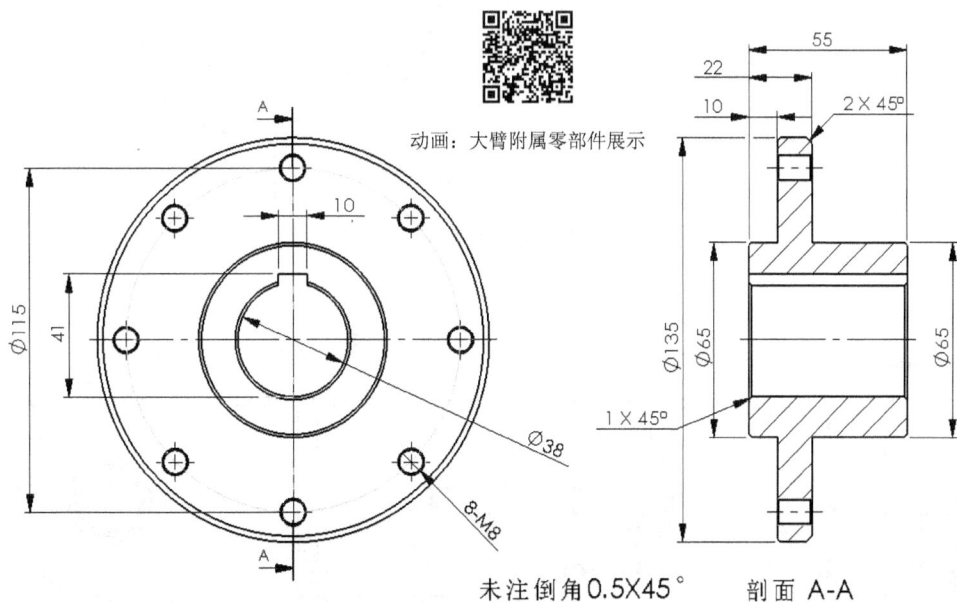

动画：大臂附属零部件展示

未注倒角0.5×45°　　　剖面 A-A

图 3-35　大臂轴套工程图

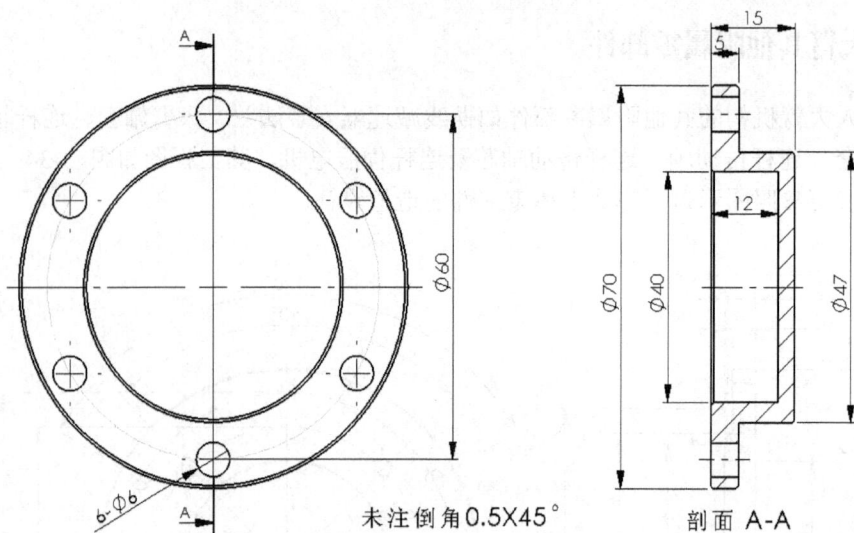

未注倒角0.5X45°

剖面 A-A

图 3-36　连杆轴承盖工程图

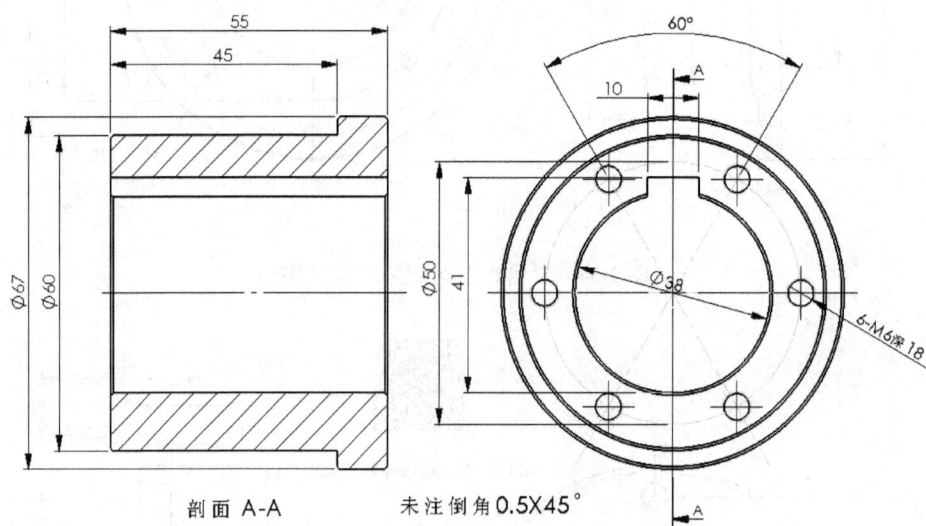

剖面 A-A　　　未注倒角0.5X45°

图 3-37　连杆轴承套工程图

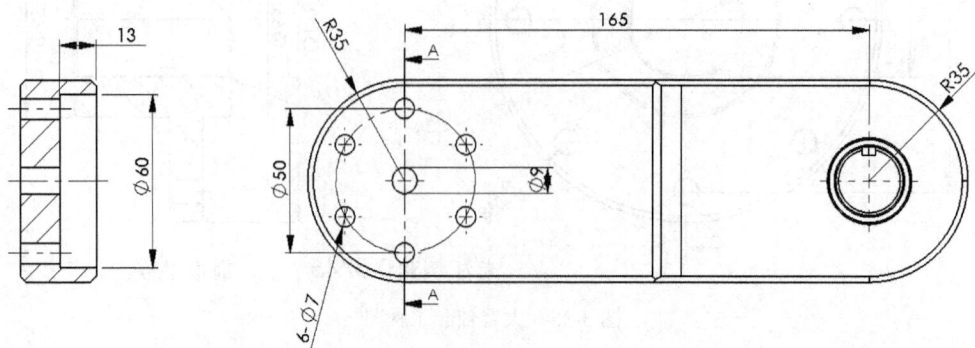

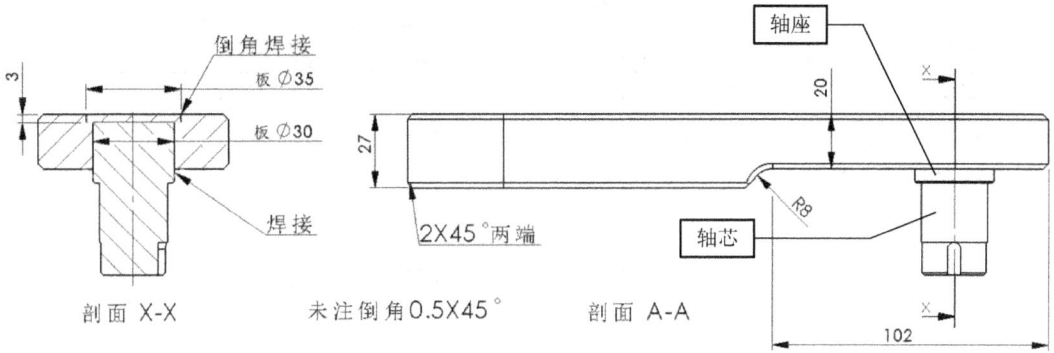

(a) 传动轴

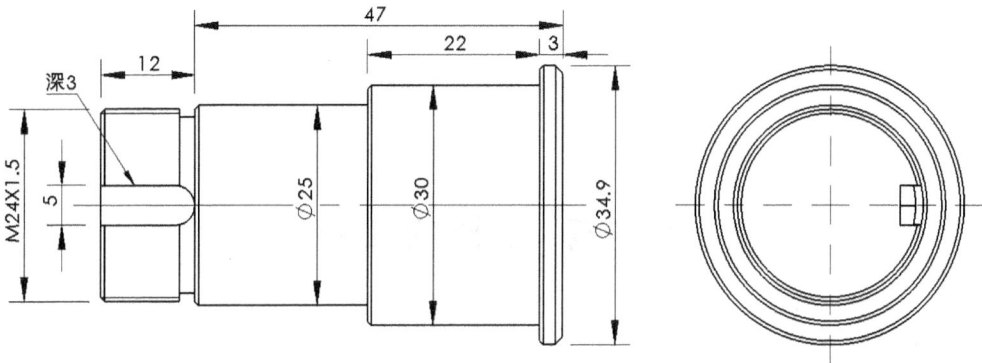

(b) 轴心

图 3-38　连杆传动轴

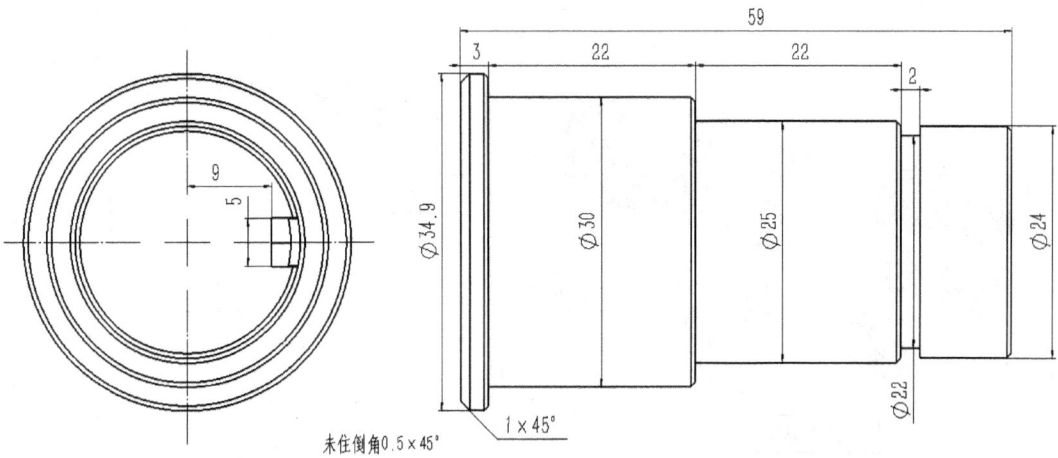

图 3-39　连杆传动轴芯

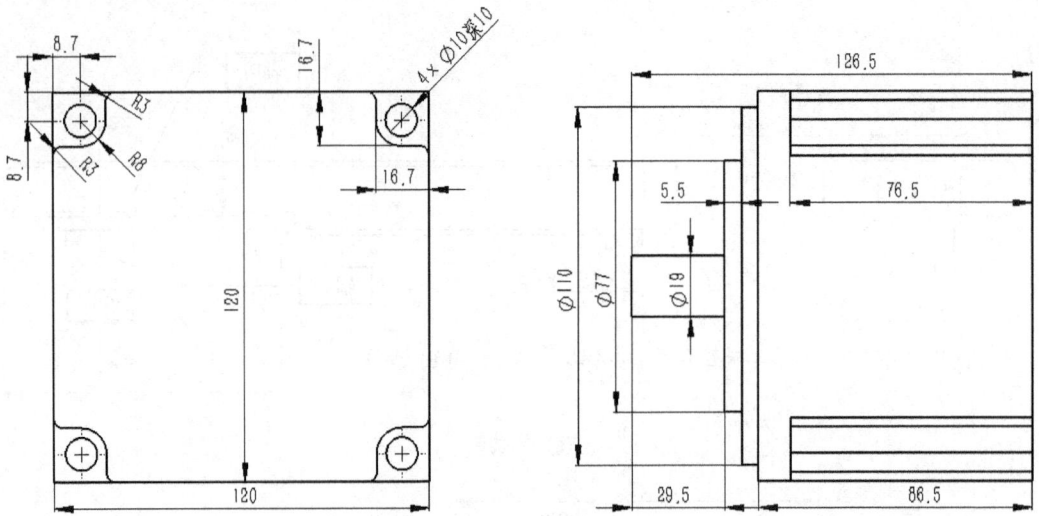

图 3-40　连杆伺服电机

任务四　小臂的设计

工业机器人小臂一端与手腕相连，驱动手腕俯仰、偏转动作；一端与大臂相连，由大臂连杆控制小臂及后端的手腕伸缩。小臂主要包括小臂支撑座、伺服电机、齿轮箱、减速机构、连接轴、轴承、轴承法兰等，如图 3-41 及表 3-8 所示。

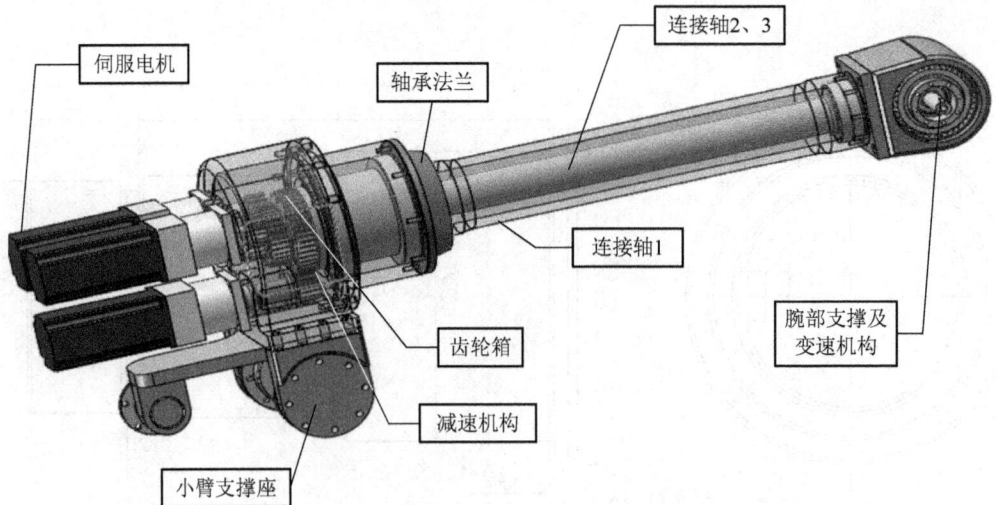

图 3-41　机器人小臂构成

表3-8　机器人小臂主要零部件

名称	小臂支撑座	小臂骨架油封
图示	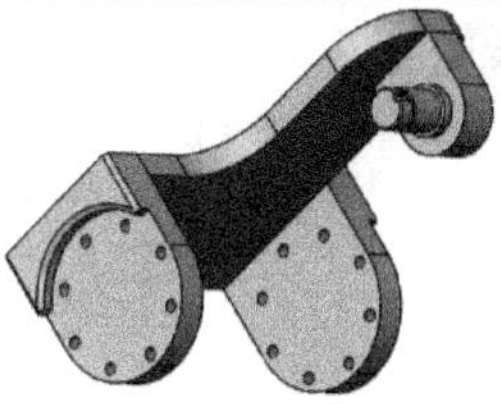	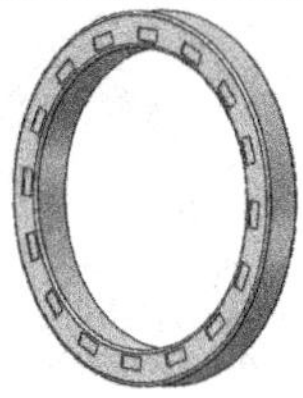
名称	小臂关节轴承	小臂关节轴芯
图示	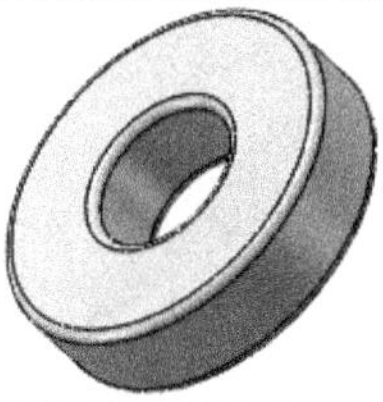	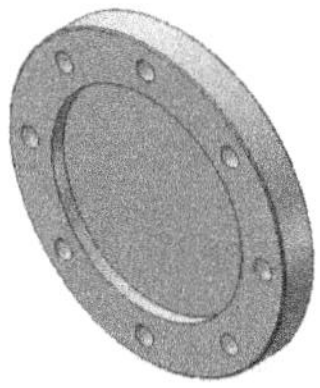
名称	小臂旋转法兰	小臂旋转法兰轴承隔套
图示	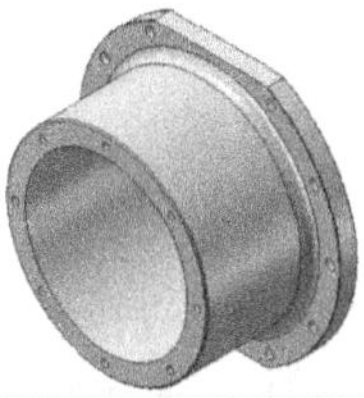	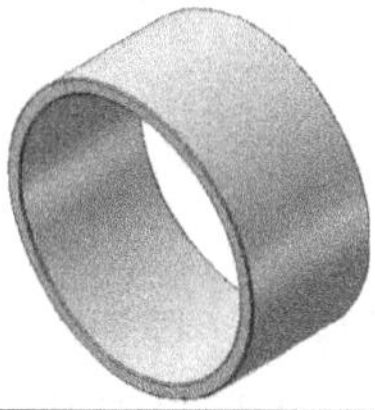
名称	小臂旋转后法兰	小臂旋转轴承法兰
图示	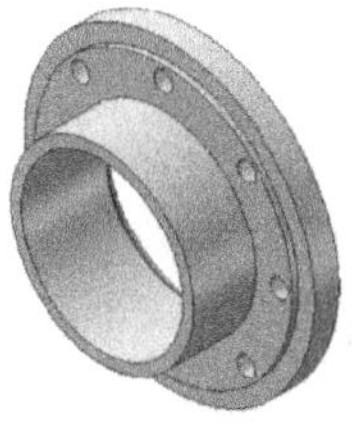	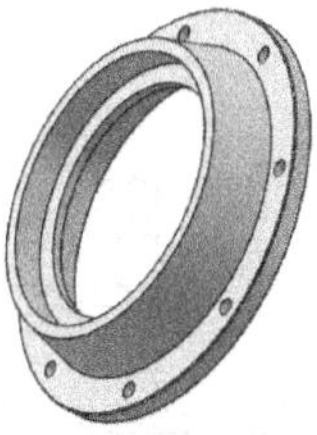
名称	小臂旋转法兰轴承隔套	小臂旋转后法兰
图示	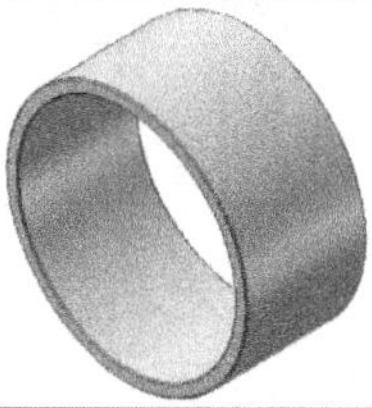	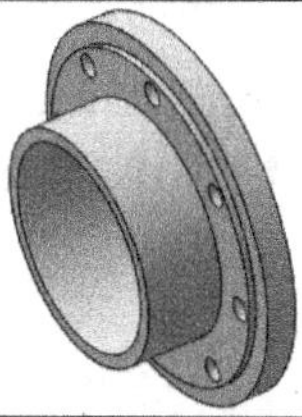
名称	小臂座连杆连接轴	旋转臂电机
图示	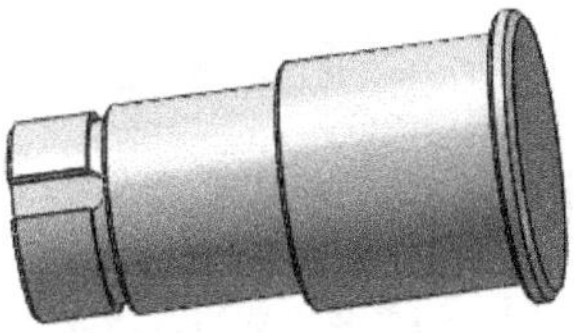	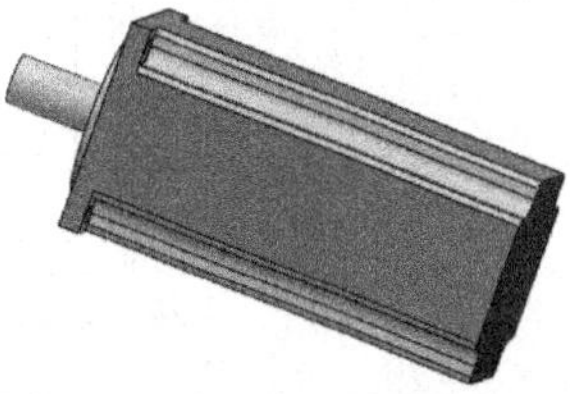

续表

名称	小臂座连杆连接轴座	连接轴 1
图示		
名称	连接轴 2	连接轴 3
图示		

3.4.1 小臂支撑座

1. 支撑座工程图

小臂支撑座由支撑座、连杆轴座、连杆连接轴经焊接、组装而成，通过轴承等分别与大臂及大臂连杆相连，由大臂连杆对其进行俯仰姿态控制。小臂支撑座工程图如图 3-42 所示。

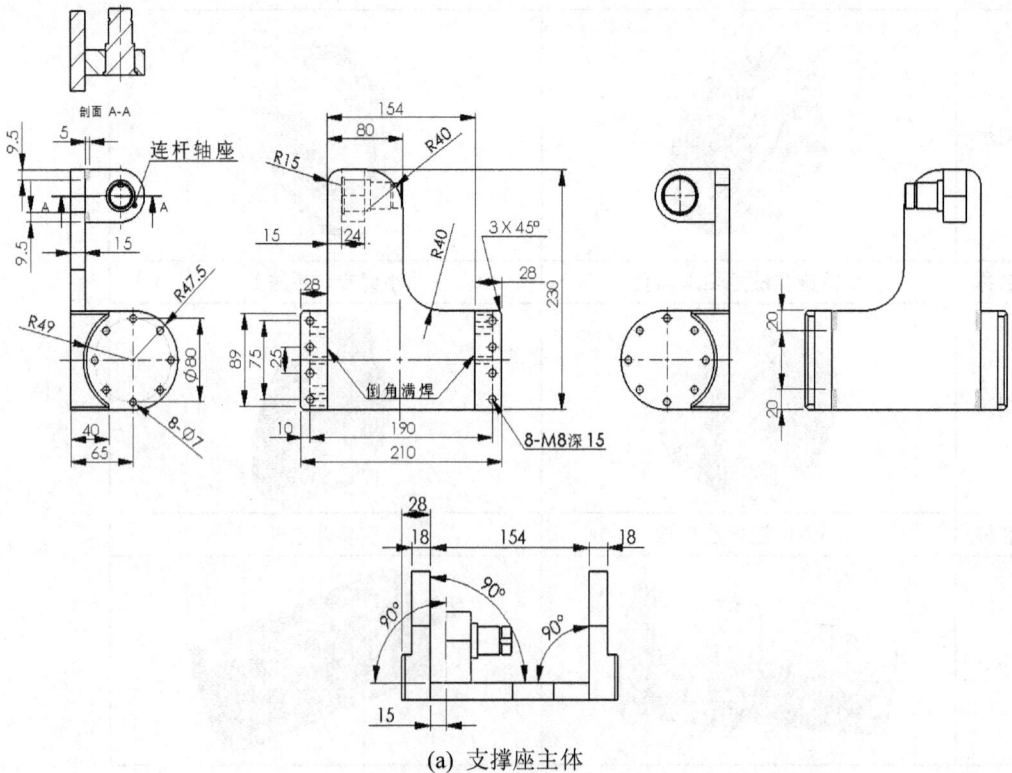

(a) 支撑座主体

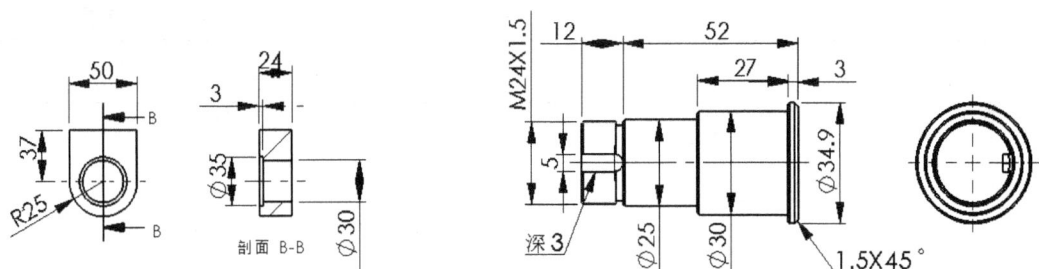

(b) 连杆轴座

(c) 连杆连接轴

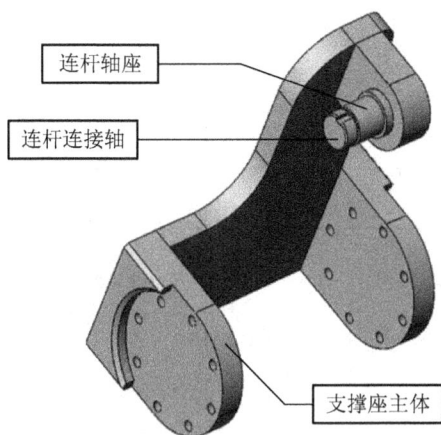

(d) 三维视图

图 3-42 小臂支撑座

2. 小臂支撑座建模

小臂支撑座连接大臂末端和小臂，与大臂通过轴承、大臂连杆相连，其建模步骤可参考表 3-9。

视频：小臂支撑座建模

表 3-9 小臂支撑座建模过程

步骤	1. 绘制草图	2. 拉伸，深度 15 mm
图示		

续表一

步骤	3. 选择绘图面	4. 绘制草图
图示	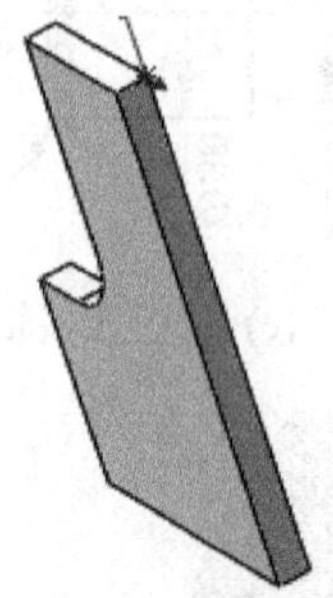	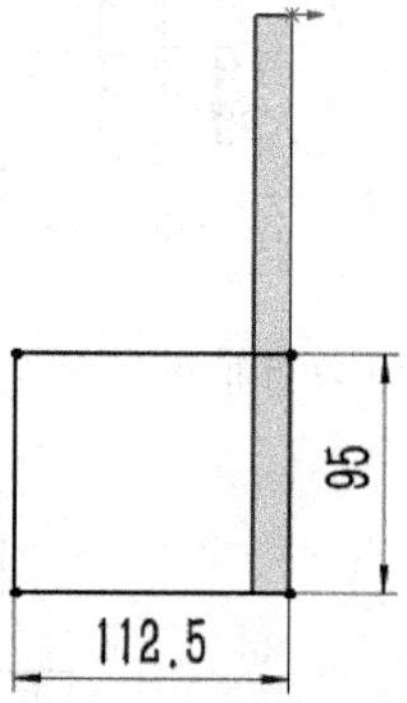
步骤	5. 向外拉伸，深度 28 mm	6. 选择上步创建的实体进行线性阵列，距离 182 mm
图示	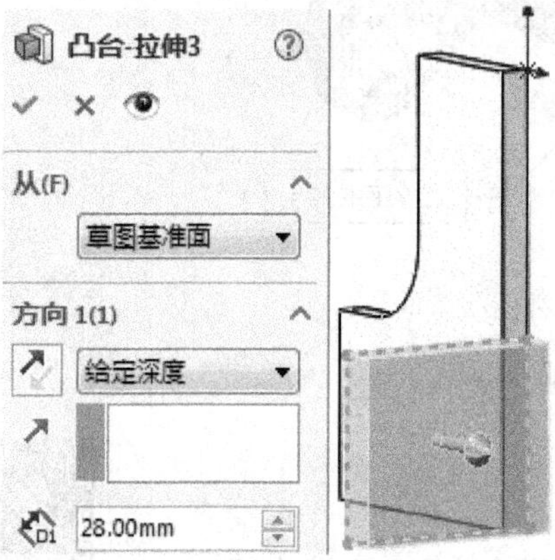	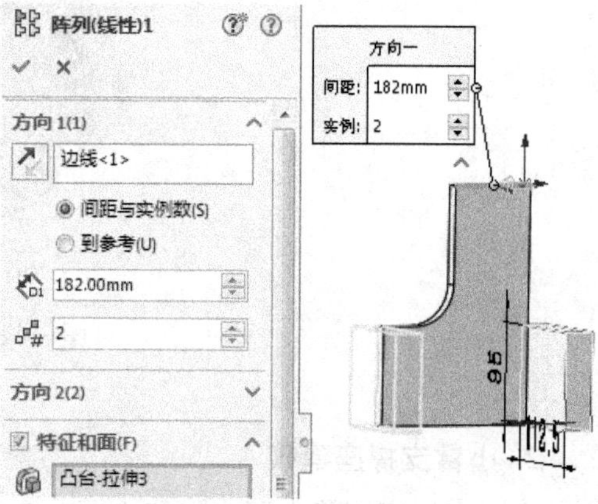
步骤	7. 侧板边线圆角，半径 47.5 mm	8. 对面侧板边线圆角，半径 47.5 mm
图示	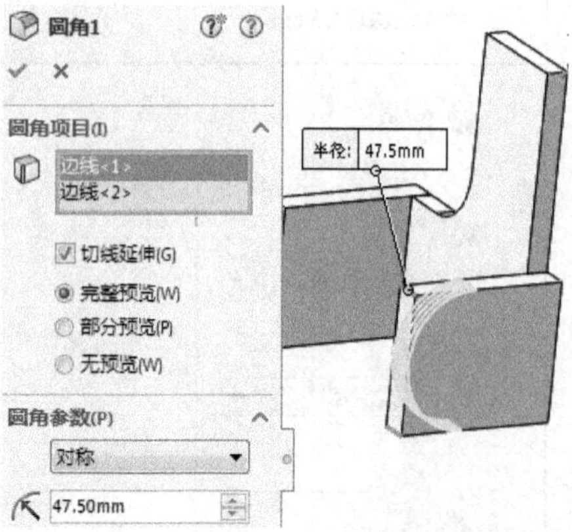	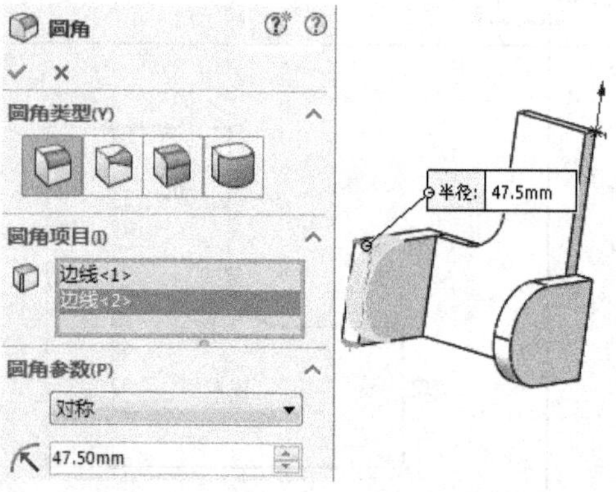

续表二

步骤	9. 侧板外表面绘制草图	10. 拉伸切除，深度 10 mm
图示	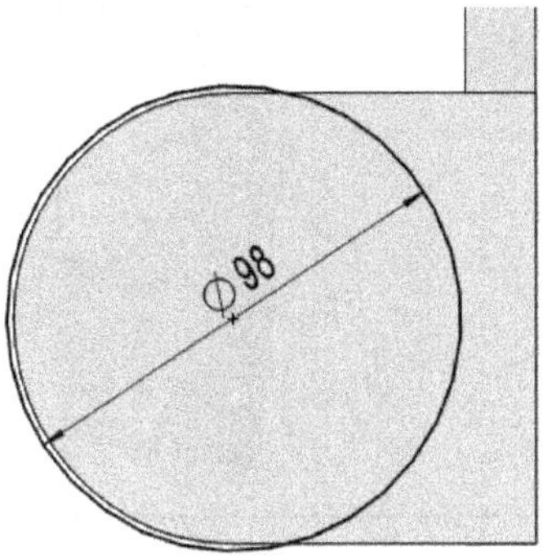	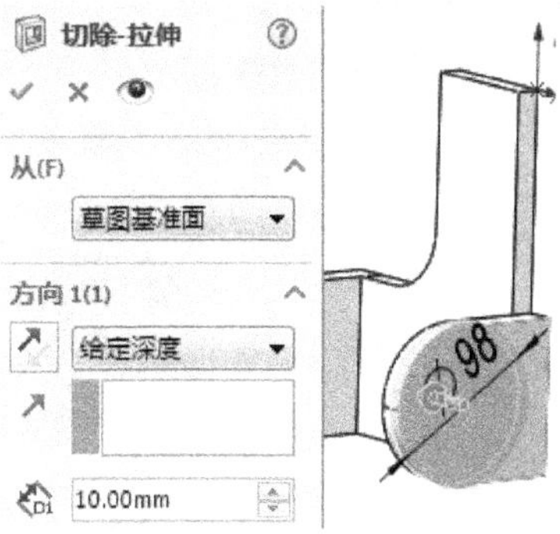
步骤	11. 对面侧板外表面绘制草图	12. 拉伸切除，深度 10 mm
图示	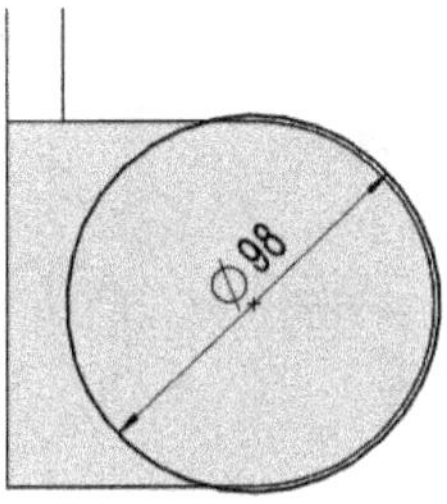	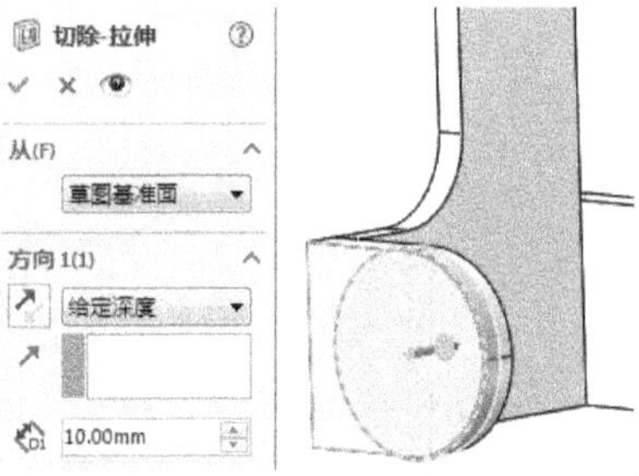
步骤	13. 两侧的侧板外表面绘制矩形	14. 拉伸切除，深度 10 mm
图示	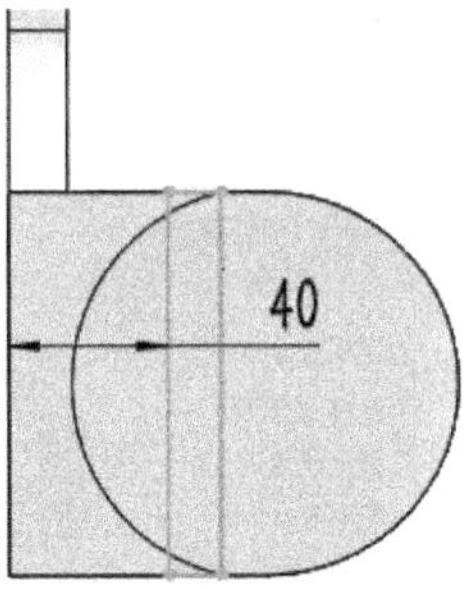	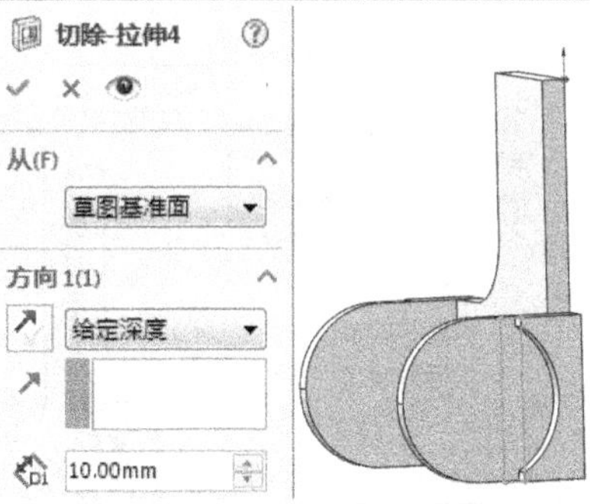
步骤	15. 选择绘图面	16. 绘制草图
图示	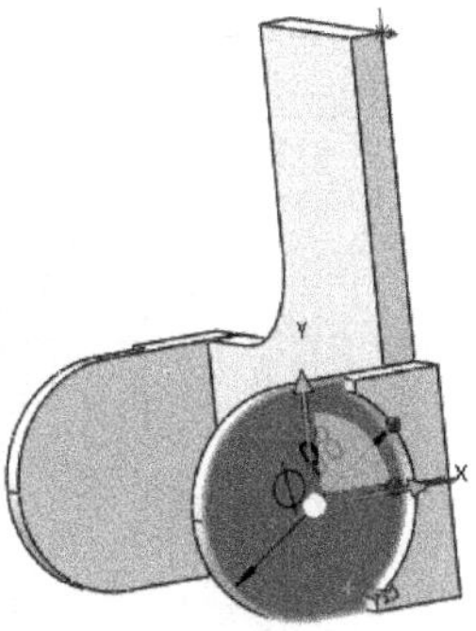	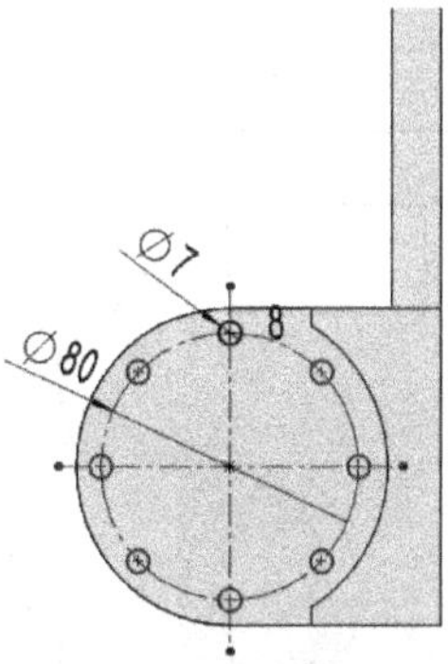

续表三

步骤	17. 拉伸切除，完全贯穿	18. 选择绘图面
图示	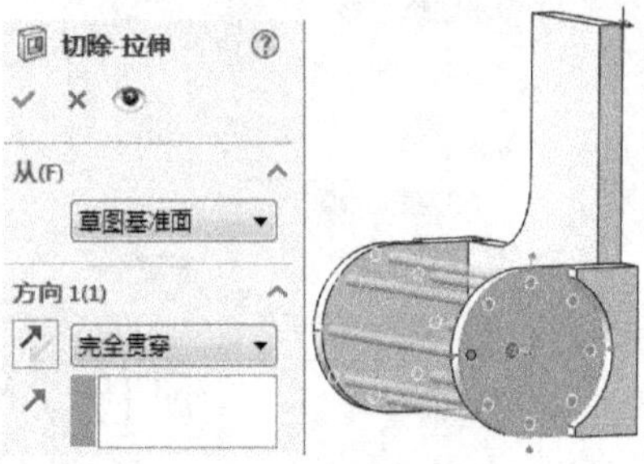	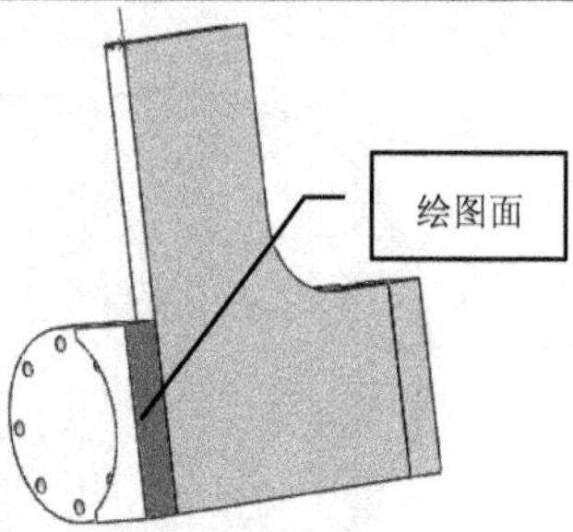
步骤	19. 绘制草图	20. 拉伸切除，深度 15 mm
图示	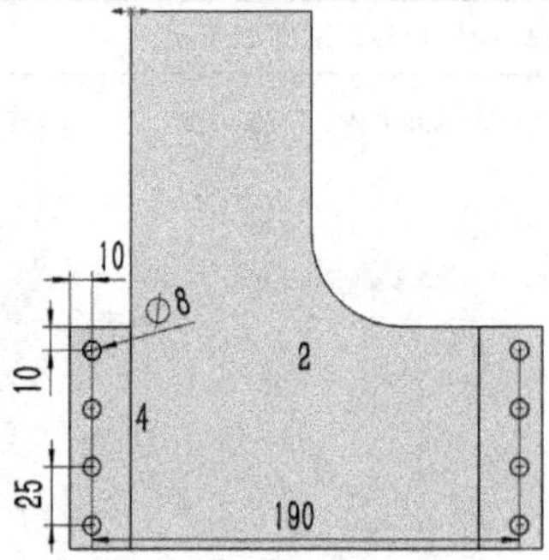	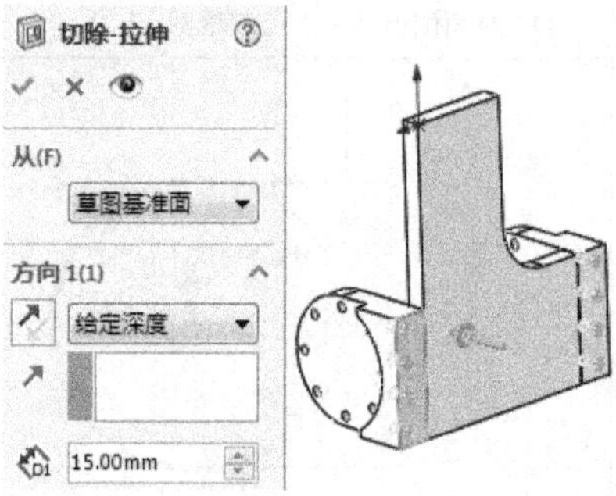
步骤	21. 选择顶部内侧边线圆角，半径 40 mm	22. 选择顶部外侧边线圆角，半径 15 mm
图示	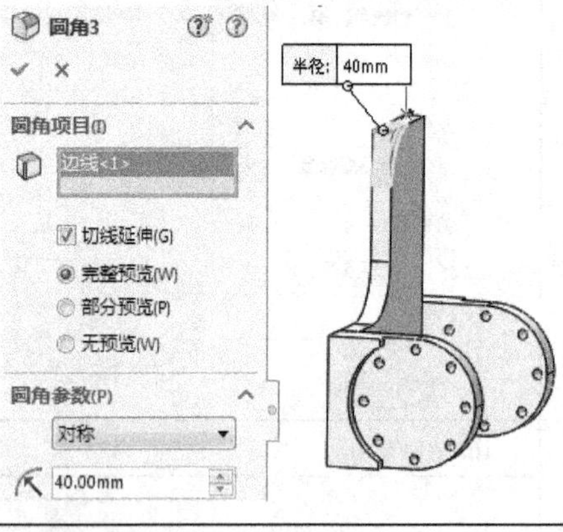	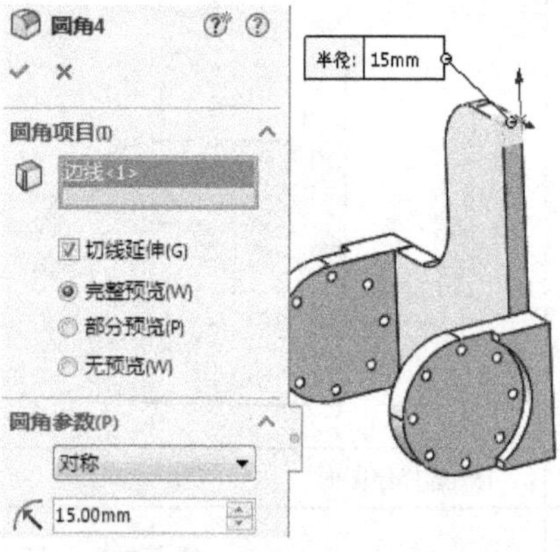
步骤	23. 选择绘图面	24. 绘制草图
图示	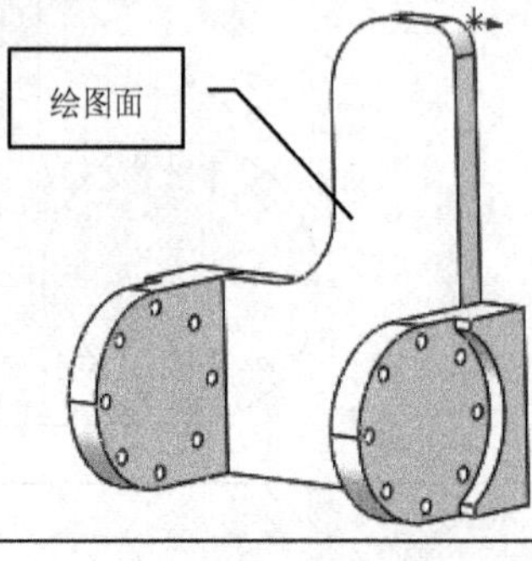	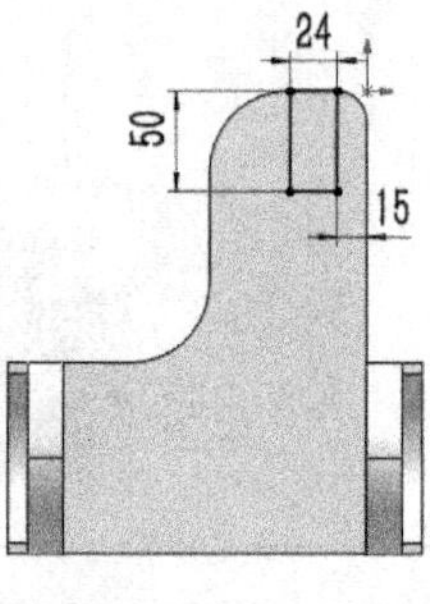

续表四

步骤	25. 拉伸，深度 62 mm	26. 边线圆角，半径 25 mm
图示	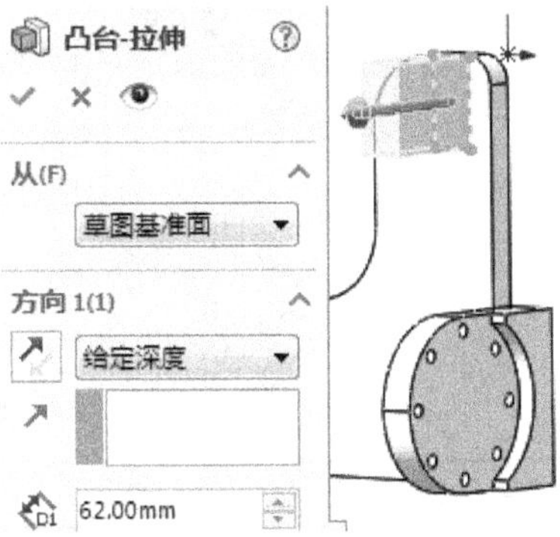	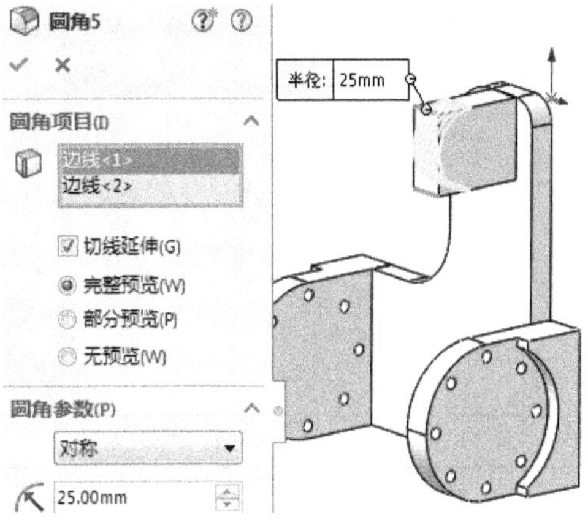
步骤	27. 选择绘图面	28. 绘制草图
图示	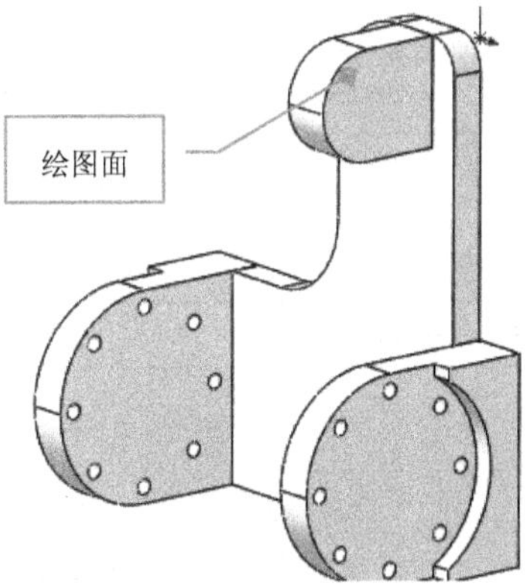	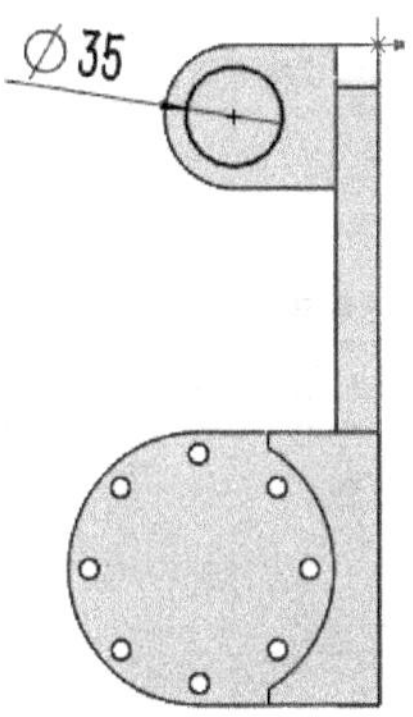
步骤	29. 拉伸切除，深度 3 mm	30. 选择上一步骤的绘图面，绘制草图
图示	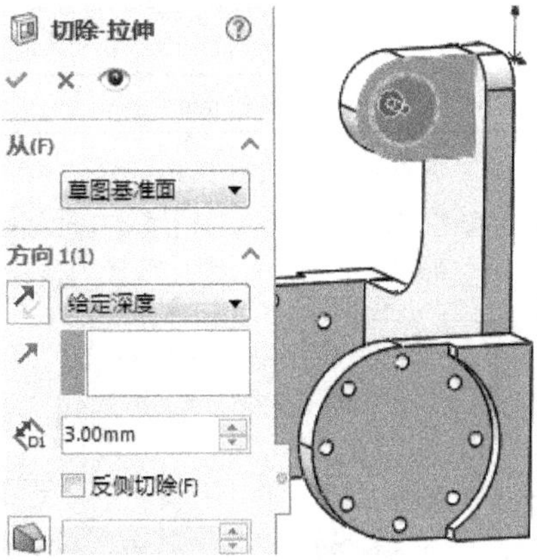	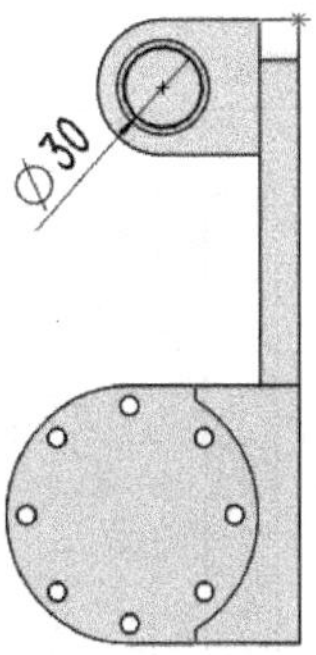

续表五

步骤	31. 拉伸切除，深度 25 mm	32. 选择步骤 27 绘图面，绘制草图
图示	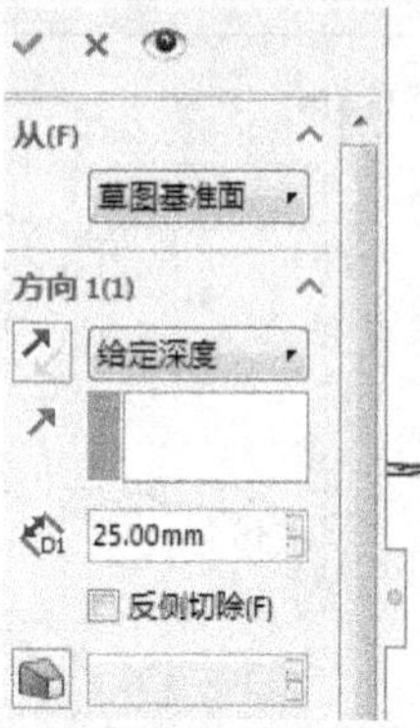	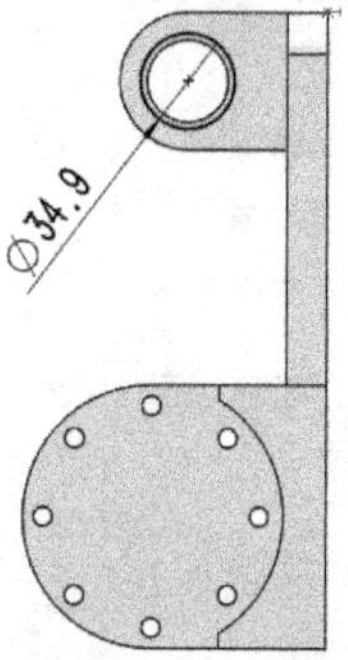

步骤	33. 向内拉伸，深度 3 mm	34. φ34.9 圆边线倒角，1×45°
图示	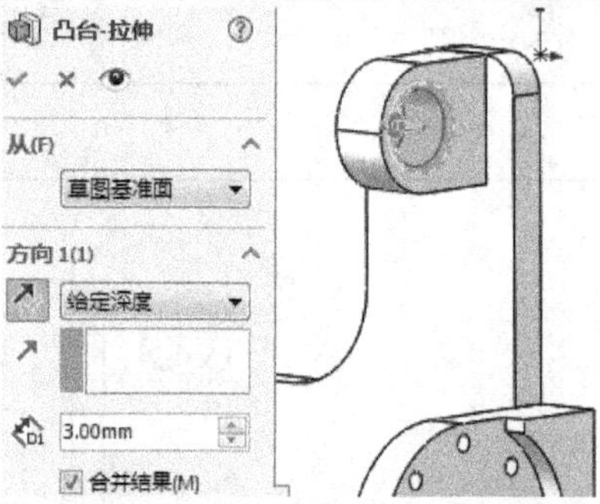	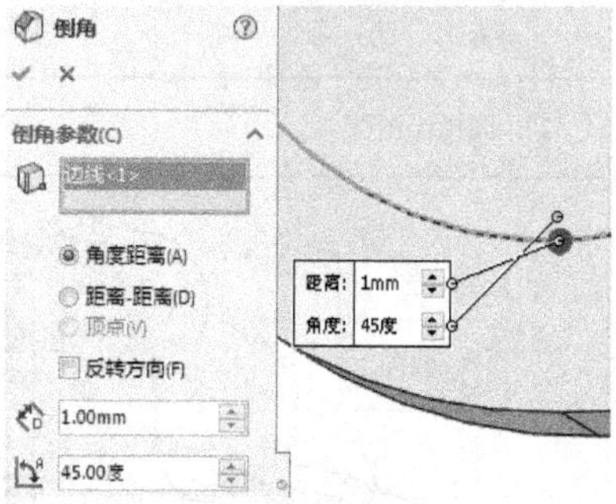

步骤	35. φ30 圆边线倒角，1×45°	36. 选择绘图面
图示	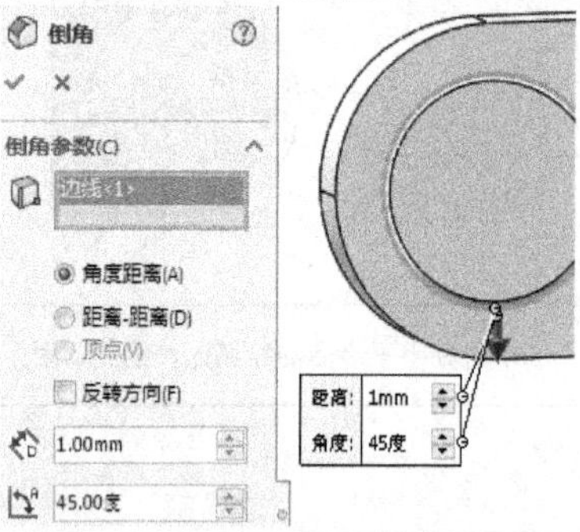	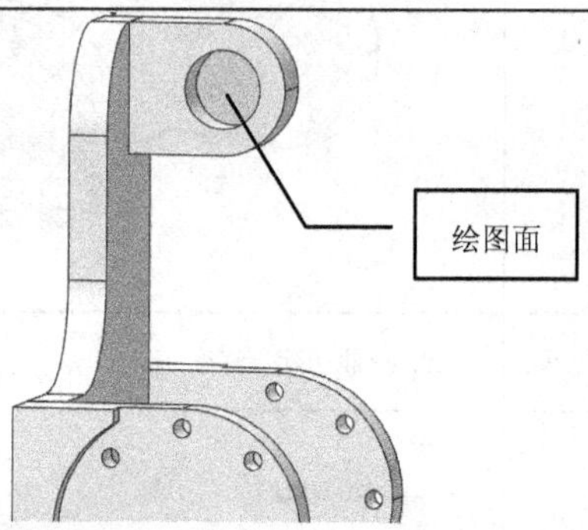

步骤	37. 绘制草图	38. 拉伸凸台，深度 27 mm
图示	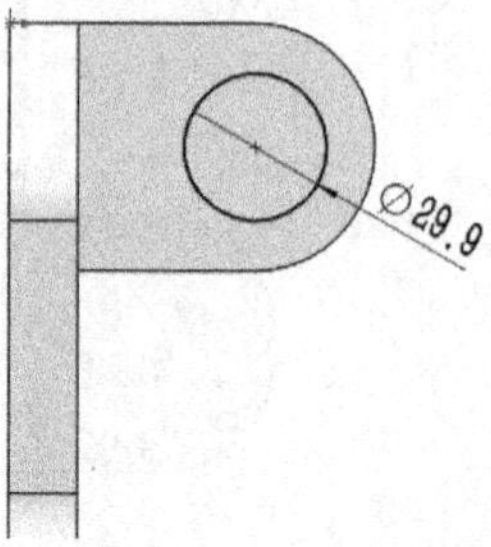	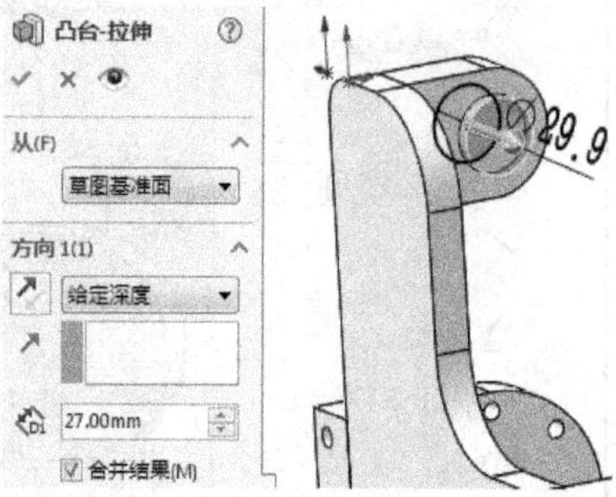

续表六

步骤	39. 在上一步形成的凸台表面绘制草图	40. 向外拉伸凸台，深度 22 mm
图示	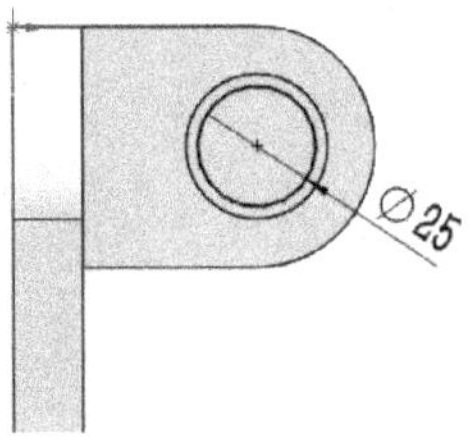	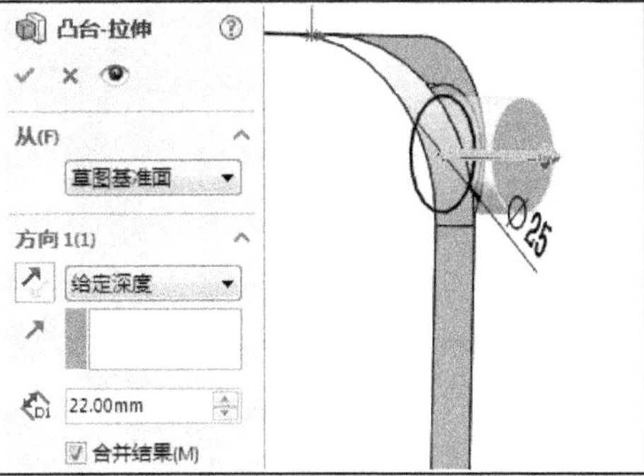
步骤	41. 在上一步形成的凸台表面绘制草图	42. 拉伸凸台，深度 12 mm
图示	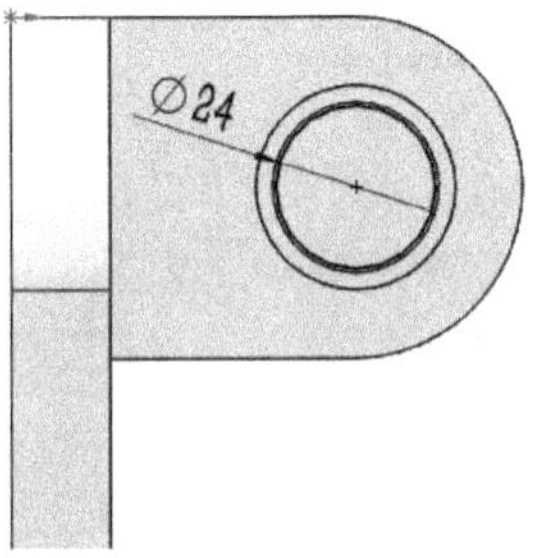	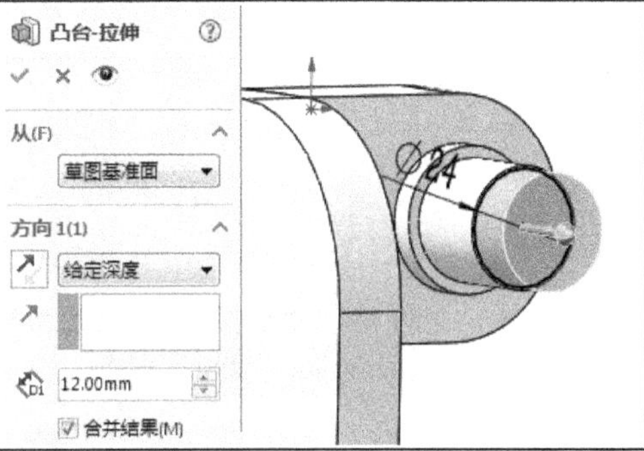
步骤	43. ϕ24 圆边线倒角，1×45°	44. 创建基准面，距离 25 mm
图示	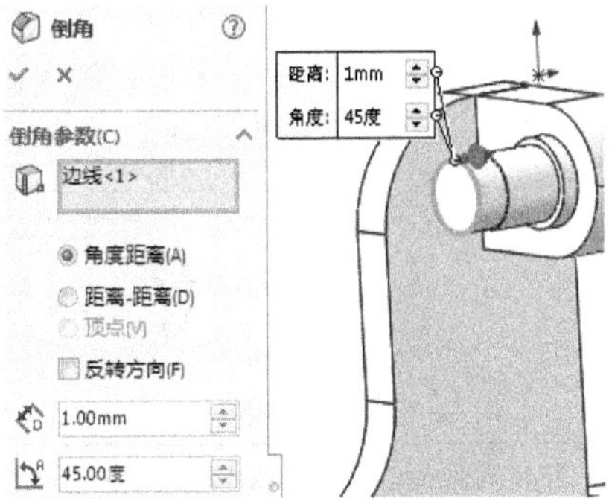	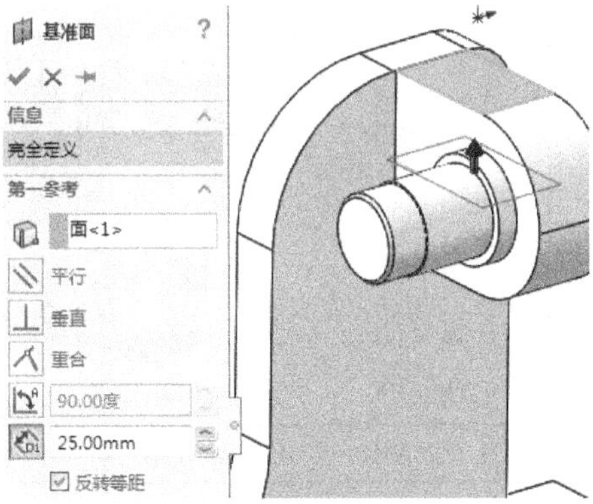
步骤	45. 创建基准轴	46. 在步骤 44 的基准面上绘制草图
图示	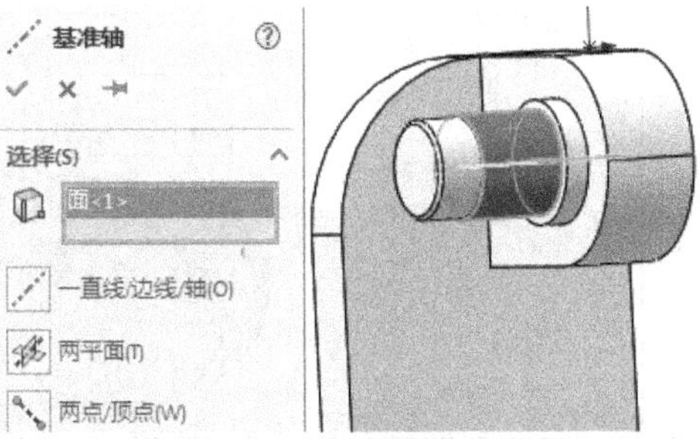	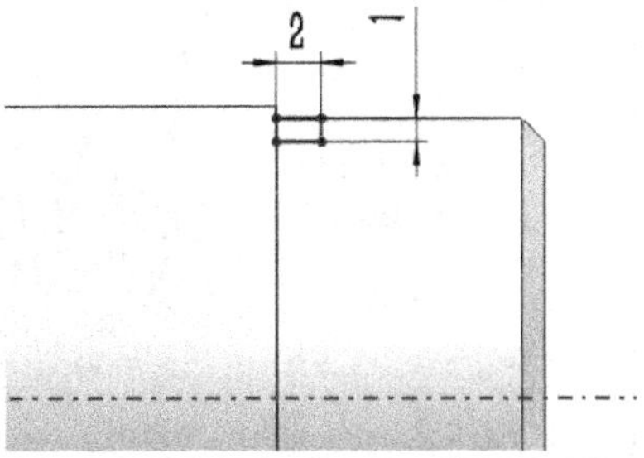

步骤	47. 以新建的基准轴进行旋转切除	48. 创建基准面
图示	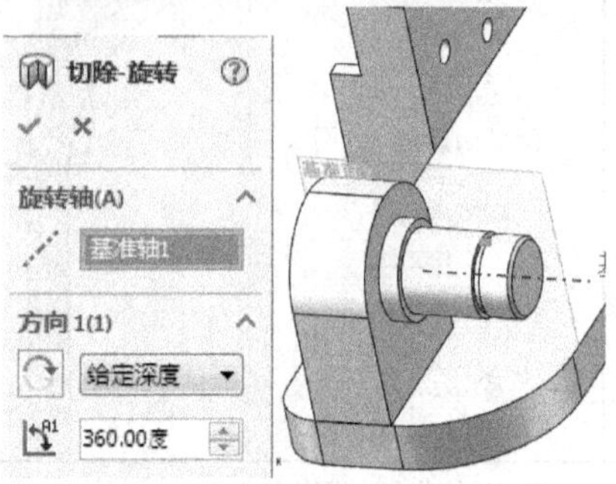	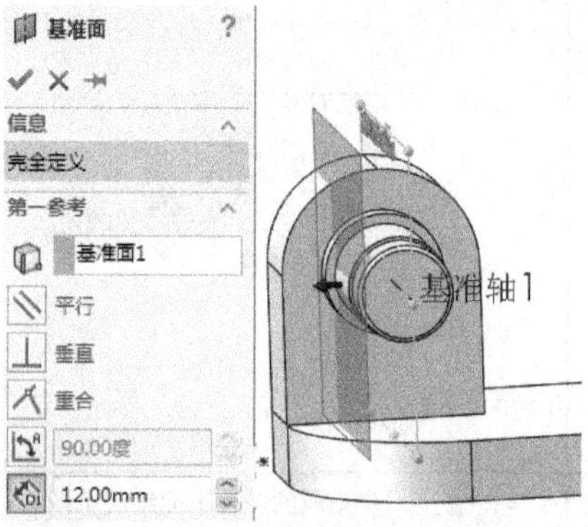
步骤	49. 在上一步创建的基准面上绘制草图	50. 拉伸切除，深度 3 mm
图示	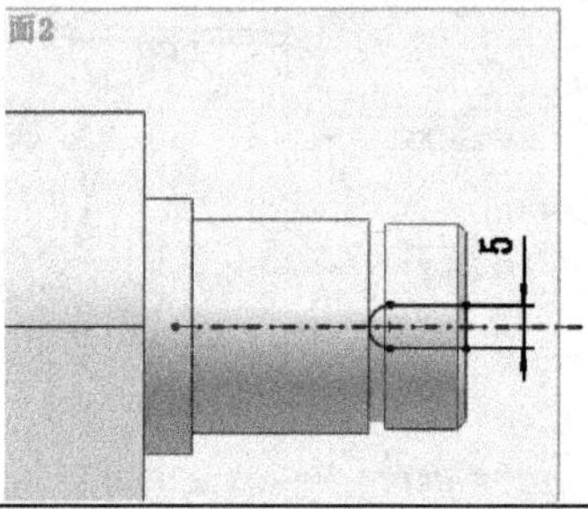	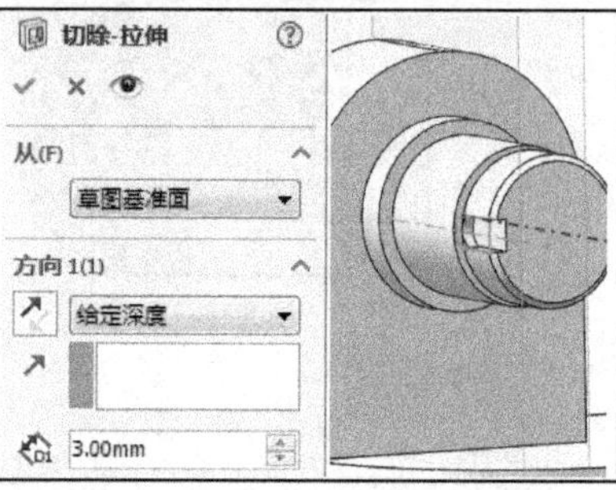
步骤	51. 圆弧边线倒角，3×45°	52. 对侧圆弧边线倒角，3×45°
图示	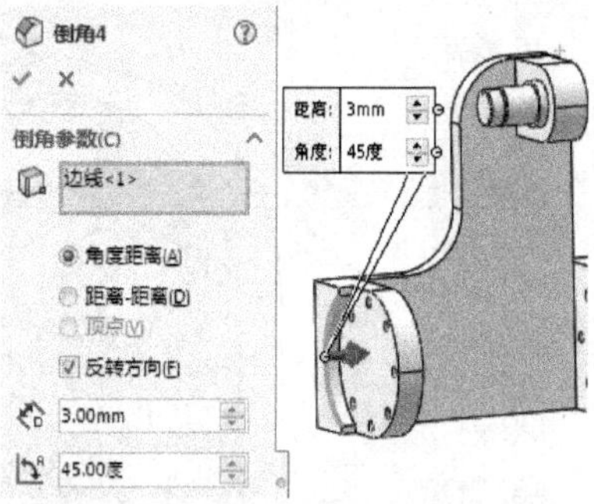	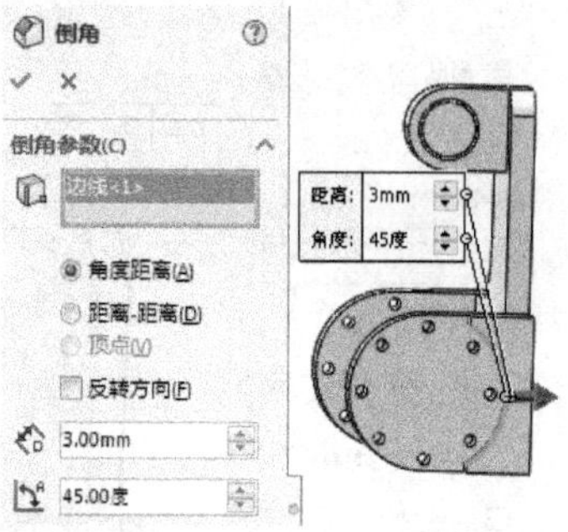
步骤	53. 边线倒角，3×45°	54. 对侧面边线倒角，3×45°
图示	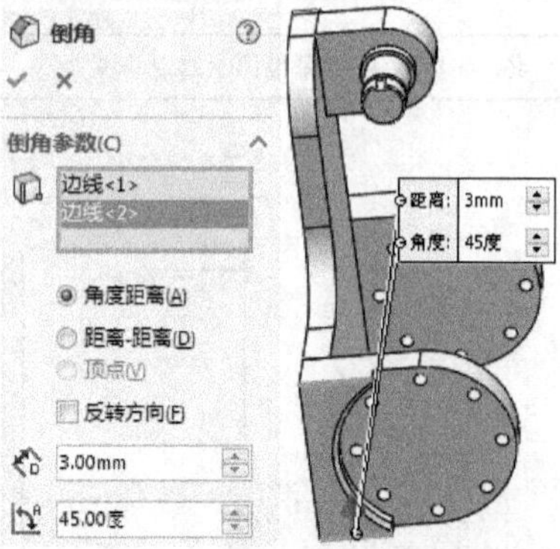	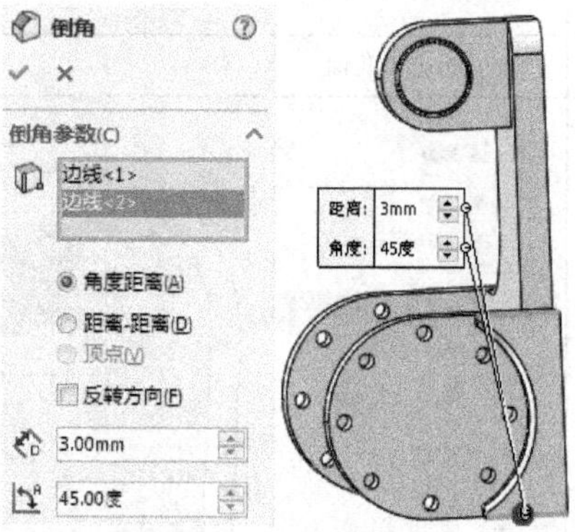

3.4.2　连接轴 1

1. 工程图

连接轴 1 一端与手腕相连，一端经小臂旋转轴主动齿轮与固定于小臂支撑座的电机输出轴相连(见图 3-43)，用于手腕的偏转姿态控制，其工程图如图 3-44 所示。

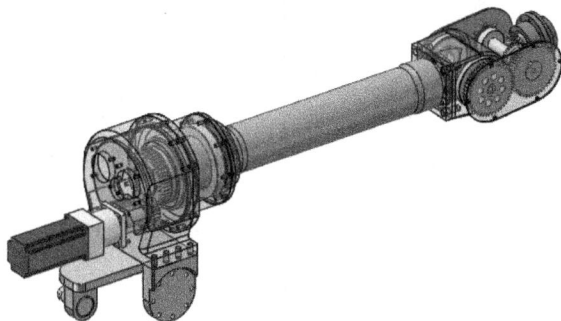

图 3-43　小臂连接轴 1 与支撑座及手腕的连接

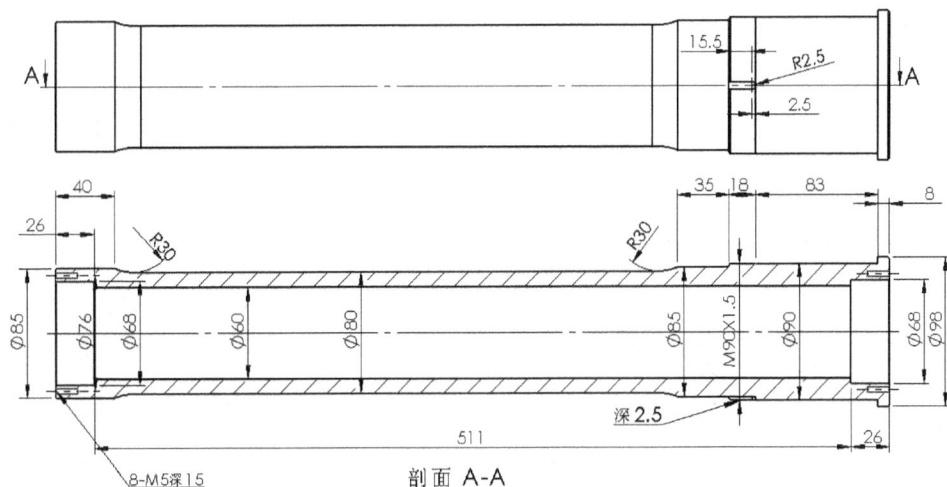

图 3-44　连接轴 1 工程图

2. 建模步骤

小臂连接轴 1 的建模步骤如表 3-10 所示。

视频：连接轴 1 建模

表 3-10　连接轴 1 建模过程

步骤	1. 新建零件，在前视基准面绘制草图
图示	

续表一

步骤	2. 旋转形成连接轴主体	3. 选择大端面为绘图面
图示	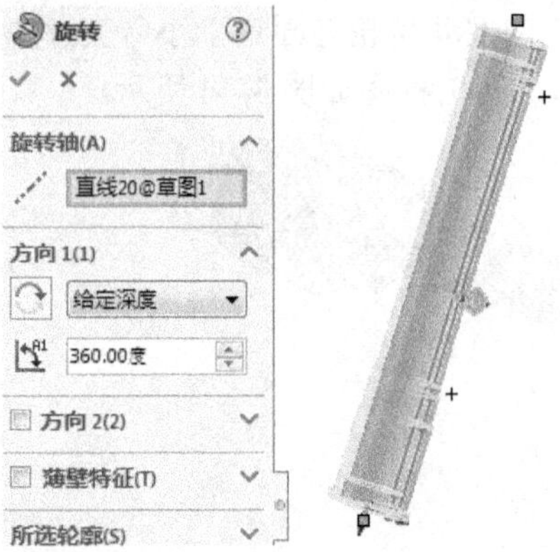	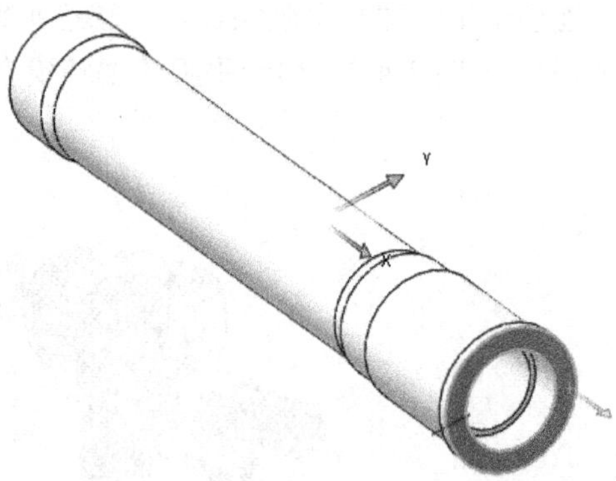
步骤	4. 绘制草图	5. 拉伸切除，深度 10 mm
图示	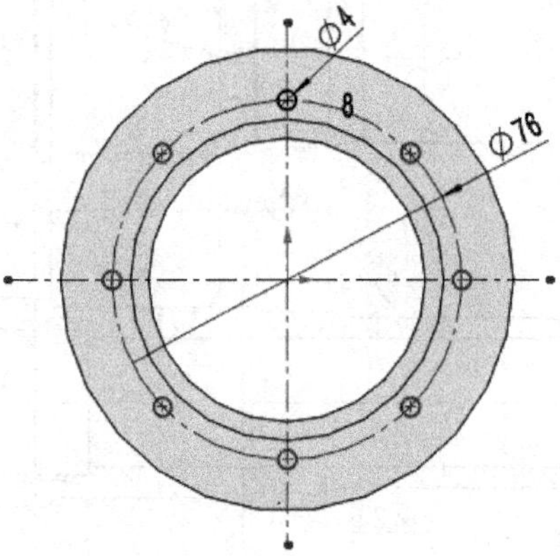	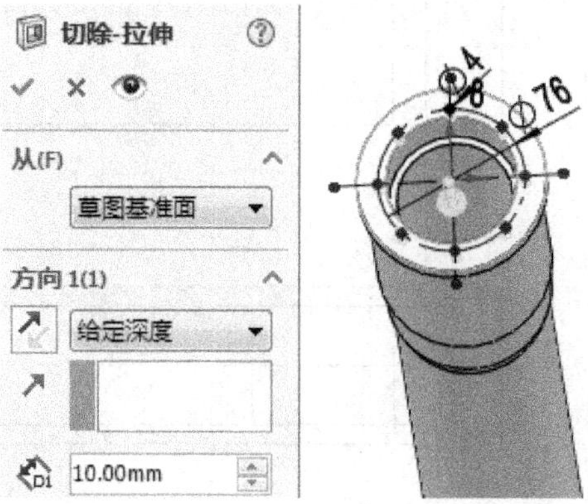
步骤	6. 选择小端面为绘图面	7. 绘制草图
图示	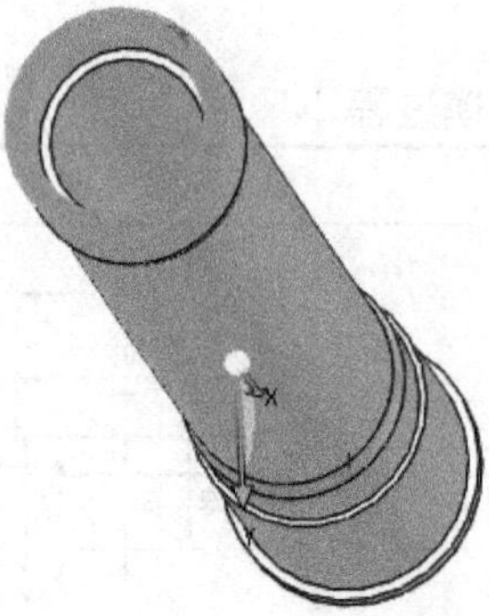	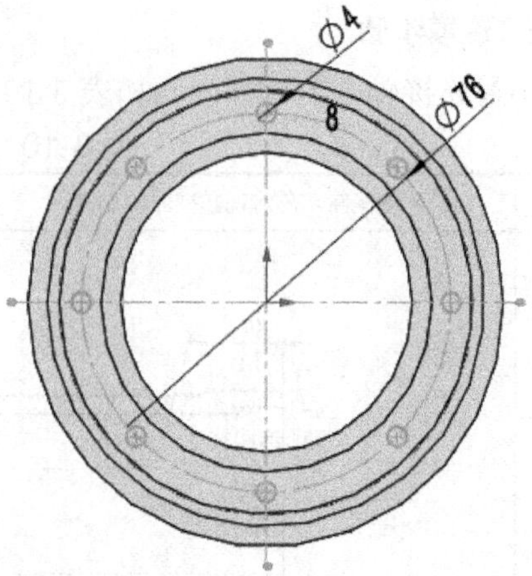

续表二

<table>
<tr><td>步骤</td><td>8. 拉伸切除，深度 15 mm</td><td>9. 小端面内外边线倒角，0.5 × 45°</td></tr>
<tr><td>图示</td><td>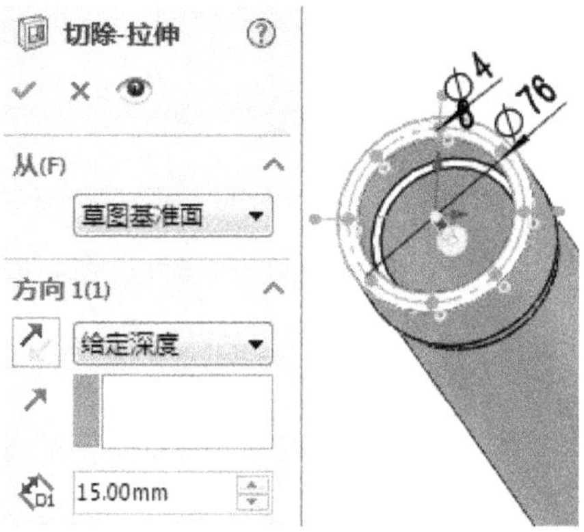
</td><td>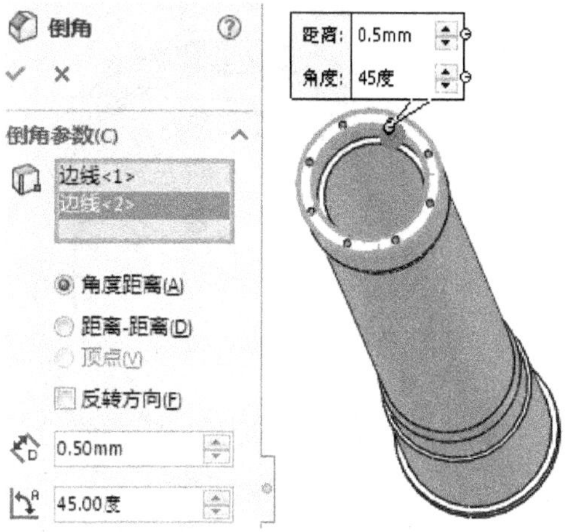
</td></tr>
<tr><td>步骤</td><td>10. 中间台阶边线倒角，1 × 45°</td><td>11. 大端面外边线倒角，1 × 45°</td></tr>
<tr><td>图示</td><td>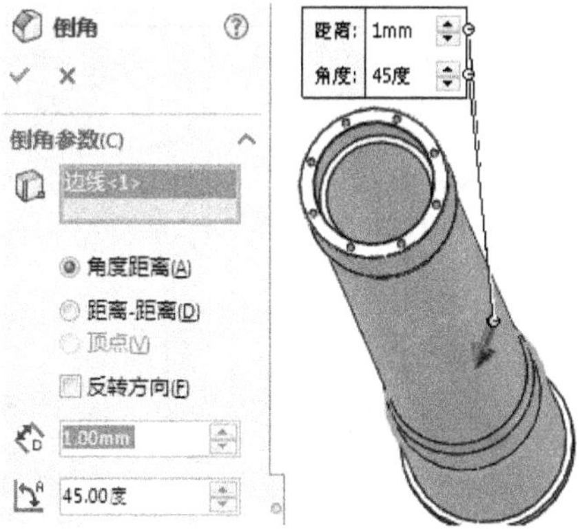
</td><td>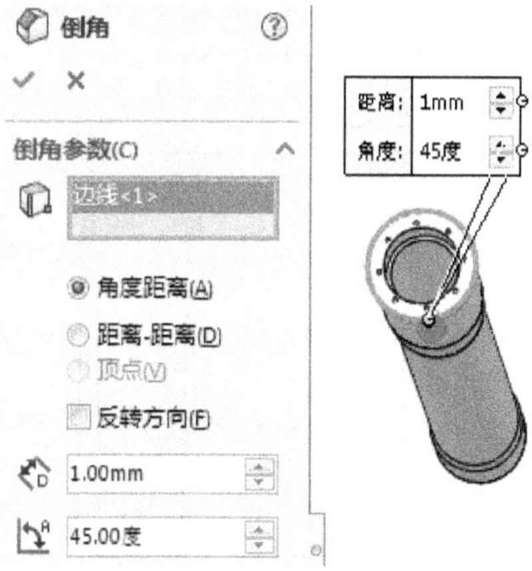
</td></tr>
<tr><td>步骤</td><td>12. 大端面内边线倒角，0.5 × 45°</td><td>13. 选择台阶面为绘图面</td></tr>
<tr><td>图示</td><td>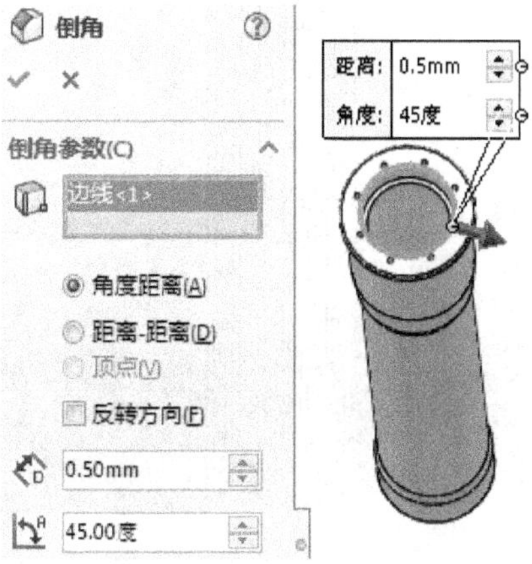
</td><td>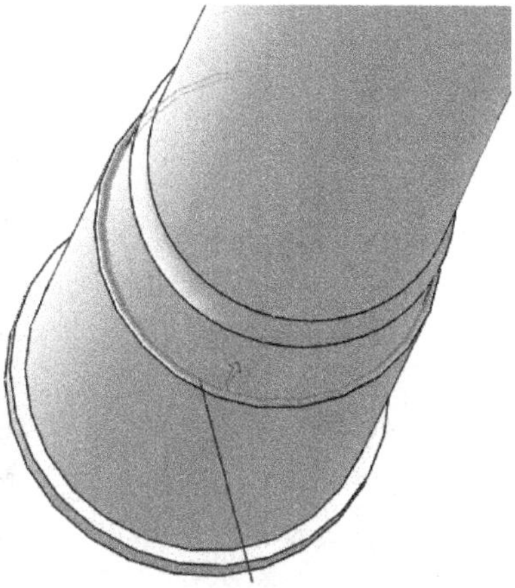</td></tr>
</table>

步骤	14. 绘制草图	15. 选择【插入】→【曲线】→【螺旋线/涡状线】
图示	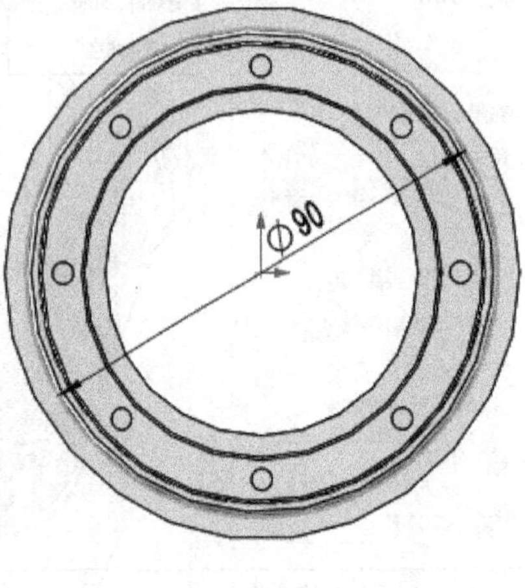	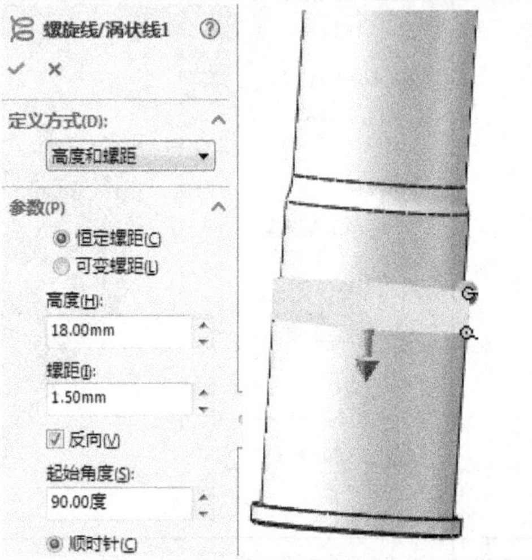

步骤	16. 在前视基准面，绘制边长 2 mm 的正三角形草图	17. 扫描切除，草图为轮廓，螺旋线为路径，形成螺纹
图示	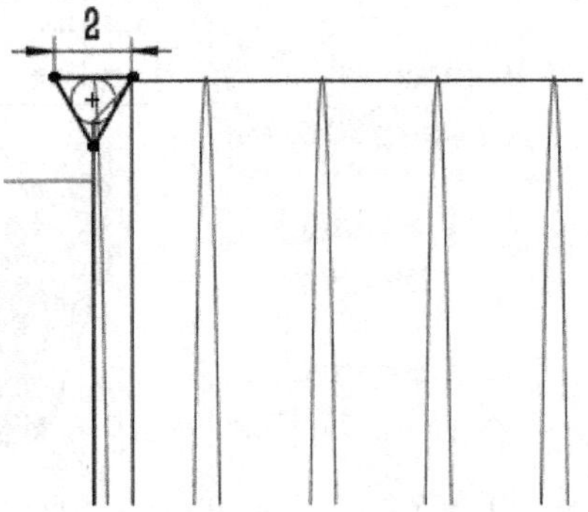	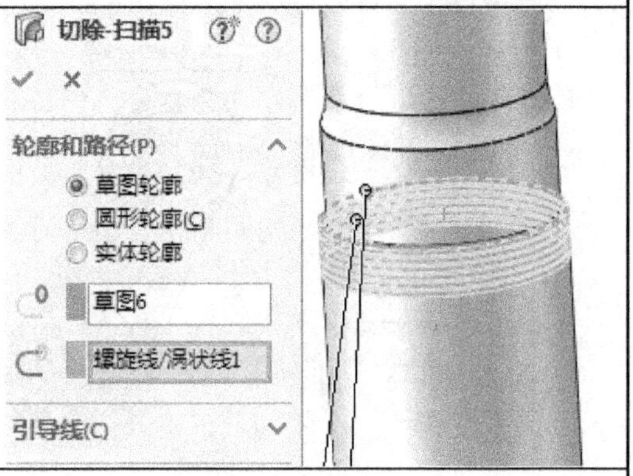

步骤	18. 创建与前视基准面相距 45 mm 的基准面	19. 在新建基准面上绘制草图
图示	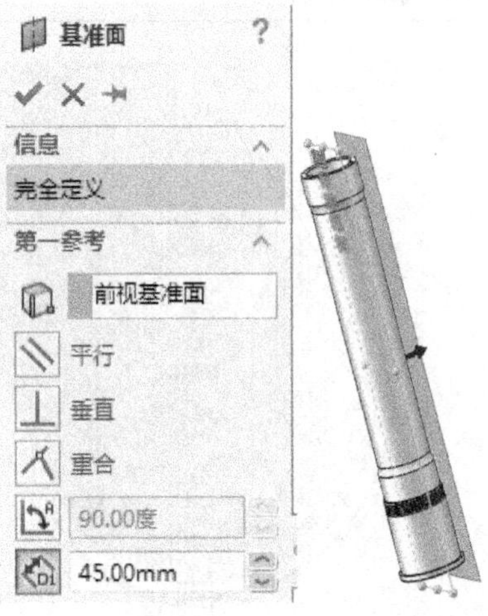	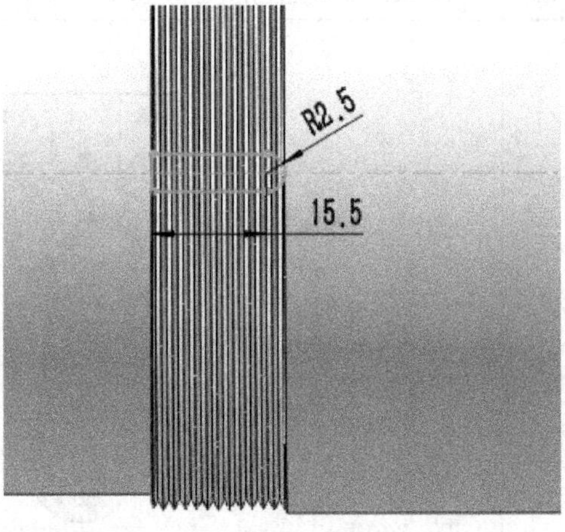

步骤	20. 拉伸切除，深度 2.5 mm，形成键槽
图示	

知识扩展

扫描和放样

"扫描"特征是将一个轮廓沿给定路径扫掠生成实体或曲面。扫描分为凸台扫描和切除扫描。要创建扫描特征，需分别绘制路径草图和轮廓草图。对于实体扫描而言，轮廓必须是封闭的；而曲面扫描，轮廓可以是闭环也可以是开环；两种扫描的路径草图可以是闭环也可以是开环。

"放样"是通过在两个或多个二维轮廓之间进行过渡生成特征，可以是基体、凸台、切除或曲面。

3.4.3　连接轴 2

1. 工程图

连接轴 2 一端经齿轮组与安装于变速箱的电机输出轴连接，一端经齿轮组与前爪侧盖相连，控制手腕的俯仰姿态调整(见图 3-45)，其工程图如图 3-46 所示。

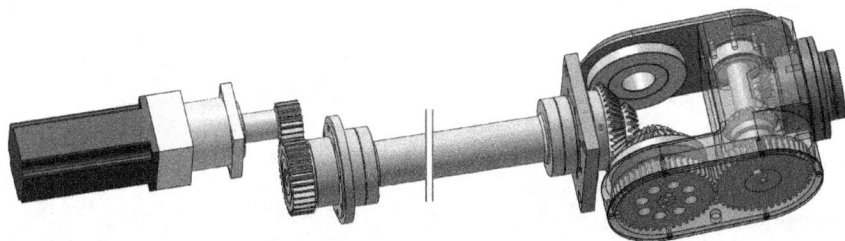

图 3-45　小臂连接轴 2 与手腕的连接

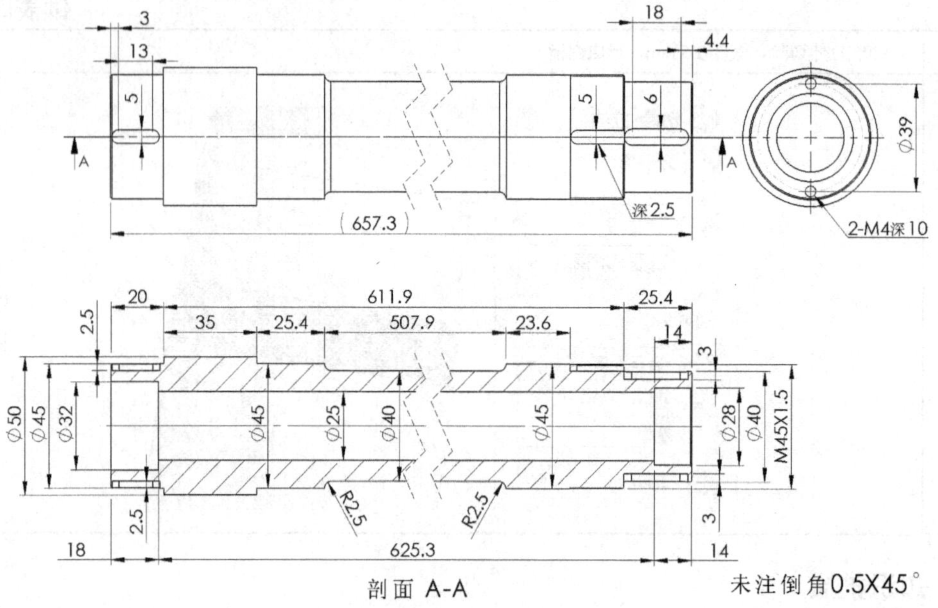

图 3-46 小臂连接轴 2 工程图

视频：连接轴 2 建模

2. 建模

小臂连接轴 2 建模步骤参考表 3-11。

表 3-11 小臂连接轴 2 建模过程

步骤	1. 新建零件，在前视基准面绘制草图	
图示	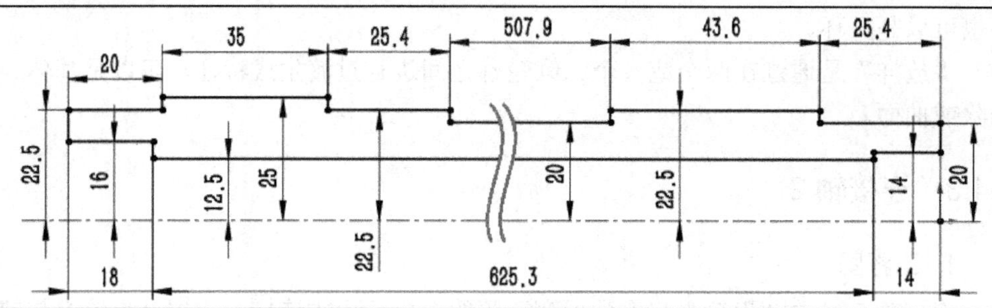	
步骤	2. 旋转凸台	3. 中间 ∅40 圆柱两端边线倒圆角，半径 2.5 mm
图示	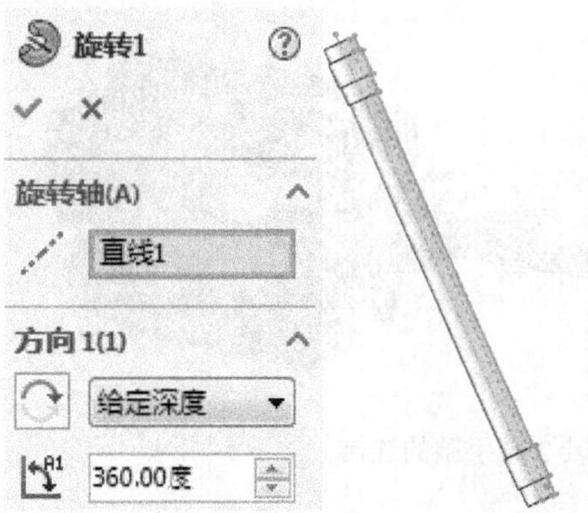	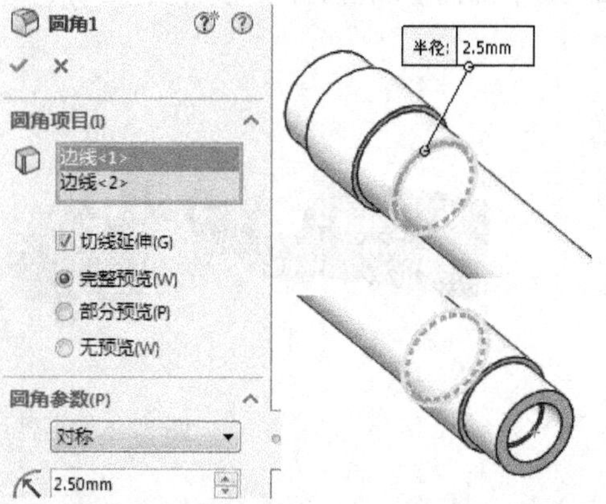

续表一

步骤	4. 选择 $\phi45\times20$ 圆端面作为绘图面	5. 绘制草图
图示	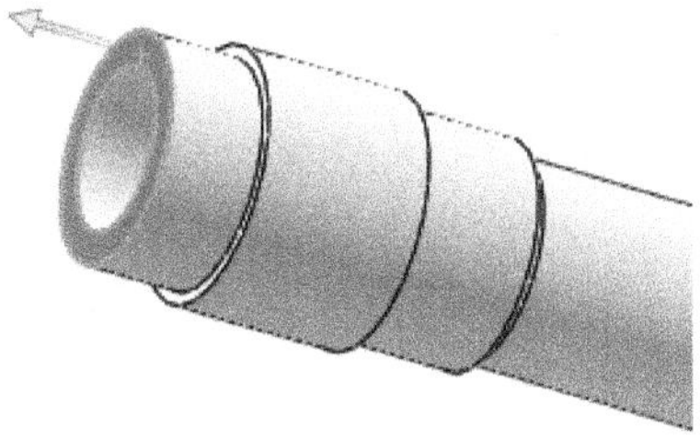	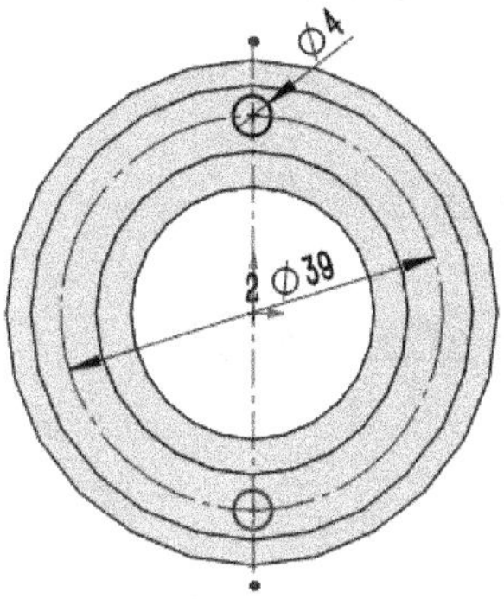
步骤	6. 拉伸切除，深度 10 mm	7. 以前视基准面为参考，创建两侧基准面，距离 20 mm
图示	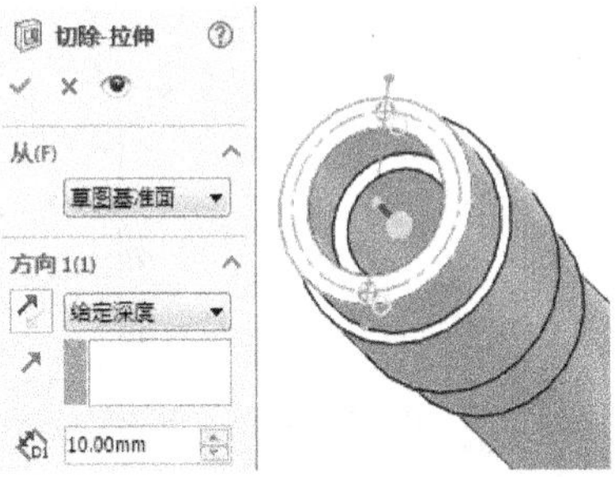	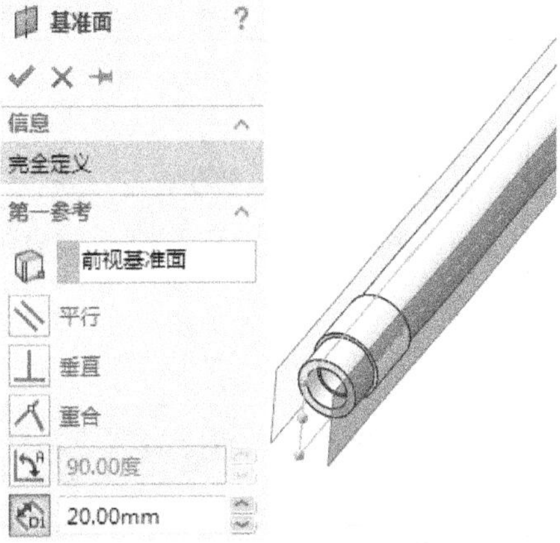
步骤	8. 在创建的 2 个基准面上，靠近 $\phi40$ 一侧绘制草图	9. 拉伸切除，深度均为 3 mm，形成 $\phi40$ 圆柱端两边键槽
图示	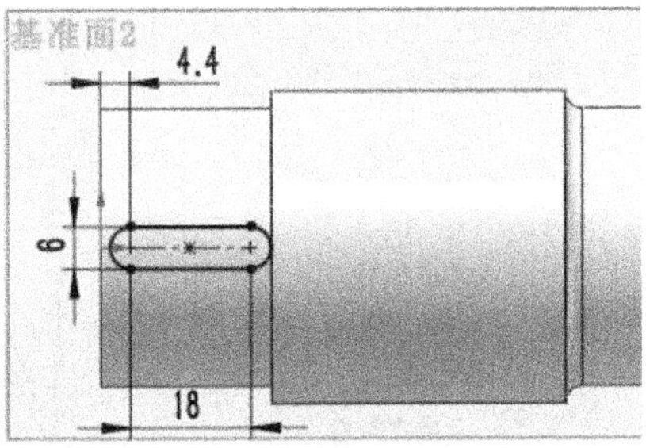	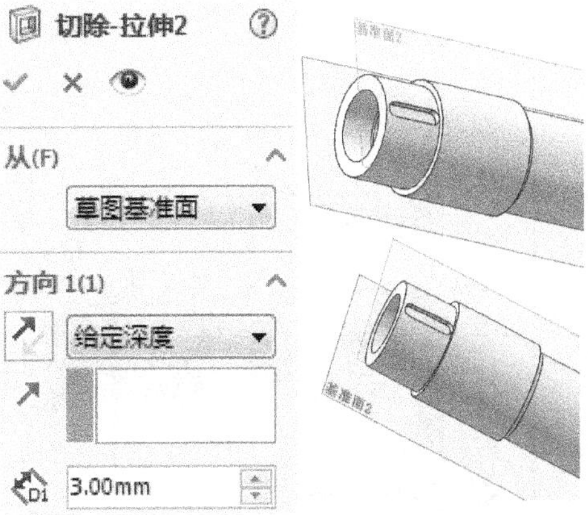

步骤	10. 以前视基准面创建两侧基准面,距离 22.5 mm	11. 选择其中一个基准面,在两端分别绘制草图
图示	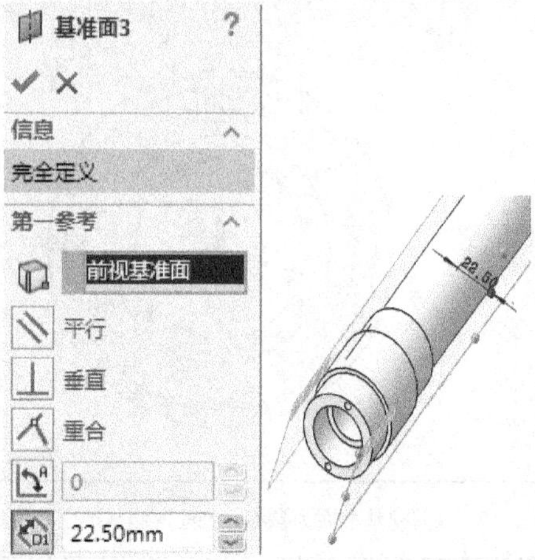	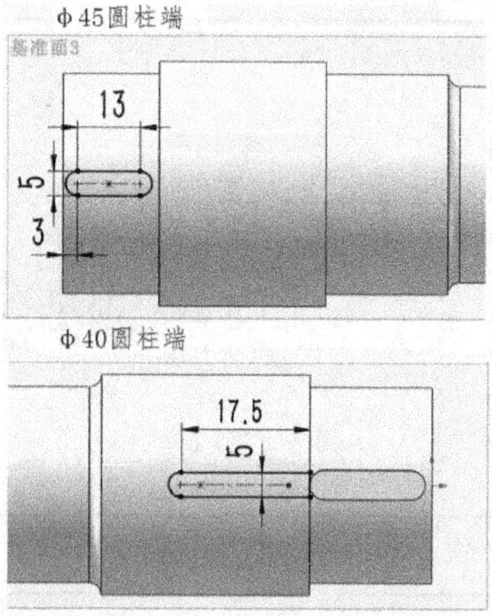
步骤	12. 拉伸切除,深度 2.5 mm,形成两端键槽	13. 选择另一基准面,在 ϕ45 圆柱端绘制草图
图示	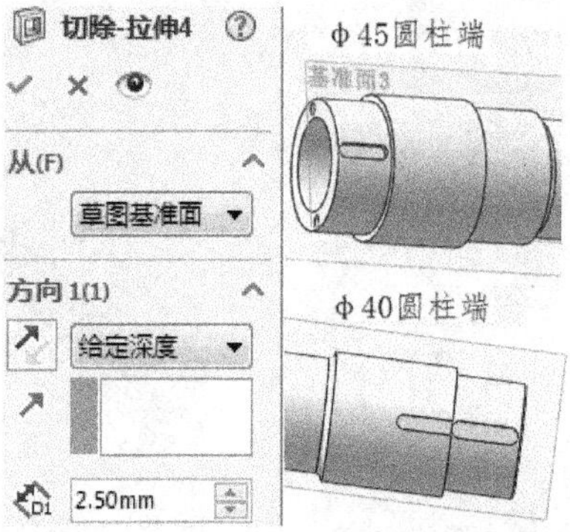	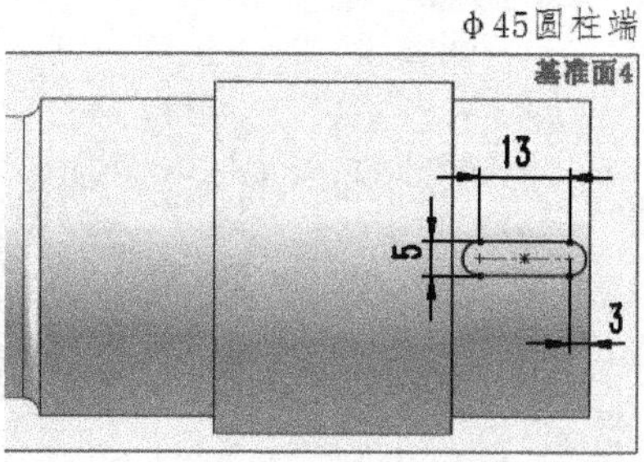
步骤	14. 拉伸切除,深度 2.5 mm,形成 ϕ45 圆柱端背面一侧键槽	15. 各处圆柱外侧端面边线倒角,0.5 × 45°
图示	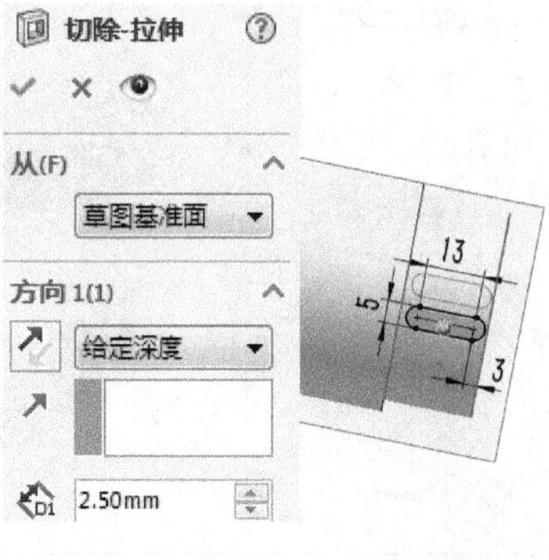	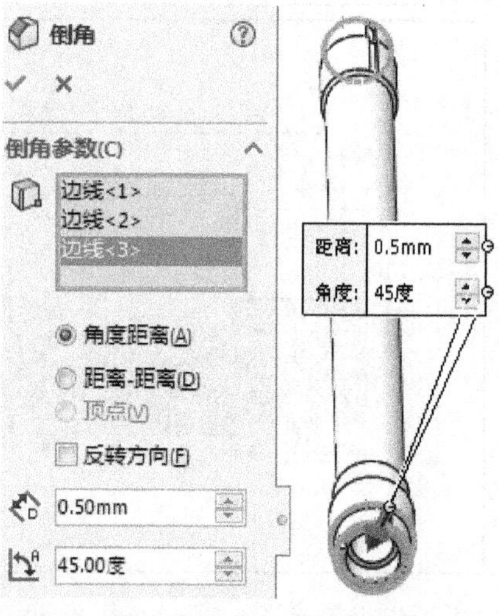

续表三

步骤	16. 选择绘图面	17. 绘制草图
图示		

步骤	18. 插入"螺旋线/涡状线"	19. 前视基准面绘制草图
图示		

步骤	20. 扫描切除，形成螺纹	
图示		

知识扩展

"旋转"特征

　　"旋转"特征是将横断面草图绕一轴线旋转而形成实体，创建"旋转"特征时，必须有一条旋转轴线。旋转分为凸台旋转和旋转切除，这两种旋转特征的横截面必须是封闭的。

3.4.4 连接轴 3

1. 工程图

连接轴 3 一端经齿轮组与安装于变速箱的电机输出轴相连，一端经齿轮传动与机器人手腕末端连接，控制手腕末端(第 6 轴)的旋转，如图 3-47 所示。连接轴 3 的工程图如图 3-48 所示。

图 3-47 小臂连接轴 3 与手腕的连接

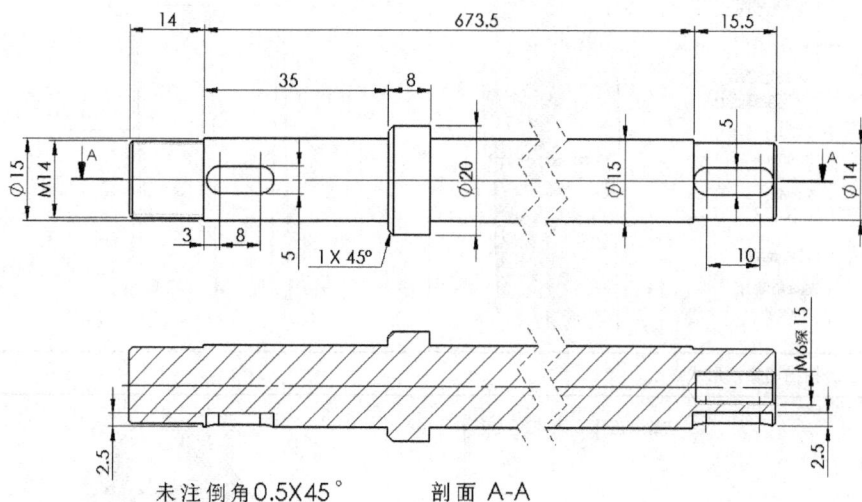

未注倒角0.5×45°   剖面 A-A

图 3-48 小臂连接轴 3 工程图

2. 建模步骤

小臂连接轴 3 的建模过程参考表 3-12。

视频：连接轴 3 建模

表 3-12 小臂连接轴 3 建模过程

步骤	1. 新建零件，在前视基准面绘制草图
图示	

续表一

步骤	2. 旋转凸台	3. 以前视基准面为参考创建基准面，距离 7.5 mm
图示	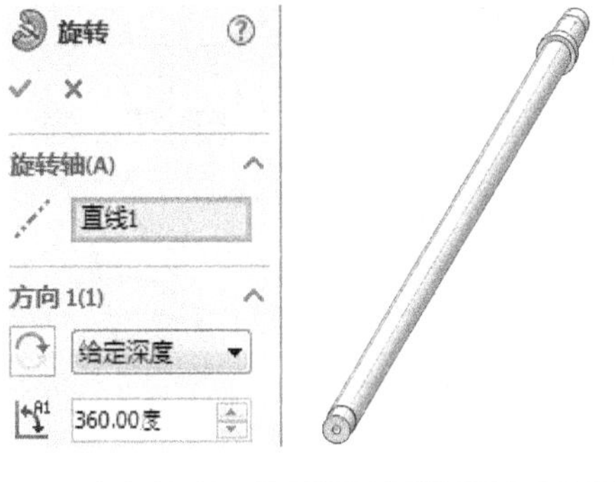	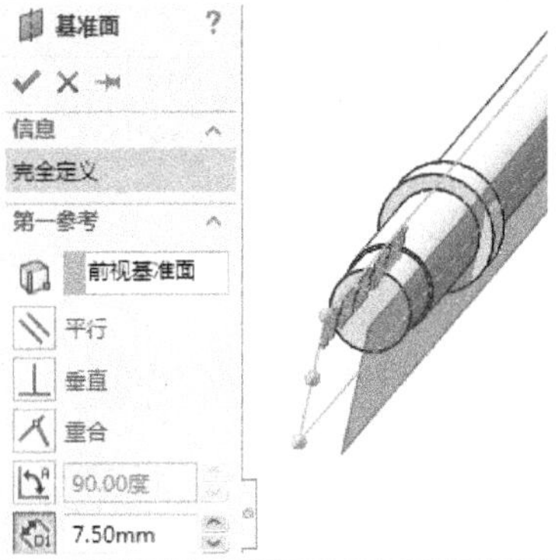
步骤	4. 新建基准面上无螺纹孔一端绘制草图	5. 拉伸切除，深度 2.5 mm
图示	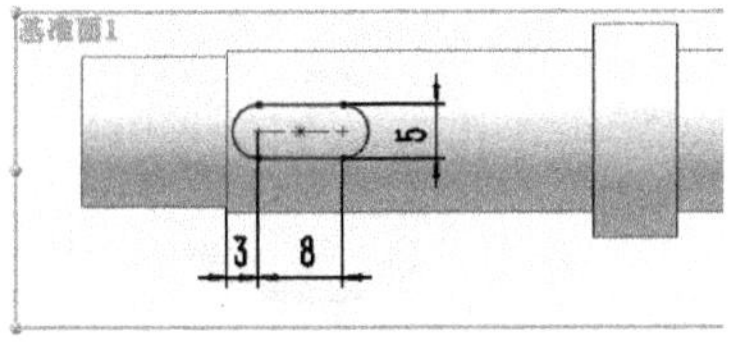	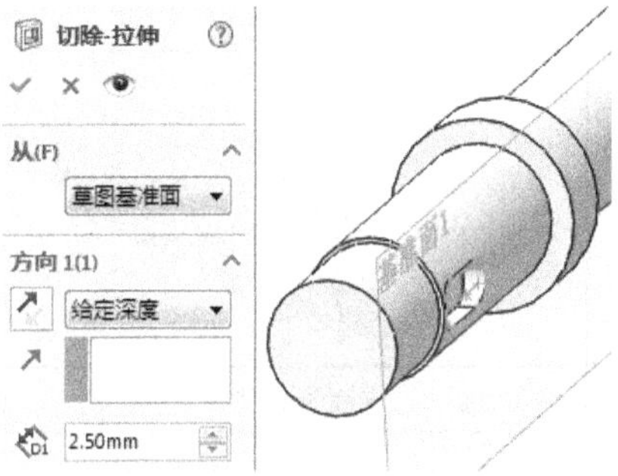
步骤	6. 继续在新建基准上有螺纹孔一端绘制草图	7. 拉伸切除，深度 3 mm
图示	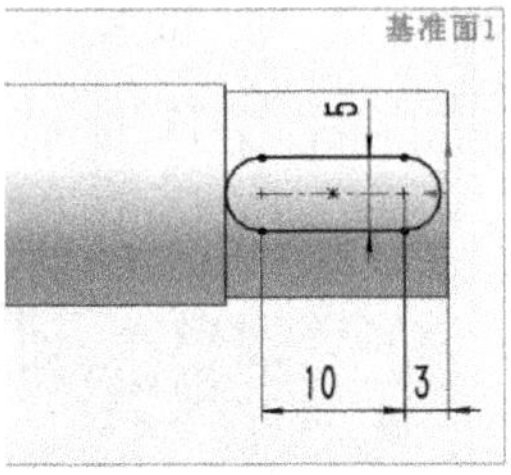	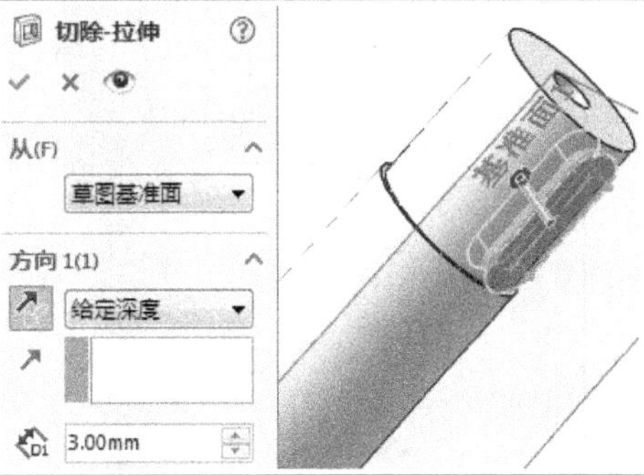
步骤	8. 倒角，1 × 45°	9. 倒角，0.5 × 45°
图示	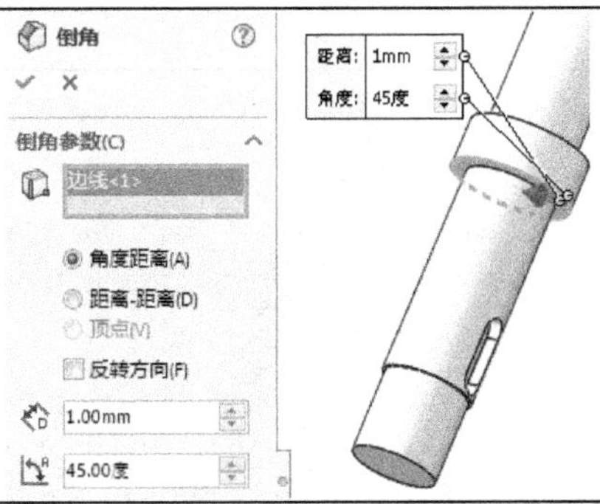	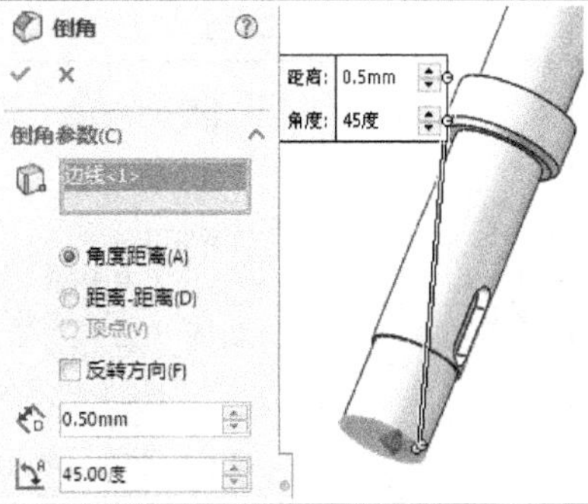

步骤	10. 倒角，0.5×45°	11. 倒角，0.5×45°
图示	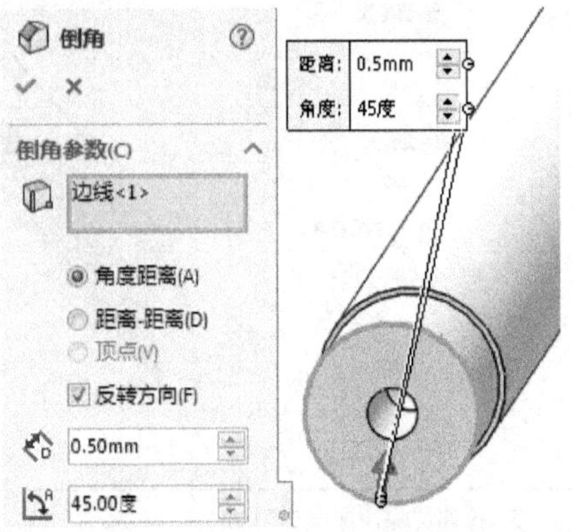	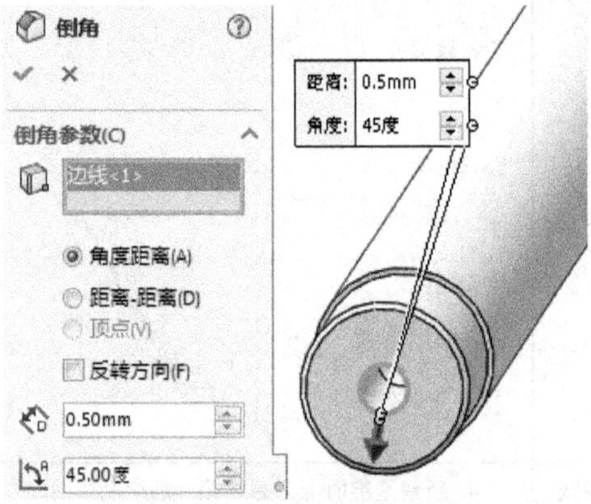
步骤	12. 选择绘图面	13. 绘制 $\phi14$ 的圆
图示	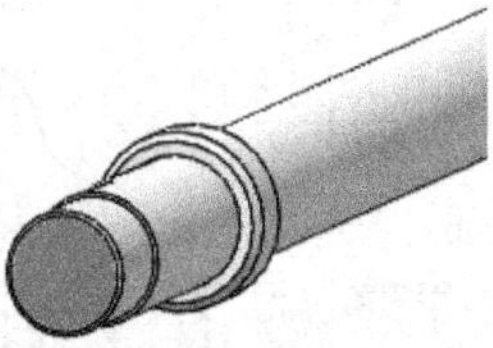	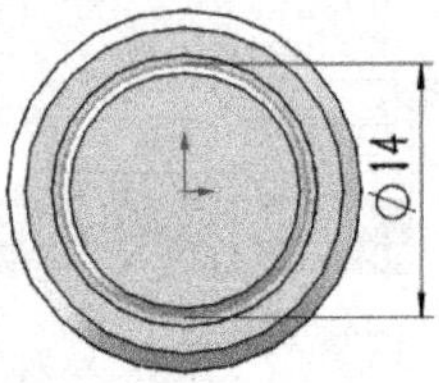
步骤	14. 插入"螺旋线/涡状线"	15. 在前视基准面绘制草图
图示	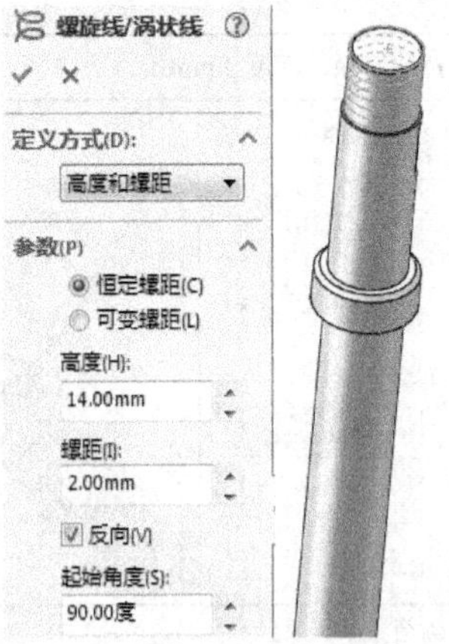	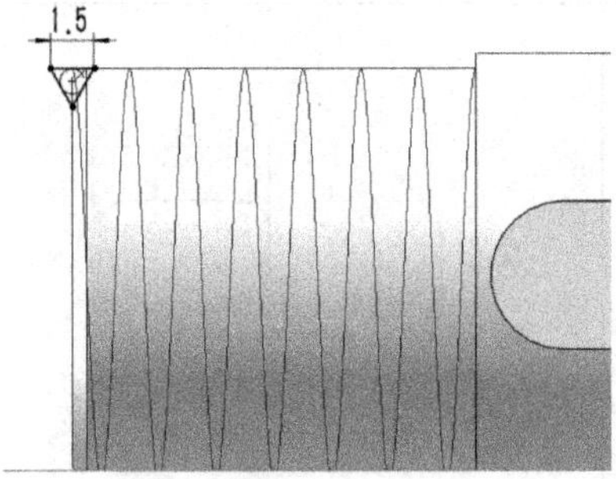
步骤	16. 扫描切除，形成螺纹	
图示		

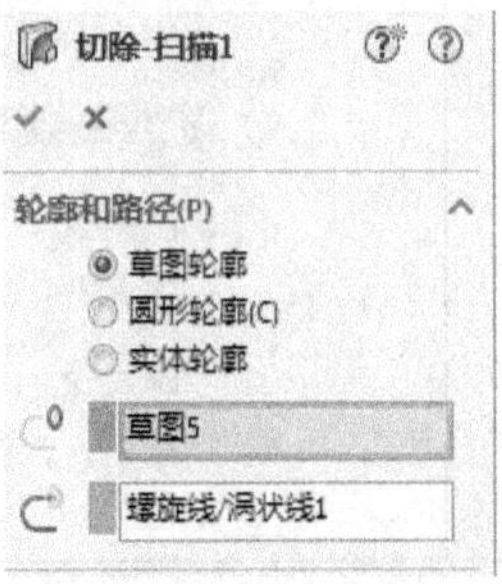

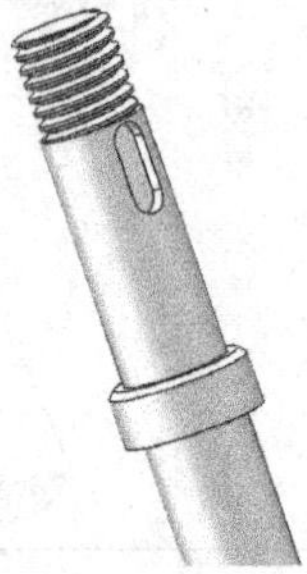

任务五 手腕的设计

机器人手腕是连接手臂与末端执行器的部件，能实现末端执行器在空间2个自由度上的运动。手腕整体通过轴承、齿轮减速机构、连接轴与小臂相连接，可以实现手腕整体的俯仰及末端的回转运动。

手腕主要由连接法兰、轴承、侧盖、上下盖板、齿轮中心轴等装配而成，如图3-49所示，其主要零部件及外观见表3-13。

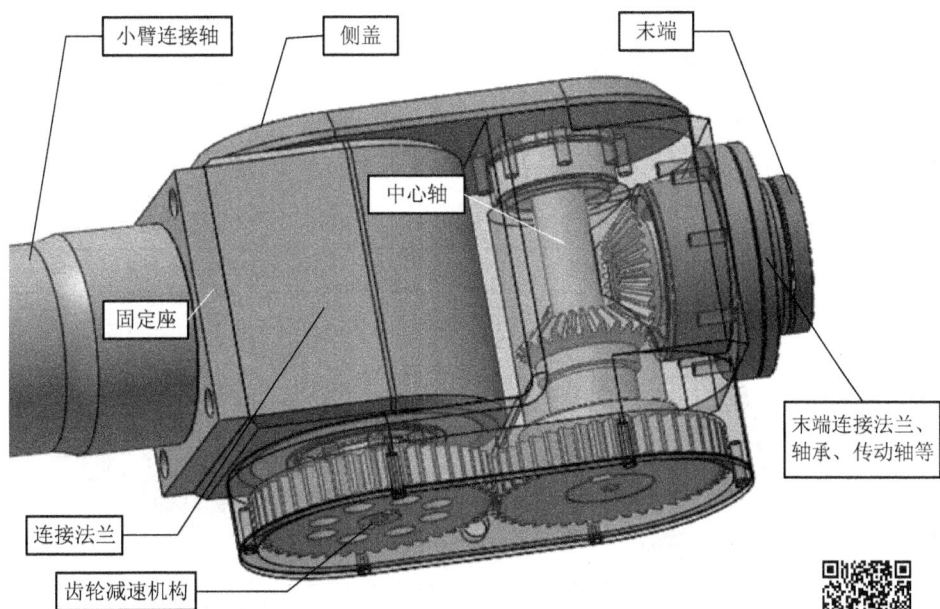

图 3-49 机器人手腕

动画：机器人手腕的构成

表 3-13 机器人手腕主要零部件一览

名称	手腕 6002 轴承	手腕 6007 轴承
图示		

名称	手腕 6204 轴承	手腕 16011 轴承
图示	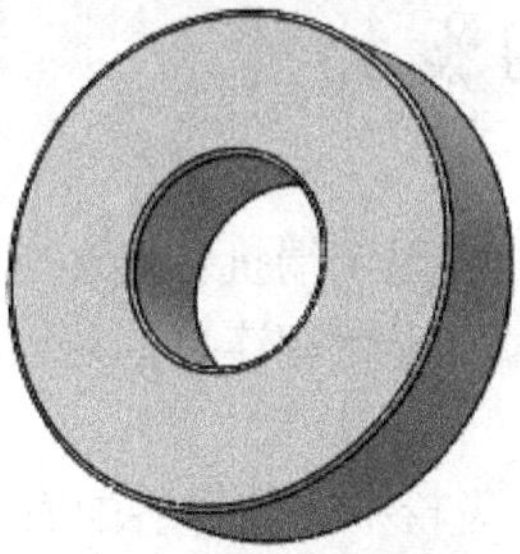	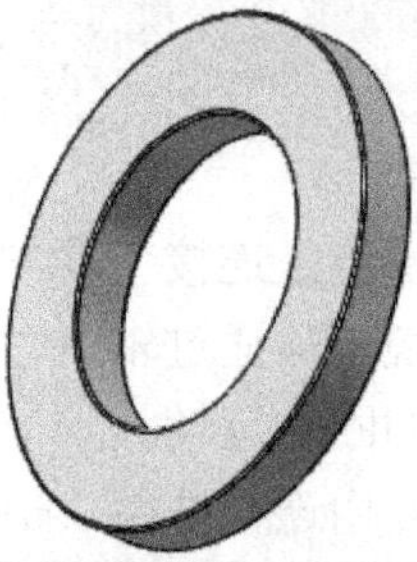
名称	手腕 61902 轴承	手腕 61907 轴承
图示	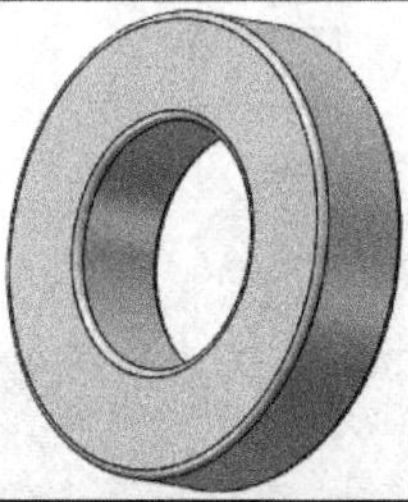	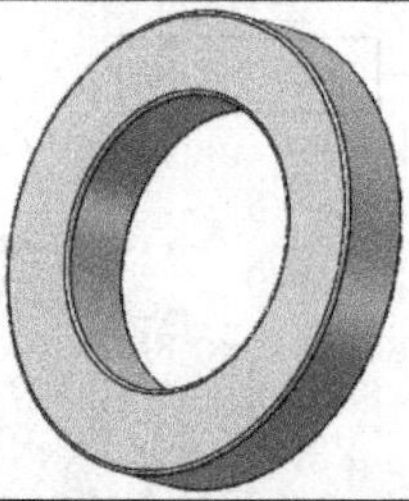
名称	手腕 61908 轴承	手腕电机齿轮连接轴
图示	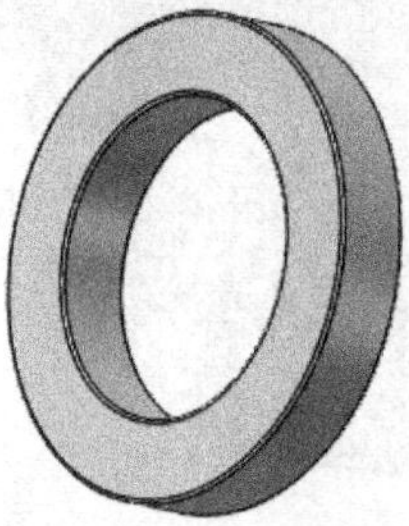	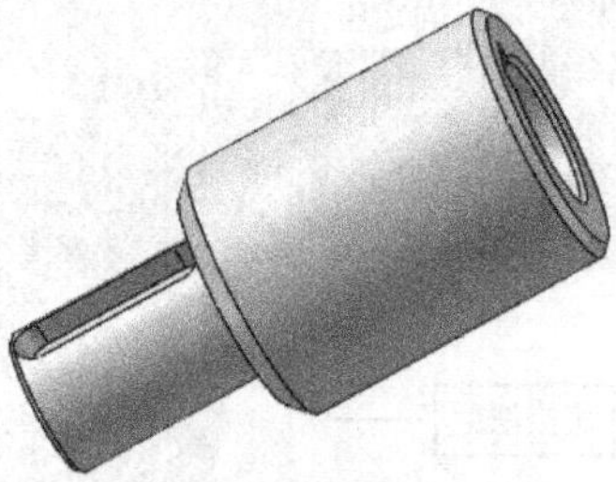
名称	手腕电机齿轮连接轴 2	手腕前端旋转法兰
图示	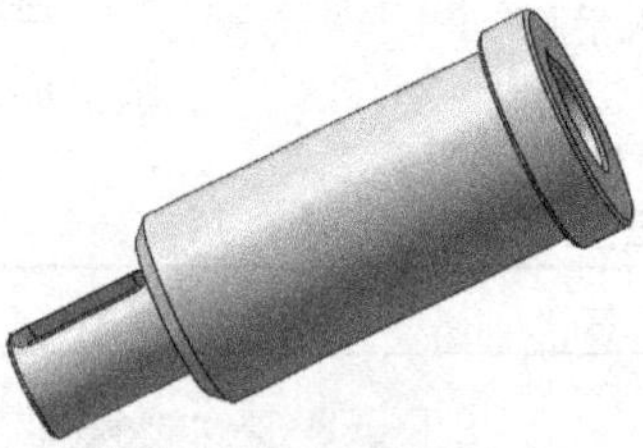	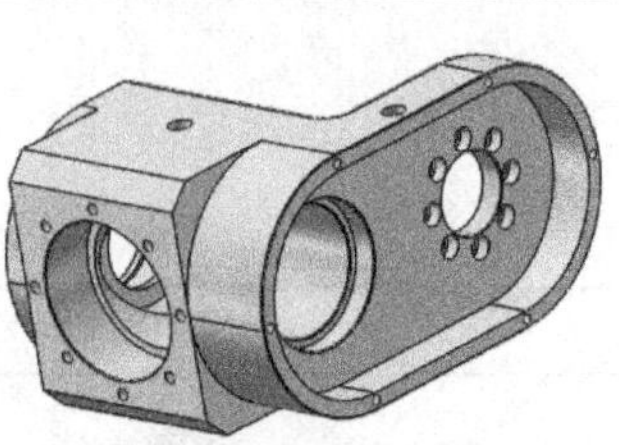
名称	手腕前端轴承顶套	手腕前爪连接轴
图示	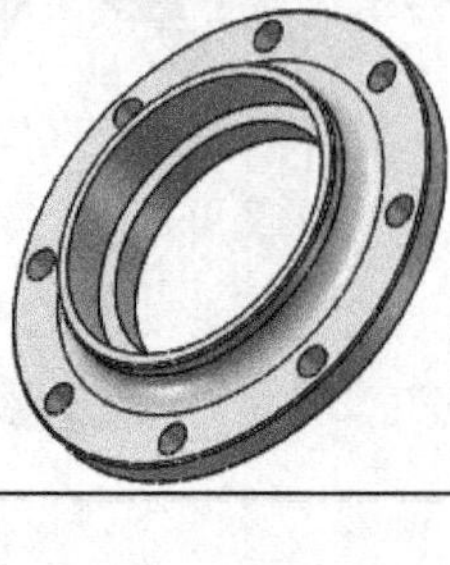	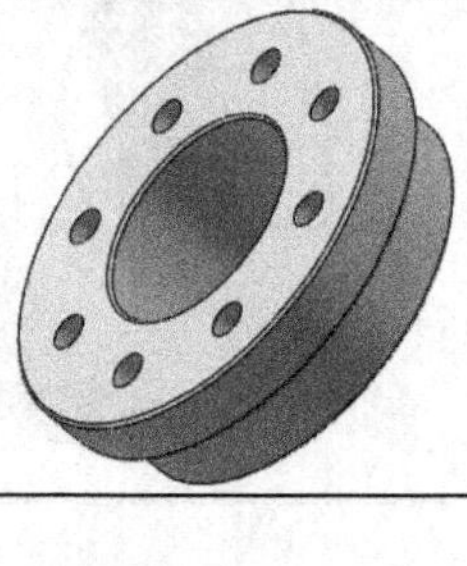

续表二

名称	腕部前端中心轴	腕部前端中心轴轴承隔套
图示		

名称	前爪法兰	前爪法兰侧钣盖
图示		

名称	前爪法兰侧盖	前爪固定座
图示		

名称	手腕前端法兰	手腕锥齿轮旋转中心轴
图示		

3.5.1　手腕前端旋转法兰

1. 工程图

手腕前端旋转法兰用于手腕前端锥齿轮、手腕锥齿轮旋转中心轴、前端中心轴、前端轴承顶套、前端旋转法兰等的连接与固定，如图 3-50 所示。手腕前端旋转法兰的工程图如图 3-51 所示。

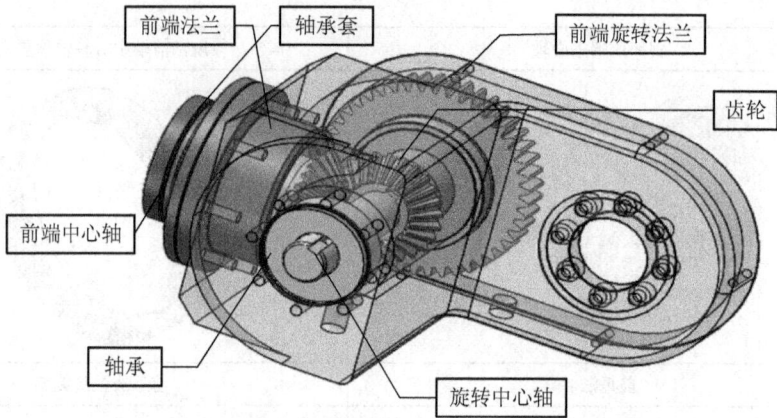

图 3-50　手腕前端旋转法兰连接关系

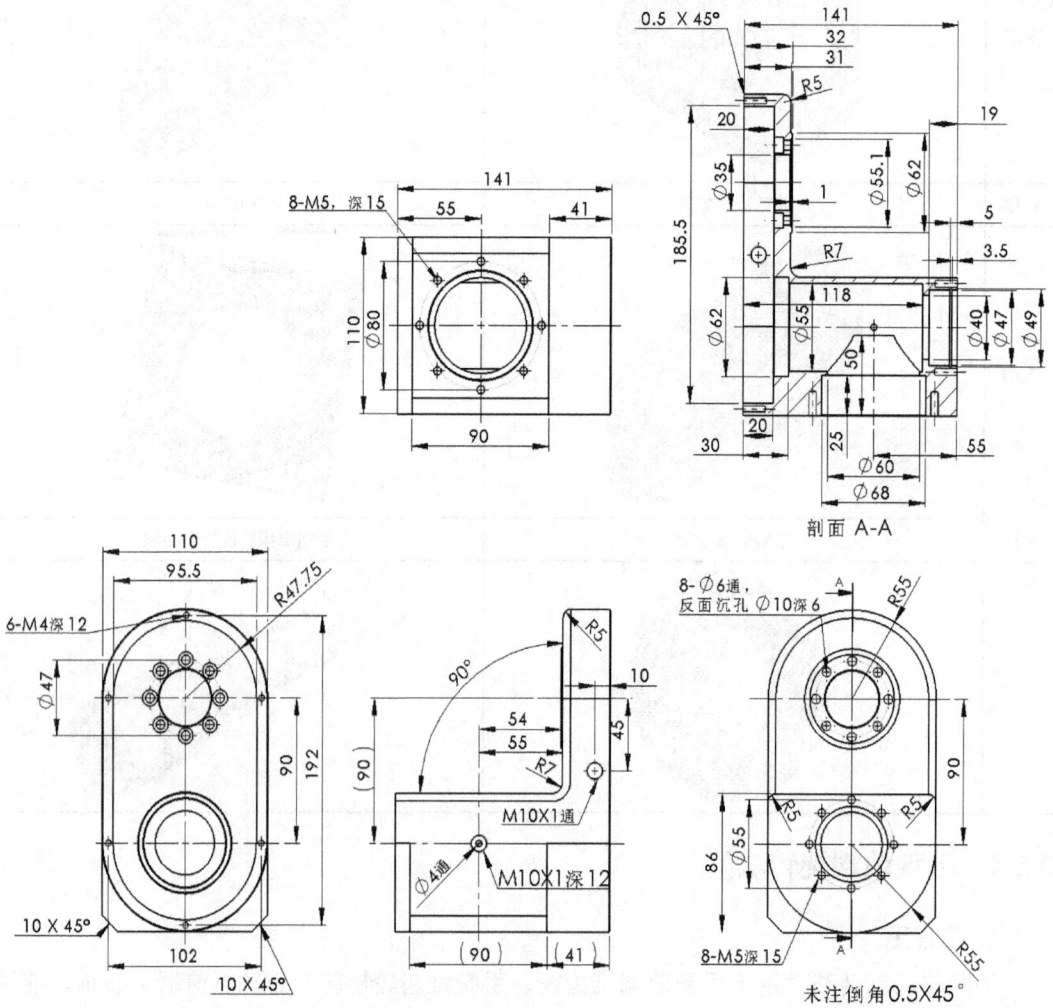

图 3-51　手腕前端旋转法兰工程图

2. 建模步骤

手腕前端旋转法兰的参考建模过程见表 3-14。

表 3-14　手腕前端旋转法兰建模过程 视频：手腕前端旋转法兰建模

步骤	1. 新建零件，在前视基准面绘制草图	2. 拉伸，深度 110 mm
图示	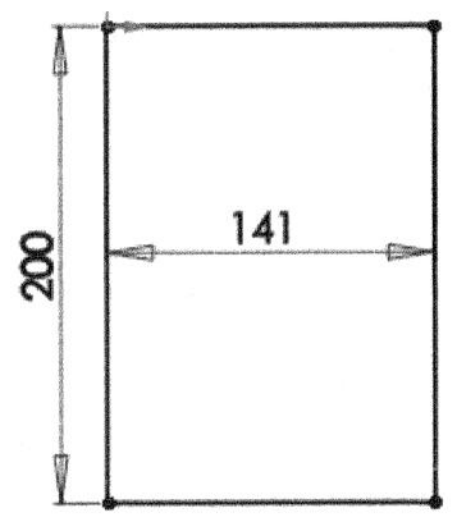	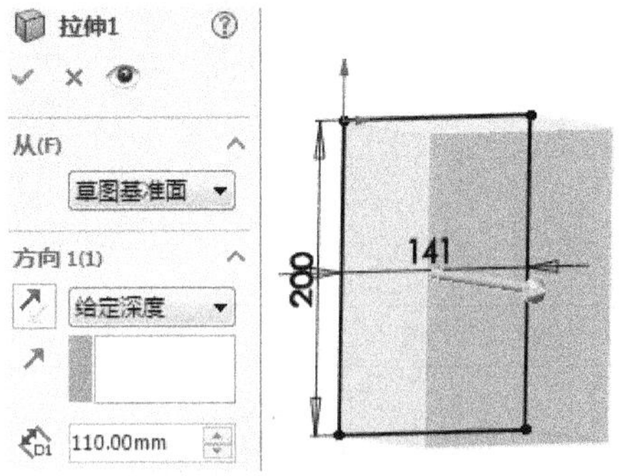
步骤	3. 顶端两边线圆角，半径 55 mm	4. 绘制草图
图示	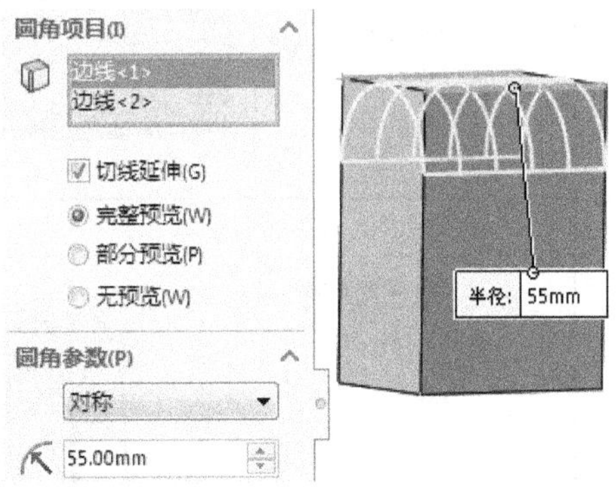	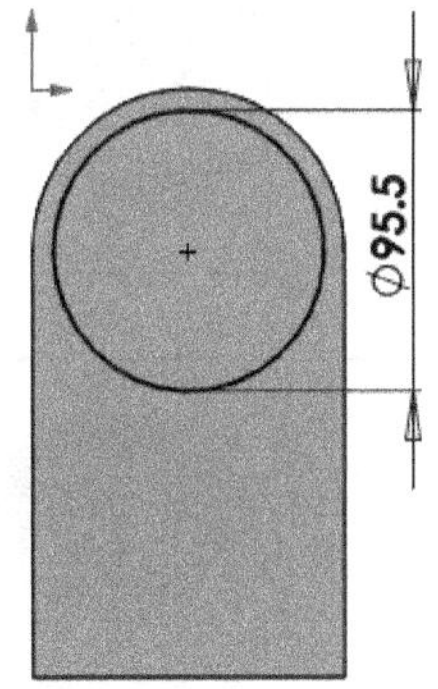
步骤	5. 拉伸切除，深度 20 mm	6. 绘制草图
图示	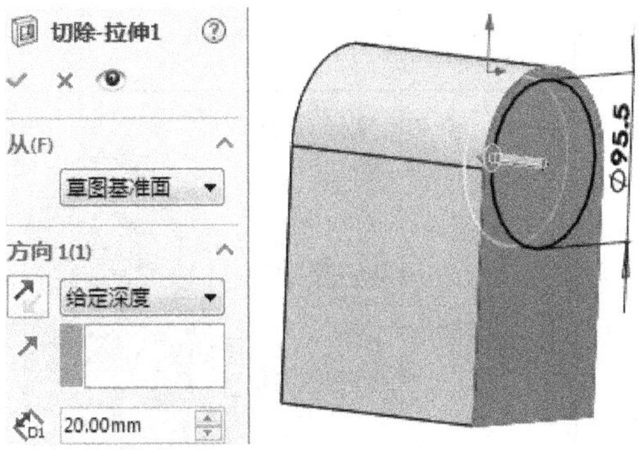	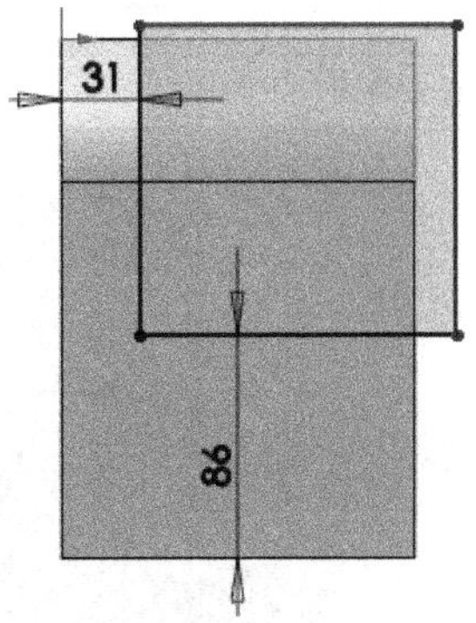

续表一

步骤	7. 拉伸切除，深度 125 mm	8. 底端两边线圆角，半径 55 mm
图示	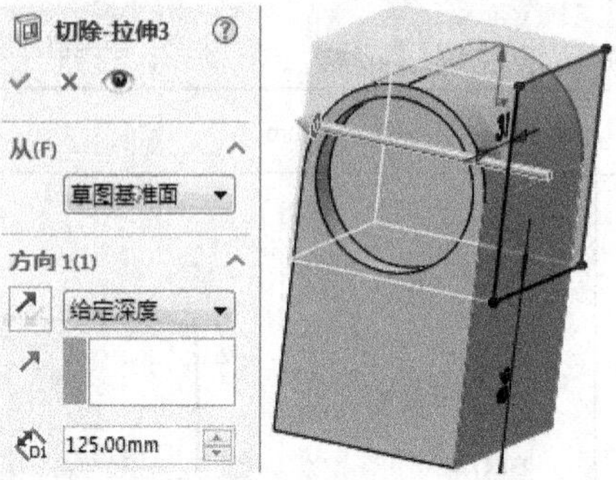	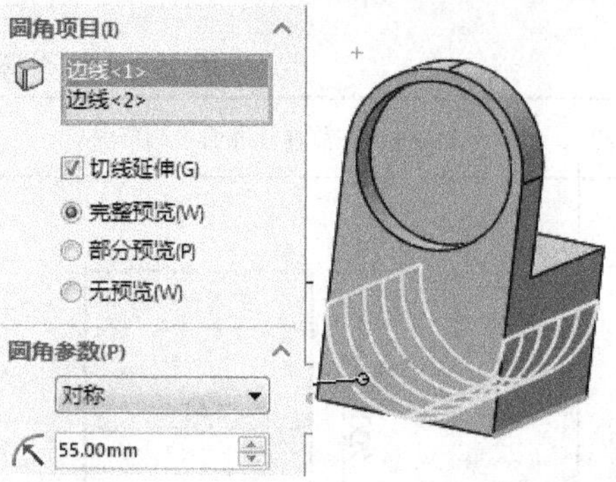
步骤	9. 绘制草图	10. 拉伸切除，深度 20 mm
图示	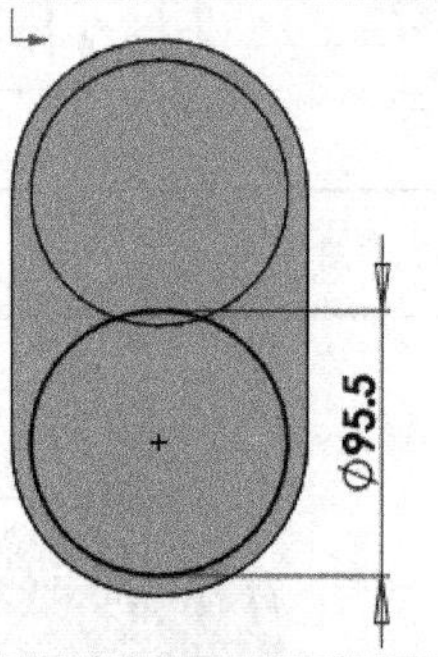	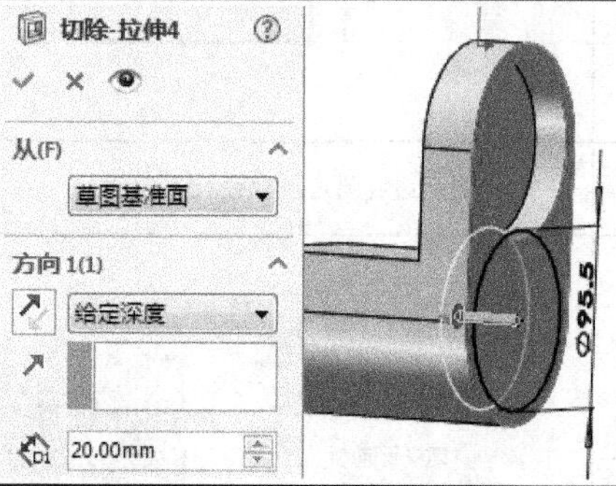
步骤	11. 绘制草图	12. 拉伸切除，深度 20 mm
图示	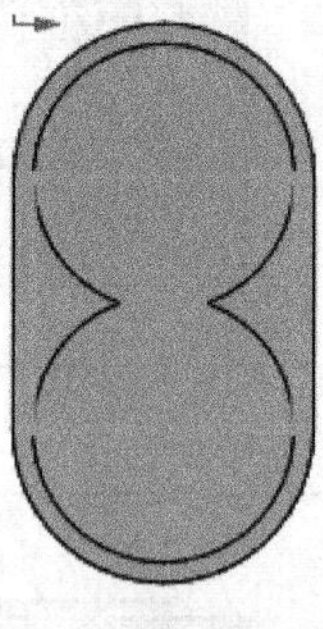	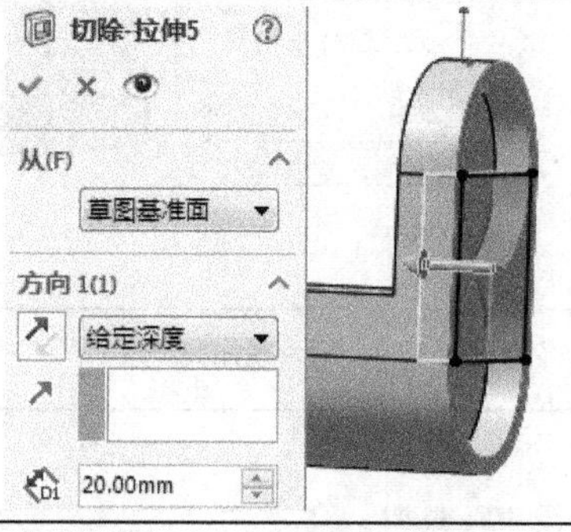
步骤	13. 绘制草图	14. 拉伸切除，深度 25 mm
图示	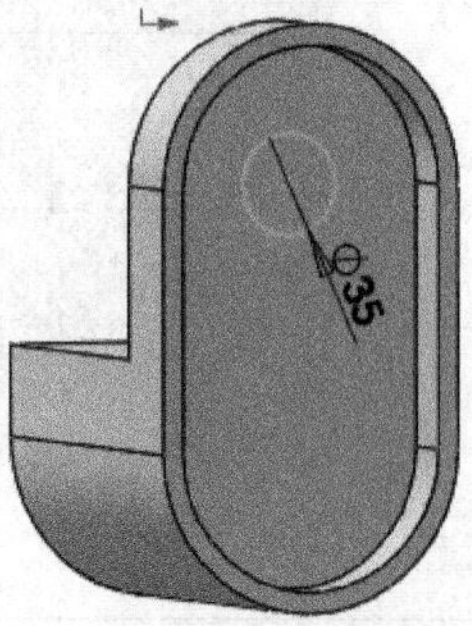	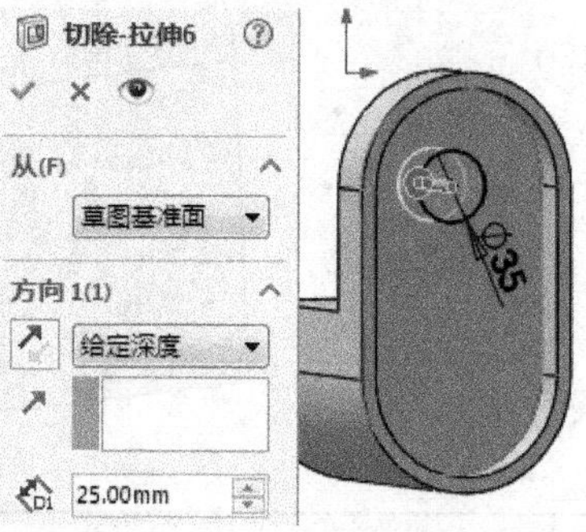

续表二

步骤	15. 倒角，0.5×45°	16. 绘制草图
图示	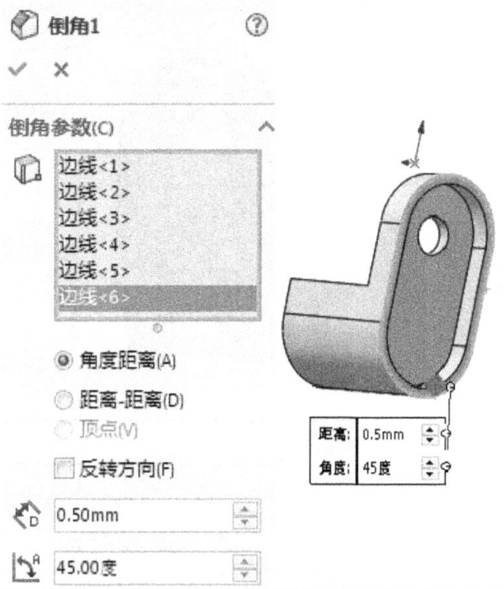	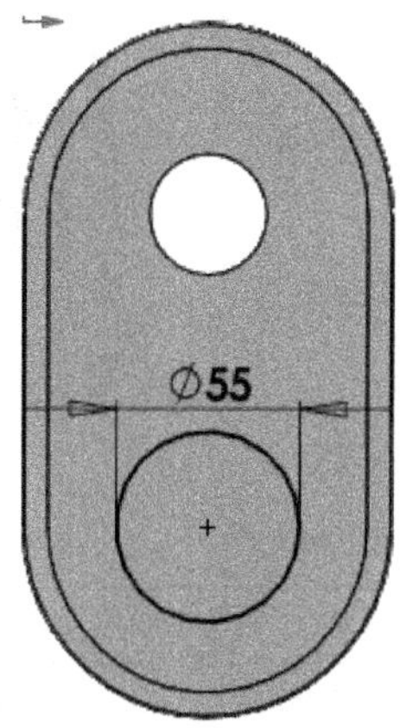

步骤	17. 拉伸切除，深度 165 mm	18. 圆角，半径 7 mm
图示	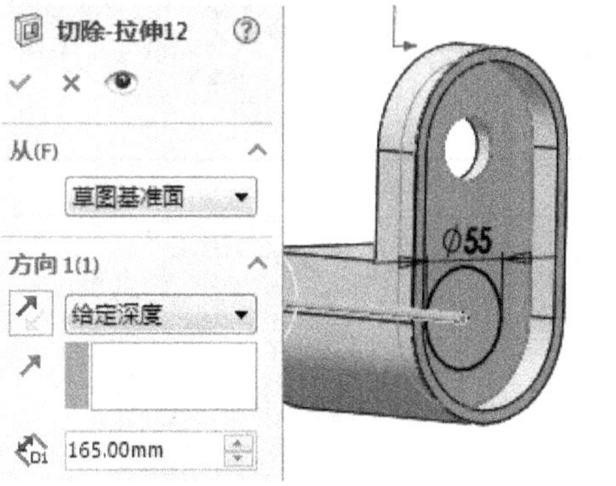	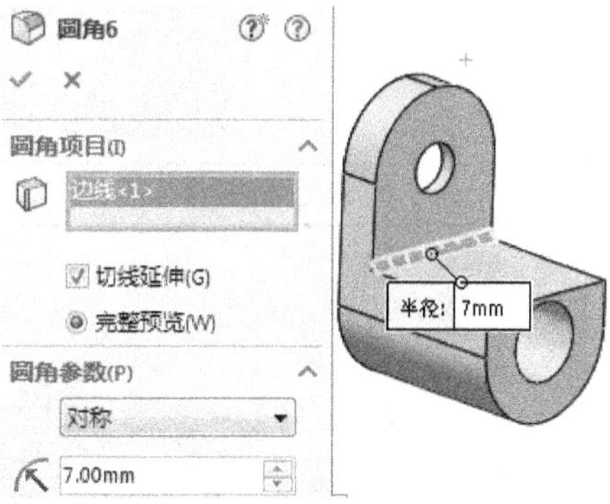

步骤	19. 创建基准面	20. 在新建的基准面上绘制草图
图示	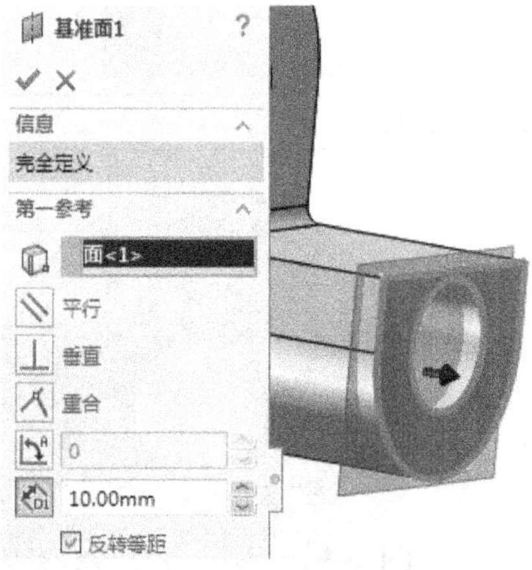	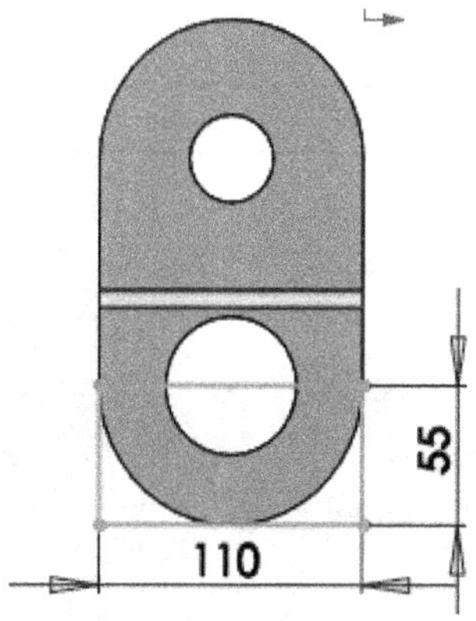

续表三

步骤	21. 拉伸，深度 90 mm，合并结果	22. 绘制草图
图示	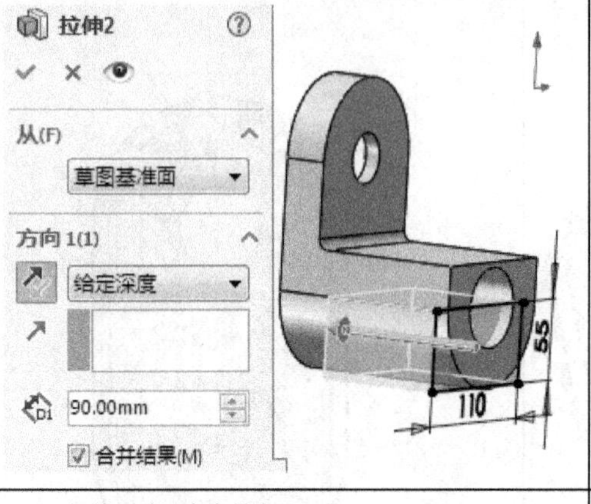	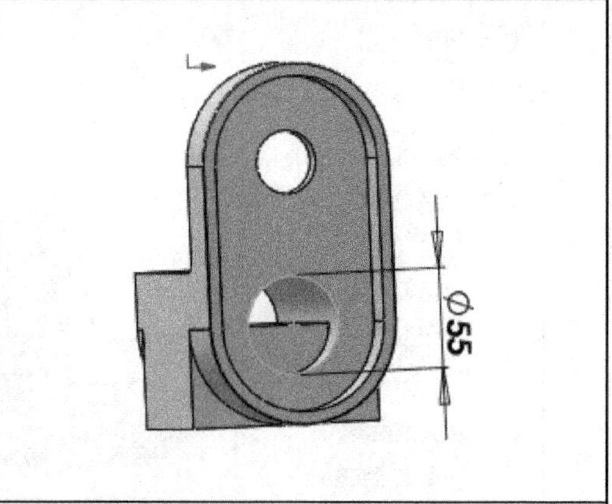

步骤	23. 拉伸切除，完全贯穿	24. 绘制草图
图示	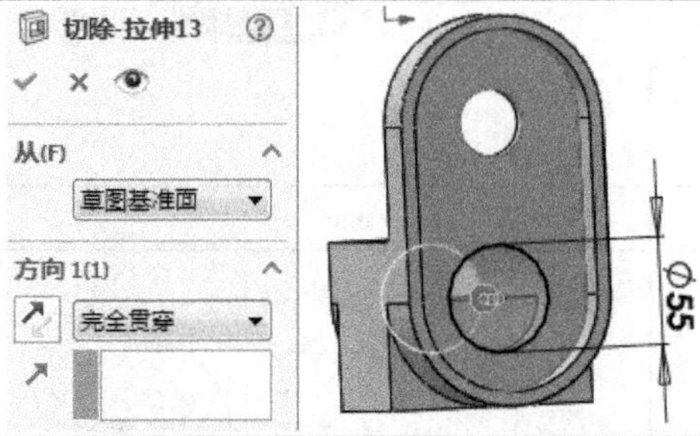	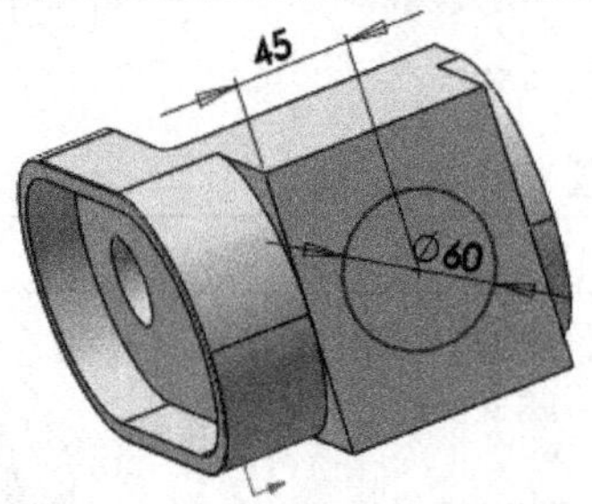

步骤	25. 拉伸切除，深度 50 mm	26. 绘制草图
图示	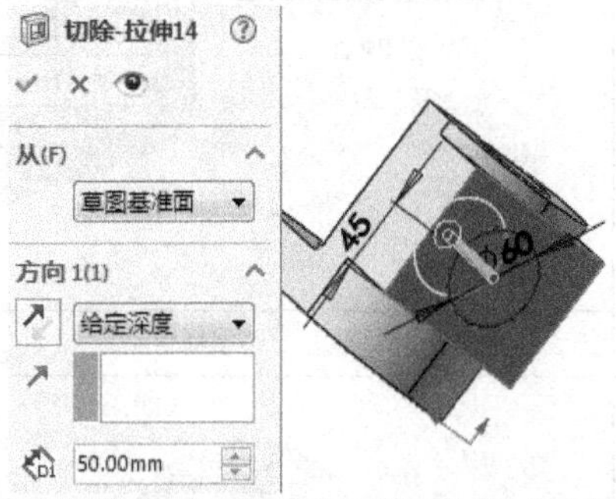	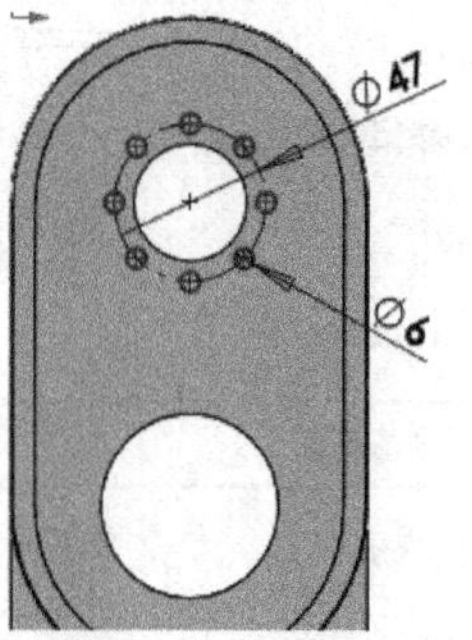

步骤	27. 拉伸切除，深度 30 mm	28. 绘制草图
图示	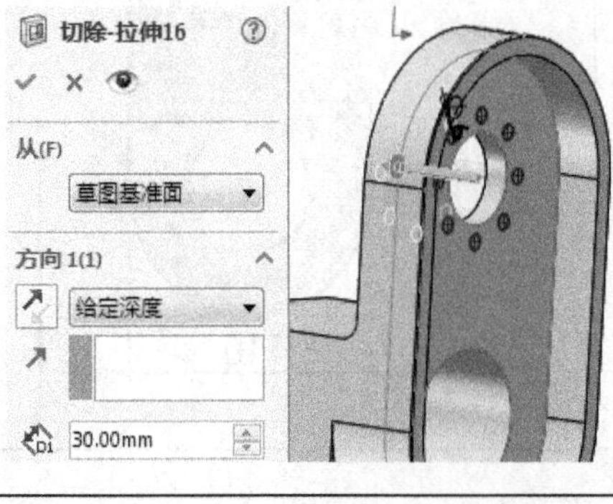	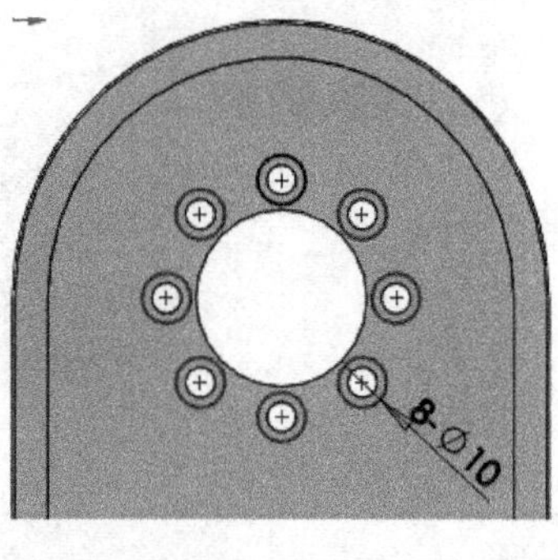

续表四

步骤	29. 拉伸切除，深度 6 mm	30. 绘制草图，并向外拉伸凸台，深度 1 mm
图示	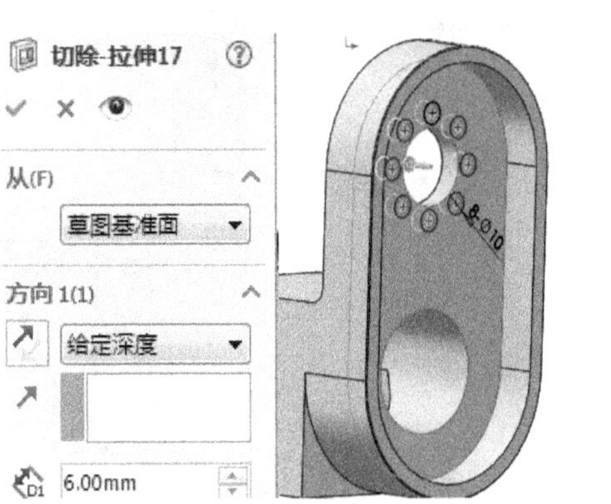	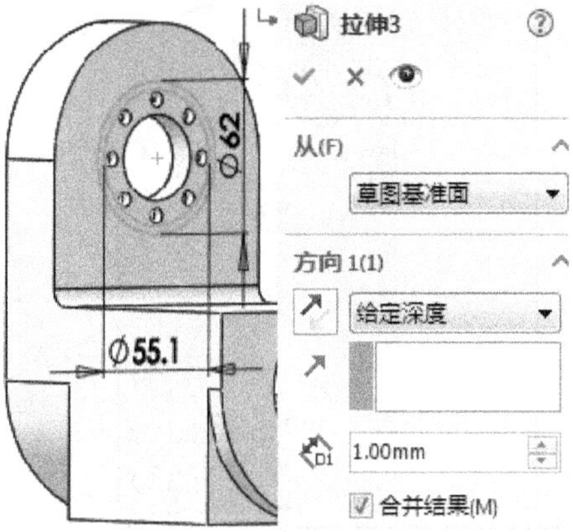
步骤	31. 绘制草图	32. 拉伸切除，深度 15 mm
图示	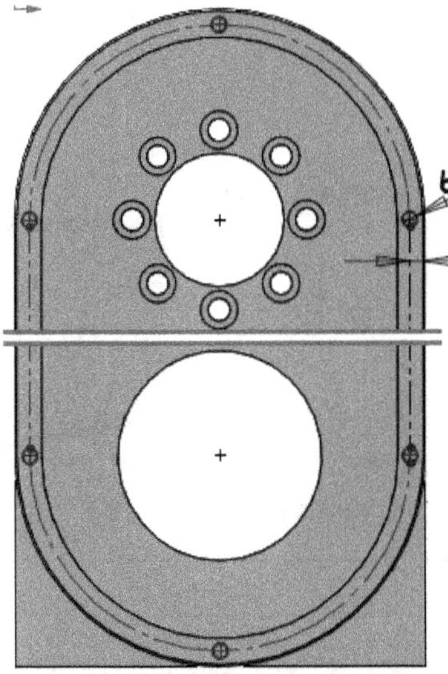	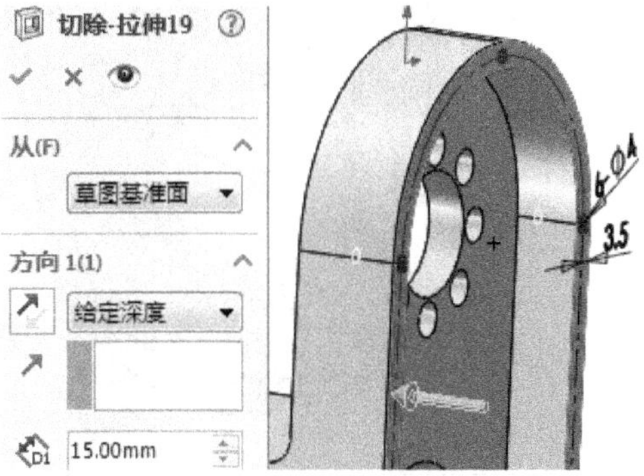
步骤	33. 草图绘制	34. 拉伸切除，深度 10 mm
图示	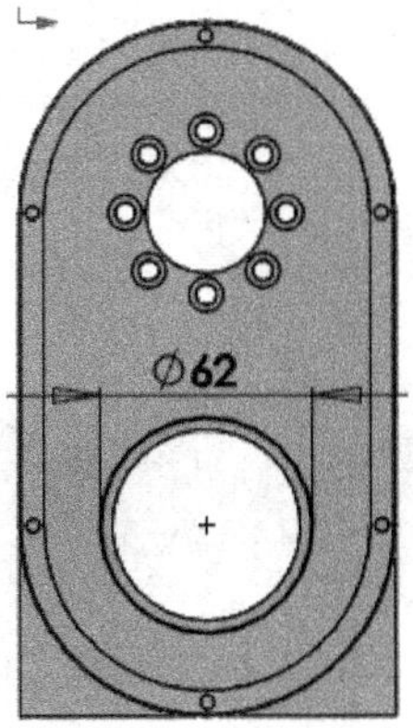	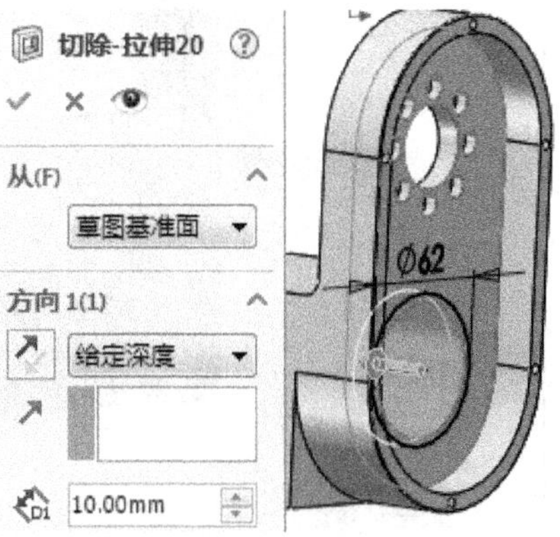

续表五

步骤	35. 绘制草图	36. 拉伸，深度 23 mm，合并结果
图示	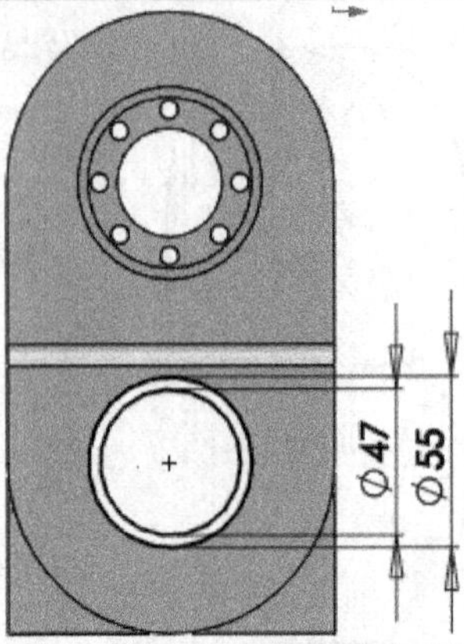 	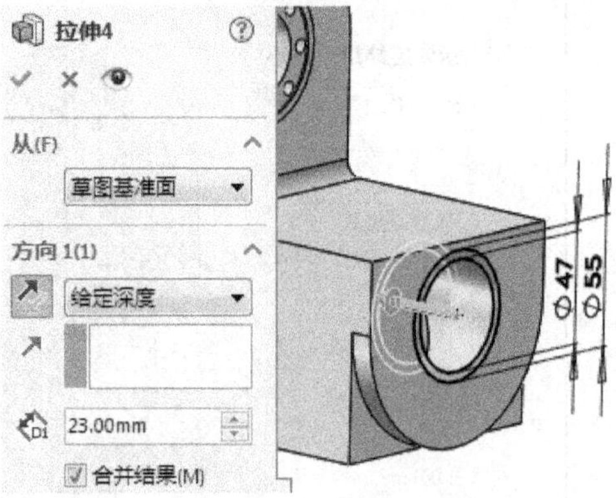
步骤	37. 在上一步形成的实体内部表面绘制草图	38. 拉伸，深度 4 mm
图示	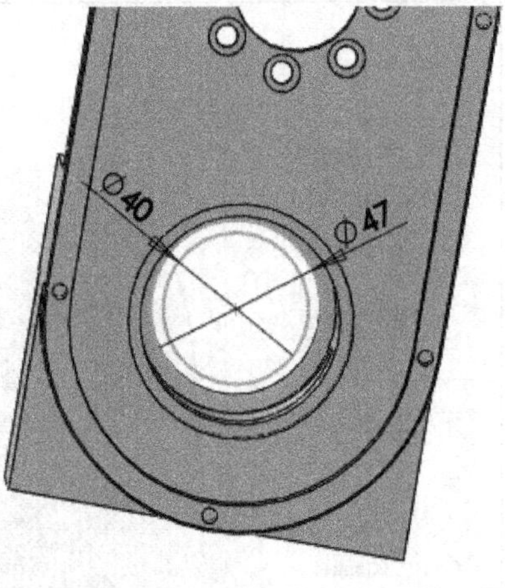 	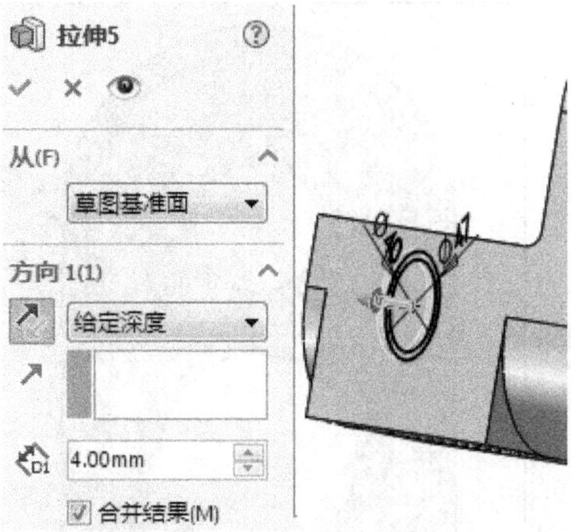
步骤	39. 新建基准面	40. 在新建的基准面上绘制草图
图示	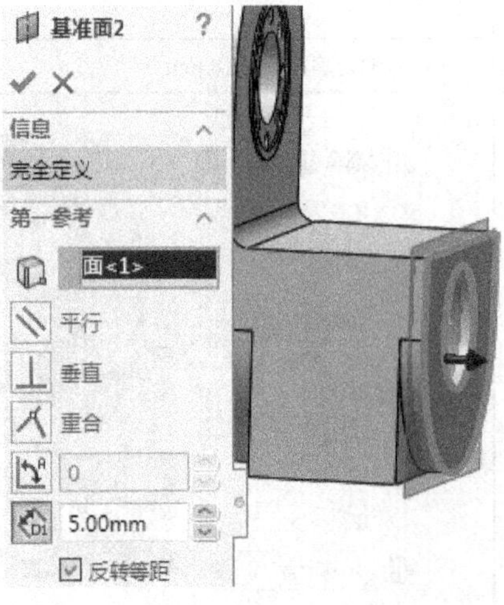 	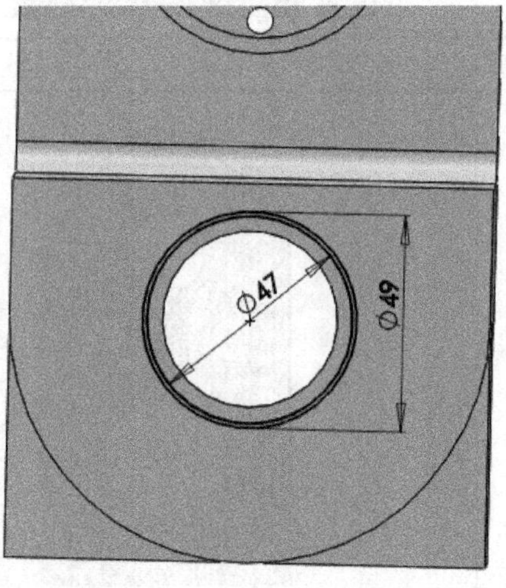

续表六

步骤	41. 拉伸切除，深度 1.5 mm	42. 绘制草图
图示	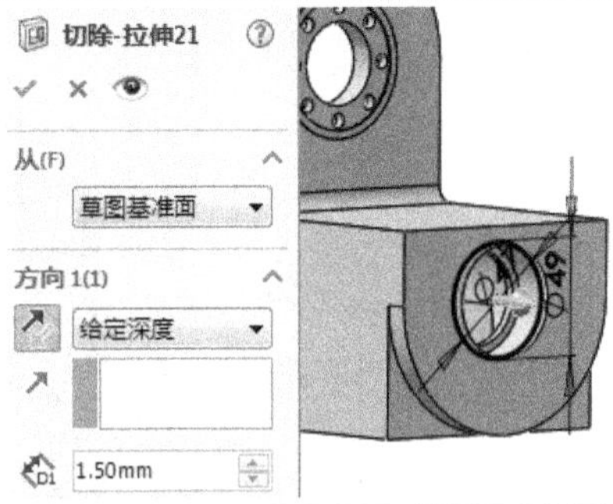	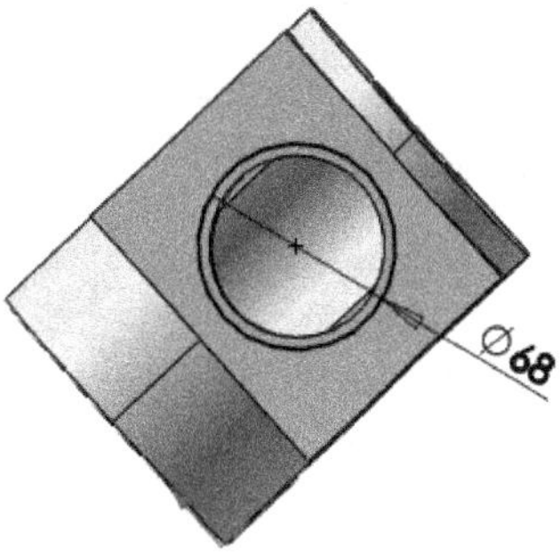
步骤	43. 拉伸切除，深度 25 mm	44. 绘制草图
图示	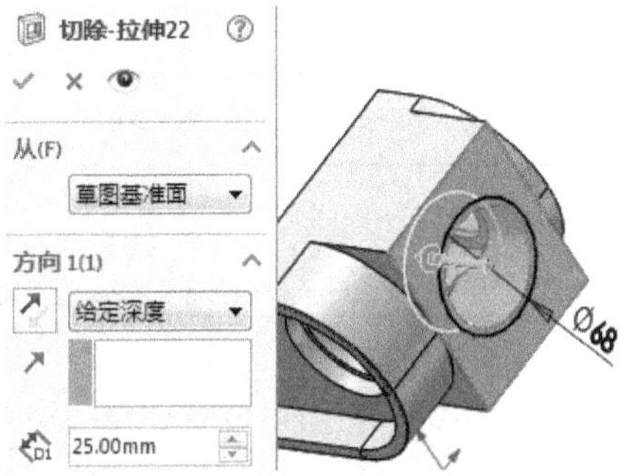	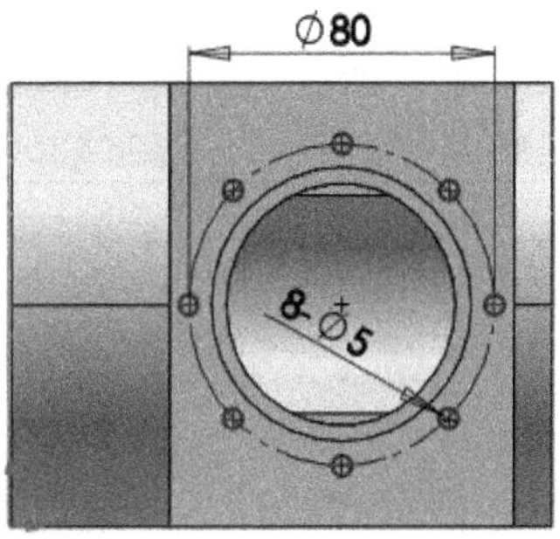
步骤	45. 拉伸切除，深度 15 mm	46. 倒角，10 × 45°
图示	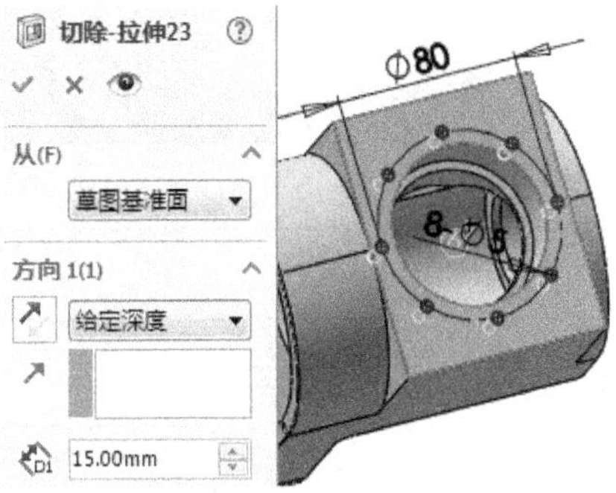	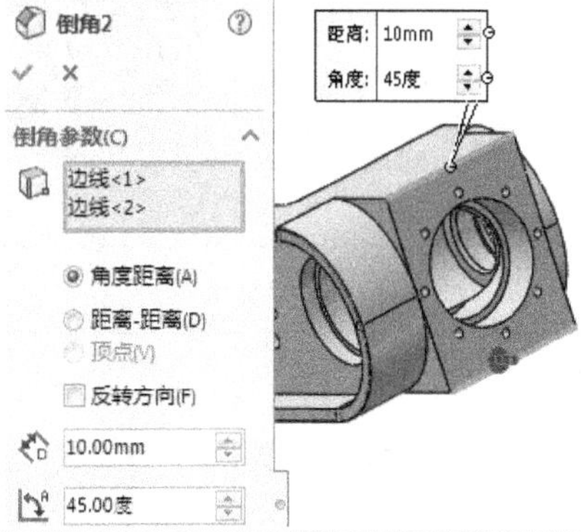
步骤	47. 绘制草图	48. 拉伸切除，深度 15 mm
图示	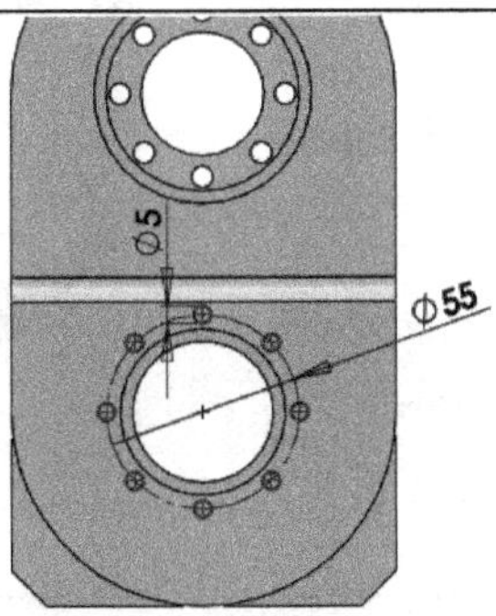	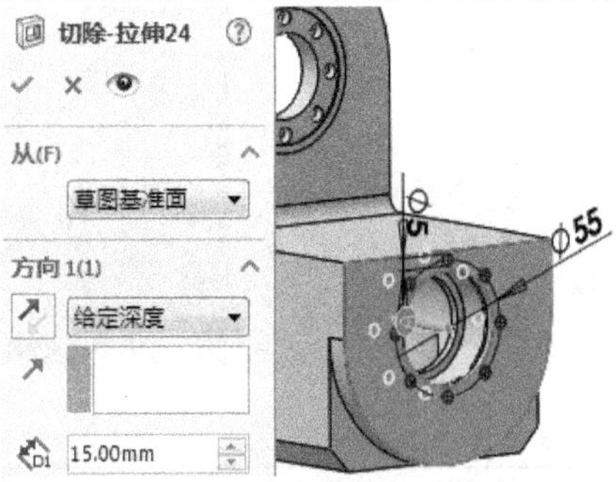

续表七

步骤	49. 圆角，半径 5 mm	50. 绘制草图
图示	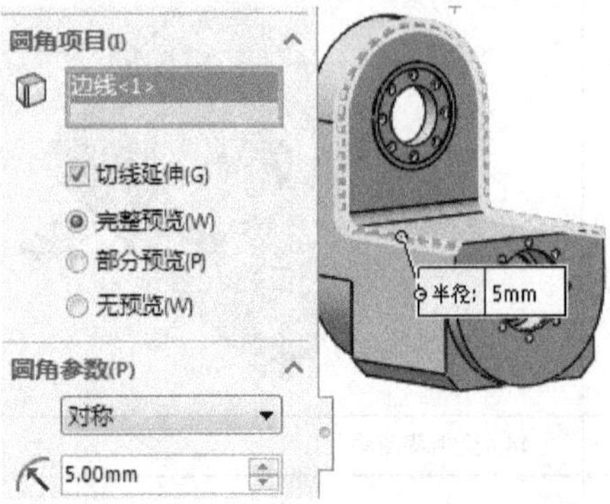	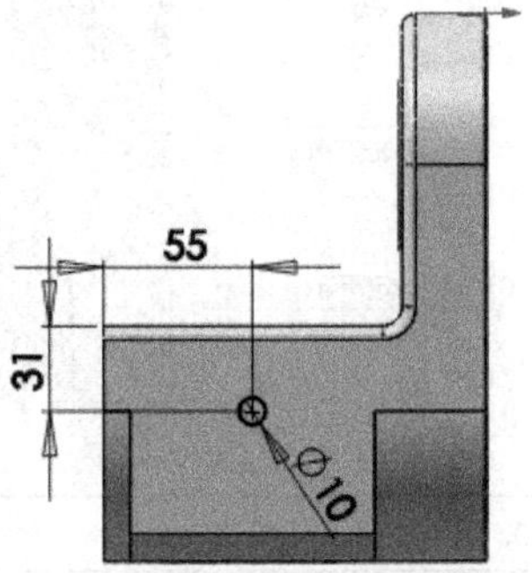
步骤	51. 拉伸切除，深度 15 mm	52. 在上一步形成的孔底面上绘制草图
图示	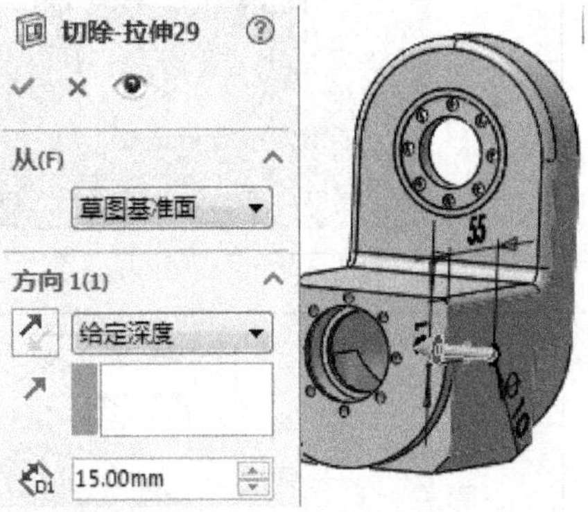	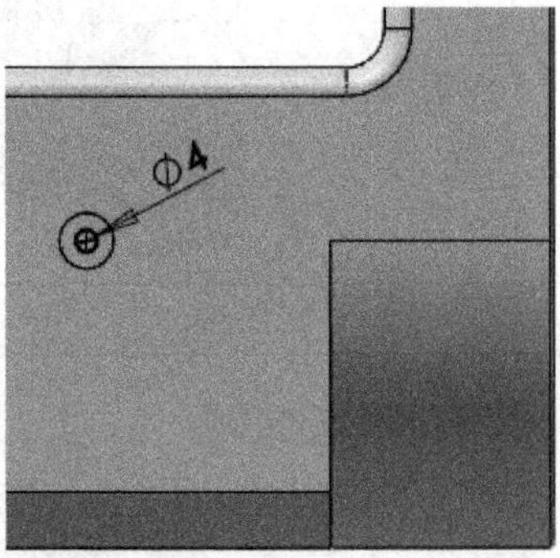
步骤	53. 拉伸切除，深度 15 mm	54. 倒角，0.5 × 45°
图示	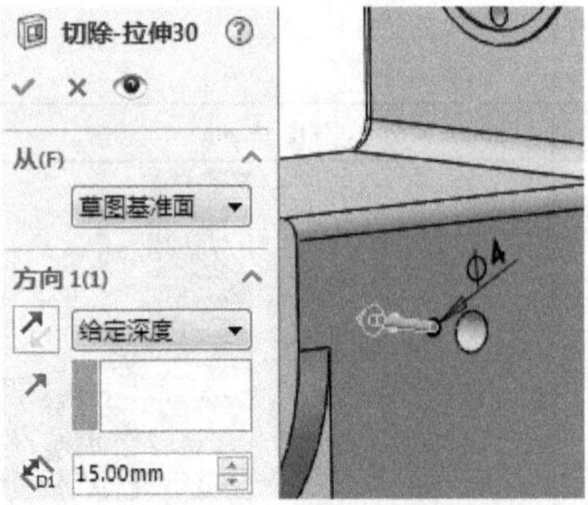	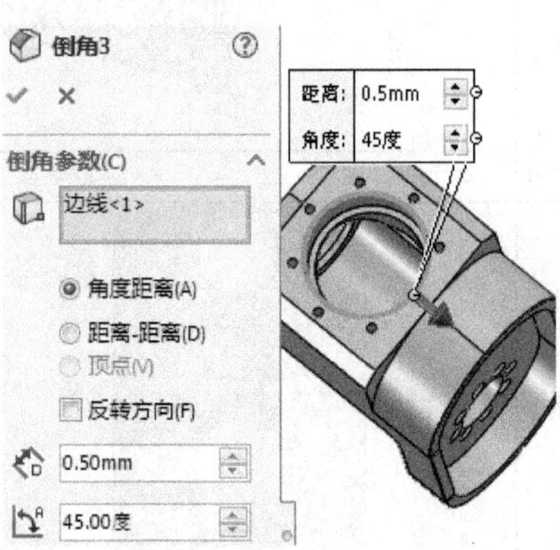

续表八

步骤	55. 倒角，0.5×45°	56. 倒角，0.5×45°
图示	倒角4 倒角参数(C) 边线<1> 边线<2> 角度距离(A) 距离-距离(D) 顶点(V) 反转方向(F) 距离：0.5mm　角度：45度 0.50mm 45.00度	倒角5 倒角参数(C) 边线<1> 边线<2> 角度距离(A) 距离-距离(D) 顶点(V) 反转方向(F) 距离：0.5mm　角度：45度 0.50mm 45.00度
步骤	57. 绘制草图	58. 拉伸切除，深度 10 mm
图示	Ø10　10　100	切除-拉伸32 从(F) 草图基准面 方向1(1) 给定深度 Ø10 10.00mm

3.5.2　腕部前端中心轴

1. 工程图

　　腕部前端中心轴与手腕前端锥齿轮装配在一起，经齿轮配合最终与中心轴3相连，由其驱动，从而控制机器人末端的旋转运动，如图 3-52 所示。图 3-53 是腕部前端中心轴的工程图。

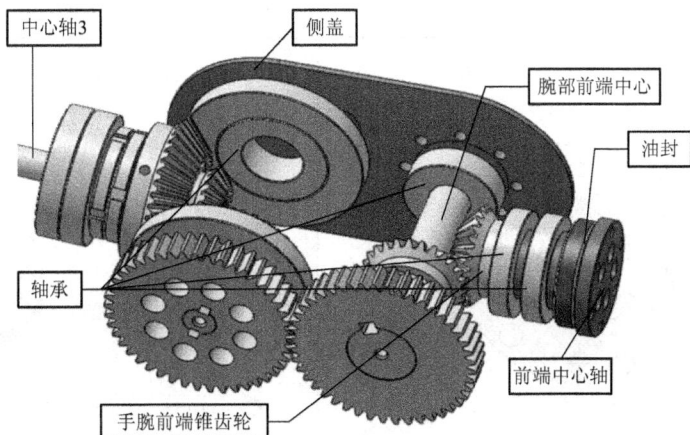

图 3-52　腕部前端中心轴连接关系

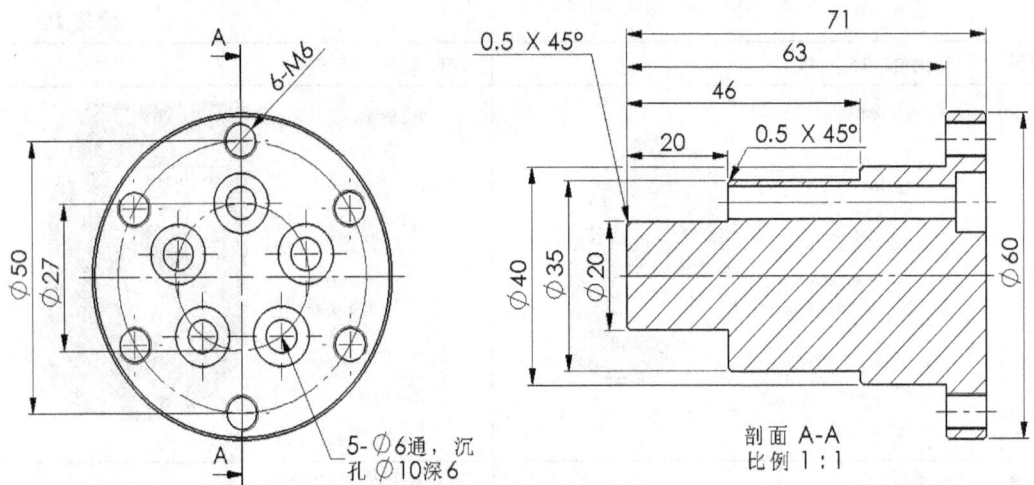

图 3-53　腕部前端中心轴工程图

2. 建模步骤

腕部前端中心轴参考建模步骤见表 3-15。

视频：腕部前端中心轴建模

表 3-15　腕部前端中心轴建模过程

步骤	1. 新建零件，在前视基准面中绘制草图	2. 以底边线为轴旋转凸台，形成基体
图示		
步骤	3. 选择大端面为绘图面，绘制草图	4. 拉伸切除，深度 51 mm
图示		

续表

步骤	5. 继续在大端面绘制草图	6. 拉伸切除，深度 6 mm
图示		
步骤	7. 边线倒角，0.5 × 45°	8. 边线倒角，0.5 × 45°
图示		

3.5.3　前爪法兰侧盖

1. 工程图

前爪法兰侧盖与旋转法兰装配，侧面安装轴承用于固定手腕前端锥齿轮旋转中心轴，如图 3-54 所示，其工程图如图 3-55 所示。

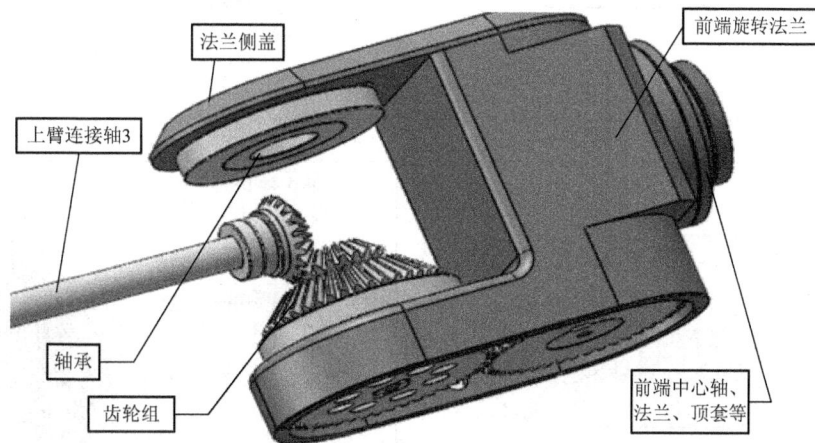

图 3-54　前爪法兰侧盖连接关系

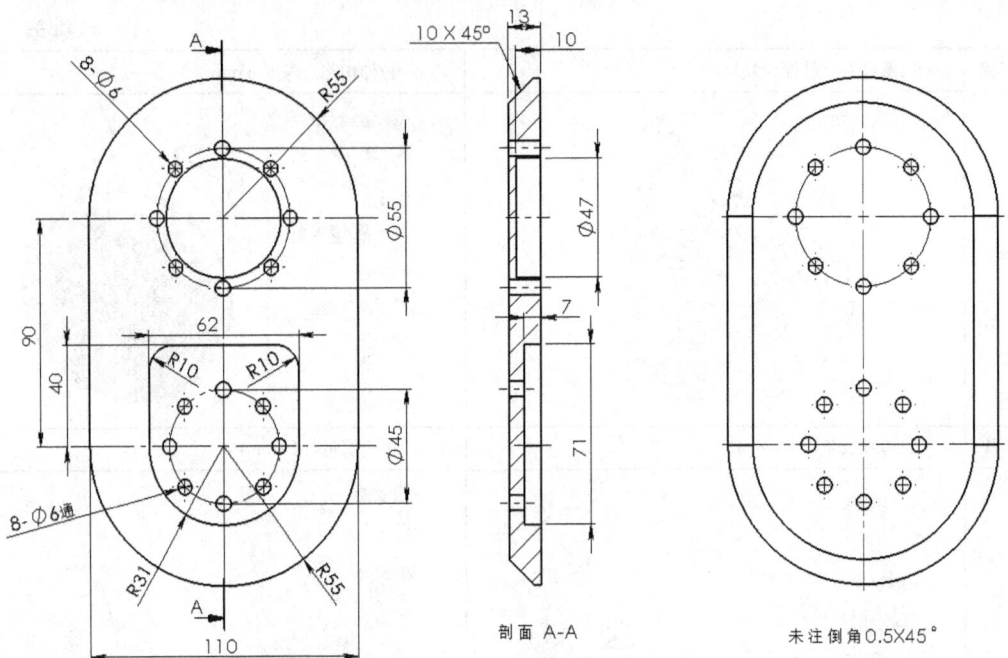

图 3-55　前爪法兰侧盖工程图

2. 建模步骤

前爪法兰侧盖建模步骤可参考表 3-16。

视频：前爪法兰侧盖建模

表 3-16　前爪法兰侧盖建模过程

步骤	1. 新建零件，在前视基准面中绘制草图	2. 拉伸，深度 13 mm
图示		
步骤	3. 侧面绘制草图	4. 拉伸切除，深度 7 mm
图示		

续表一

步骤	5. 绘制草图	6. 拉伸切除，深度 6 mm
图示	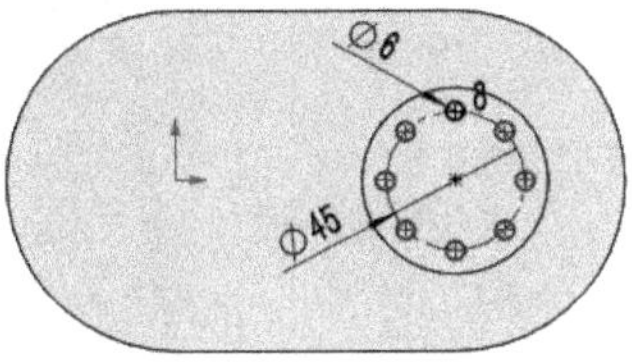	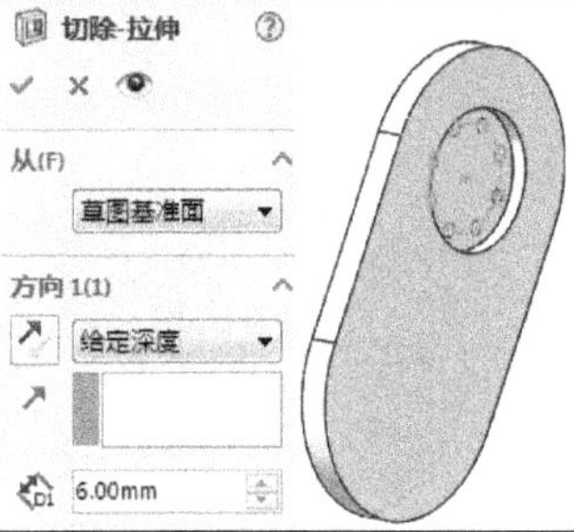
步骤	7. 倒角，10 × 45°	8. 侧面绘制草图
图示	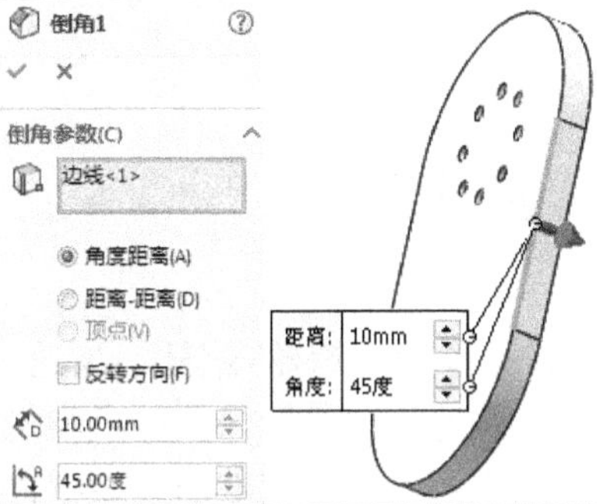	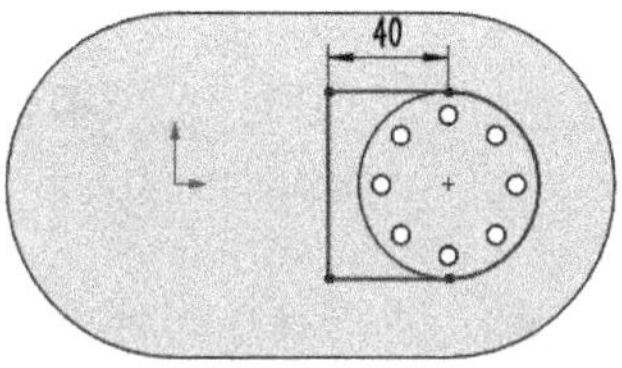
步骤	9. 拉伸切除，深度 7 mm	10. 圆角，半径 10 mm
图示	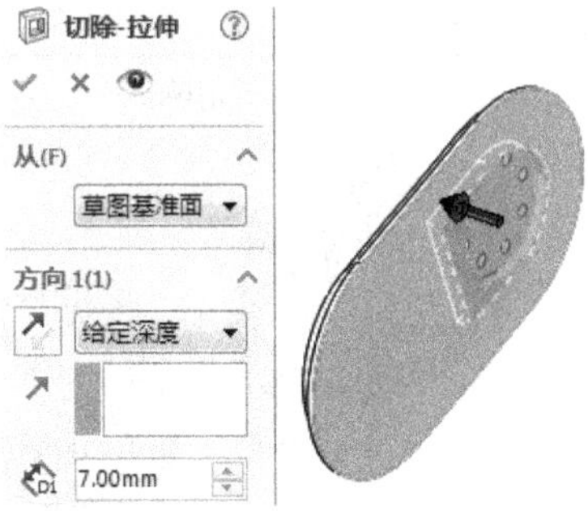	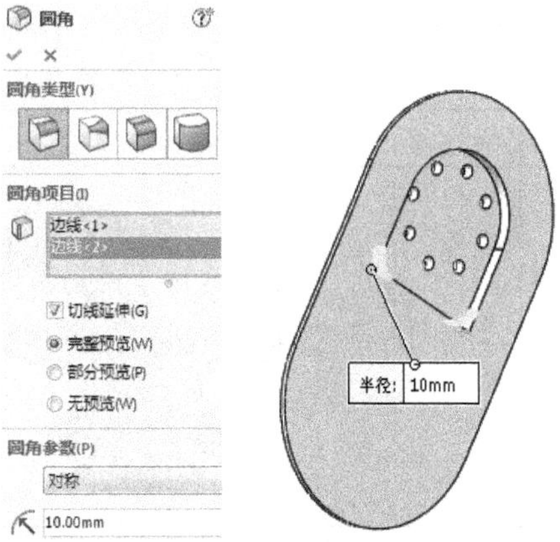
步骤	11. 侧面绘制草图	12. 拉伸切除，深度 10 mm
图示	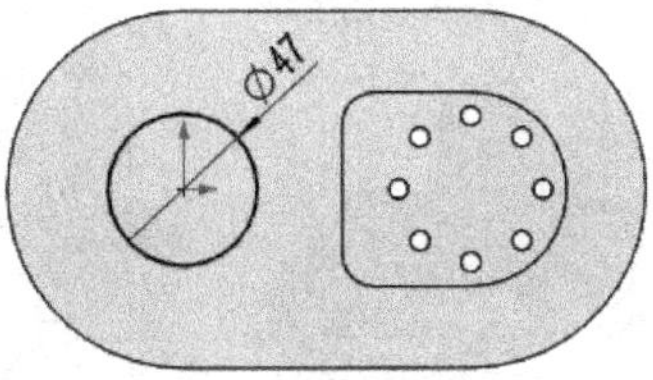	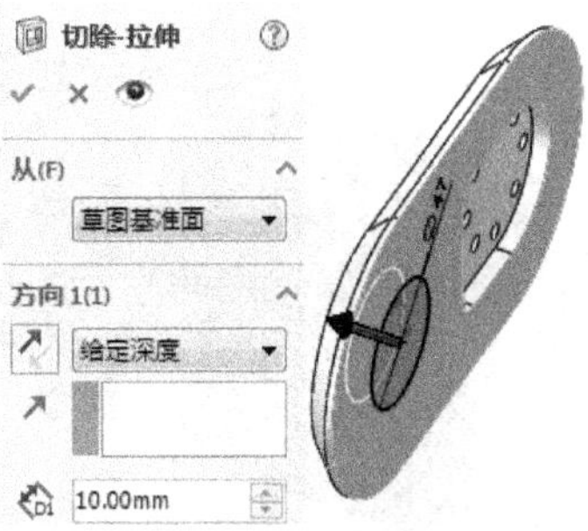

步骤	13. 侧面绘制草图	14. 拉伸切除，深度 13 mm
图示	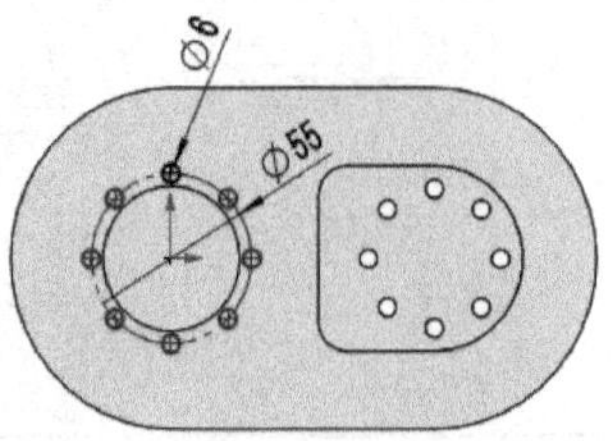	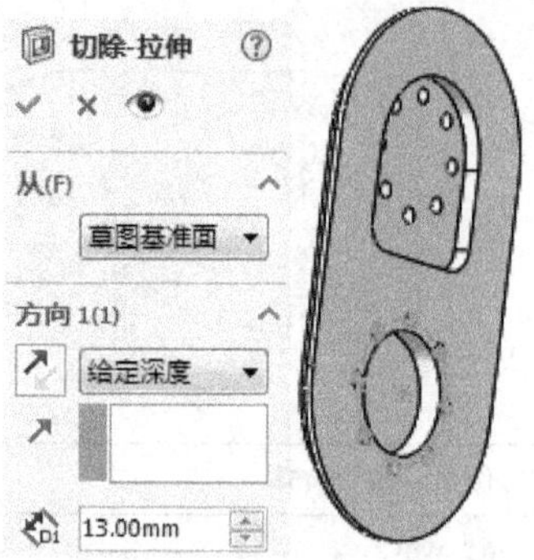

任务六　减速器的设计

工业机器人减速器是一种由封闭在壳体内的齿轮-齿轮、蜗轮-蜗杆、齿轮-齿条等传动机构组成的独立部件，用作电机与机器人臂之间的减速传动装置，在电机和机器人臂或执行机构之间起匹配转速和传递转矩的作用，是工业机器人不可或缺的重要零件。

工业机器人减速器一般包括基座减速器、大臂摆线减速器、小臂减速器、腕部减速器，如表 3-17 所示。

表 3-17　机器人减速器

名称	基座减速器	大臂摆线减速器
图示		
名称	小臂减速器	腕部减速器
图示	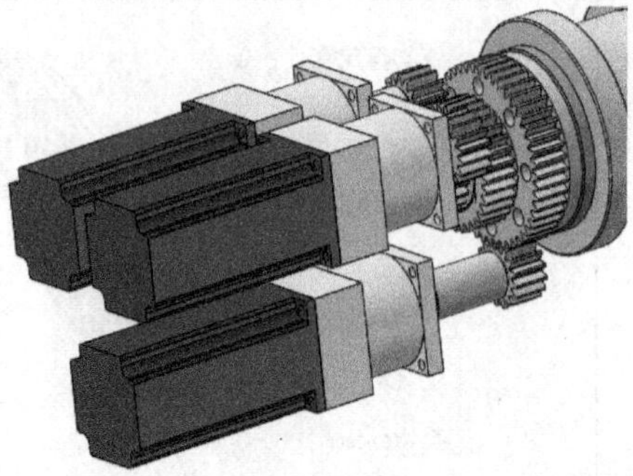	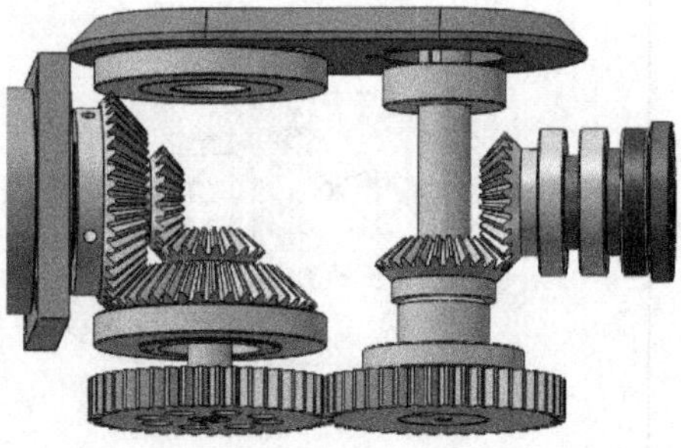

3.6.1　基座减速器

基座减速器由齿轮箱、齿轮轴、电机、蜗杆、蜗轮、轴承、油封、轴两端固定法兰等构成，如图 3-56 所示。其主要零部件见表 3-18。

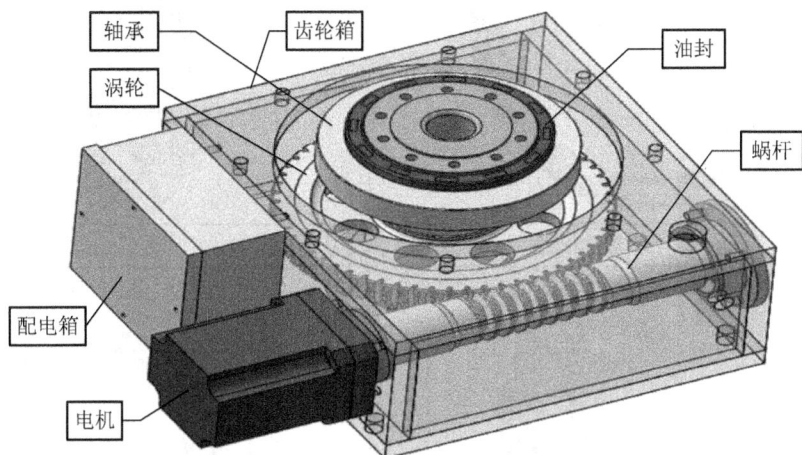

图 3-56　基座减速器

表 3-18　基座减速器主要零部件一览

名称	蜗　　杆		涡　　轮	
图示				
名称	电机法兰		基座旋转电机	
图示				
名称	齿轮箱		蜗轮轴	
图示				

名称	油　封	蜗轮轴下法兰
图示		
名称	蜗轮杆轴承法兰	轴　承
图示		

1. 蜗杆建模

基座蜗杆工程图如图 3-57 所示，其参考建模过程见表 3-19。

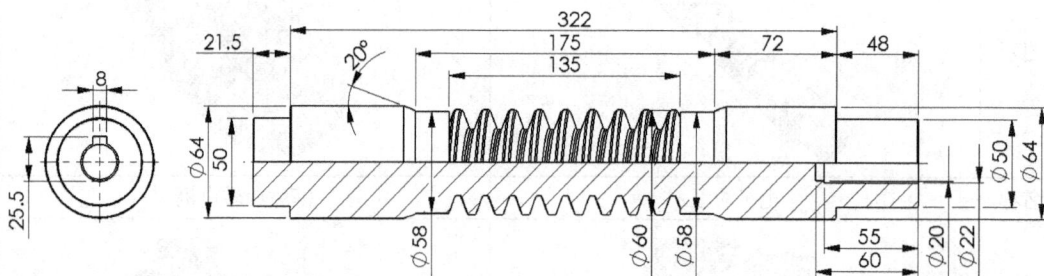

图 3-57　蜗杆工程图

表 3-19　蜗杆建模过程

视频：蜗杆建模

步骤	1. 右视基准面绘制草图
图示	

步骤	2. 旋转凸台	3. 圆柱端面绘制草图
图示	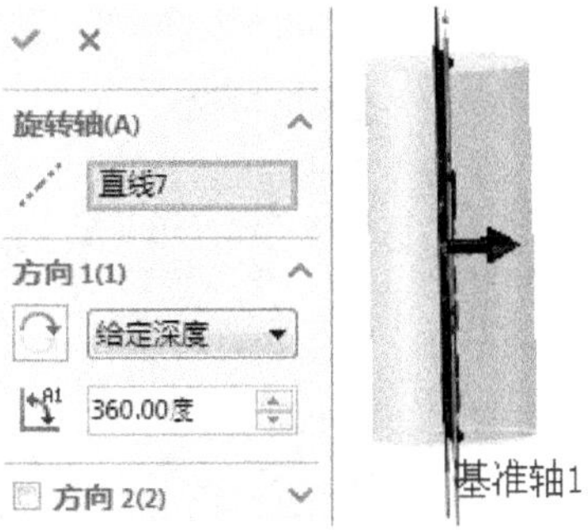 旋转轴(A) 直线7 方向1(1) 给定深度 R1 360.00度 方向2(2) 基准轴1	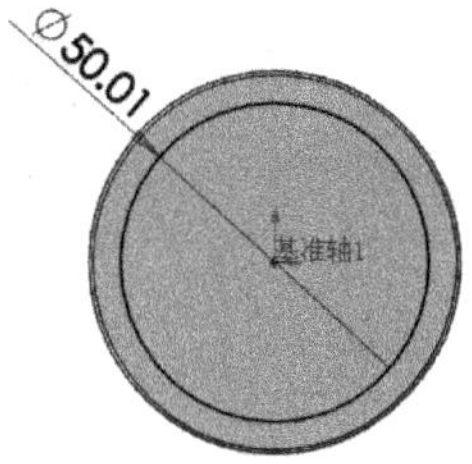 Ø50.01 基准轴1
步骤	4. 插入"螺旋线/涡状线"	5. 上视基准面绘制草图
图示	 定义方式(D): 高度和螺距 参数(P) ○ 恒定螺距(C) ○ 可变螺距(L) 高度(H): 150.708mm 螺距(I): 15.708mm ☑ 反向(V) 起始角度(S): 0.00度 ○ 顺时针(C) ○ 逆时针(W) 基准轴1	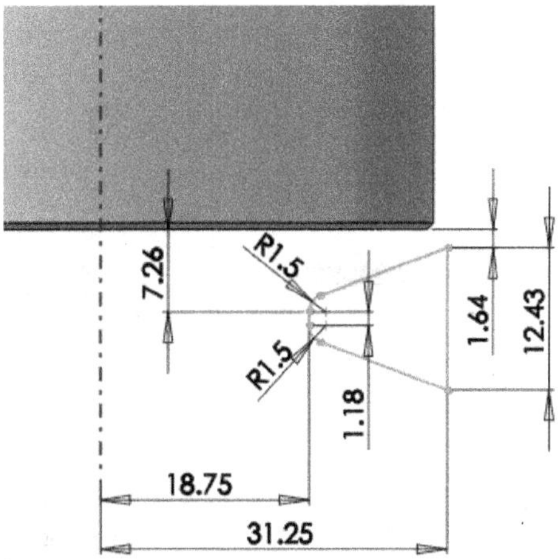 7.26　R1.5　R1.5　1.18　1.64　12.43　18.75　31.25
步骤	6. 扫描切除	7. 选择蜗杆一端面绘制草图
图示	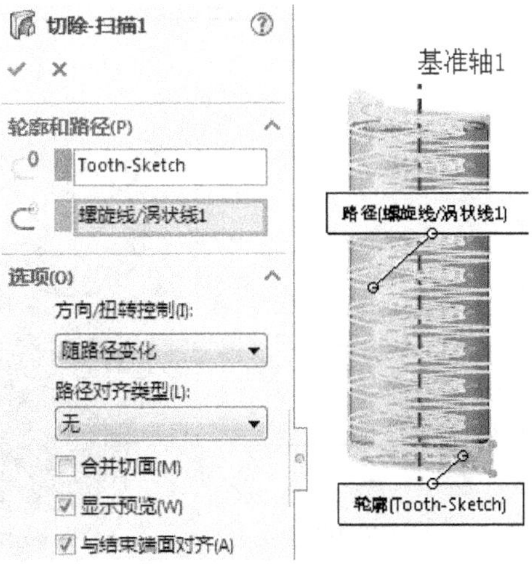 切除-扫描1 轮廓和路径(P) Tooth-Sketch 螺旋线/涡状线1 选项(O) 方向/扭转控制(I): 随路径变化 路径对齐类型(L): 无 □ 合并切面(M) ☑ 显示预览(W) ☑ 与结束端面对齐(A) 基准轴1 路径(螺旋线/涡状线1) 轮廓(Tooth-Sketch)	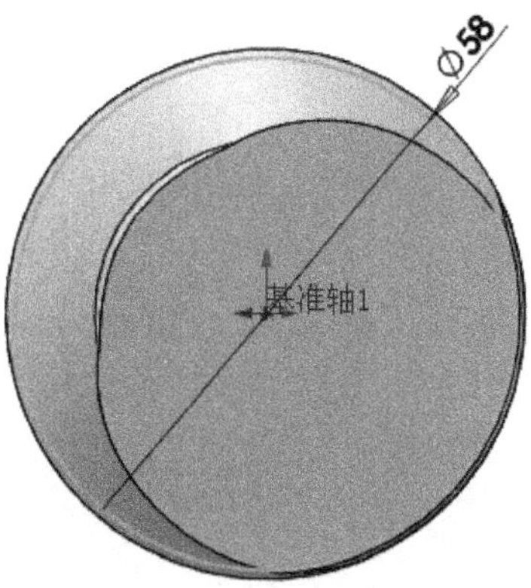 Ø58 基准轴1

续表二

步骤	8. 拉伸 20 mm，合并结果	9. 在上步拉伸体的外端面绘制草图
图示	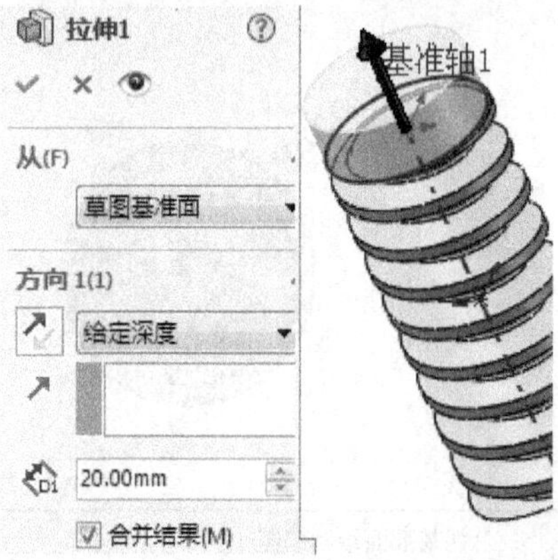	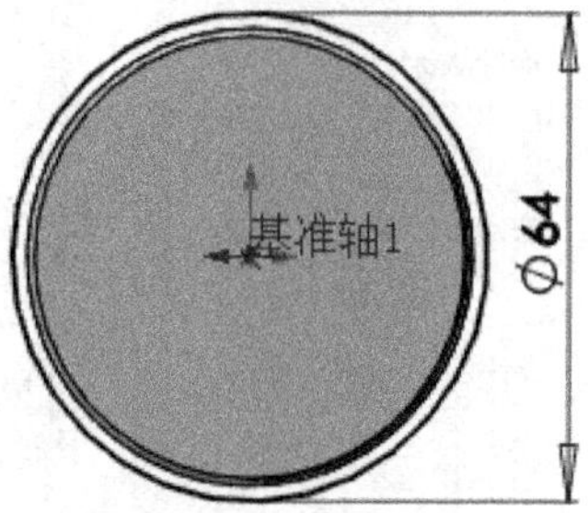
步骤	10. 拉伸 75 mm，合并结果	11. 圆柱台阶处边线倒角，2.5 × 70°
图示	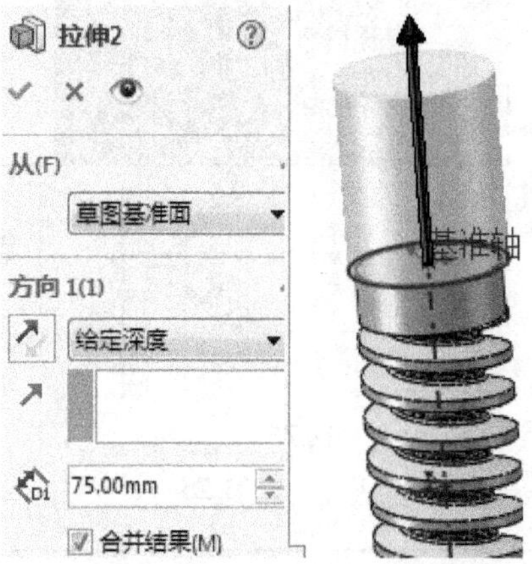	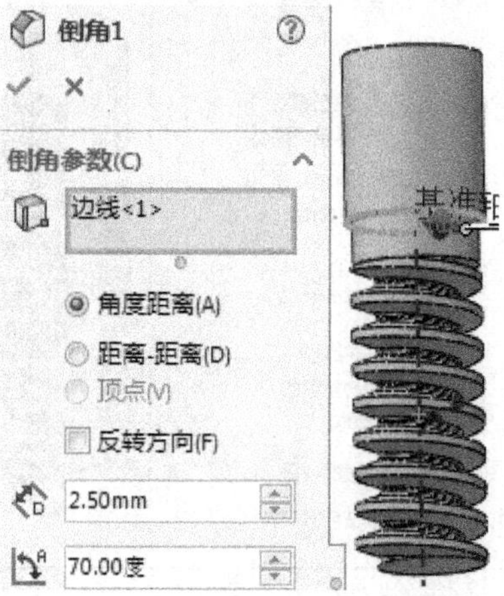
步骤	12. 圆柱最外端面绘制草图	13. 拉伸 21.5 mm，合并结果
图示	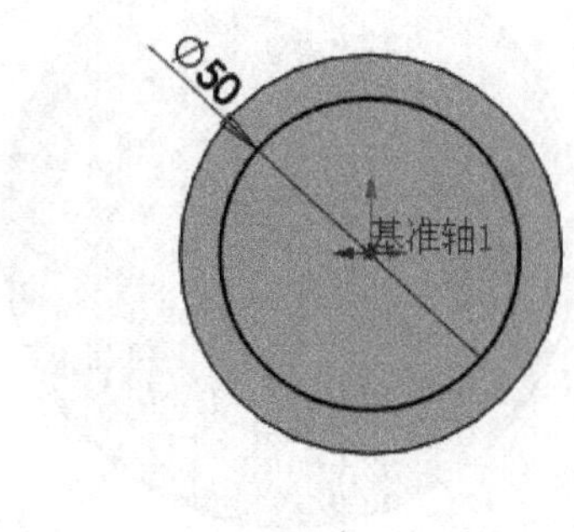	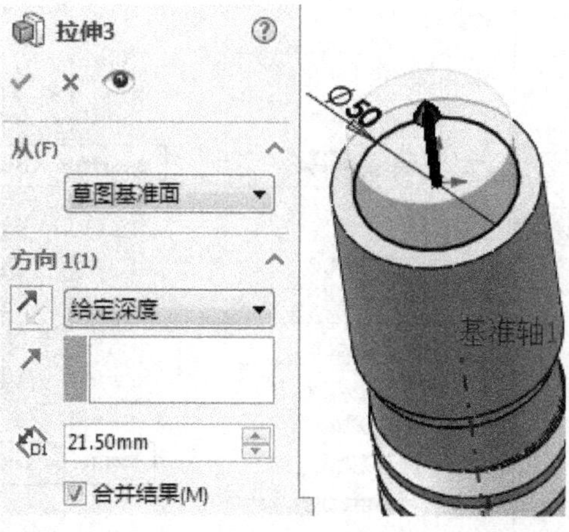

续表三

步骤	14. 选择蜗杆另一端面绘制草图	15. 拉伸 20 mm，合并结果
图示	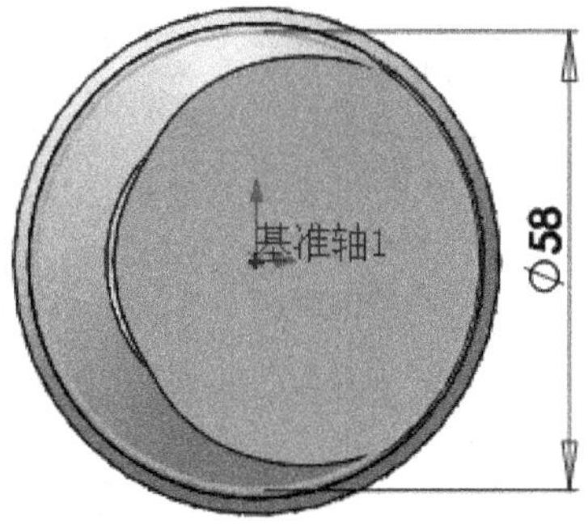 Ø58 基准轴1	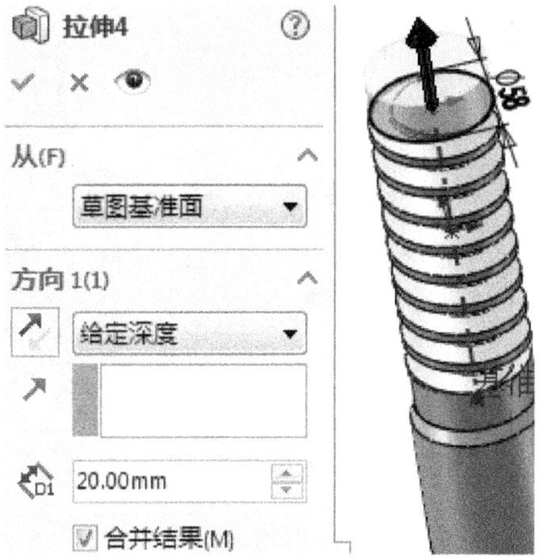 拉伸4　? 从(F) 草图基准面 方向 1(1) 给定深度 20.00mm ☑ 合并结果(M)　Ø58

步骤	16. 上步形成的圆柱体外端面绘制草图	17. 拉伸 72 mm，合并结果
图示	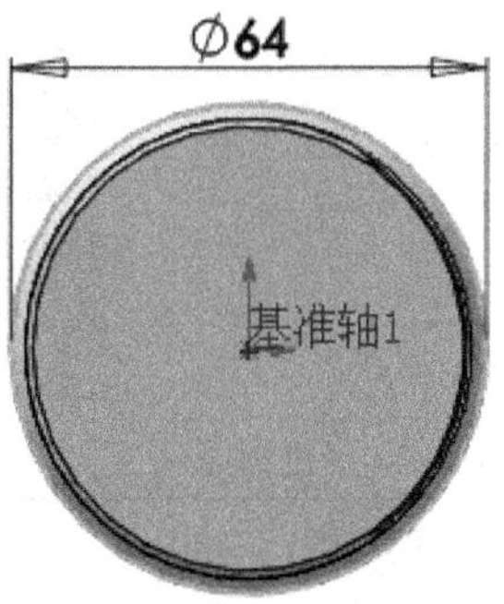 Ø64 基准轴1	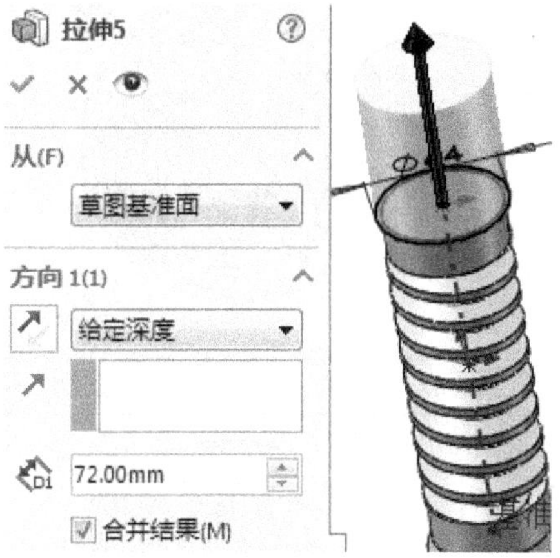 拉伸5　? 从(F) 草图基准面 方向 1(1) 给定深度 72.00mm ☑ 合并结果(M)

步骤	18. 圆柱台阶处边线倒角，2.5 × 70°	19. 圆柱最外端面绘制草图
图示	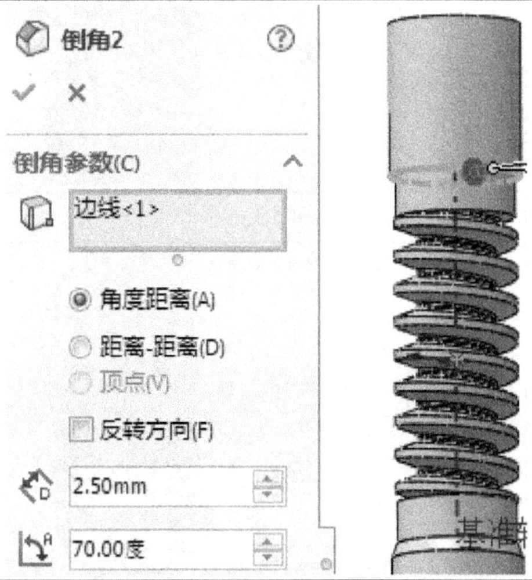 倒角2　? 倒角参数(C) 边线<1> ◉ 角度距离(A) ◯ 距离-距离(D) ◯ 顶点(V) ☐ 反转方向(F) 2.50mm 70.00度	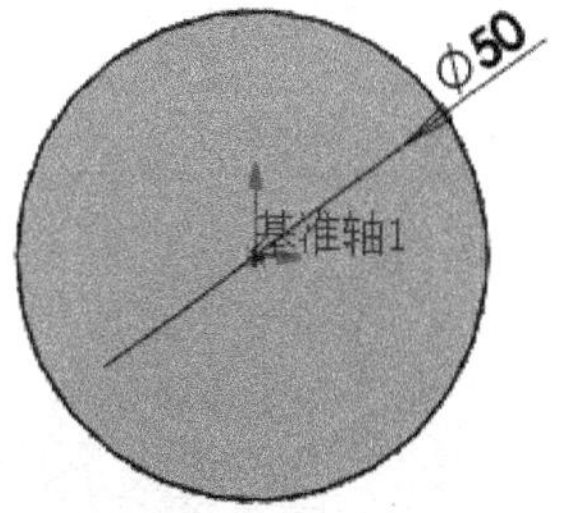 Ø50 基准轴1

步骤	20. 拉伸 48 mm，合并结果		21. 螺旋边线倒角，0.5 × 45°	
图示				
步骤	22. 步骤 20 形成的圆柱外端面绘制草图		23. 拉伸切除，深度 55 mm	
图示				
步骤	24. 继续在步骤 20 形成的圆柱外端面绘制草图		25. 拉伸切除，深度 55 mm	
图示				
步骤	26. 孔内表面绘制草图		27. 拉伸切除，深度 5 mm	
图示				

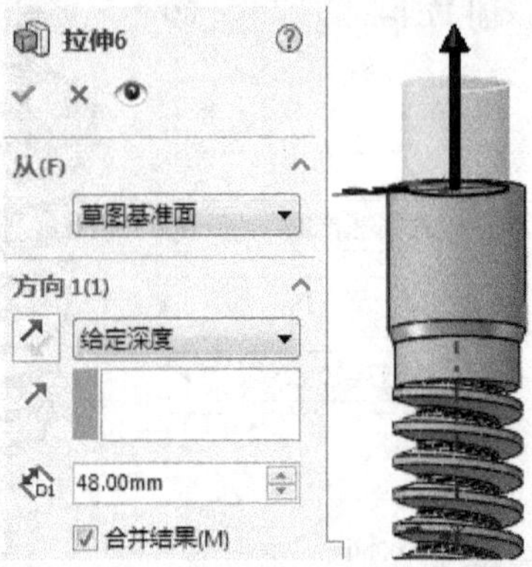

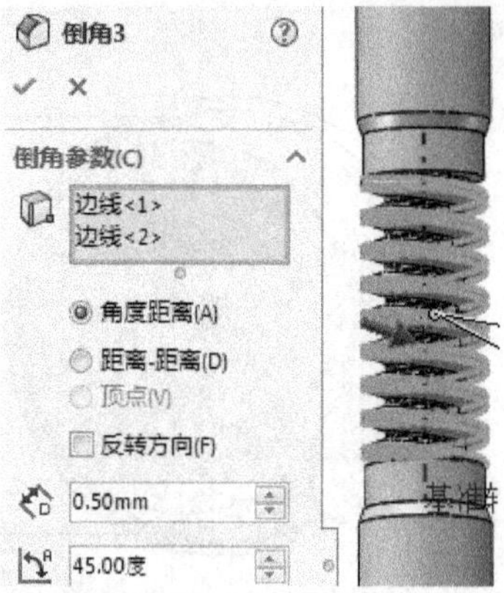

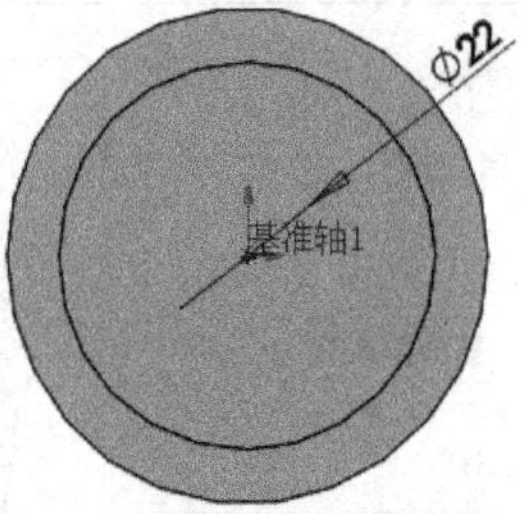

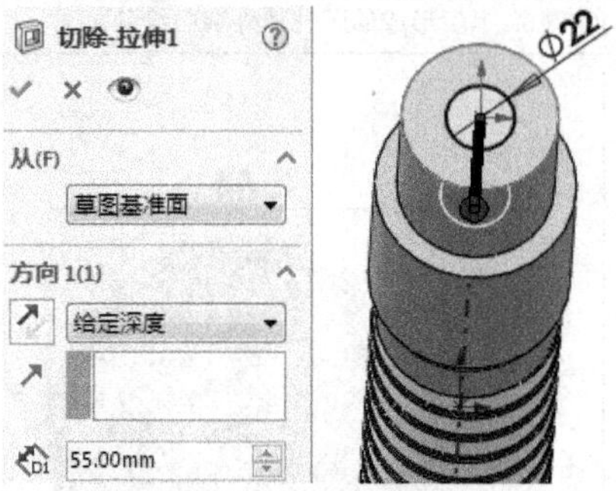

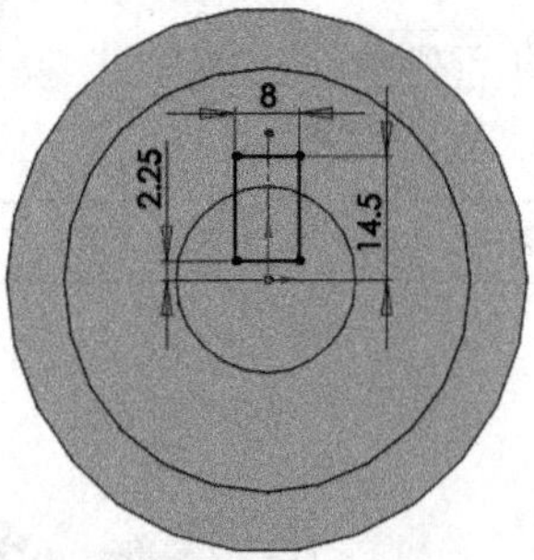

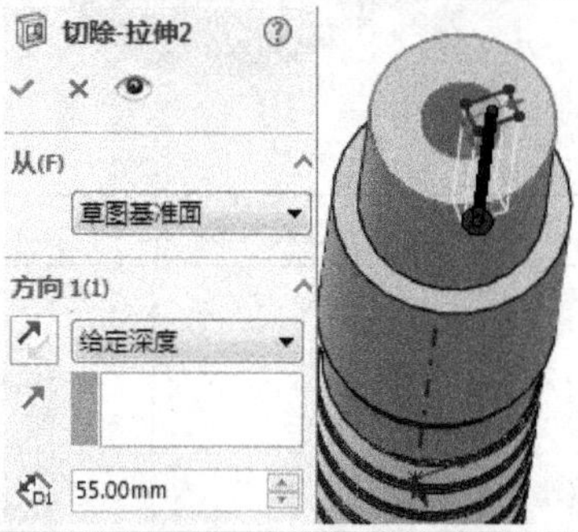

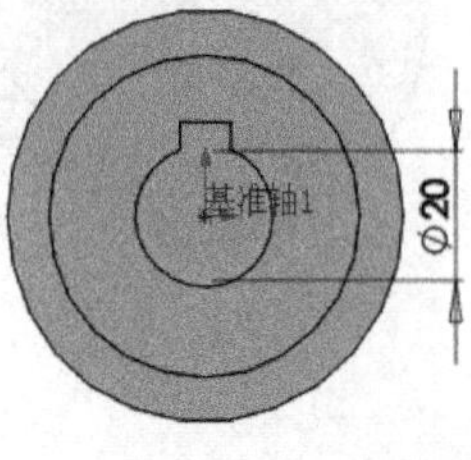

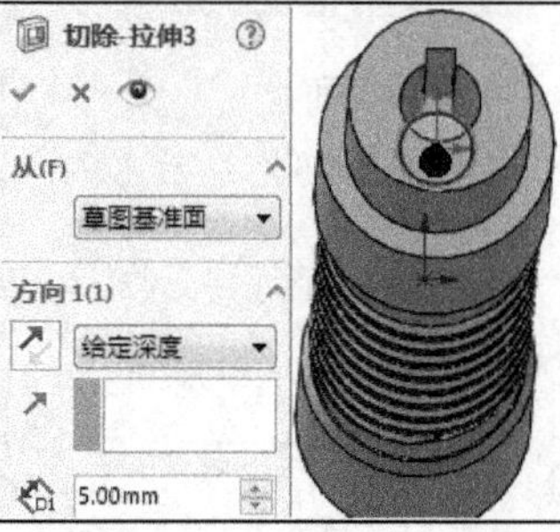

续表五

步骤	28. 所有外端边线倒角，0.5×45°
图示	

2. 蜗轮建模

蜗轮工程图如图 3-58 所示，其建模步骤参见表 3-20。

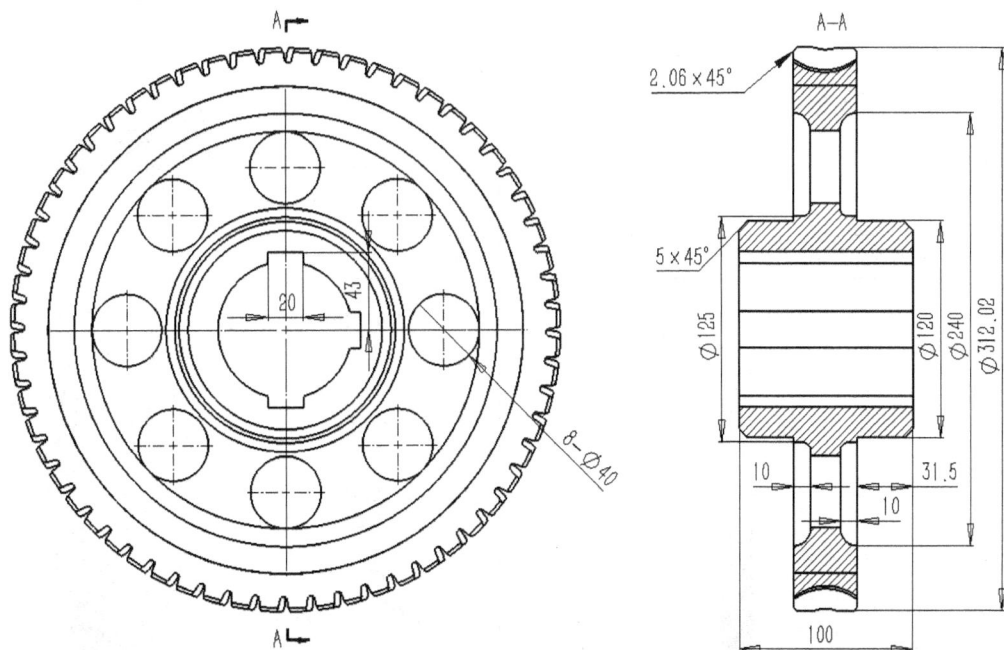

图 3-58 蜗轮工程图

表 3-20　蜗轮建模过程

视频：蜗轮建模

步骤	1. 新建零件，利用右视和上视基准面创建基准轴	2. 右视基准面绘制草图
图示	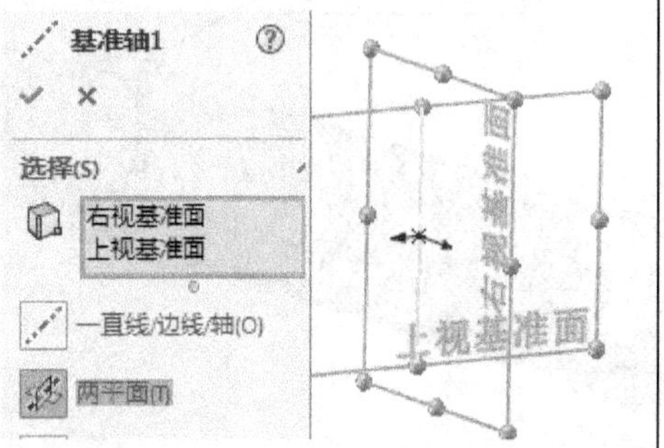	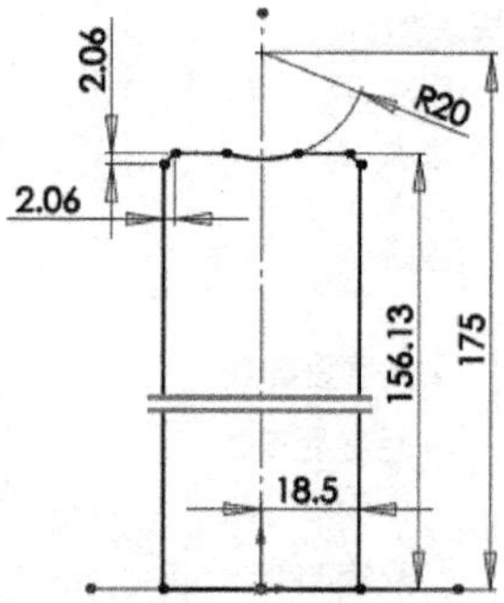

步骤	3. 旋转凸台	4. 以右视基准面为参考创建基准面
图示	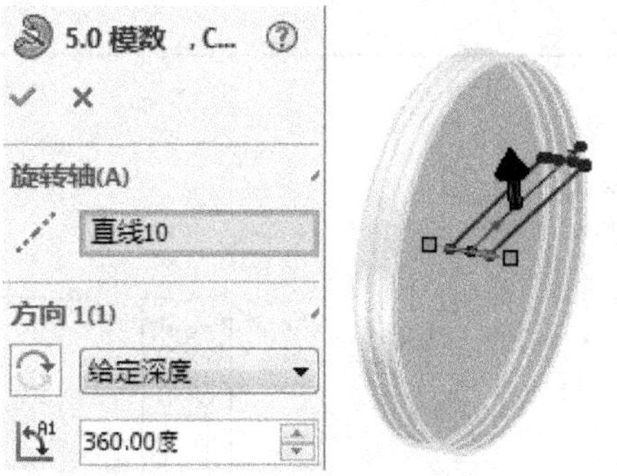	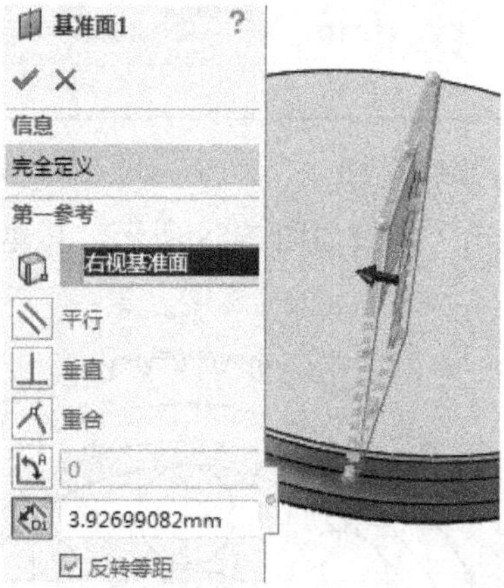

步骤	5. 在新创建的基准面上绘制草图	6. 插入"螺旋线/涡状线"
图示	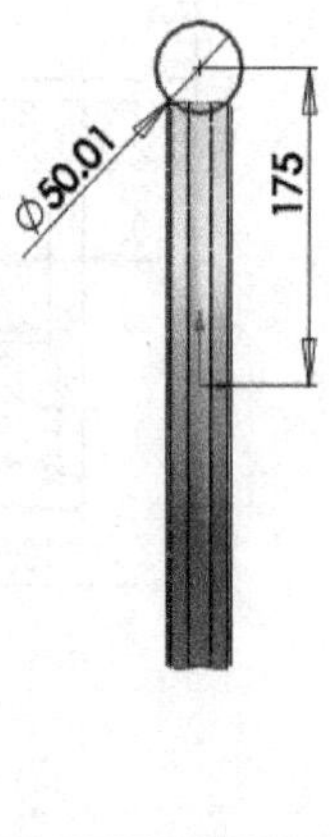	

续表一

步骤	7. 以右视基准面及螺旋线圆心创建基准轴	8. 以上视基准面和螺旋线端点为参考创建新基准面
图示	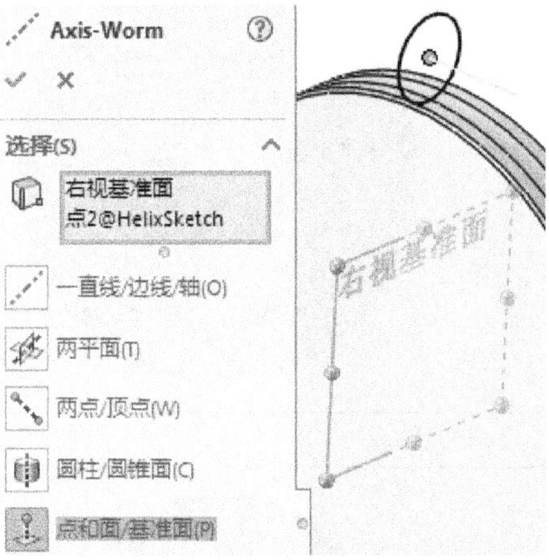	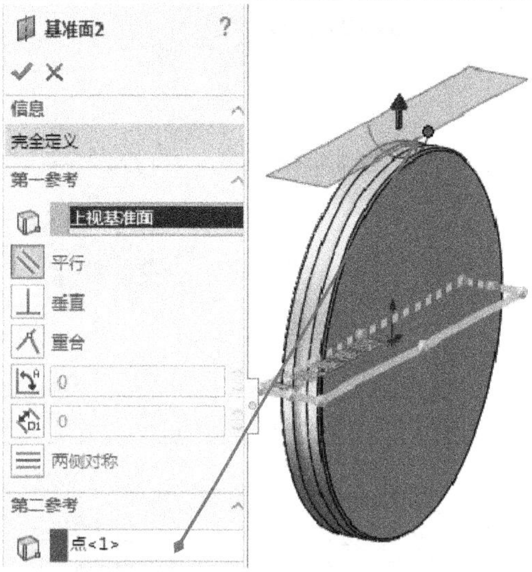
步骤	9. 在上一步建立的基准面上绘制草图	10. 以上步草图为轮廓，螺旋线为路径，扫描切除
图示	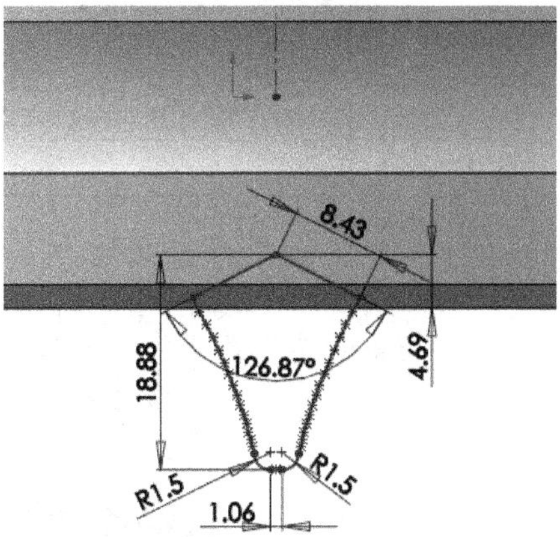	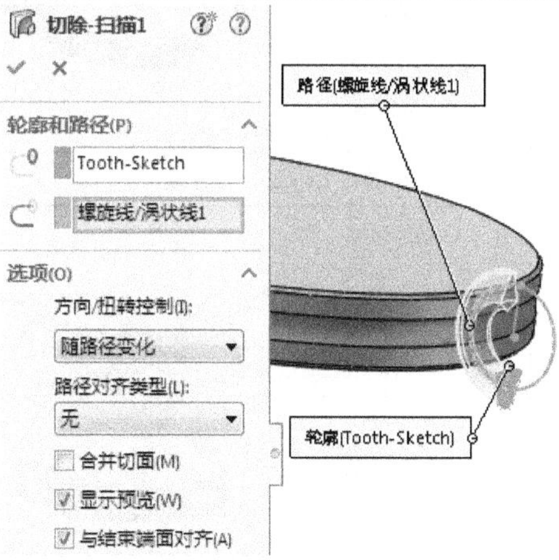
步骤	11. 以第 1 步创建的基准轴为旋转轴，圆周阵列扫描切除	12. 端面绘制草图
图示	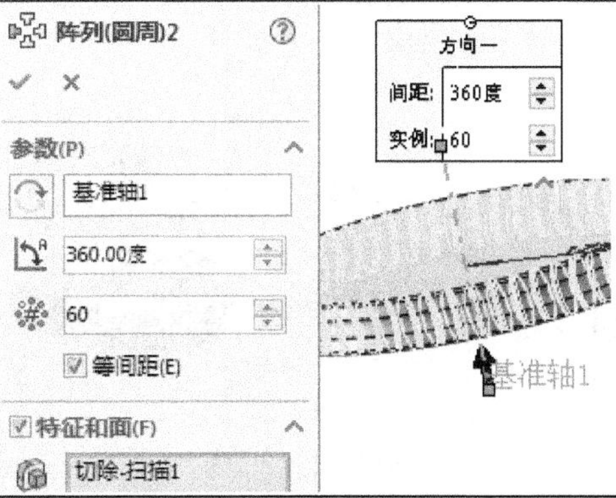	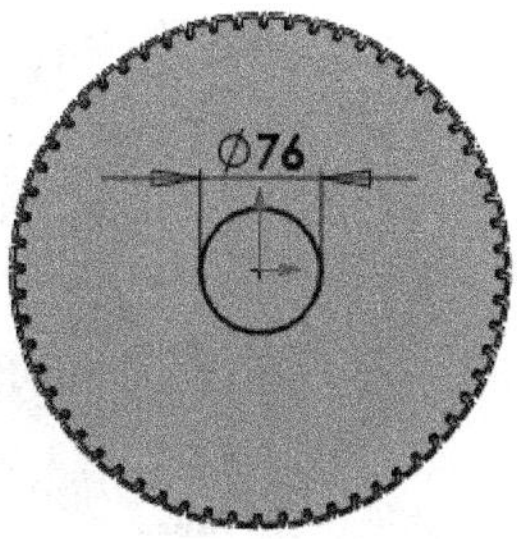

续表二

步骤	13. 拉伸切除，深度 40 mm	14. 绘制草图
图示	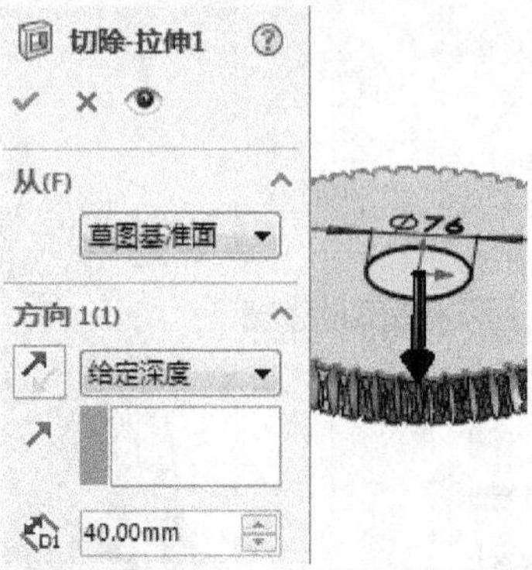	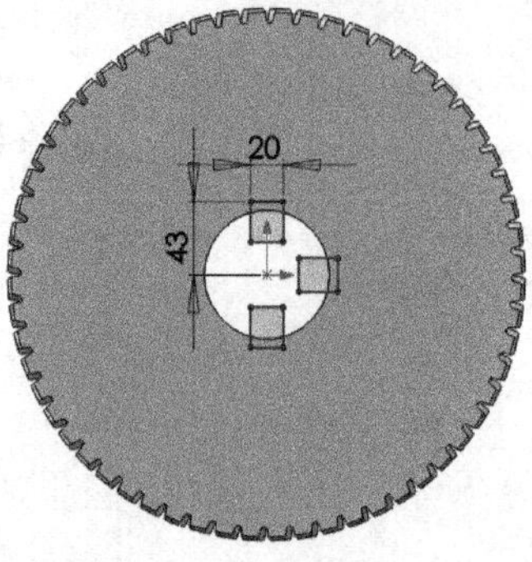
步骤	15. 拉伸切除，完全贯穿	16. 绘制草图
图示	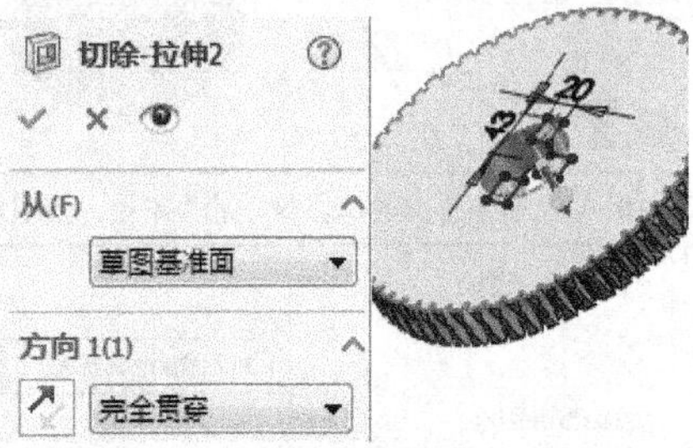	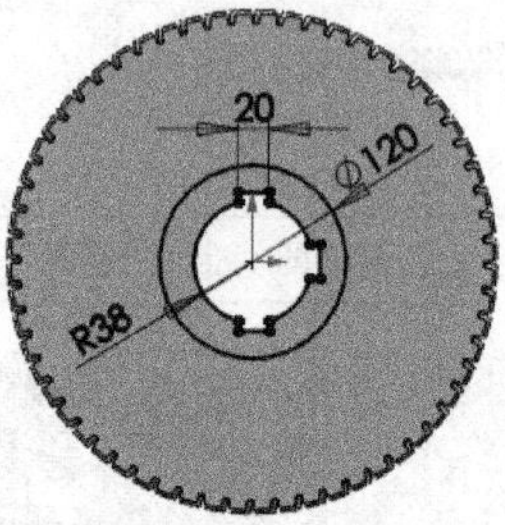
步骤	17. 向外拉伸 31.5 mm，合并结果	18. 边线倒角，5 × 45°
图示	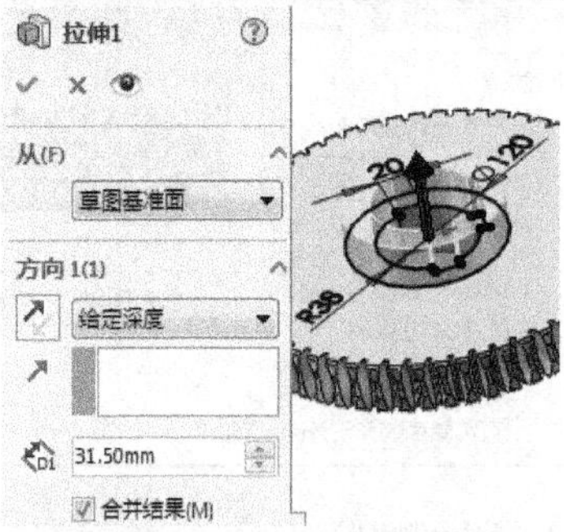	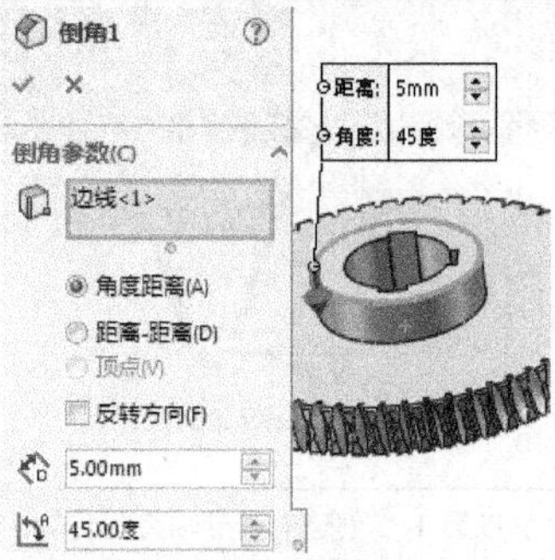
步骤	19. 另一端面绘制草图	20. 向外拉伸 31.5 mm，合并结果
图示	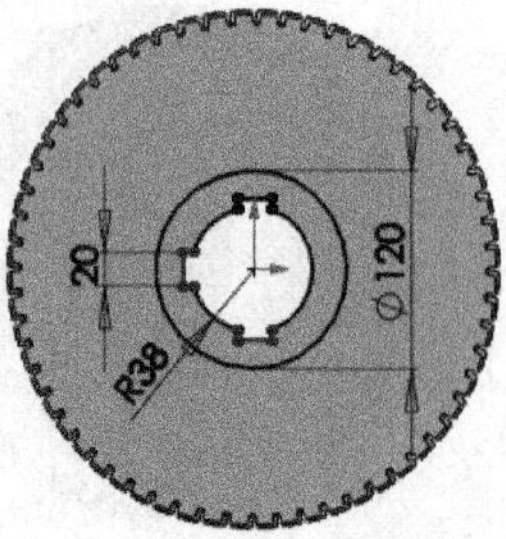	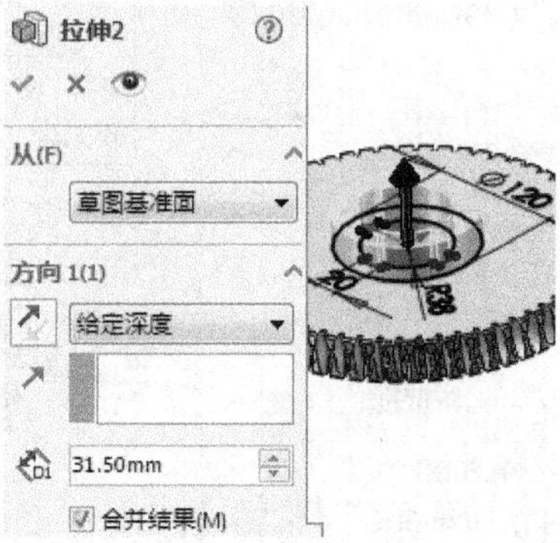

续表三

步骤	21. 边线倒角，5×45°	22. 大圆柱端面绘制草图
图示	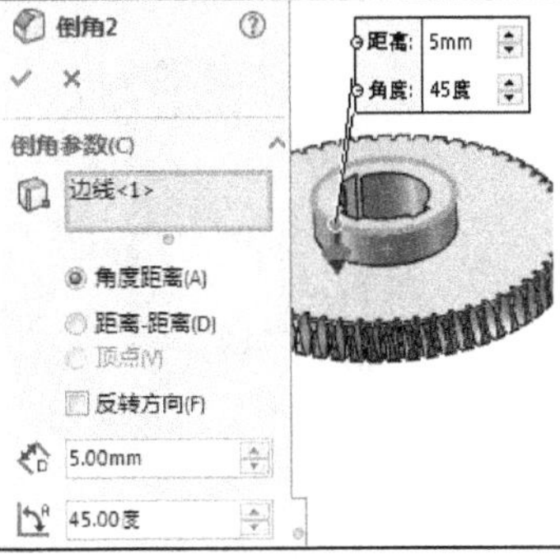	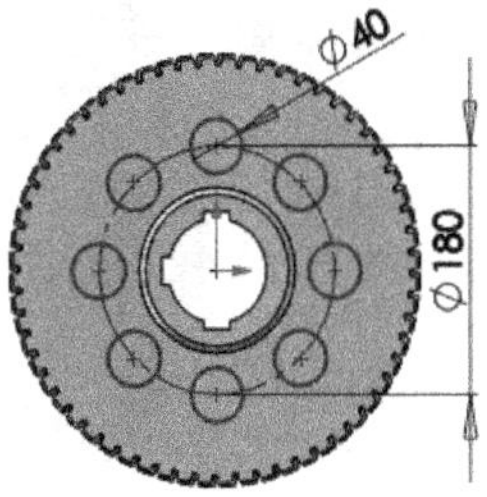
步骤	23. 拉伸切除，深度 72 mm	24. 大圆柱端面绘制草图
图示	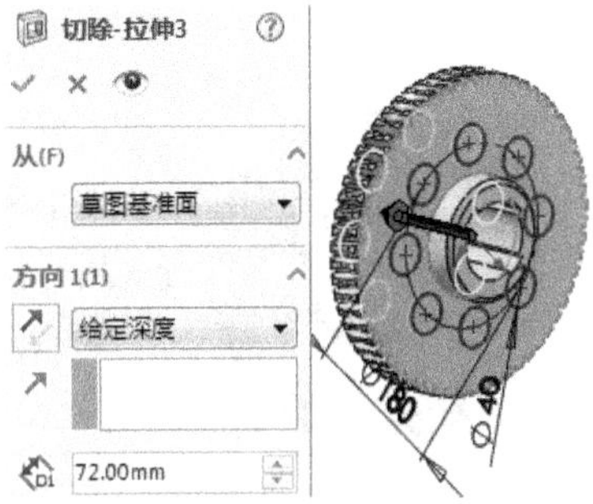	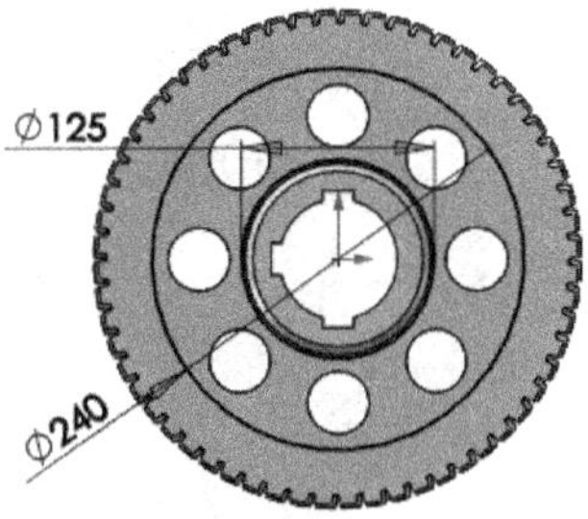
步骤	25. 拉伸切除，深度 10 mm	26. 另一端面绘制草图
图示	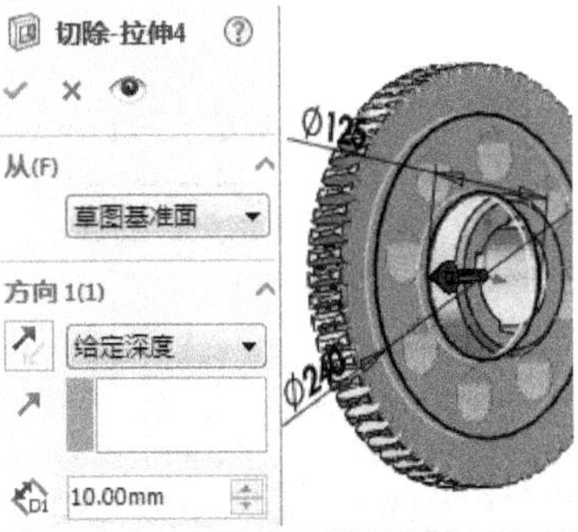	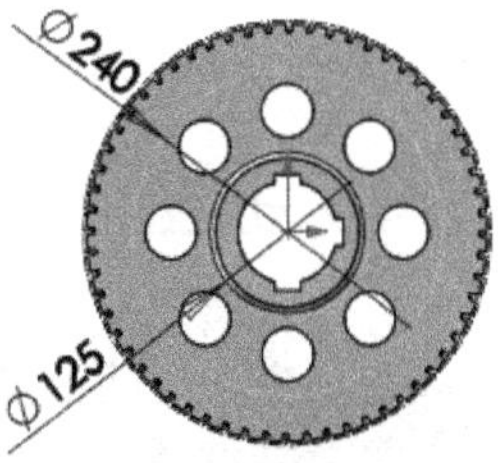
步骤	27. 拉伸切除，深度 10 mm	28. 外边线圆角，半径 10 mm
图示		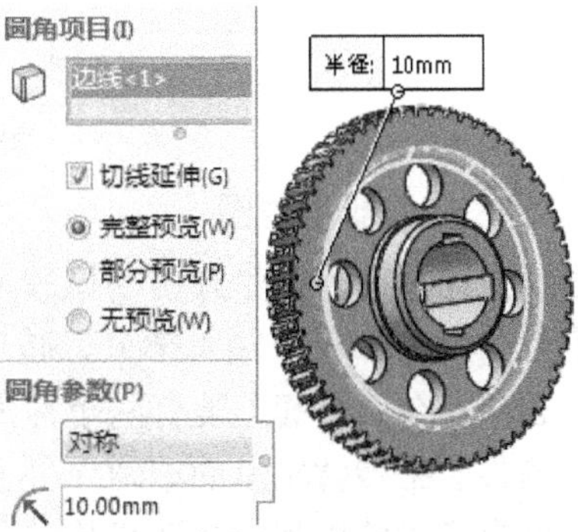

步骤	29. 内边线圆角，半径 5 mm	30. 另一侧外边线圆角，半径 10 mm
图示		
步骤	31. 另一侧内边线圆角，半径 5 mm	32. 绘制草图，拉伸切除，深度 60 mm
图示		

3.6.2 大臂减速器

大臂减速器主要由摆线减速器、轴承盖、安装法兰、电机等构成，如图 3-59 所示。

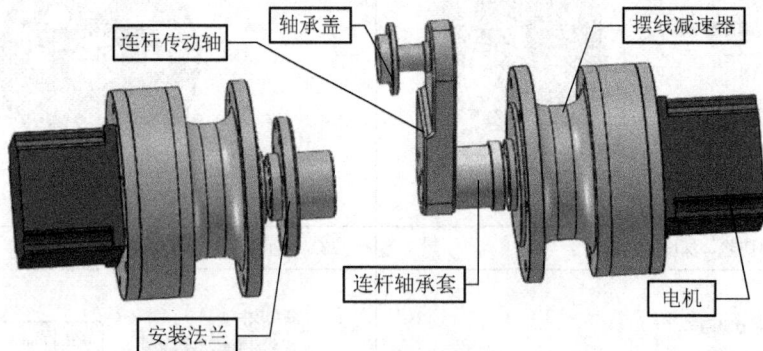

图 3-59 大臂减速器

1. 摆线减速器工程图

摆线减速器利用行星式传动原理，采用摆线针齿啮合的传动装置。摆线减速器全部传动装置可分为三部分：输入部分、减速部分、输出部分。在输入轴上装有一个错位 180°的双偏心套，在偏心套上装有两个称为转臂的滚柱轴承，形成 H 机构，两个摆线轮的中心孔即为偏心套上转臂轴承的滚道，并由摆线轮与针齿轮上一组环形排列的针齿相啮合，以组成齿差为一齿的内啮合减速机构(见图 3-60)。摆线减速器在运转中同时接触的齿对数多，重合度大，运转平稳，过载能力强，振动和噪声低。

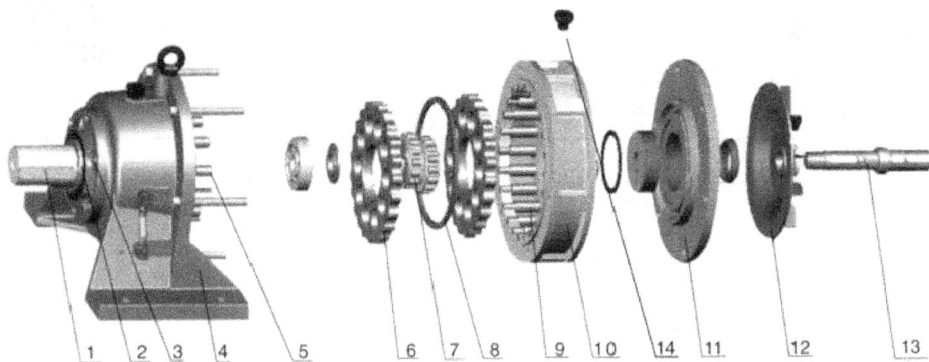

1—输出轴；2—输出轴紧固环；3—小端盖；4—机座；5—销轴销套；6—摆线轮；7—偏心轴承；
8—间隔环；9—针齿销针齿套；10—针齿壳；11—大端盖；12—风叶风罩；13—输入轴；14—通气帽

图 3-60　摆线减速器内部结构

考虑到实际建模需求，此处只对摆线减速器尺寸、装配关系进行描述，而忽略其内部组成，简化后的工程图如图 3-61 所示。

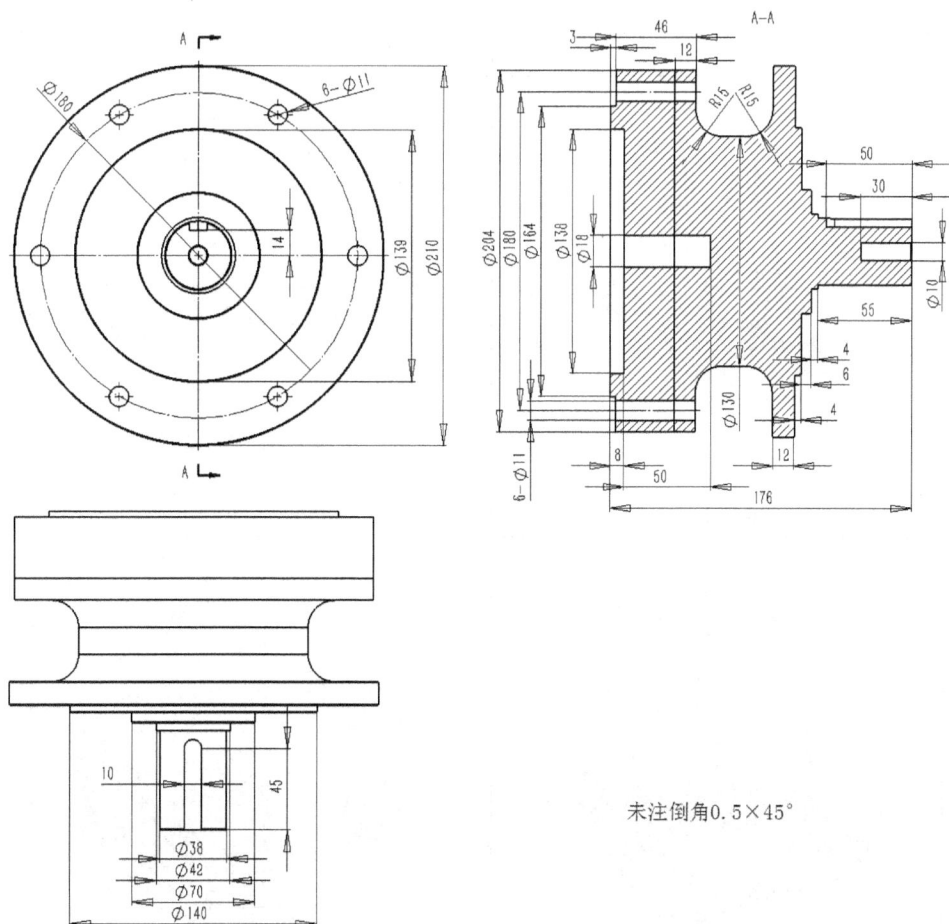

未注倒角0.5×45°

图 3-61　摆线减速器工程图

2. 摆线减速器建模

摆线减速器参考建模步骤见表 3-21。

视频：摆线减速器建模

表 3-21　摆线减速器建模步骤

步骤	1. 绘制草图	
图示	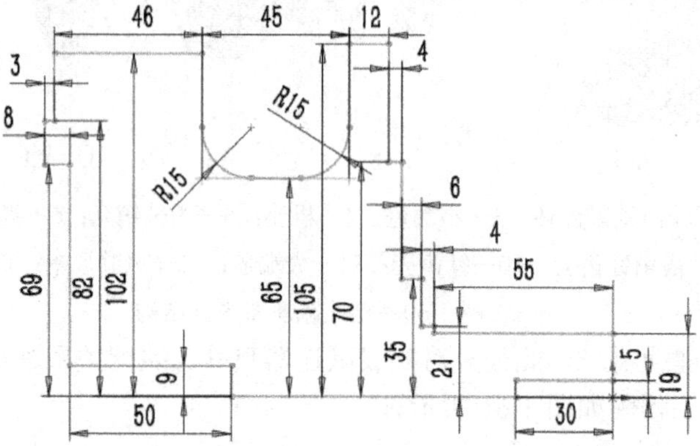	
步骤	2. 旋转凸台	3. 绘制草图
图示	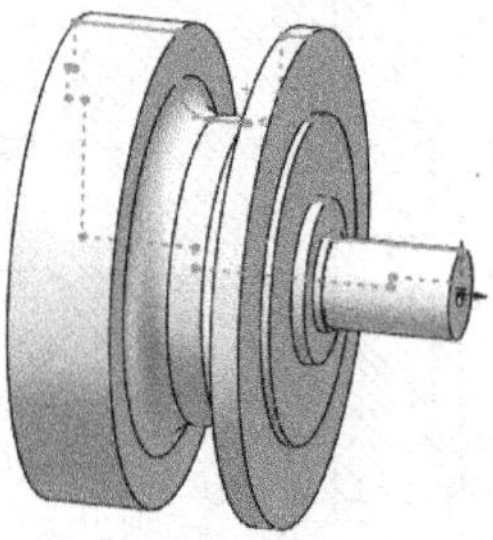	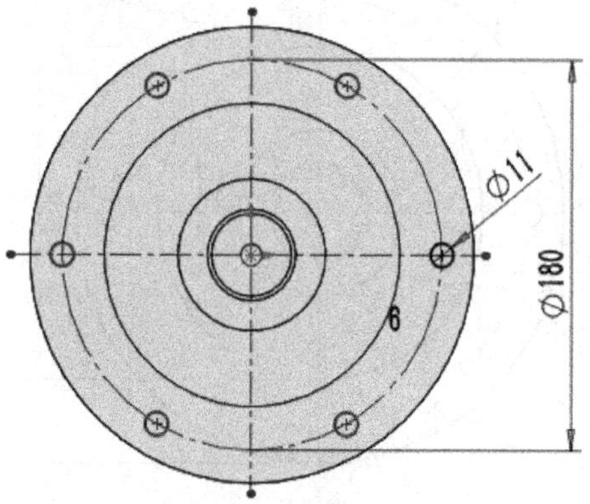
步骤	4. 拉伸切除，深度 12 mm	5. 另一面绘制草图
图示	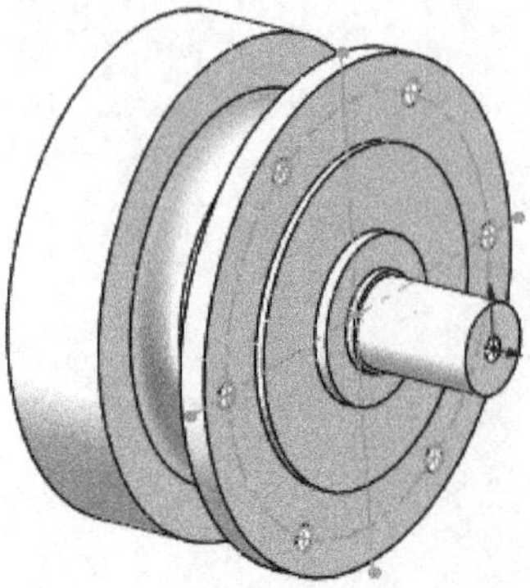	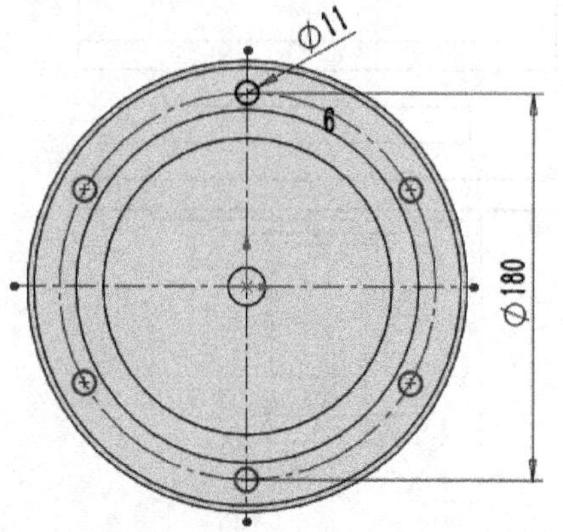

续表一

步骤	6. 拉伸切除，深度 46 mm	7. 创建基准面(注意与安装孔的关系)，距离 19 mm
图示	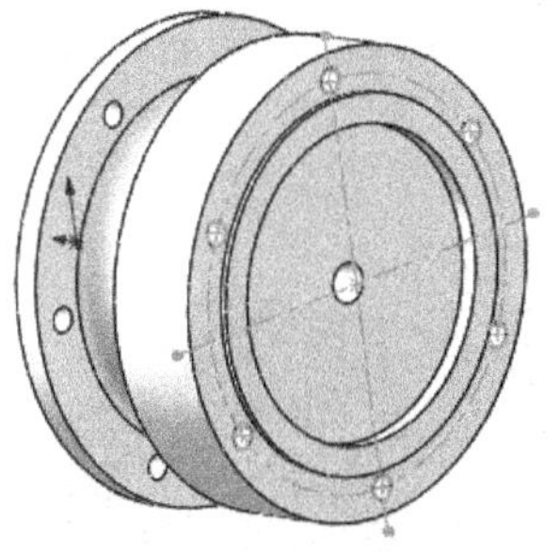	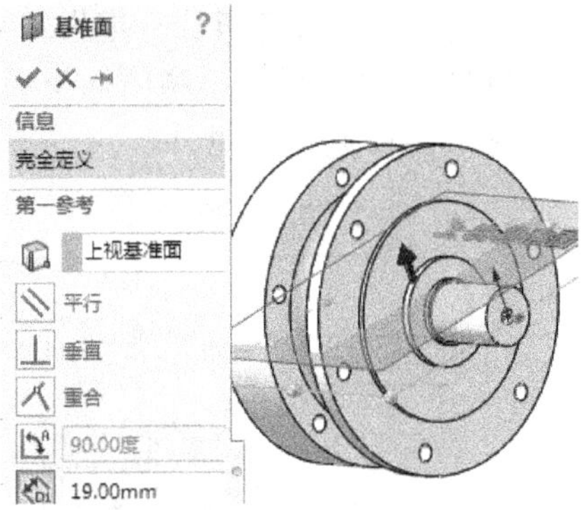
步骤	8. 新建基准面上绘制草图	9. 拉伸切除，深度 5 mm
图示	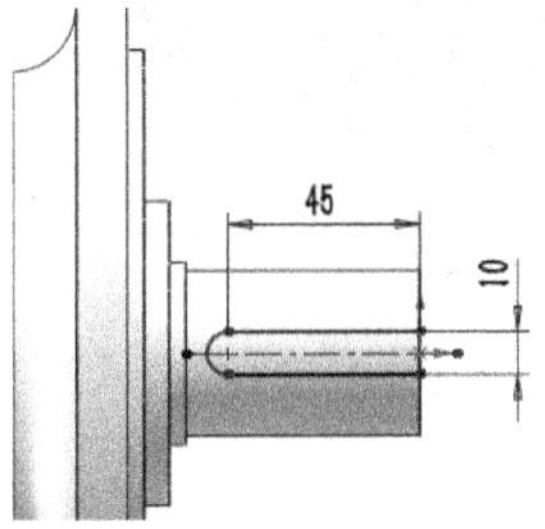	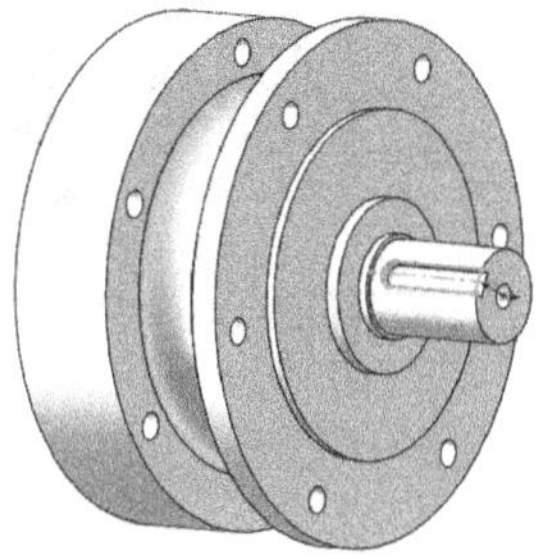
步骤	10. 外边线倒角，0.5 × 45°	11. 内边线倒角，0.5 × 45°
图示	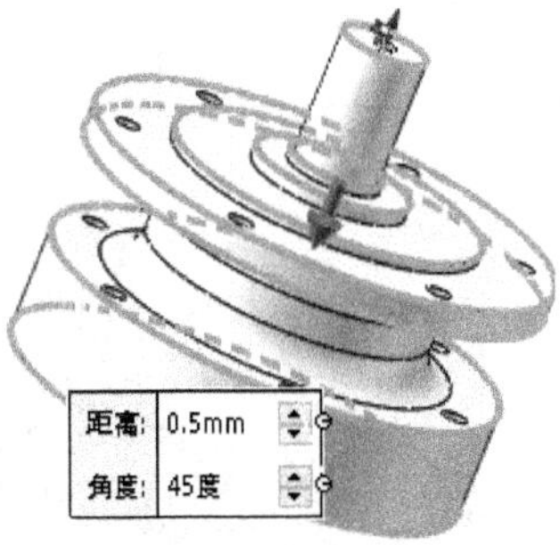	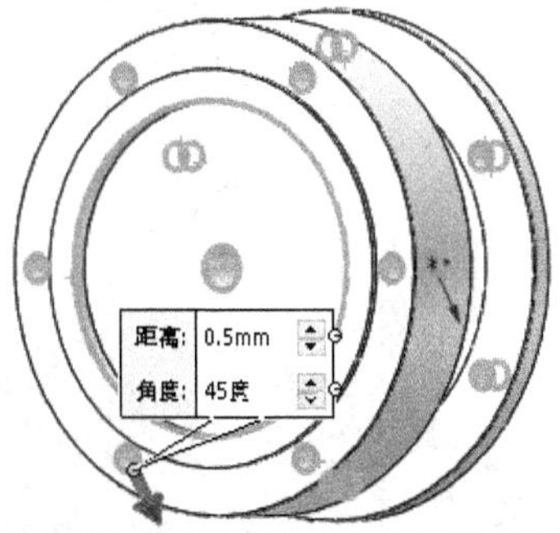
步骤	12. 绘制草图	13. 双向拉伸切除，深度均为 110 mm
图示	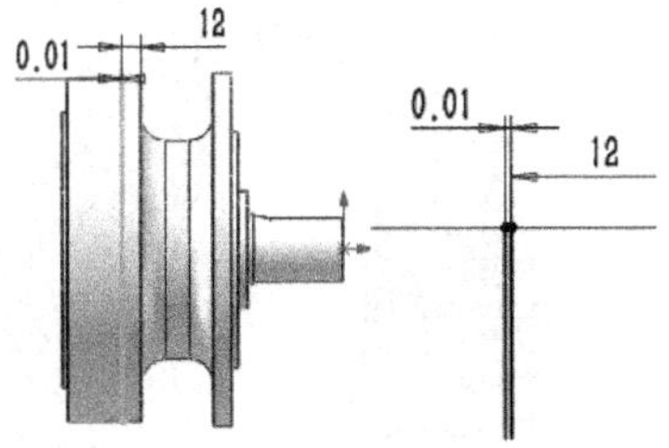	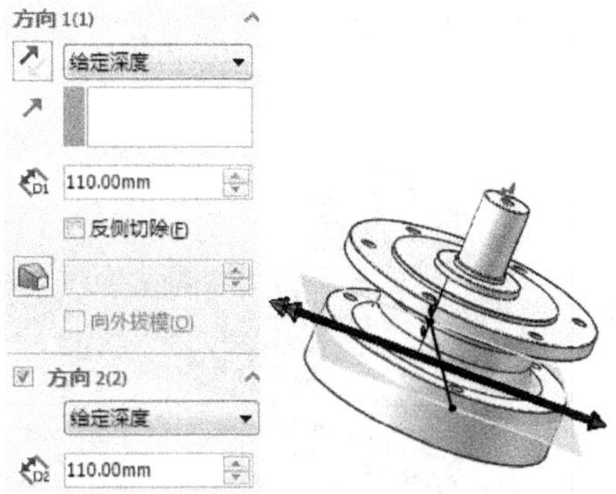

3.6.3 小臂减速器

小臂减速器包括齿轮组、行星齿轮组、轴承、传动轴、电机及连接法兰等，经中心轴1～3 分别控制小臂偏转、手腕俯仰及手腕末端的旋转，其内部结构如图 3-62 所示。小臂减速器主要零部件见表 3-22。

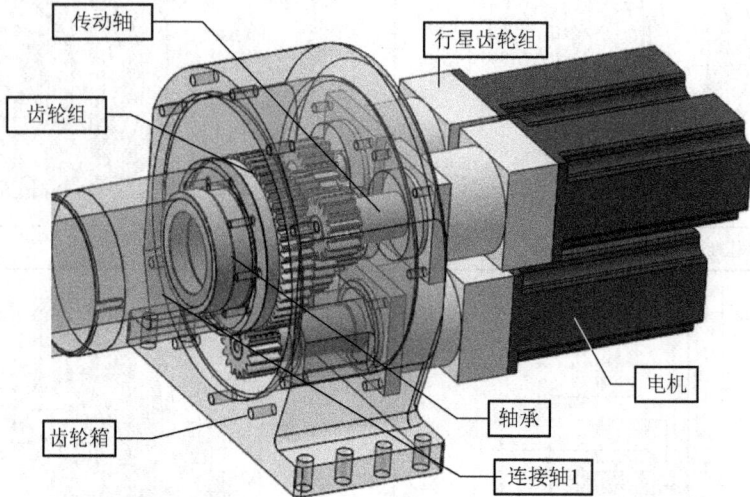

图 3-62　小臂减速器内部结构

表 3-22　小臂减速器主要零部件一览

名称	行星齿轮组	旋转臂电机
图示		
名称	小臂旋转主动齿轮	手腕直齿 1
图示		

名称	手腕直齿 2	手腕直齿 3
图示		
名称	手腕直齿 4	齿轮箱
图示		

1. 手腕直齿 1 工程图

手腕直齿 1 工程图如图 3-63 所示。

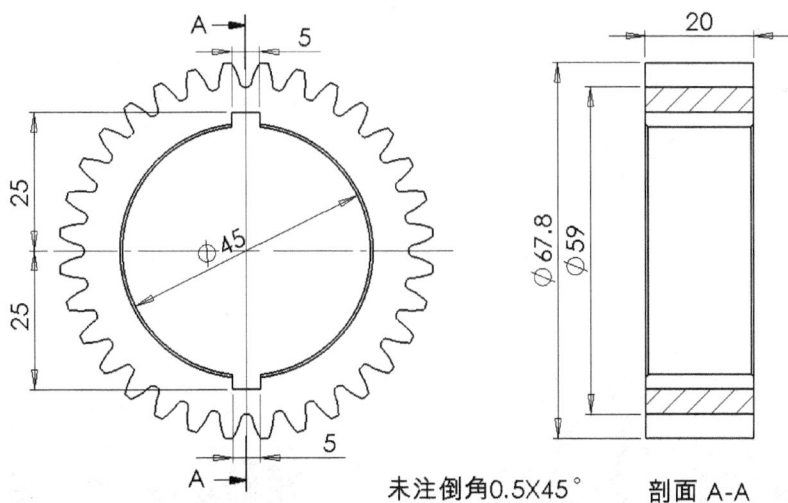

未注倒角0.5X45°　　剖面 A-A

图 3-63　手腕直齿 1 工程图

2. 手腕直齿 1 建模

根据工程图，手腕直齿 1 建模步骤如表 3-23 所示。

视频：手腕直齿 1 建模

表 3-23　手腕直齿 1 建模步骤

步骤	1. 新建零件，创建基准轴	2. 前视基准面绘制草图
图示	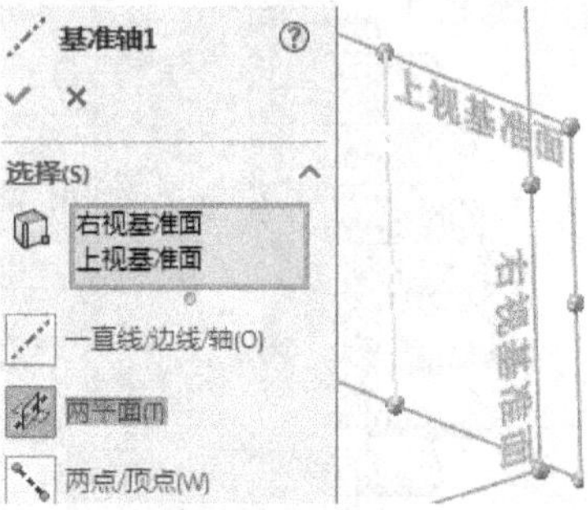	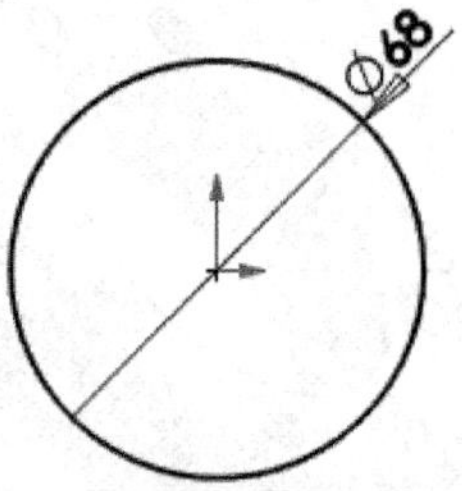
步骤	3. 拉伸 20 mm	4. 绘制草图
图示	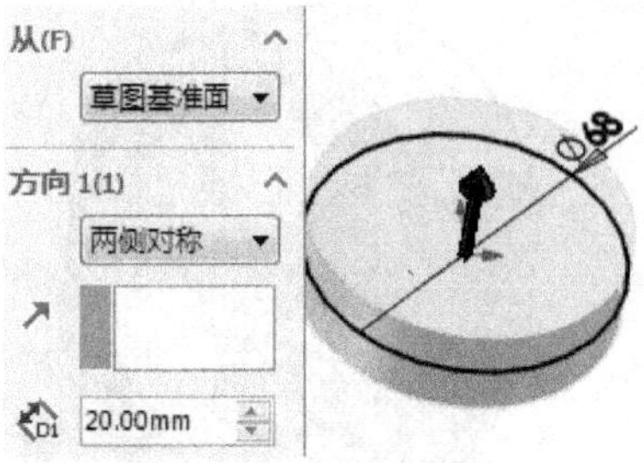	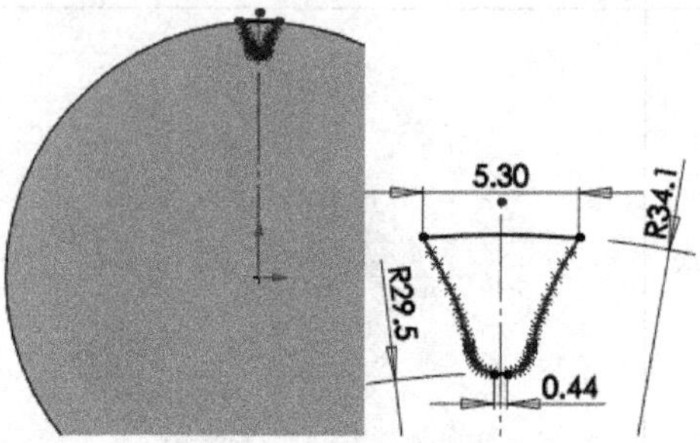
步骤	5. 拉伸切除，完全贯穿	6. 将上步切除特征沿基准轴圆周阵列 32 个
图示	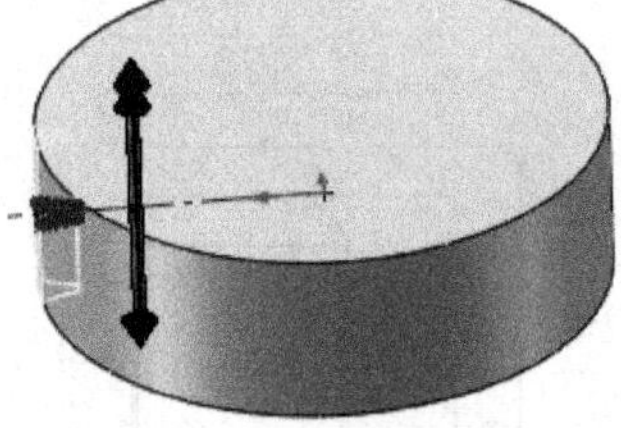	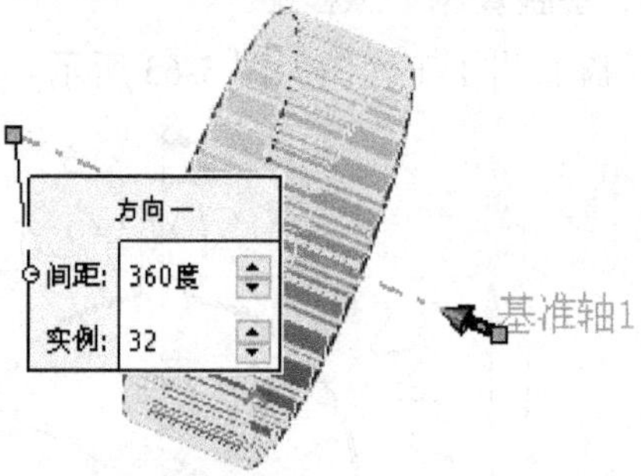
步骤	7. 绘制草图	8. 拉伸切除，完全贯穿
图示	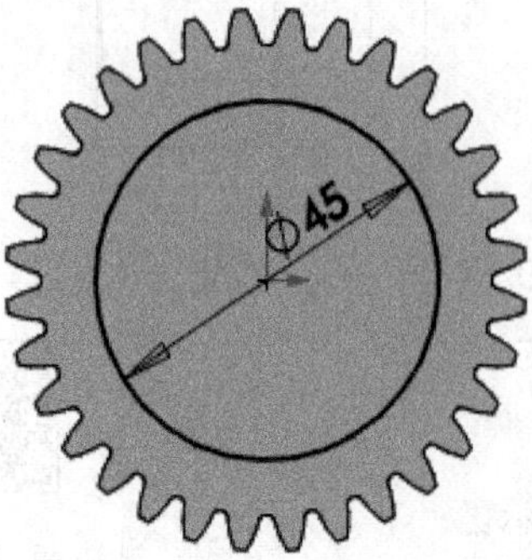	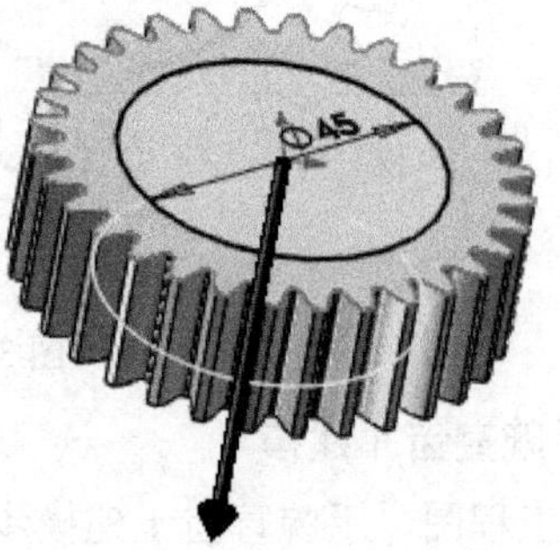

续表

步骤	9. 绘制草图	10. 拉伸切除，完全贯穿
图示		
步骤	11. 边线倒角，0.5 × 45°	
图示		

📹 知识扩展

方程式曲线

渐开线齿形的精确绘制可以采用方程式曲线工具进行。设齿轮数据如下：

模数：$m = 2$；齿数：$z = 32$；分度圆压力角：$a = 20°$；分度圆直径：$d = z × m = 64$；基圆直径：$Db = d × \cos a = 60.1403$；齿顶高：$Ha = m = 2$；齿根高：$Hf = 1.25 × m = 2.5$；齿顶圆直径：$Da = d + 2Ha = 68$；齿根圆直径：$Df = d - 2Hf = 59$；齿距：$p = m × π = 6.283\ 19$。

(1) 打开 SolidWorks，新建零件，点击菜单命令【工具】→【方程式…】，在弹出的对话框中输入齿轮参数，如图 3-64 所示。

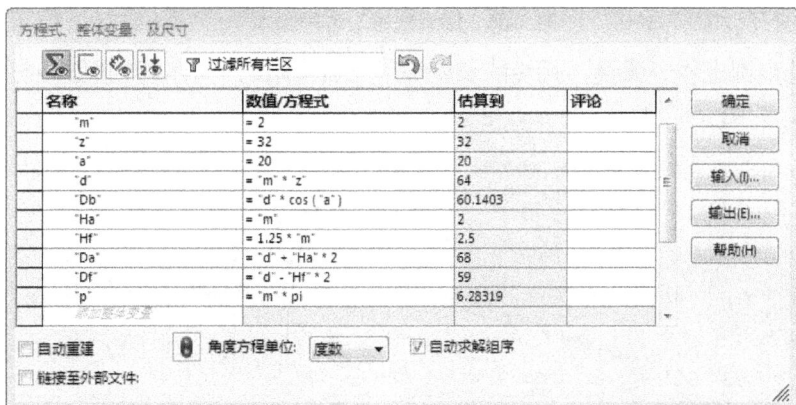

图 3-64 输入齿轮参数

(2) 分别在草图中画出分度圆、基圆、齿顶圆、齿根圆，并将各自尺寸链接到方程式相对应的尺寸中，如图 3-65 所示。

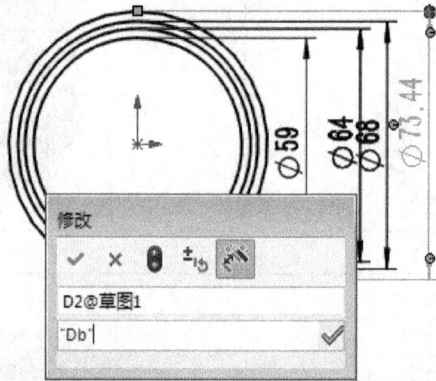

图 3-65　草图绘制及链接方程式数据

(3) 选择【工具】→【草图绘制实体】→【方程式驱动的曲线】，选择"参数性"，在方程式中输入渐开线坐标方程 $X_t=Db*cos(t)/2+Db*t*sin(t)/2$，$Y_t=Db*sin(t)/2-Db*t*cos(t)/2$，t 从 0 到 π，如图 3-66 所示。

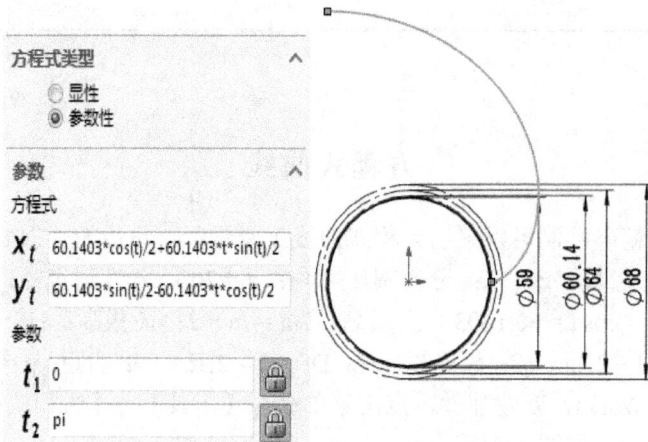

图 3-66　渐开线参数方程输入

(4) 在分度圆上作一弧线，弧线的长度等于 p/2(齿距的一半)，连接圆心与弧线中点，建立对称轴，如图 3-67 所示。

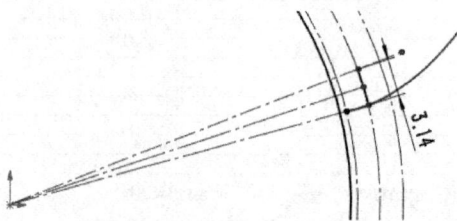

图 3-67　建立中心对称轴

(5) 利用中点对称轴镜像得到另一侧渐开线，并添加齿顶及到齿根的直线，直线与渐开线相切，剪裁完成后的齿形如图 3-68 所示。

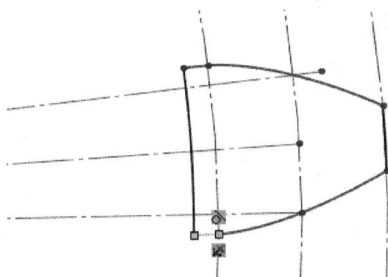

图 3-68　完成齿形草图

(6) 再进行拉伸、阵列完成齿轮设计，如图 3-69 所示。

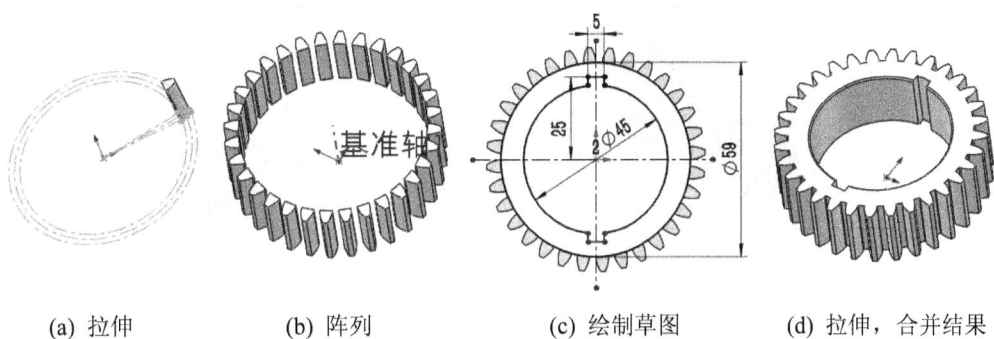

(a) 拉伸　　　　　(b) 阵列　　　　　(c) 绘制草图　　　　(d) 拉伸，合并结果

图 3-69　完成齿轮后续设计

3.6.4　手腕减速器

手腕减速器主要包括齿轮、轴承、传动轴、旋转法兰等，其内部结构如图 3-70 所示。主要零部件见表 3-24。

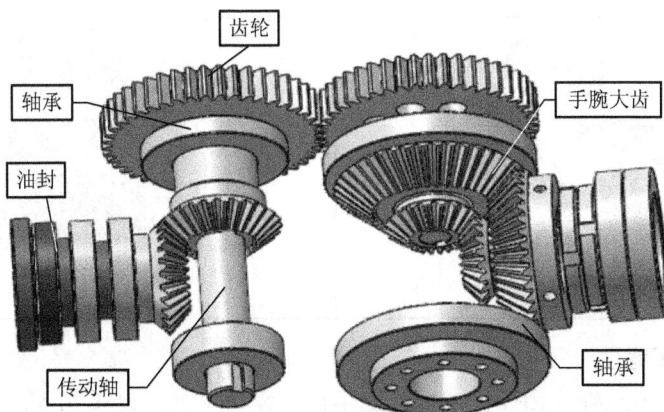

图 3-70　手腕减速器内部结构

表 3-24　手腕减速器主要零部件一览

名称	旋转齿轮	旋转齿轮 2
图示	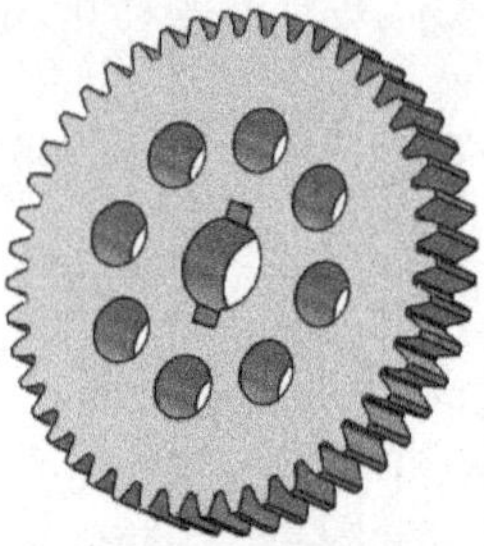	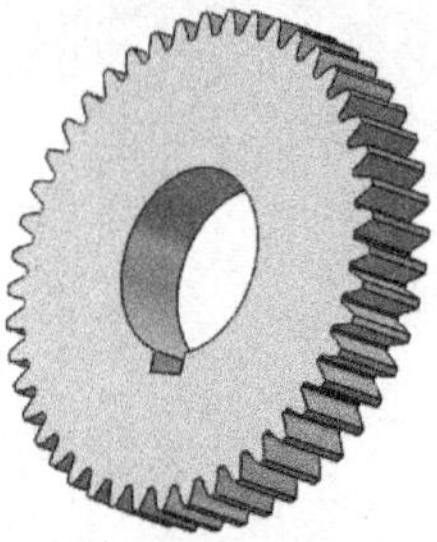

名称	手腕小齿	手腕大齿 1
图示		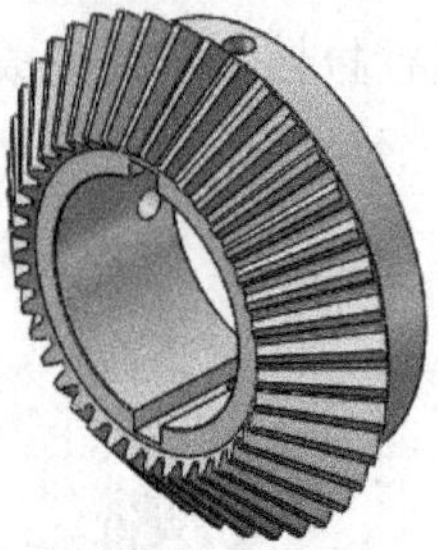

名称	手腕大齿 2	手腕前端锥齿 1
图示		

名称	手腕前端锥齿 2	手腕前端法兰
图示		

1. 手腕大齿工程图

手腕大齿 1 与中心轴 2 相连，并与安装于旋转法兰上的手腕大齿 2 啮合，用于手腕部分的俯仰姿态控制，其工程图如图 3-71 所示。

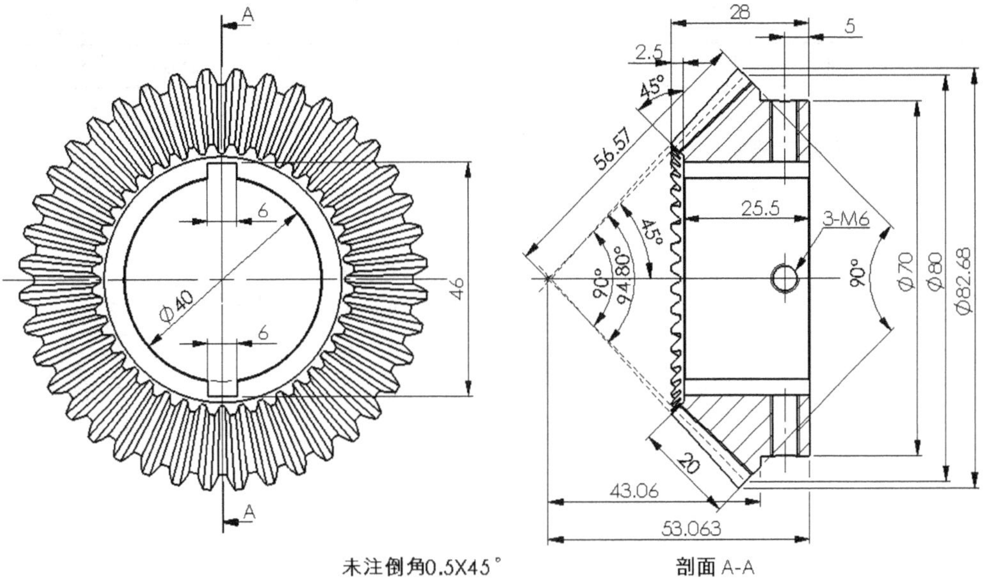

未注倒角0.5X45° 　　　　　　　　　　剖面 A-A

图 3-71　手腕大齿工程图

2. 手腕大齿建模

根据工程图，手腕大齿的参考建模步骤如表 3-25 所示。

表 3-25　手腕大齿建模过程

视频：手腕大齿建模

步骤	1. 创建基准轴	2. 右视基准面绘制草图
图示	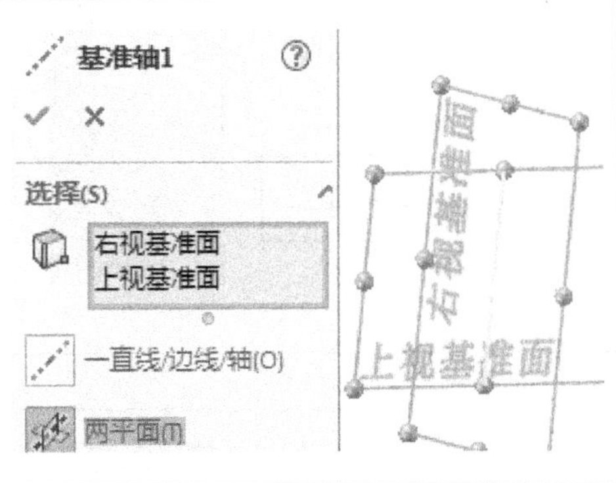	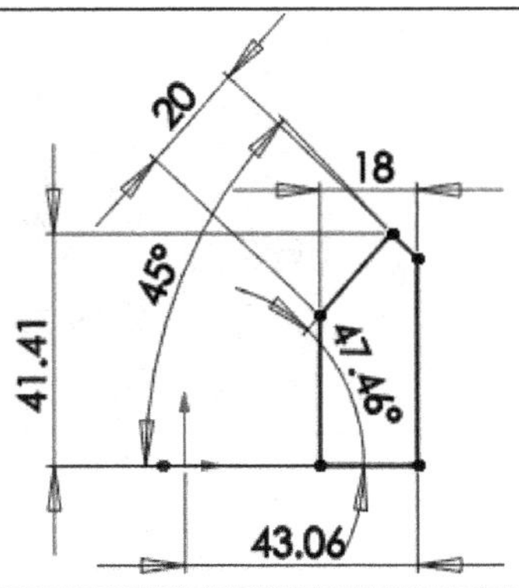
步骤	3. 旋转凸台	4. 新建基准轴
图示	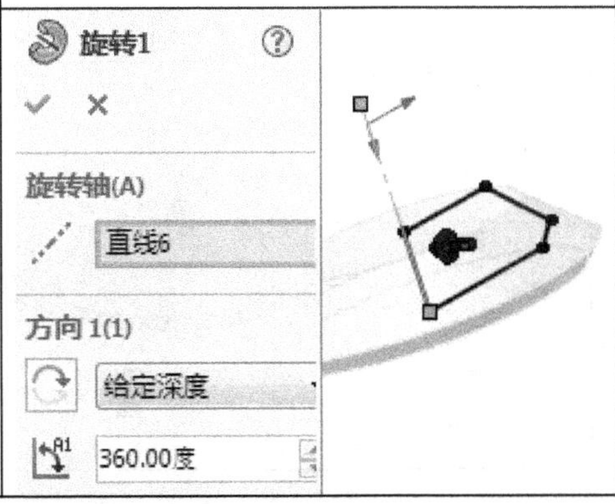	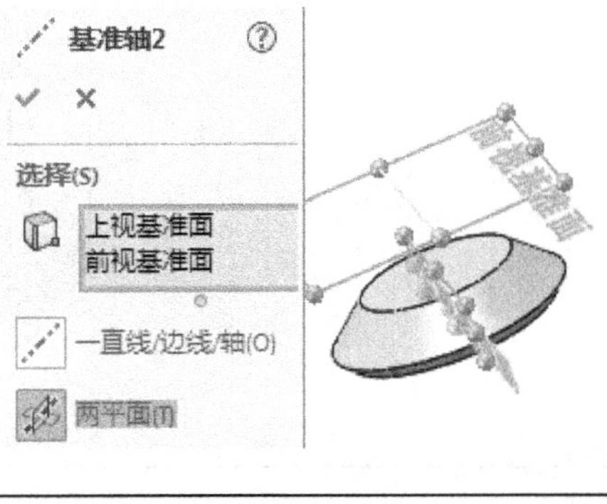

步骤	5. 新建基准面，与上视基准面成 45°，与轴 2 重合	6. 创建基准面，与上步基准面相距 56.568 552 5 mm
图示	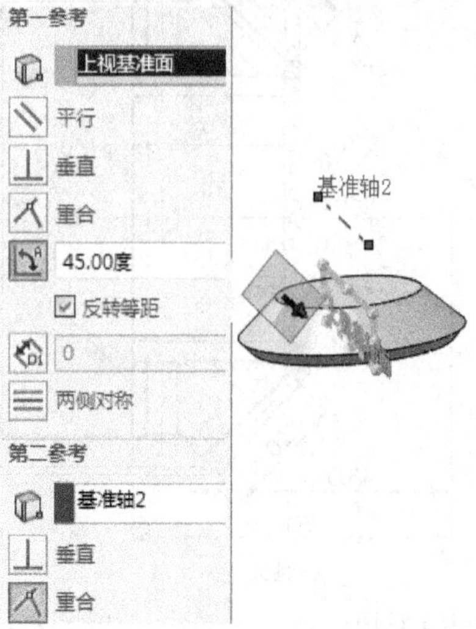 第一参考 上视基准面 平行 垂直 重合 45.00度 ☑ 反转等距 0 两侧对称 第二参考 基准轴2 垂直 重合 基准轴2	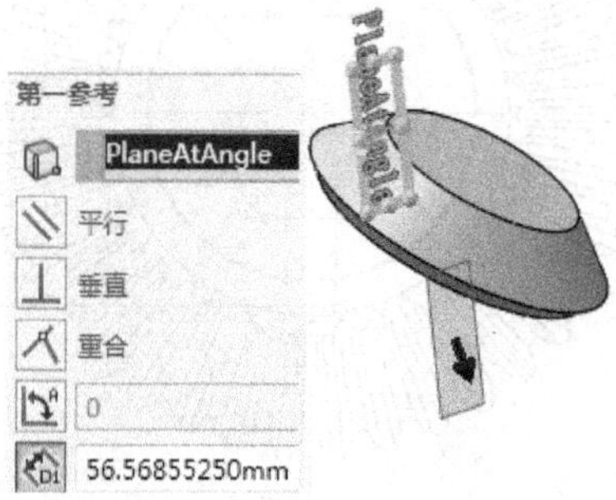 第一参考 PlaneAtAngle 平行 垂直 重合 0 56.56855250mm
步骤	7. 在上步创建的基准面上绘制草图	8. 选择右视基准面，在原点处添加一个点
图示	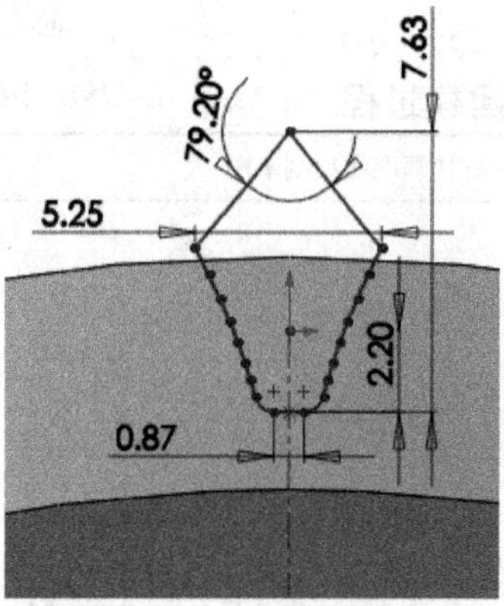 79.20° 7.63 5.25 2.20 0.87	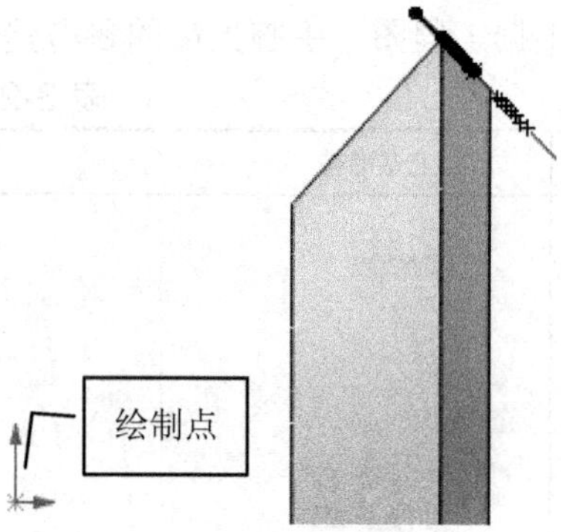 绘制点
步骤	9. 选择上两步草图为轮廓进行放样切除	10. 圆周阵列，数量 40
图示	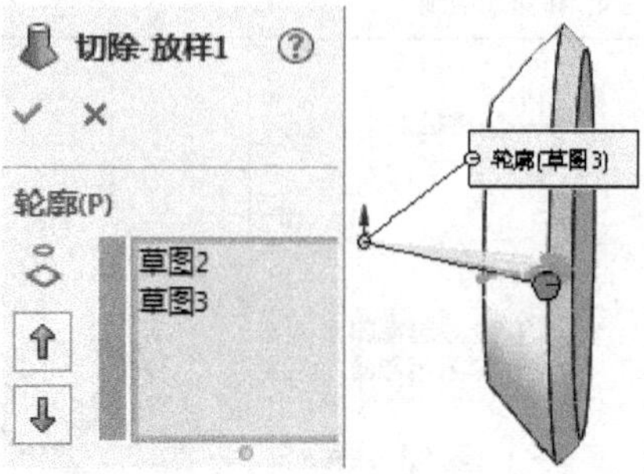 切除-放样1 轮廓(P) 轮廓(草图3) 草图2 草图3	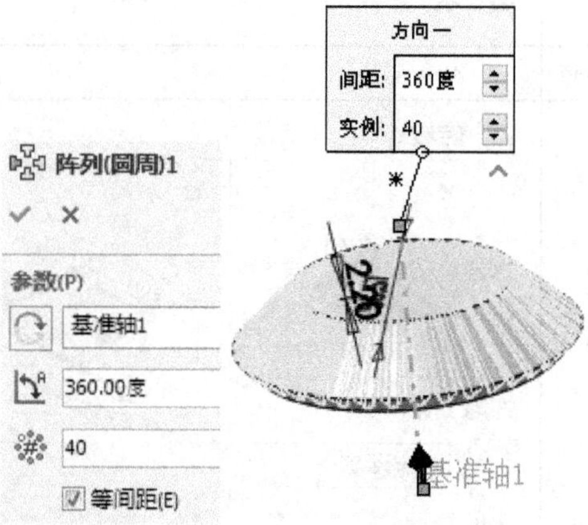 方向一 间距: 360度 实例: 40 阵列(圆周)1 参数(P) 基准轴1 360.00度 40 ☑ 等间距(E) 基准轴1

续表二

步骤	11. 底面绘制草图	12. 拉伸 10 mm，合并结果
图示		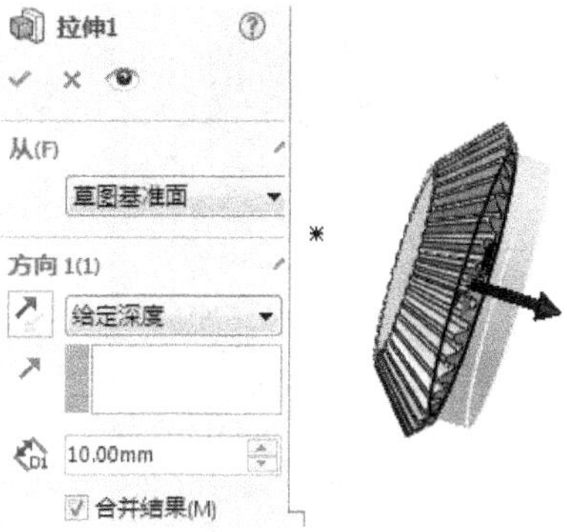
步骤	13. 绘制草图	14. 拉伸切除，完全贯穿
图示	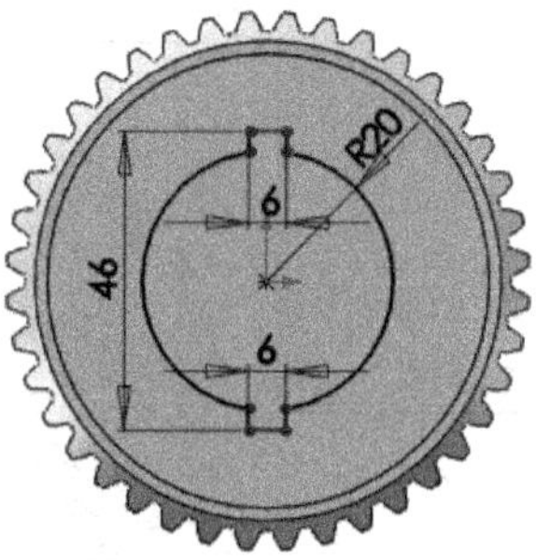	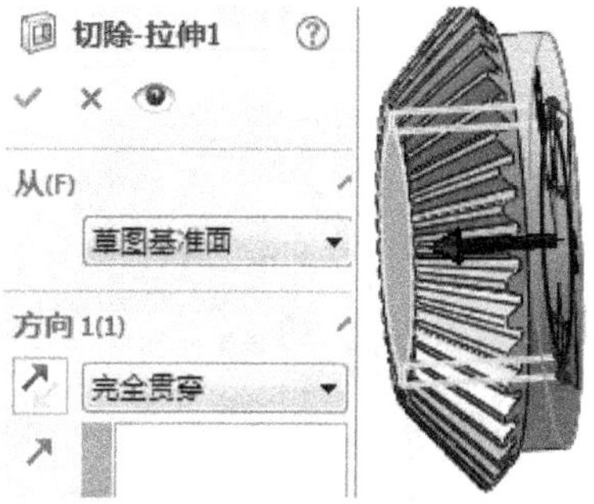
步骤	15. 上视基准面绘制草图	16. 旋转切除
图示	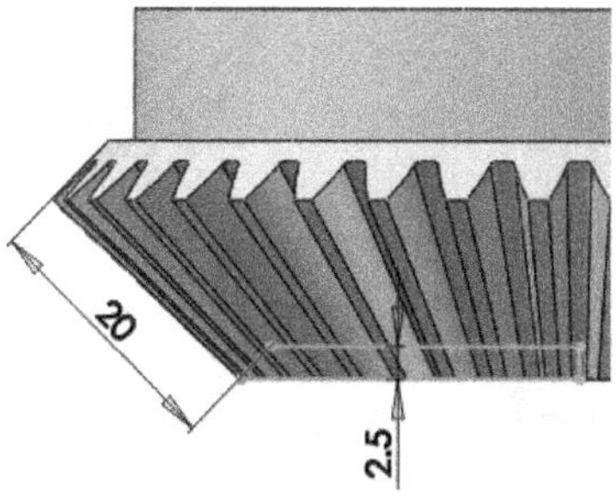	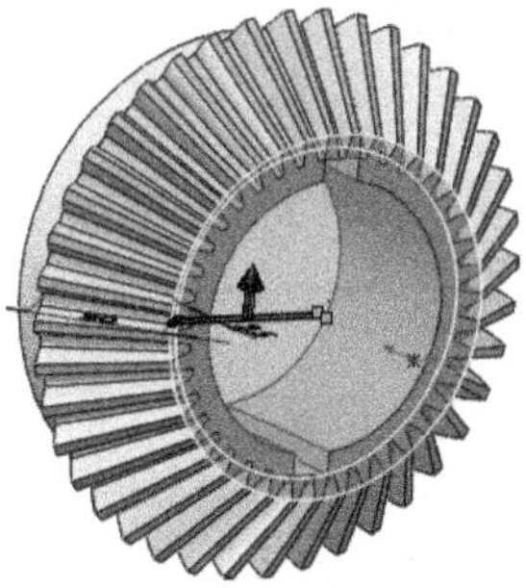
步骤	17. 上视基准面绘制草图	18. 双向拉伸切除，完全贯穿
图示	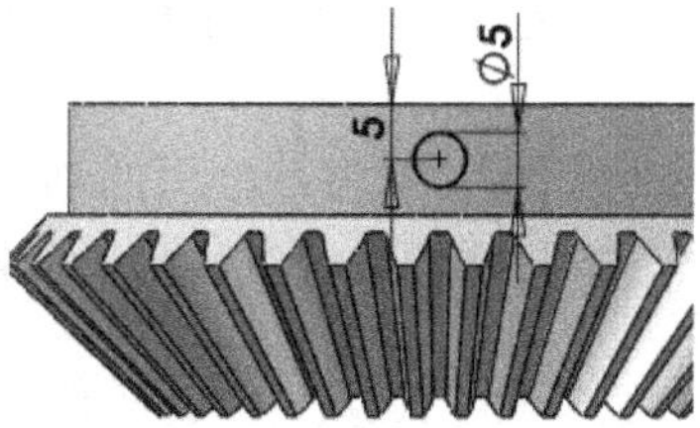	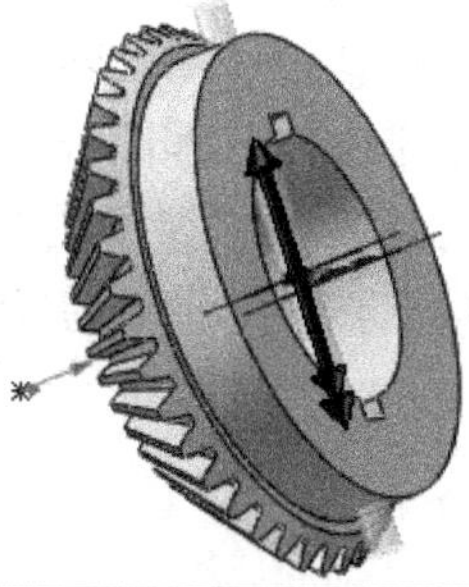

续表三

步骤	19. 右视基准面绘制草图	20. 单向拉伸切除，完全贯穿
图示	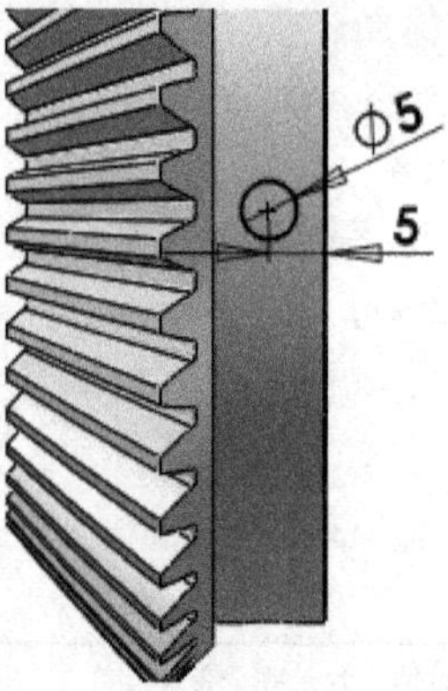	
步骤	21. 外边线倒角，0.5 × 45°	22. 内边线倒角，0.5 × 45°
图示	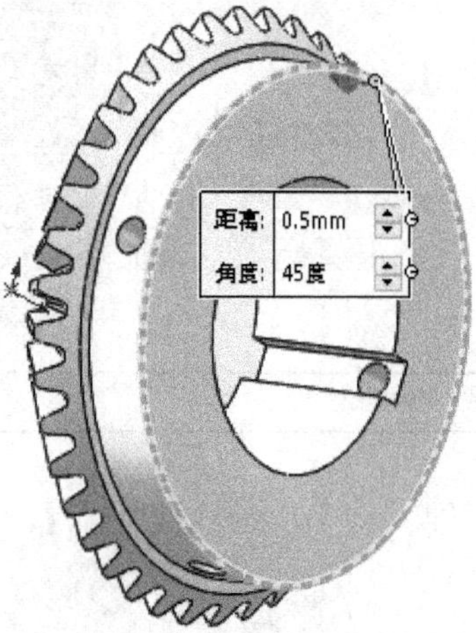	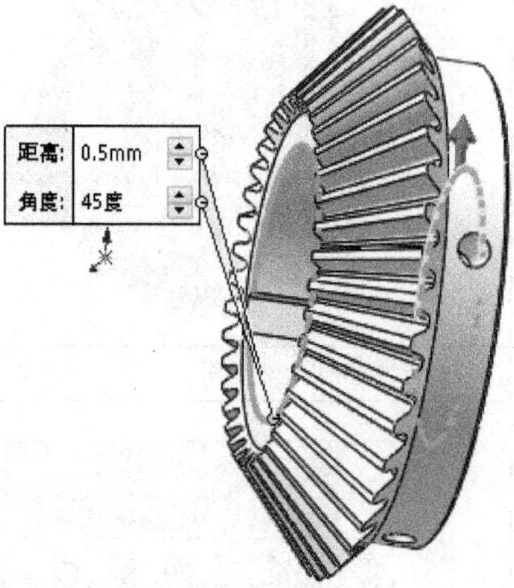

本模块小结

　　工业机器人多为关节型工业机器人，包括 4 自由度、5 自由度、6 自由度等。6 自由度关节型工业机器人机械结构包括基座、大臂、小臂、手腕等，可实现手腕的偏转、翻转、俯仰，大臂、小臂、基座的转动。本模块以工业机器人基座、大臂、小臂、手腕及减速机构为例，进行零部件工程图分析和详细建模操作。

　　通过学习，熟练掌握草图绘制和一般应用特征的运用，掌握基准面的创建，螺纹线/涡状线、放样、扫描、抽壳等特征的正确使用，了解方程式曲线绘制齿形一般操作过程。

模块四

工业机器人执行机构的设计

任务一 认识工业机器人的执行机构

机器人必须有"手",这样它才能根据控制系统发出的"命令"执行相应的动作。用在工业上的机器人的手我们一般称之为末端操作器,它是机器人直接用于抓取和握紧(吸附)工件或专用工具(如喷枪、扳手、焊具、喷头等)并进行操作的部件,具有模仿人手动作的功能,并安装于机器人手臂的前端。由于被握工件、工具的形状、尺寸、质量、材质及表面状态等不同,因此工业机器人末端操作器是多种多样的,并大致可分为以下几类:

(1) 夹钳式取料手;

(2) 吸附式取料手;

(3) 专用操作器;

(4) 仿生多指手。

4.1.1 夹钳式取料手

夹钳式取料手与人手相似,是工业机器人广为应用的一种手部形式。它一般由手指(手爪)和驱动机构、传动机构及连接与支承元件组成,如图 4-1 示,通过手爪的开闭动作实现对物体的夹持。

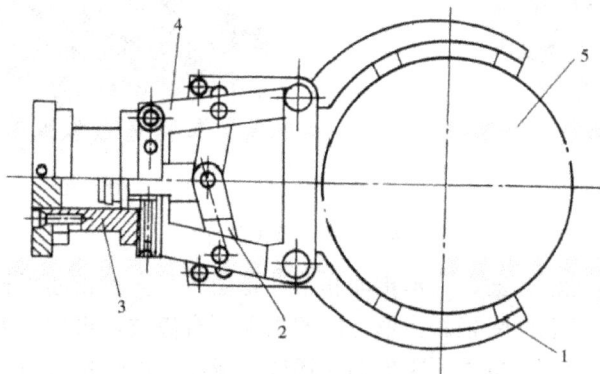

1—手指；2—传动机构；3—驱动机构；4—支架；5—工件

图 4-1 夹钳式取料手的组成

1. 手指

手指是直接与工件接触的部件。手部松开和夹紧工件，就是通过手指的张开与闭合来实现的。机器人的手部一般有两个手指，也有 3 个或多个手指，其结构形式常取决于被夹持工件的形状和特性。

指端的形状通常有两类：V 形指和平面指。图 4-2 所示的 3 种 V 形指端的形状，用于夹持圆柱形工件。图 4-3 所示的平面指为夹钳式手的指端，一般用于夹持方形工件(具有两个平行平面)、板形或细小棒料。另外，尖指和薄、长指一般用于夹持小型或柔性工件。其中，薄指一般用于夹持位于狭窄工作场地的细小工件，以避免和周围障碍物相碰；长指一般用于夹持炽热的工件，以免热辐射对手部传动机构的影响。

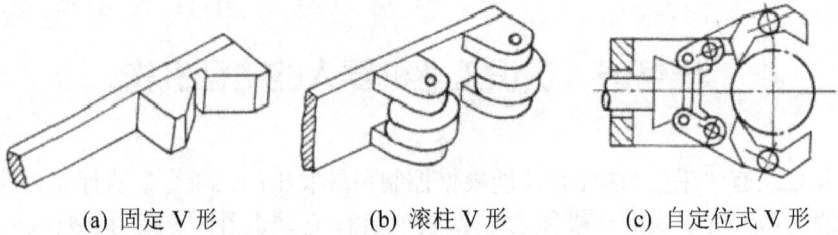

| (a) 固定 V 形 | (b) 滚柱 V 形 | (c) 自定位式 V 形 |

图 4-2　V 形指端的形状

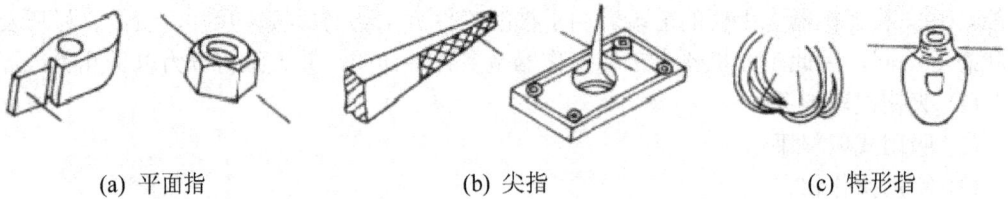

| (a) 平面指 | (b) 尖指 | (c) 特形指 |

图 4-3　夹钳式手的指端

其他形式手指还有夹板式和托架式等，主要用于码垛作业，如图 4-4 所示。

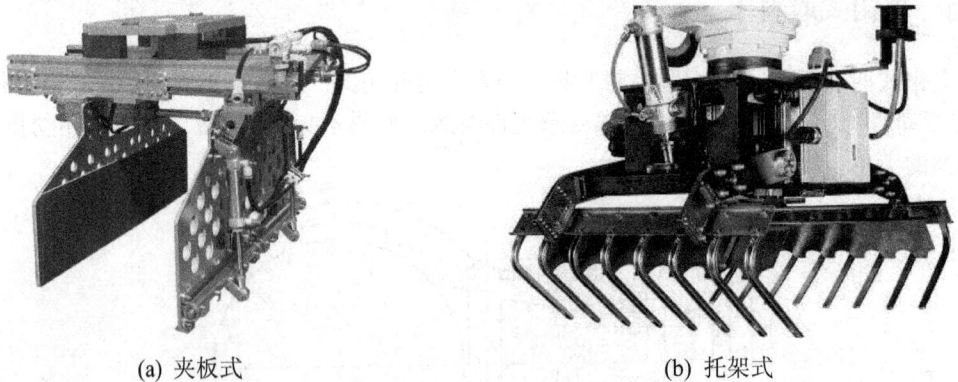

| (a) 夹板式 | (b) 托架式 |

图 4-4　其他形式取料手

指面的形状常有光滑指面、齿形指面和柔性指面等。光滑指面平整光滑，用来夹持已加工表面，避免已加工表面受损。齿形指面的指面刻有齿纹，可增加夹持工件的摩擦力，以确保夹紧牢靠，多用来夹持表面粗糙的毛坯或半成品。柔性指面内镶橡胶、泡沫、石棉等物，有增加摩擦力、保护工件表面、隔热等作用，一般用于夹持已加工表面、炽热件，也适于夹持薄壁件和脆性工件。

2. 传动机构

传动机构是向手指传递运动和动力，以实现夹紧和松开动作的机构。该机构根据手指开合的动作特点分为回转型和平移型。回转型又分为一支点回转和多支点回转；根据手爪夹紧是摆动还是平动，又可分为摆动回转型和平动回转型。

夹钳式手部中使用较多的是回转型手部，其手指就是一对杠杆，一般再同斜楔、滑槽、连杆、齿轮、蜗轮蜗杆或螺杆等机构组成复合式杠杆传动机构，用以改变传动比和运动方向等。

图 4-5(a)所示为单作用斜楔式回转型手部结构简图。斜楔向下运动，克服弹簧拉力，使杠杆手指装着滚子的一端向外撑开，从而夹紧工件；斜楔向上移动，则在弹簧拉力作用下使手指松开。手指与斜楔通过滚子接触可以减少摩擦力，提高机械效率，有时为了简化，也可让手指与斜楔直接接触。也有如图 4-5(b)所示的结构。

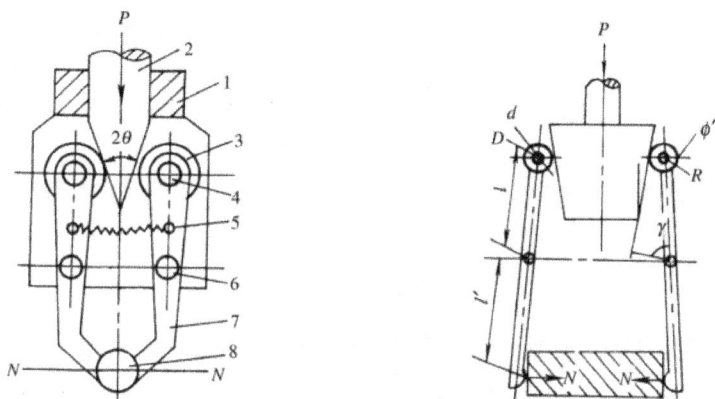

1—壳件；2—斜楔驱动杆；3—滚子；4—圆柱销；

5—拉簧；6—铰销；7—手指；8—工件

(a) 单作用斜楔式回转型手部结构　　　　　(b) 另一种手部结构

图 4-5　斜楔杠杆式取料手结构

图 4-6 所示为滑槽式杠杆回转型手部简图，杠杆形手指 4 的一端装有 V 形指 5，另一端则开有长滑槽。驱动杆 1 上的圆柱销 2 套在滑槽内，当驱动连杆同圆柱销一起作往复运动时，即可拨动两个手指各绕其支点(铰销 3)作相对回转运动，从而实现手指的夹紧与松开动作。

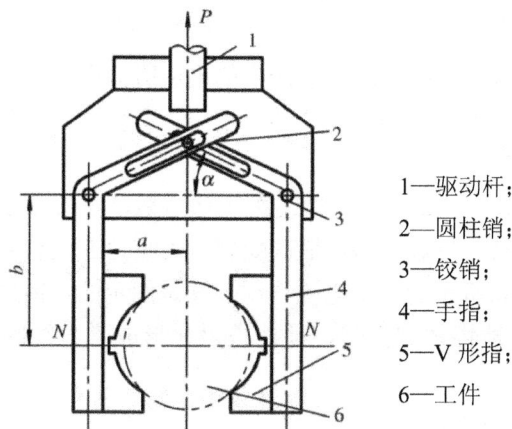

1—驱动杆；

2—圆柱销；

3—铰销；

4—手指；

5—V 形指；

6—工件

图 4-6　滑槽式杠杆回转型手部简图

4.1.2 吸附式取料手

1. 气吸附式取料手

气吸附式取料手是利用吸盘内的压力和大气压之间的压力差而工作的。按形成压力差的方法，可分为真空吸附、气流负压吸附、挤压排气式等几种。

气吸附式取料手与夹钳式取料手相比，具有结构简单、重量轻、吸附力分布均匀等优点，对于薄片状物体的搬运更有其优越性(如板材、纸张、玻璃等物体)，广泛应用于非金属材料或不可有剩磁的材料的吸附，但要求物体表面较平整光滑，无孔无凹槽。

图 4-7 所示为真空吸附取料手的结构原理。其真空的产生是利用真空泵，真空度较高。主要零件为碟形橡胶吸盘 1，通过固定环 2 安装在支承杆 4 上，支承杆由螺母 5 固定在基板 6 上。取料时，碟形橡胶吸盘与物体表面接触，橡胶吸盘在边缘既起到密封作用，又起到缓冲作用，然后真空抽气，吸盘内腔形成真空，吸取物料。放料时，管路接通大气，失去真空，物体放下。

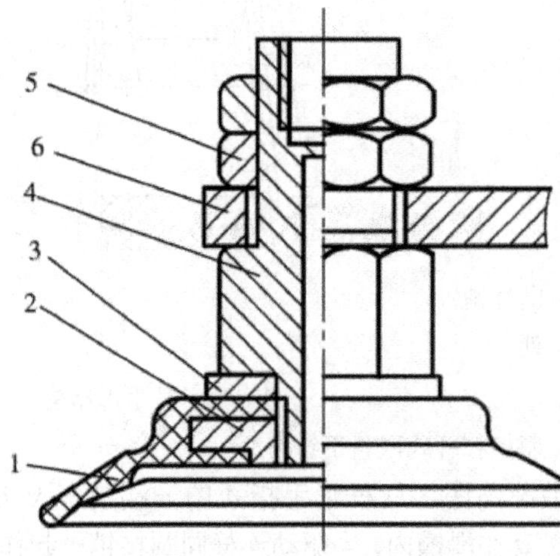

1—碟形橡胶吸盘；

2—固定环；

3—垫片；

4—支承杆；

5—螺母；

6—基板

图 4-7 真空吸附取料手

2. 磁吸附式取料手

磁吸附式取料手是利用电磁铁通电后产生的电磁吸力取料，因此只能对铁磁物体起作用；另外，对某些不允许有剩磁的零件要禁止使用。所以，磁吸附式取料手的使用有一定的局限性。

电磁铁工作原理如图 4-8(a)所示。当线圈 1 通电后，在铁心 2 内外产生磁场，磁力线穿过铁心、空气隙和衔铁 3 形成回路，衔铁受到电磁吸力 F 的作用被牢牢吸住。实际使用时，往往采用如图 4-8(b)所示的盘状电磁铁，衔铁是固定的，衔铁内用隔磁材料将磁力线切断，当衔铁接触铁磁性物体零件时，零件被磁化形成磁力线回路，并受到电磁吸力而被吸住。

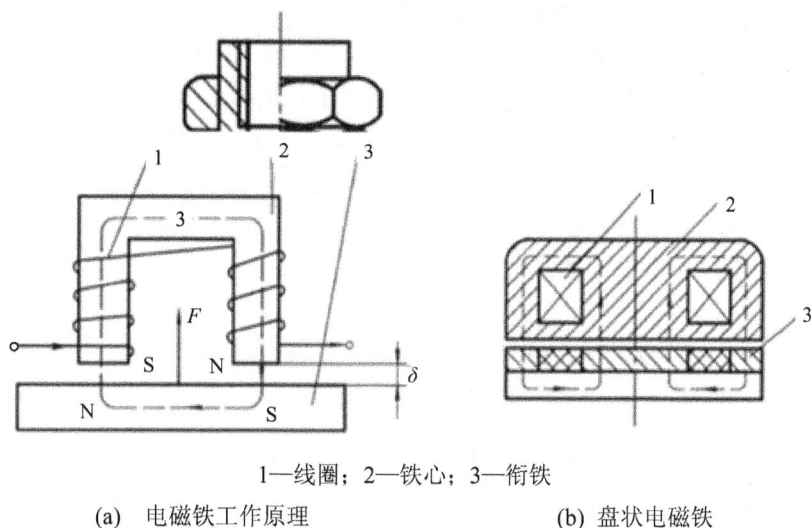

1—线圈；2—铁心；3—衔铁

(a) 电磁铁工作原理　　　　　　　　(b) 盘状电磁铁

图 4-8　电磁铁

4.1.3　专用末端操作器

工业机器人是一种通用性很强的自动化设备，可根据作业要求完成各种动作，再配上各种专用的末端操作器后，就能完成各种动作。如在通用机器人上安装焊枪就成为一台焊接机器人，安装电动扳手则成为一台装配机器人。目前有许多由专用电动、气动工具改型而成的操作器，如电动扳手、焊枪、电磨头、电铣头、抛光头、涂胶枪、激光切割机(见图4-9)等，形成一整套系列供用户选用，使机器人能胜任各种工作。

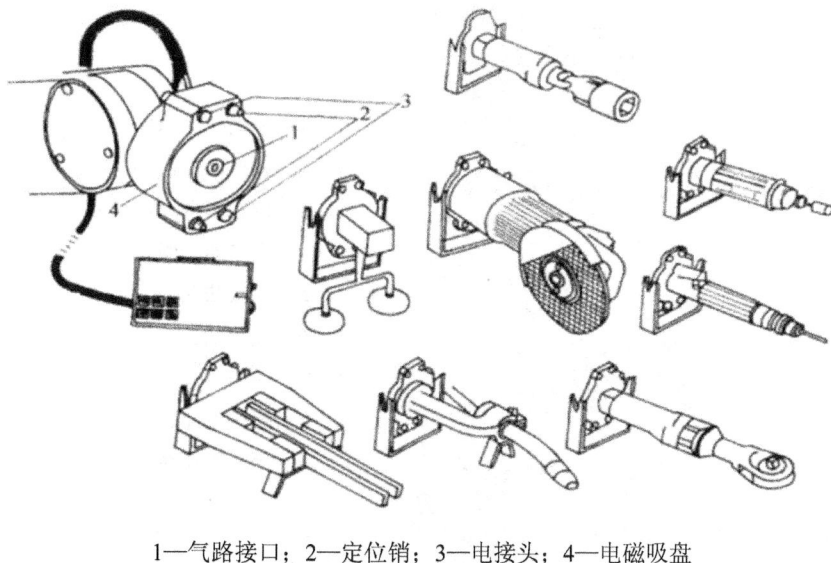

1—气路接口；2—定位销；3—电接头；4—电磁吸盘

图 4-9　末端执行机构

使用一台通用机器人，要在作业时能自动更换不同的末端操作器，就需要配置具有快速装卸功能的换接器。换接器由两部分组成：换接器插座和换接器插头，分别装在机器腕部和末端操作器上，能够实现机器人对末端操作器的快速自动更换。

专用末端操作器换接器的要求主要有：同时具备气源、电源及信号的快速连接与切换；能承受末端操作器的工作载荷；在失电、失气情况下，机器人停止工作时不会自行脱离；具有一定的换接精度等。

图 4-10 为换接器，安装于机器人末端；另一部分装在末端操作器上，称为配合器。利用气动锁紧器将两部分进行连接，并具有就位指示灯以表示电路、气路是否接通。图 4-11 为气动换接器与专用末端操作器库示意图。

图 4-10　换接器

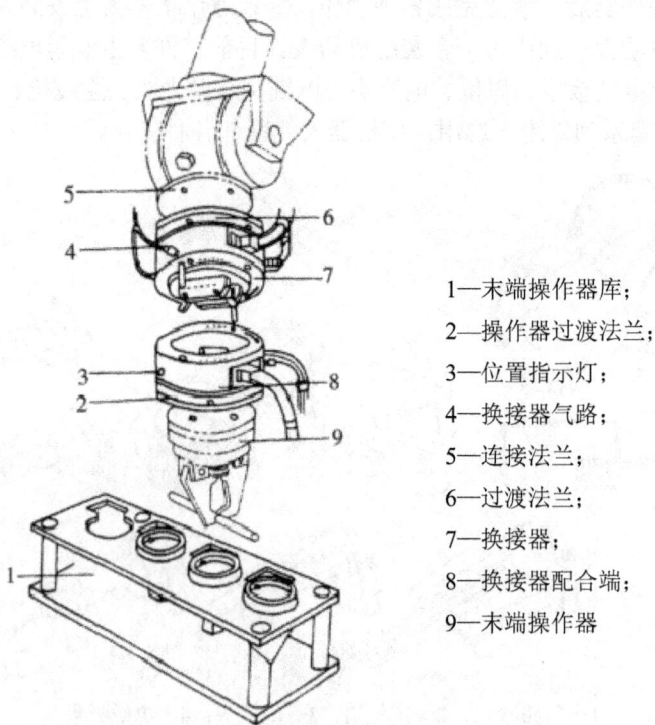

1—末端操作器库；

2—操作器过渡法兰；

3—位置指示灯；

4—换接器气路；

5—连接法兰；

6—过渡法兰；

7—换接器；

8—换接器配合端；

9—末端操作器

图 4-11　气动换接器与专用末端操作器库

具体实施时，各种末端操作器放在工具架上，组成一个专用末端操作器库，如图 4-12 所示。

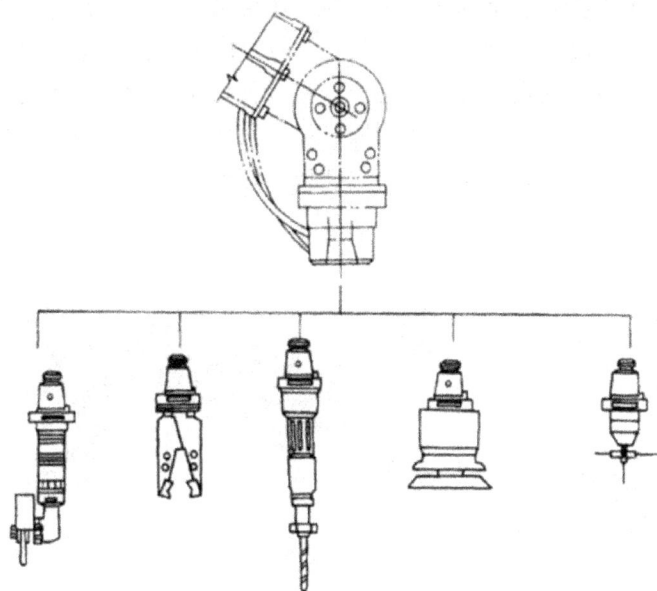

图 4-12　专用末端操作器库

　　某些机器人的作业任务相对较为集中，需要换接一定量的末端操作器，又不必配备数量较多的末端操作器库。这时，可以在机器人手腕上设置一个多工位换接装置。例如，在机器人柔性装配线某个工位上，机器人要依次装配如垫圈、螺钉等几种零件，装配采用多工位换接装置，可以从几个供料处依次抓取几种零件，然后逐个进行装配，既可以节省几台专用机器人，也可以避免通用机器人频繁换接操作器和节省装配作业时间。多工位换接装置如图 4-13 所示，就像数控加工中心的刀库一样，可以有棱锥型和棱柱型两种形式。棱锥型换接装置可保证手爪轴线和手腕轴线一致，受力较合理，但其传动机构较为复杂；棱柱型换接器传动机构较为简单，但其手爪轴线和手腕轴线不能保持一致，受力不均。

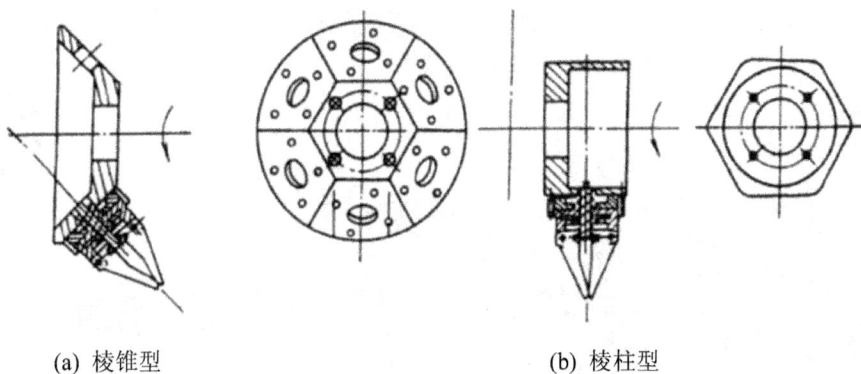

(a) 棱锥型　　　　　　　　　　　　(b) 棱柱型

图 4-13　多工位末端操作器换接装置

4.1.4　仿生多指手

　　机器人手爪和手腕最完美的形式是模仿人手的多指灵巧手。如图 4-14 所示，仿生多指手有多个手指，每个手指有 3 个回转关节，每一个关节的自由度都是独立控制的。因此，几乎人手指能完成的各种复杂动作它都能模仿，诸如拧螺钉、弹钢琴、作礼仪手势等动作。在手部配置触觉、力觉、视觉、温度传感器，将会使仿生多指手达到更完美的程度。仿生多指手的应用前景十分广泛，可在各种极限环境下完成人无法实现的操作，如在核工业领域、宇宙空间作业，在高温、高压、高真空环境下作业等。

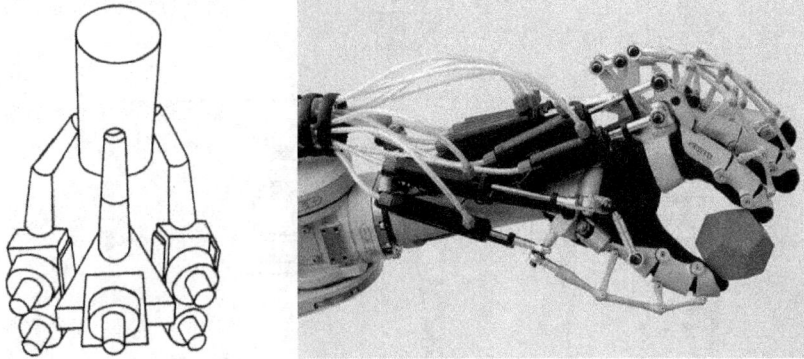

图 4-14　仿生多指手

任务二　上下料工业机器人执行机构的设计

工业机器人用于机床的上下料搬运，通用性广、灵活多样，最大程度地满足柔性化生产工艺的需求。上下料机器人系统具有高效率和高稳定性，结构简单更易于维护，可以满足不同种类产品的生产，可以很快进行产品结构的调整和扩大产能，并且大大降低产业工人的劳动强度。

上下料工业机器人执行机构多采用夹钳式取料手，指形根据实际加工物料及加工件各不相同。本任务要设计的上下料执行机构如图 4-15 所示，其指形为圆弧面，采用片状弹簧，可适用于一定尺寸范围的轴类工件及工料的搬运。

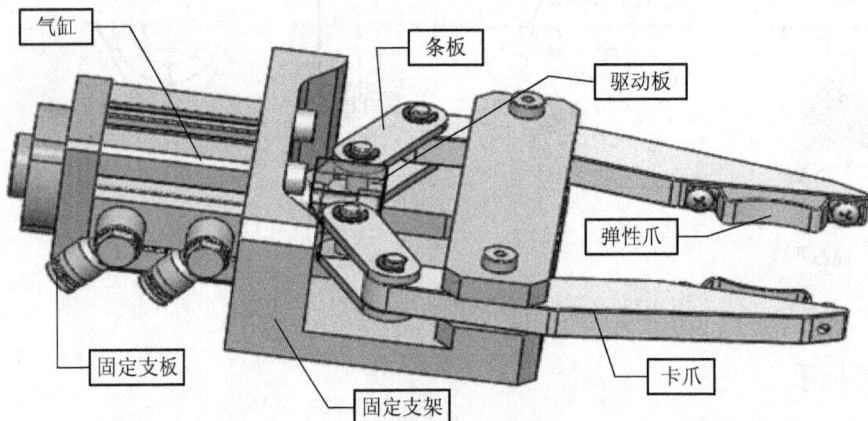

动画：上下料取料
手组成

图 4-15　上下料工业机器人执行结构

上下料工业机器人执行机构包括气缸、固定支板、固定支架、驱动块、连接条板、卡爪等零部件，具体见表 4-1。工作原理：在控制机构的作用下，气缸活塞推出或缩回，带动推杆和活动块前后运动，经过连接条板驱动卡爪的开合，从而夹取或松开工件、物料。

表 4-1　上下料工业机器人执行结构主要零部件

名称	气缸	固定支架
图示		

名称	固定板	驱动块
图示		

名称	条板	销轴
图示		

名称	弹簧爪	推杆
图示		

名称	各类螺栓、螺钉、挡圈等紧固件	
图示		

4.2.1　气缸建模

气缸的工程图如图 4-16 所示，其建模过程参见表 4-2。

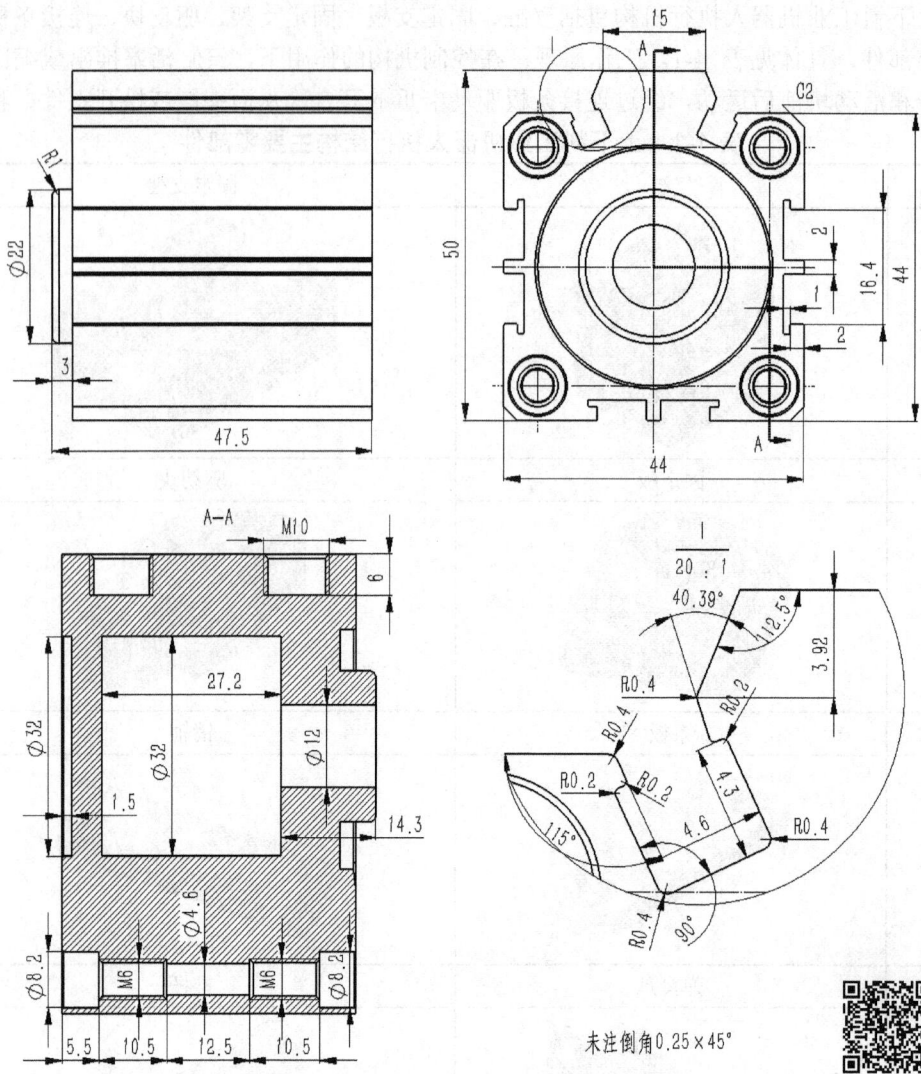

图 4-16　气缸工程图

未注倒角0.25×45°

视频：气缸建模

表 4-2　气缸建模过程

步骤	1. 右视基准面绘制草图		
图示	 完整草图	 局部放大 I	 局部放大 II

续表一

步骤	2. 拉伸 44.5 mm	3. 新建基准面
图示	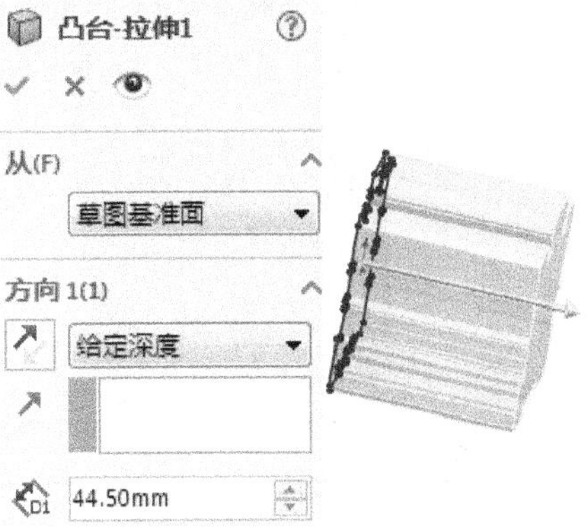	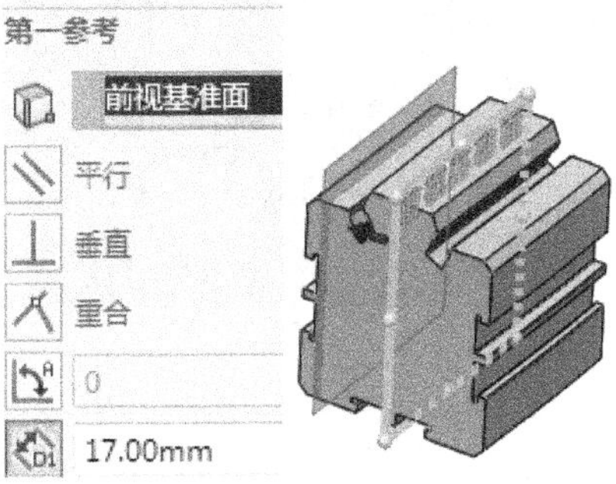
步骤	4. 在新建基准面上绘制孔草图	5. 旋转切除
图示	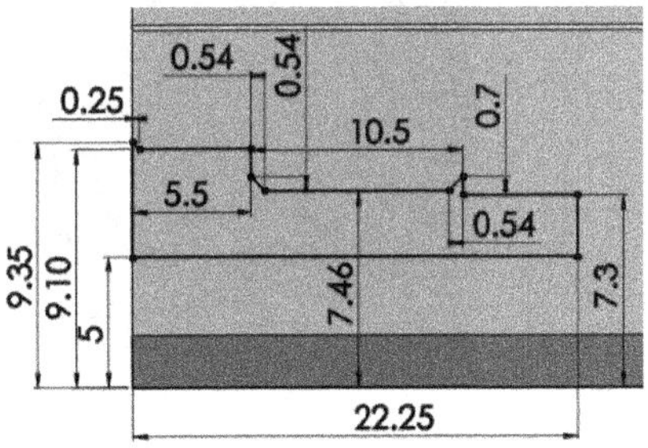	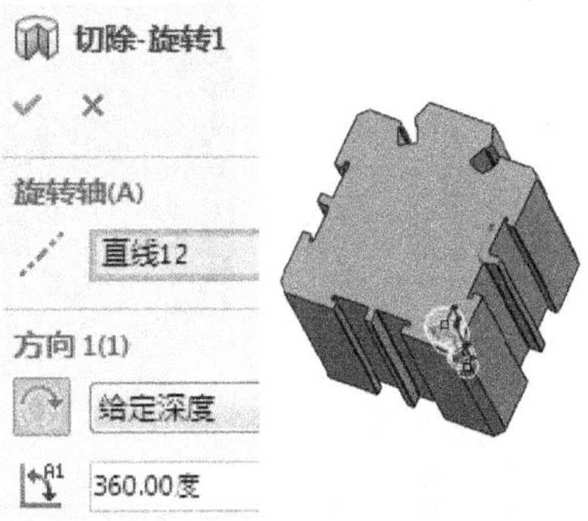
步骤	6. 选择菜单栏【插入】→【注解】→【装饰螺纹线…】，选择螺纹孔边线，为其创建装饰螺纹	7. 二维线性阵列
图示	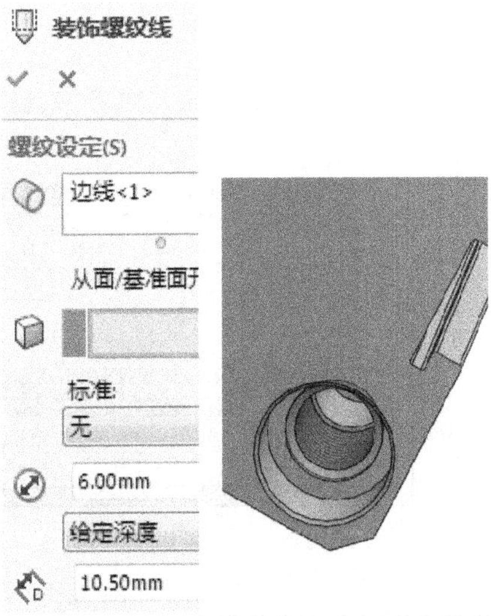	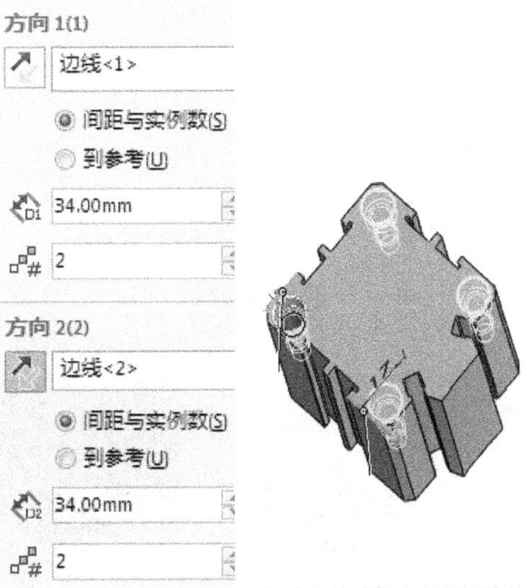

步骤	8. 在步骤 3 创建的基准面上继续绘制另一侧孔草图	9. 旋转切除
图示	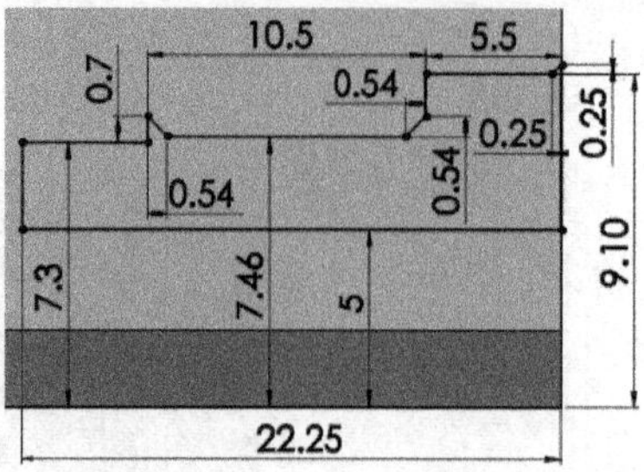	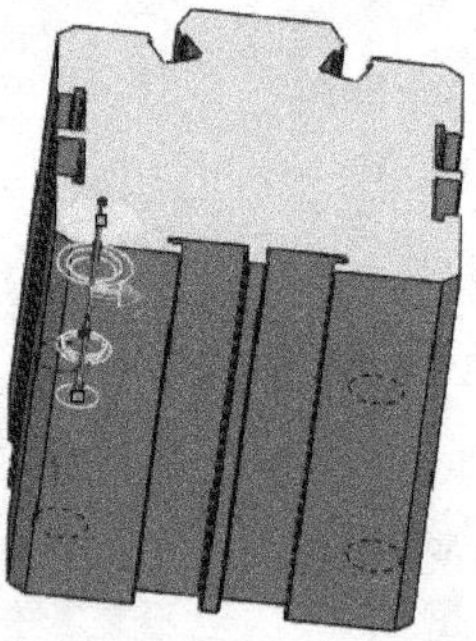
步骤	10. 为中间段螺纹孔添加装饰螺纹线	11. 二维线性阵列
图示	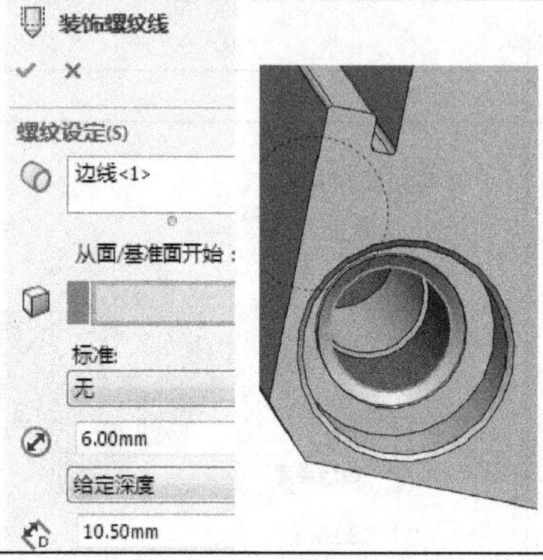	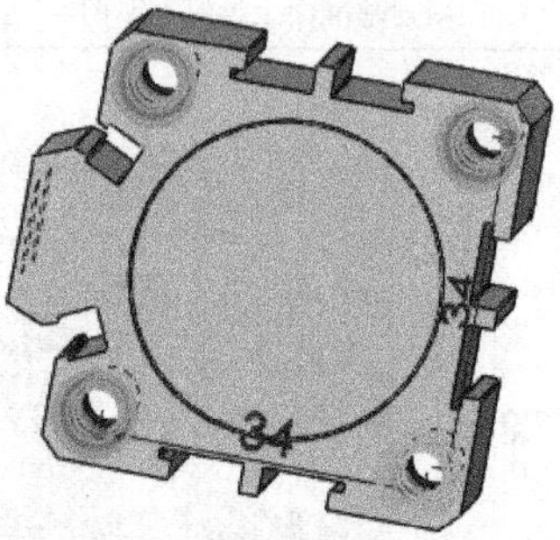
步骤	12. 选择【插入】→【特征】→【孔向导…】，插入 2 个锥形沉头孔，设置孔直径为 8.57 mm，深度 6 mm，锥坑角度为 90 度，锥坑直径为 9.73 mm	13. 在"孔"特征属性页切换到"位置"选项卡，进行 2 个孔的位置设置
图示	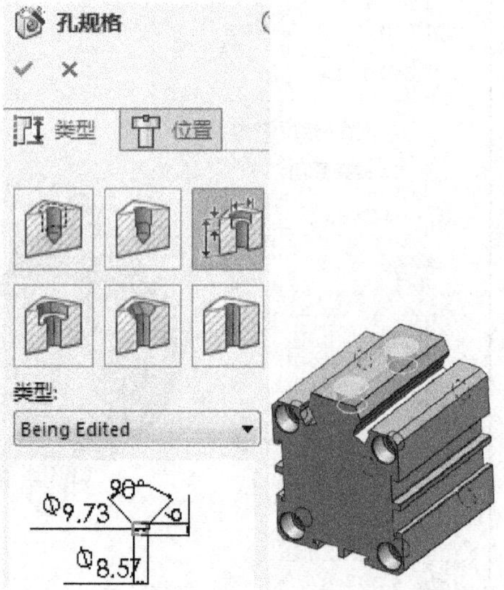	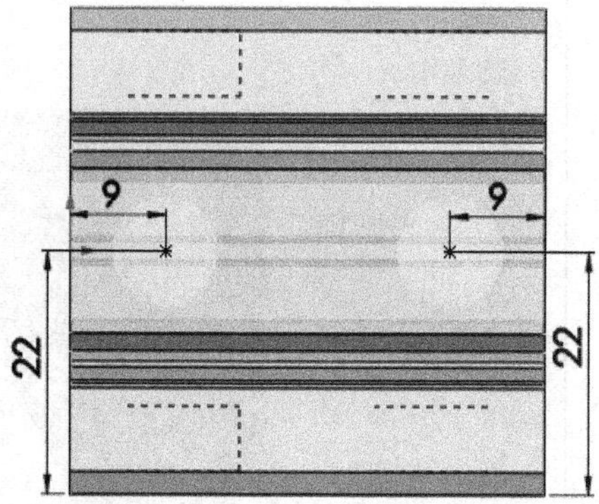

续表三

步骤	14. 前视基准面绘制草图	15. 旋转切除
图示	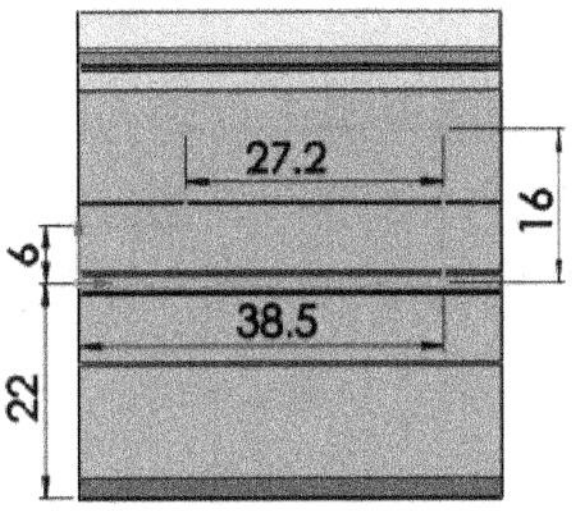 27.2 6 16 38.5 22	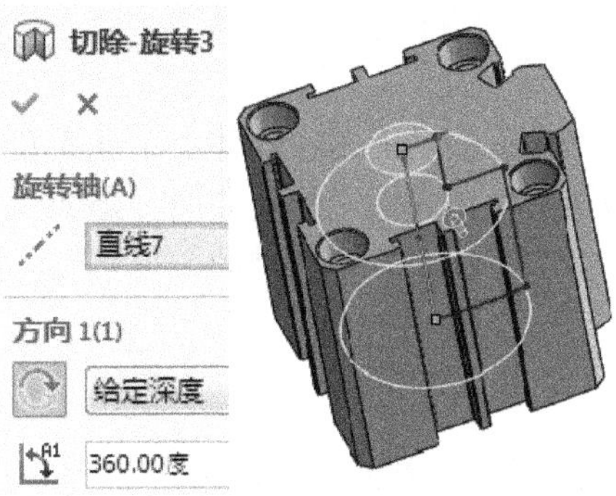 切除-旋转3 ✓ ✕ 旋转轴(A) 直线7 方向 1(1) 给定深度 360.00度
步骤	16. 前视基准面绘制草图	17. 旋转切除
图示	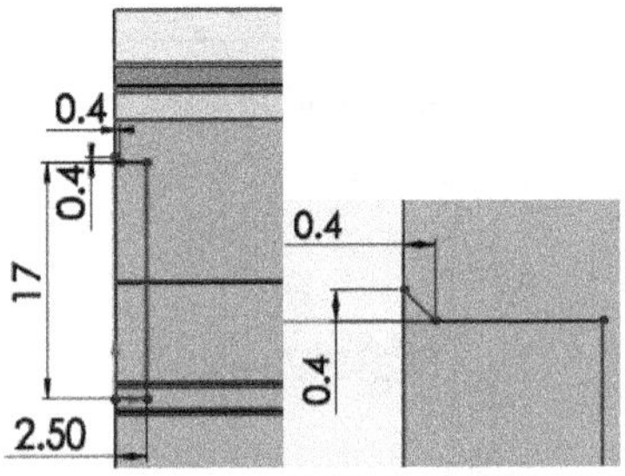 0.4 0.4 0.4 17 0.4 2.50	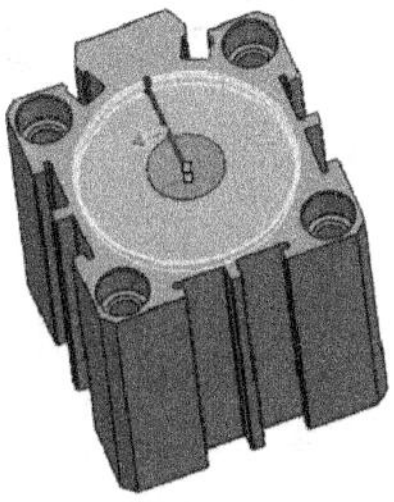
步骤	18. 前视基准面绘制草图	19. 旋转凸台，合并结果
图示	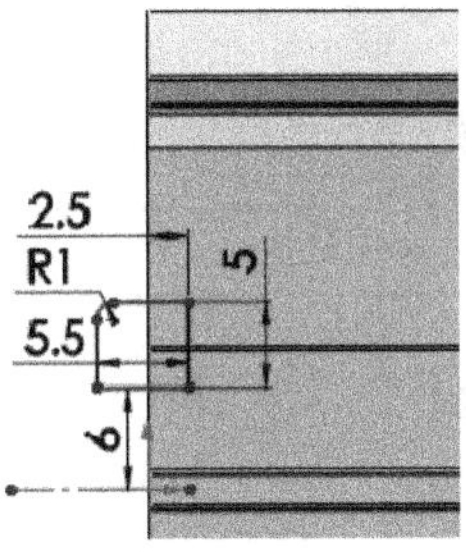 2.5 R1 5 5.5 6	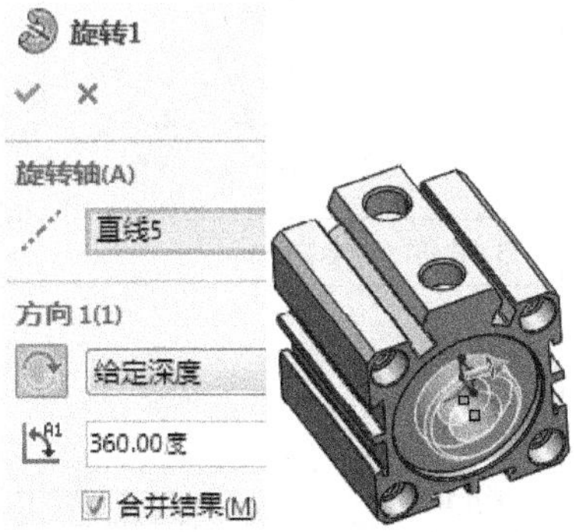 旋转1 ✓ ✕ 旋转轴(A) 直线5 方向 1(1) 给定深度 360.00度 ☑ 合并结果(M)
步骤	20. 前视基准面绘制草图	21. 旋转切除
图示	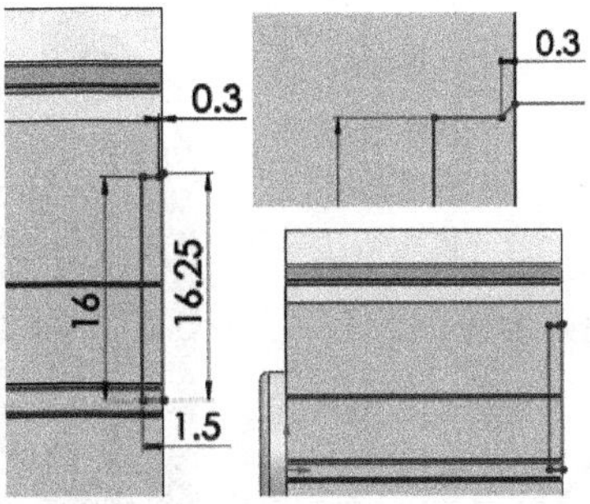 0.3 0.3 0.3 16 16.25 1.5	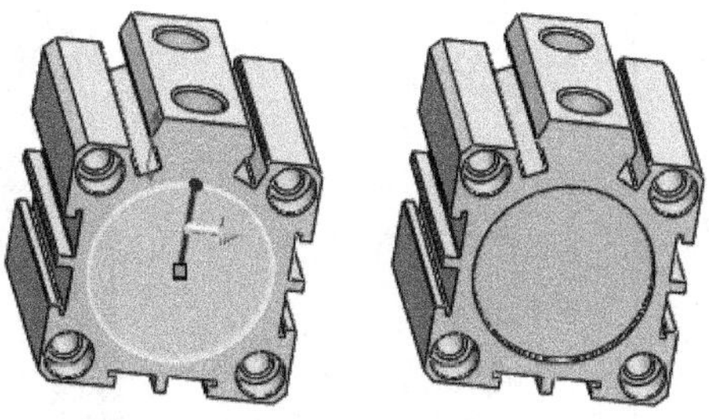

📹 知识扩展

孔 特 征

孔特征的功能是在实体上钻孔。孔特征包括简单直孔和异形向导孔。简单直孔为具有圆截面的切口，始于放置曲面并延伸到指定的终止曲面或深度；异形向导孔为具有基本形状的螺孔，基于工业标准的、可带有不同的末端形状的标准沉头孔和埋头孔。

4.2.2 卡爪建模

卡爪建模步骤参见表 4-3。

视频：卡爪建模

表 4-3 卡爪建模步骤

步骤	1. 前视基准面绘制草图	2. 拉伸凸台，两侧对称，深度 10 mm
图示	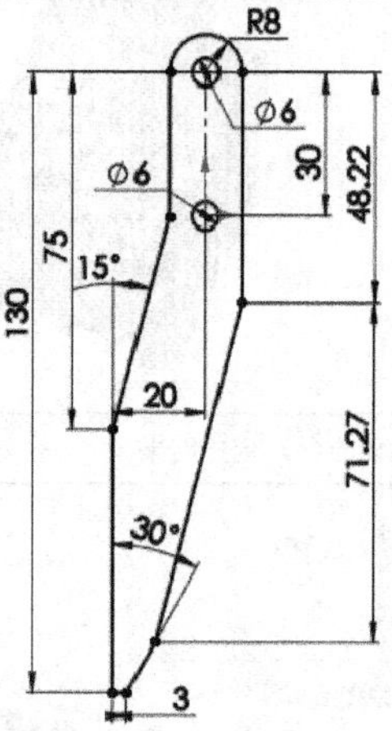	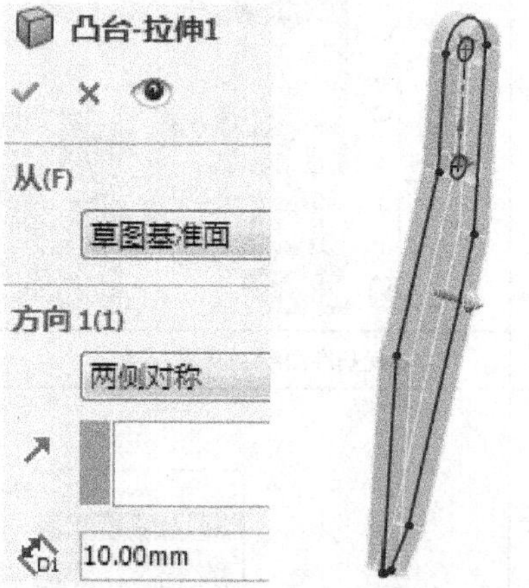
步骤	3. 圆角，半径 10 mm	4. 圆角，半径 1 mm
图示	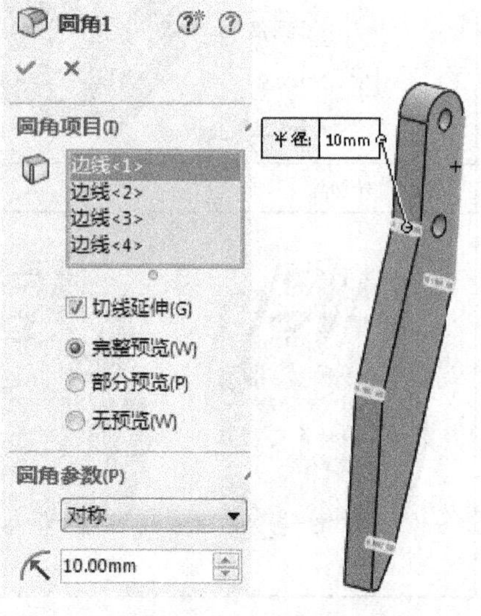	

续表

步骤	5. 边线倒角，0.5×45°	6. 插入"孔"特征，深度 10.1 mm，并设置位置
图示	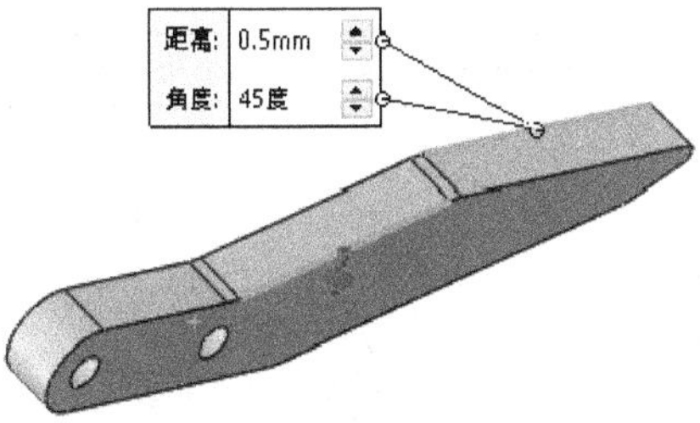	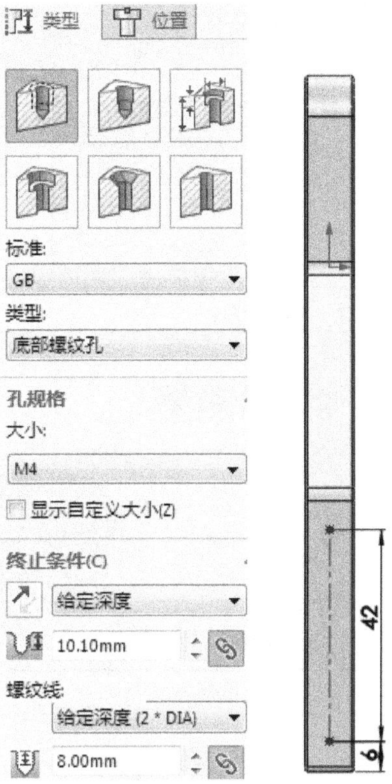
步骤	7. 为两个 M4 的螺纹孔添加装饰螺纹线	
图示	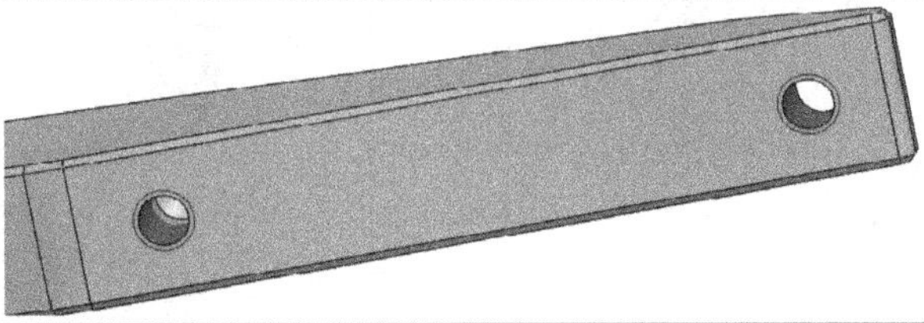	

4.2.3　十字槽盘头螺钉建模

十字槽盘头螺钉建模过程如表 4-4 所示。

视频：十字槽盘头螺钉建模

表 4-4　十字槽盘头螺钉建模过程

步骤	1. 前视基准面绘制草图	2. 旋转凸台
图示	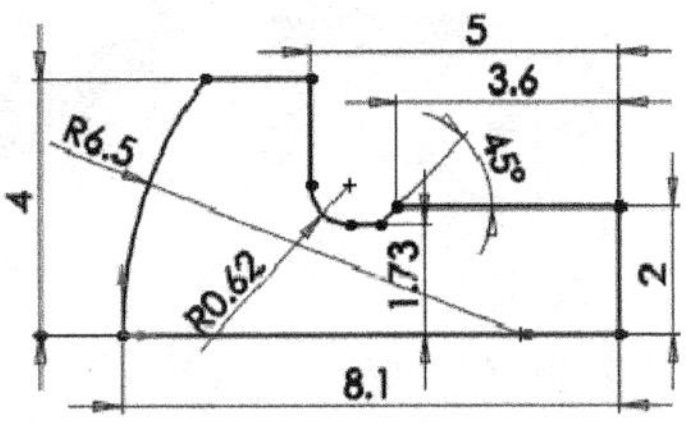	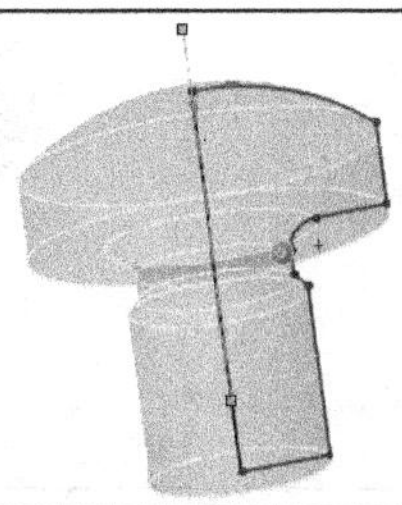

步骤	3. 前视基准面绘制草图	4. 旋转切除
图示	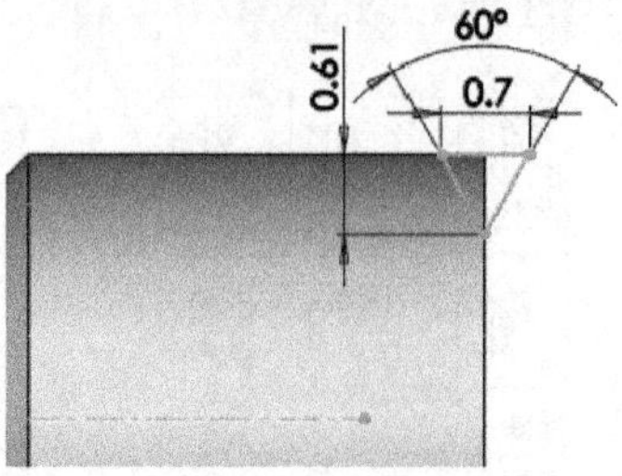 60° 0.61 0.7	
步骤	5. 创建基准面	6. 选择新建的基准面，在原点处绘制一个点
图示	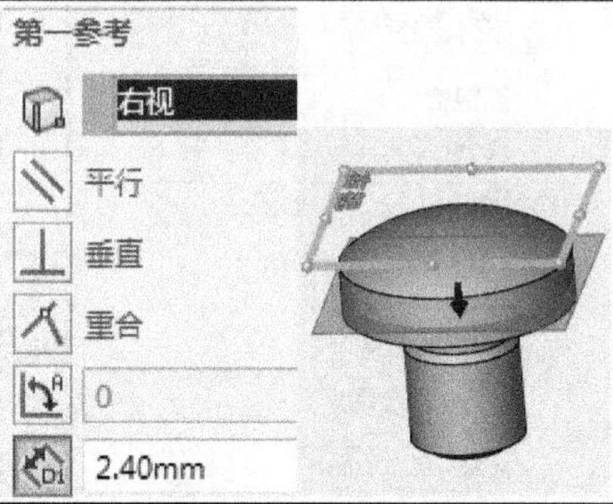 第一参考 右视 平行 垂直 重合 0 2.40mm 	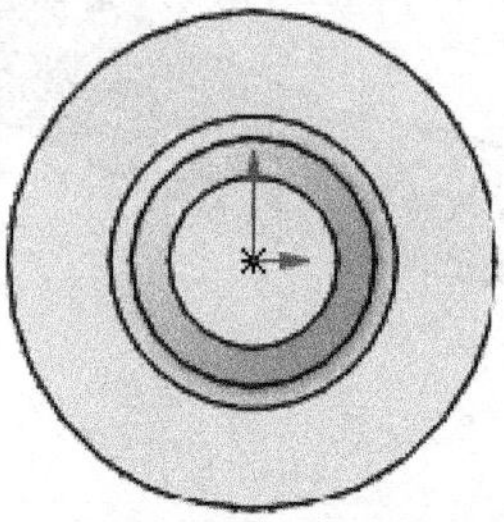
步骤	7. 选择右视基准面绘制草图	8. 将上述 2 个草图进行放样切除
图示	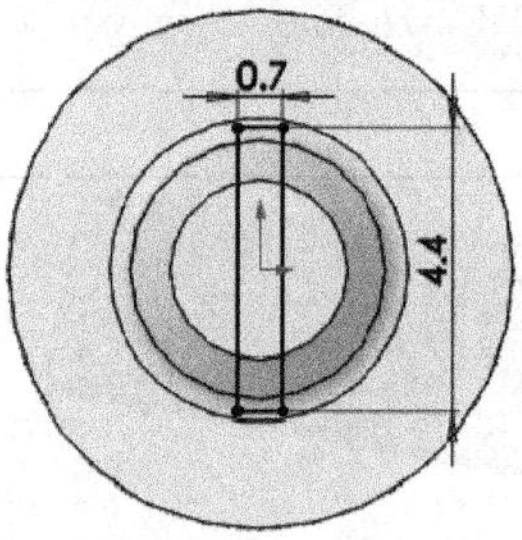 0.7 4.4	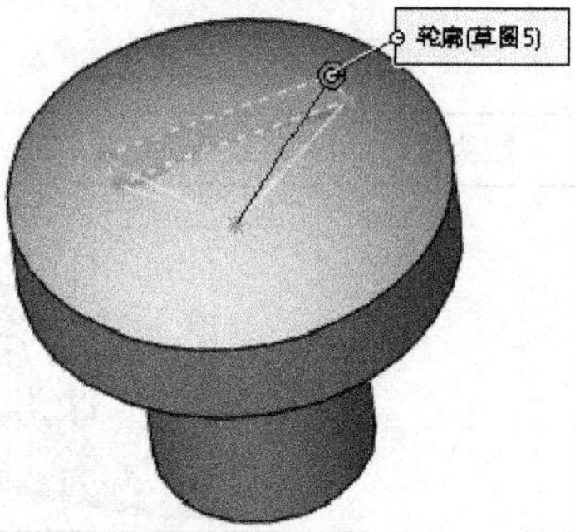 轮廓(草图5)
步骤	9. 创建螺钉圆柱面中心基准轴	10. 创建新基准面，经过基准轴，并与前视面呈 45°角
图示	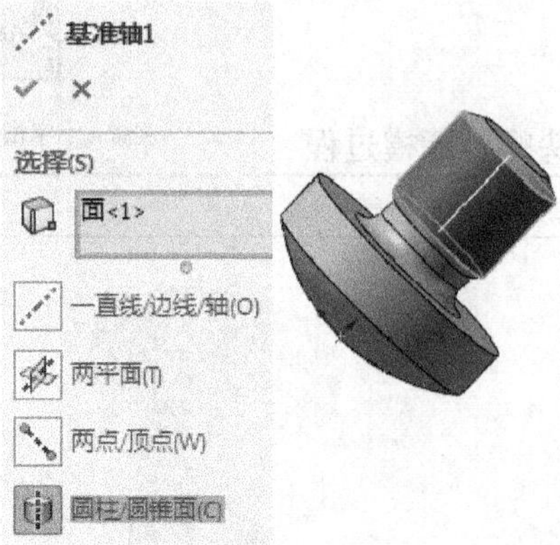 基准轴1 ✓ × 选择(S) 面<1> 一直线/边线/轴(O) 两平面(T) 两点/顶点(W) 圆柱/圆锥面(C) 	 基准面2 ✓ × 信息 完全定义 第一参考 前视 平行 垂直 重合 45.00度

续表二

步骤	11. 利用上步基准面镜像放样切除特征	12. 添加装饰螺纹线
图示	镜向1 ✓ ✗ 镜向面/基准面(M) 基准面2 要镜向的特征(F) 切除-放样1	螺纹设定(S) 边线<1> 从面/基准面开始： 标准： GB 类型： 机械螺纹 大小 M4

任务三　码垛工业机器人执行机构的设计

　　码垛作业主要是将已装入物品的容器，按一定排列摆放，作业对象为规范容器如箱、袋、桶等，其执行机构形式多为夹板、托架式或真空吸盘式等。托架式码垛执行机构如图4-17所示，主要包括手指、夹紧气缸(气缸1)、压具、压紧气缸(气缸2)、支架、缓冲器等。下面就其各组成部分主要零件进行设计建模。

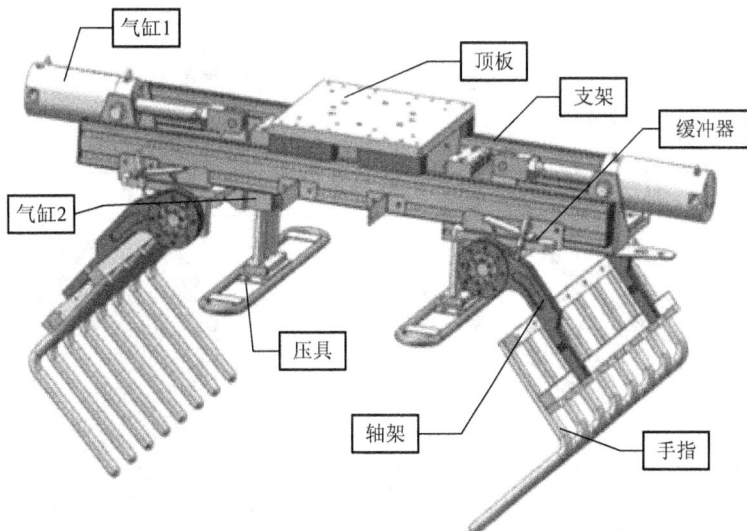

图 4-17　托架式码垛执行机构

4.3.1　手指机构设计

　　码垛执行机构的手指部分由手指、固定杆、手指连接块、轴架、胀紧连接套等构成，如图 4-18 所示，各零件外形如表 4-5 所示。

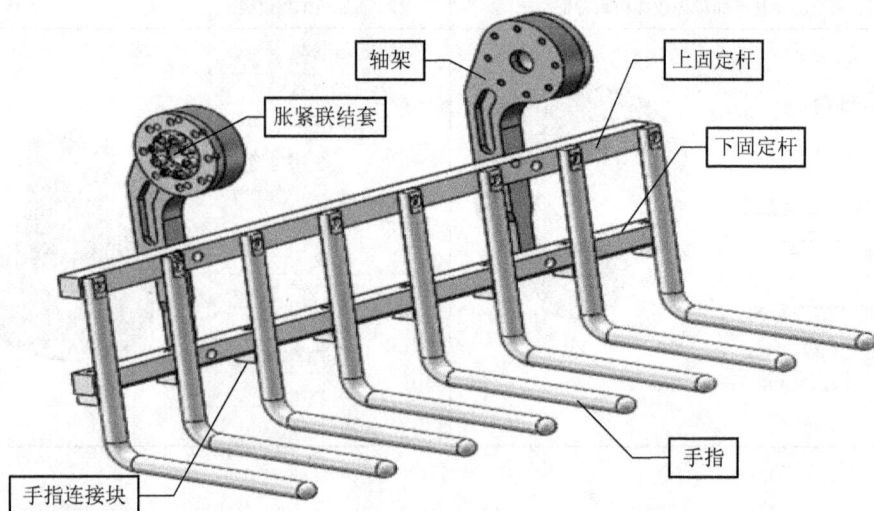

图 4-18　手指机构

表 4-5　手指机构零件一览

名称	手　　指		左、右轴架	
图示				
名称	上、下固定杆		胀紧连接套	
图示				
名称	轴架端盖		手指连接块	
图示				

1. 手指建模

手指建模过程如表 4-6 所示。

视频：手指建模

表 4-6　手指建模过程

步骤	1. 前视基准面绘制草图	2. 新建基准面 1
图示	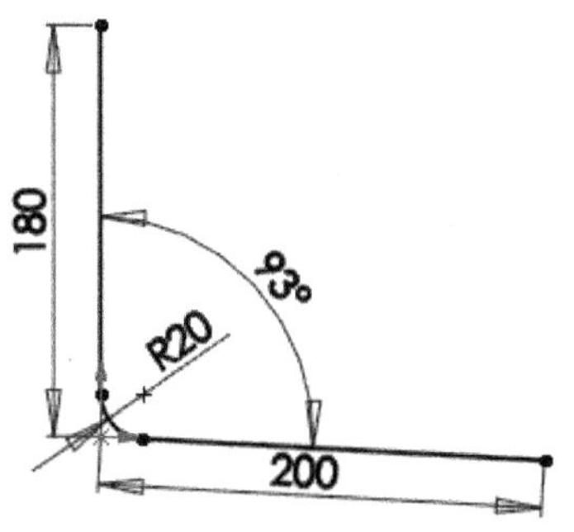	
步骤	3. 在基准面 1 上绘制草图	4. 以所绘 2 个草图创建扫描特征
图示	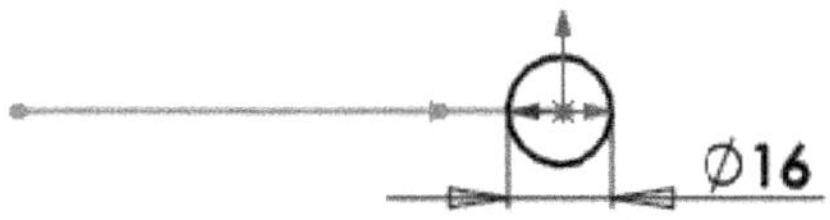	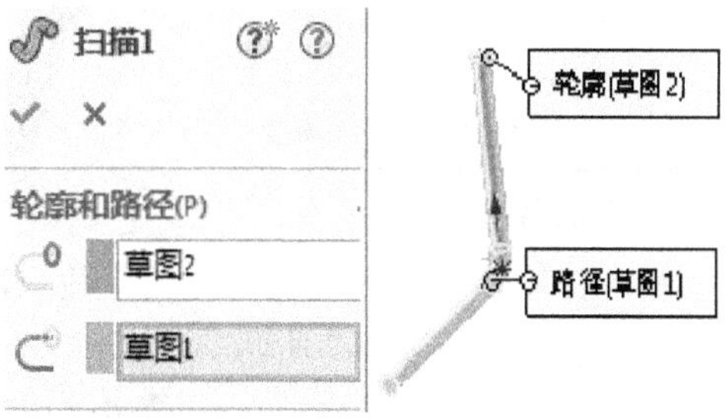
步骤	5. 前视基准面靠近端面绘制草图	6. 旋转形成指端半球面，合并结果
图示	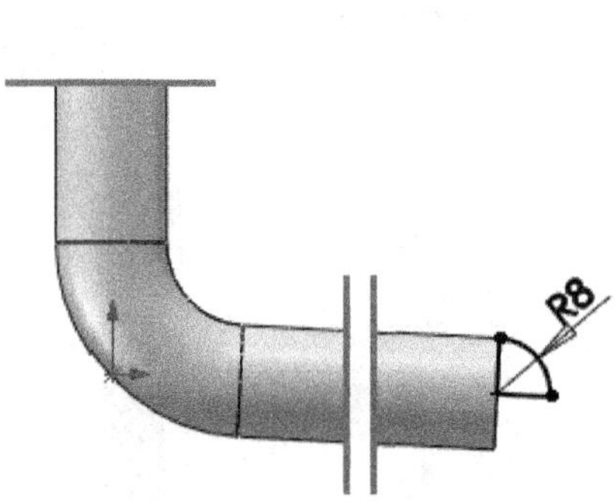	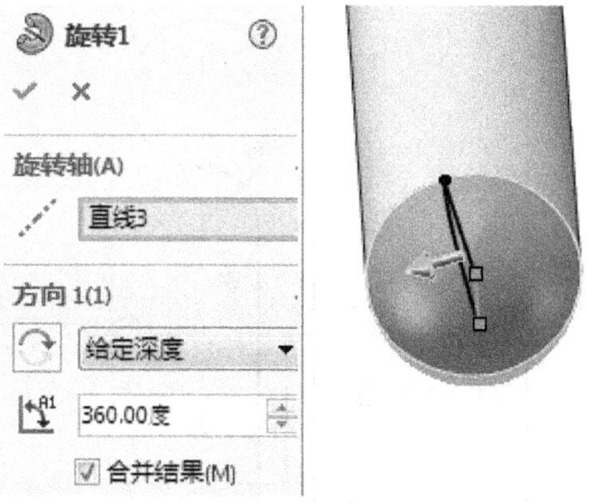

步骤	7. 在基准面 1 上绘制草图	8. 拉伸切除 125 mm
图示	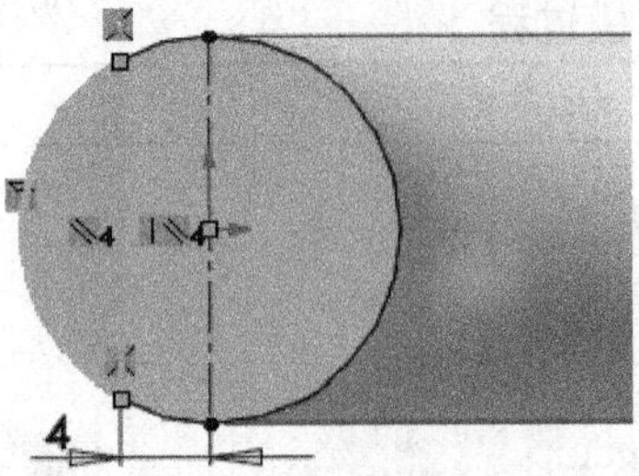	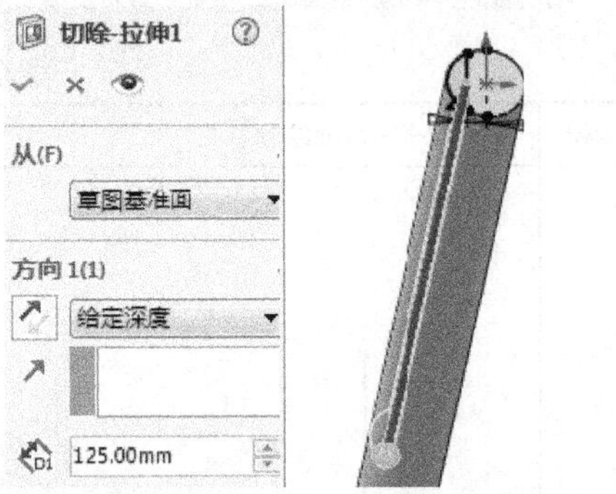
步骤	9. 插入"孔"特征，选择柱形沉头孔	10. 设置孔位置
图示	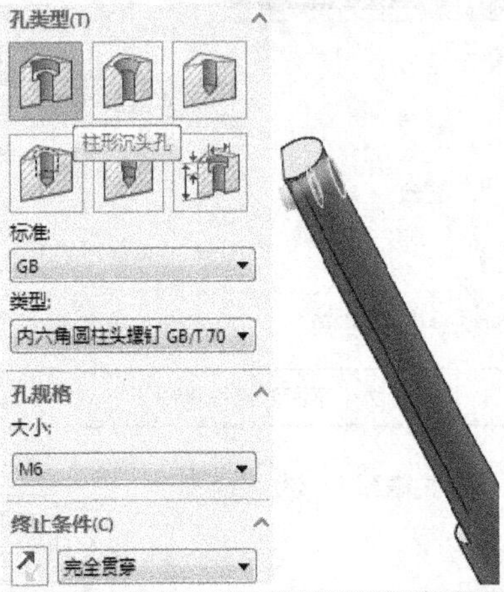	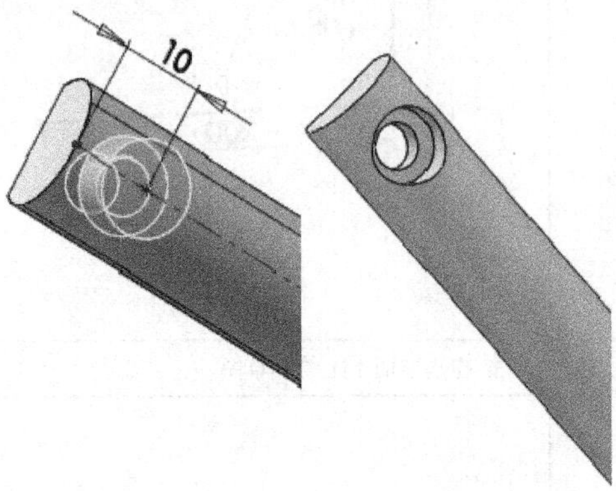

2. 左轴架建模

左、右轴架在结构上是对称的，故只对其中之一进行设计建模，左轴架建模过程如表 4-7 所示。

表 4-7 左轴架建模过程   视频：左轴架建模

步骤	1. 前视基准面绘制草图	2. 拉伸凸台，深度 20 mm
图示	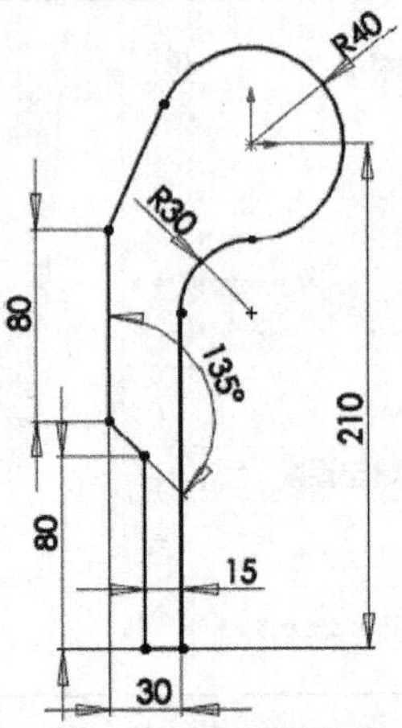	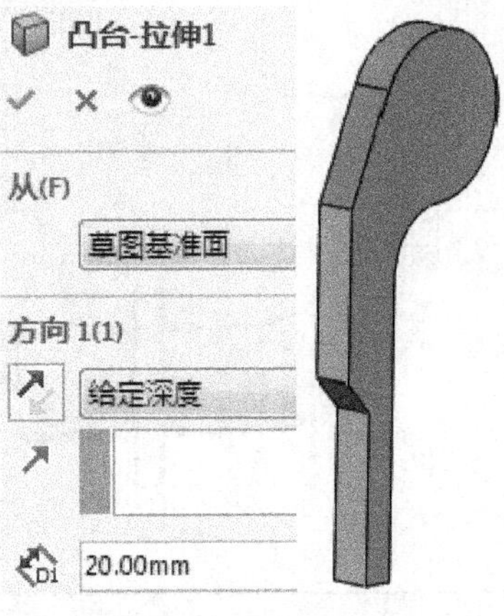

续表一

步骤	3. 边线圆角，半径 20 mm	4. 侧面草图
图示	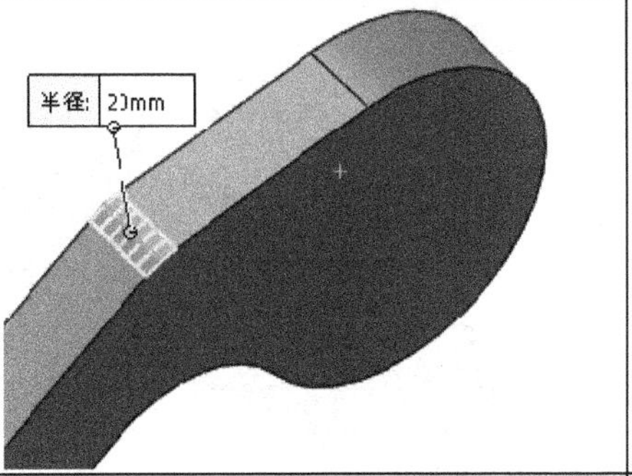 半径：20mm	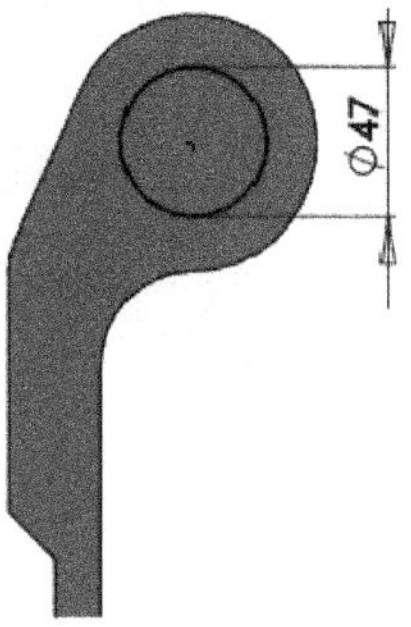 Ø47
步骤	5. 拉伸切除，深度 14 mm	6. 插入"孔"特征，类型为直螺纹孔
图示	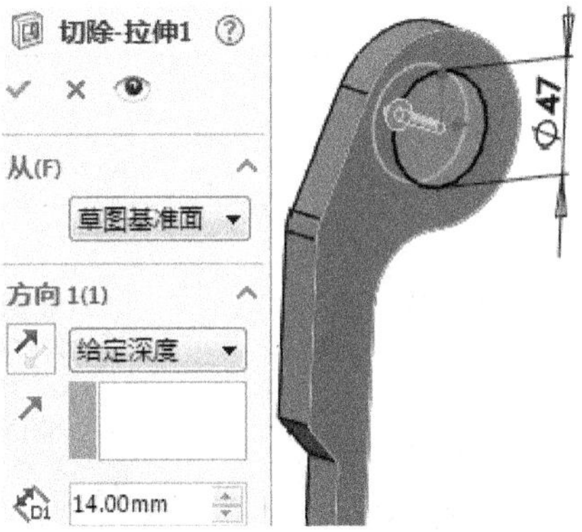 切除-拉伸1　从(F)　草图基准面　方向1(1)　给定深度　D1 14.00mm　Ø47	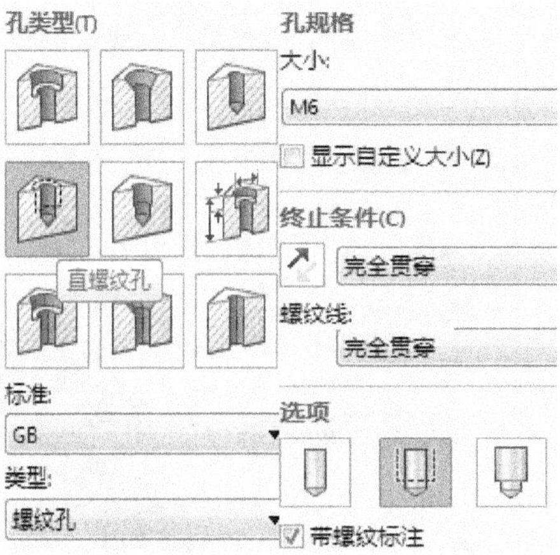 孔类型(T)　孔规格　大小：M6　显示自定义大小(Z)　终止条件(C)　完全贯穿　螺纹线：完全贯穿　直螺纹孔　标准：GB　类型：螺纹孔　选项　带螺纹标注
步骤	7. 设置孔位置	8. 添加装饰性螺纹线
图示	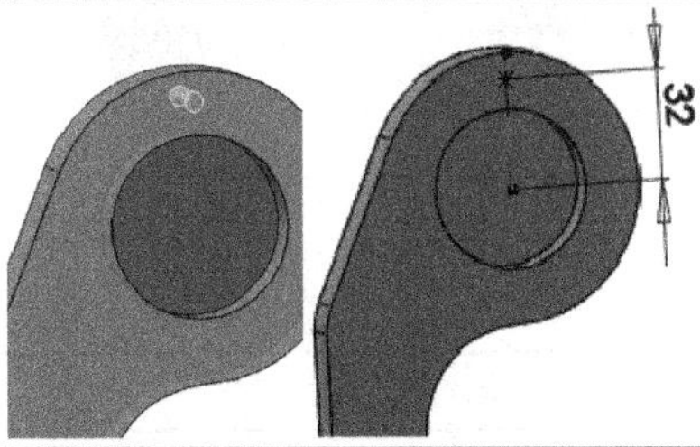 32	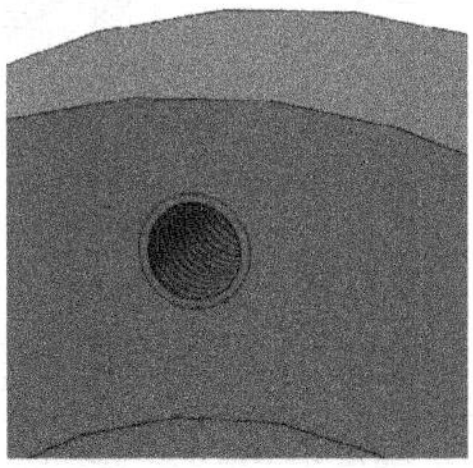
步骤	9. 对螺纹孔进行圆周阵列	10. 侧面绘制草图
图示	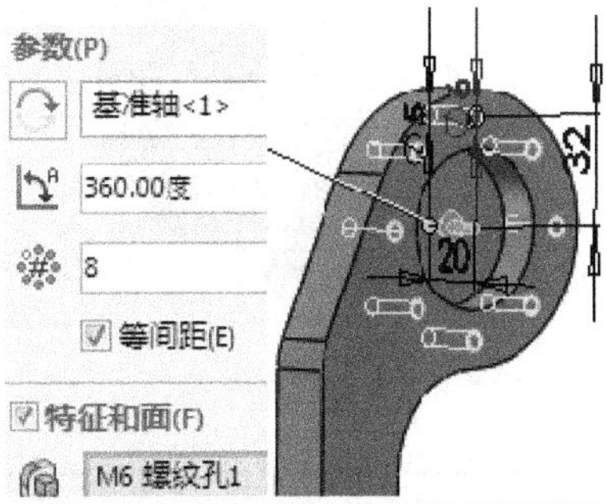 参数(P)　基准轴<1>　360.00度　8　等间距(E)　特征和面(F)　M6 螺纹孔1　32　20	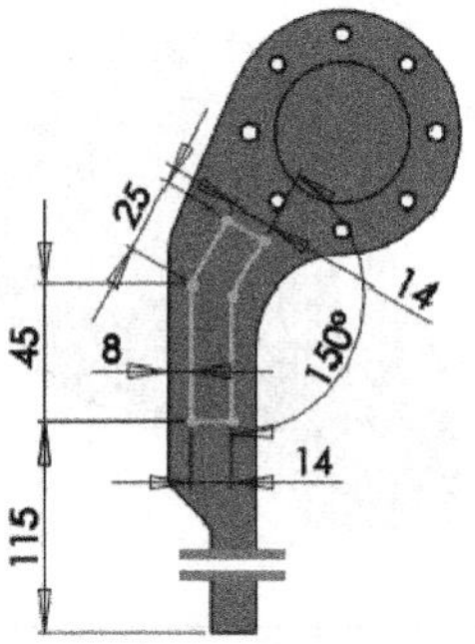 25　14　8　45　115　150°　14

步骤	11. 拉伸切除，深度 6 mm	12. 圆角，半径 7 mm
图示		半径：7mm
步骤	13. 以轴架侧面为参考，创建新基准面，间距 10 mm	14. 以新建基准面为镜像面，镜像步骤 11、12 创建的特征
图示	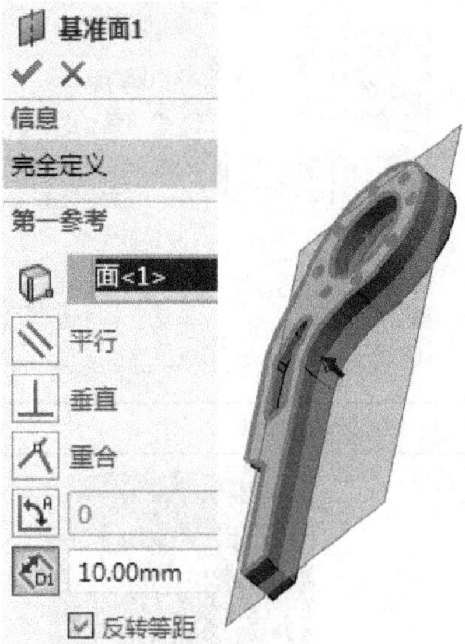	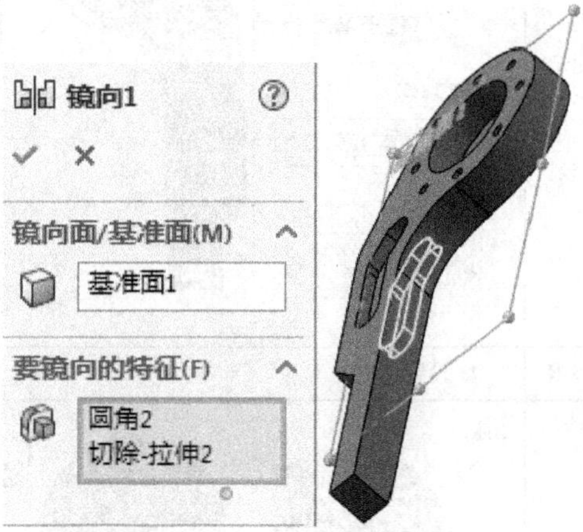
步骤	15. 选择圆孔底面绘制草图	16. 拉伸切除，完全贯穿
图示	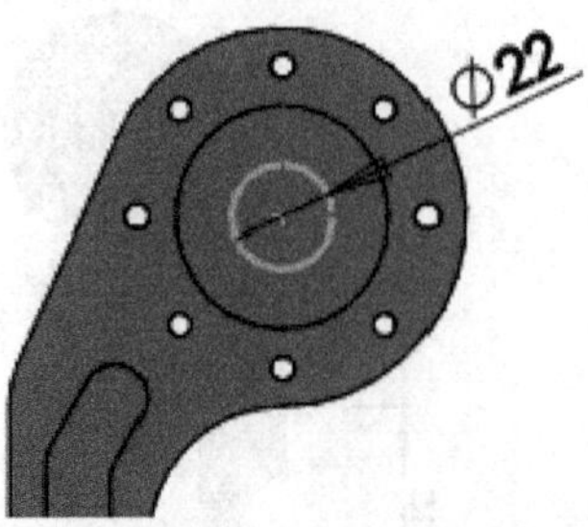	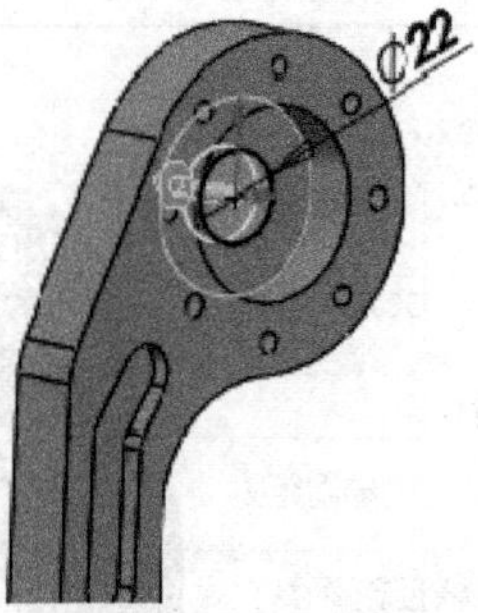

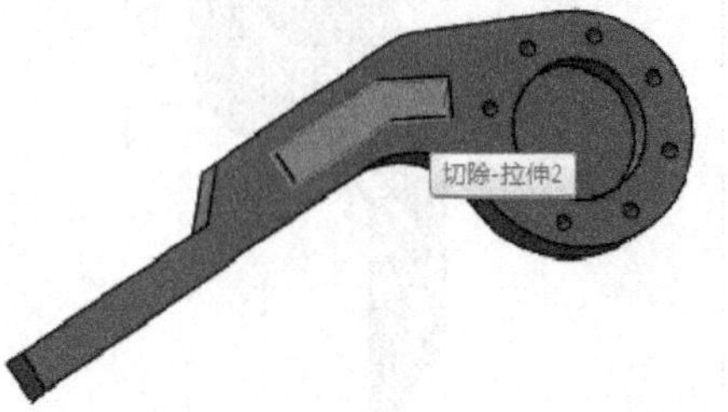

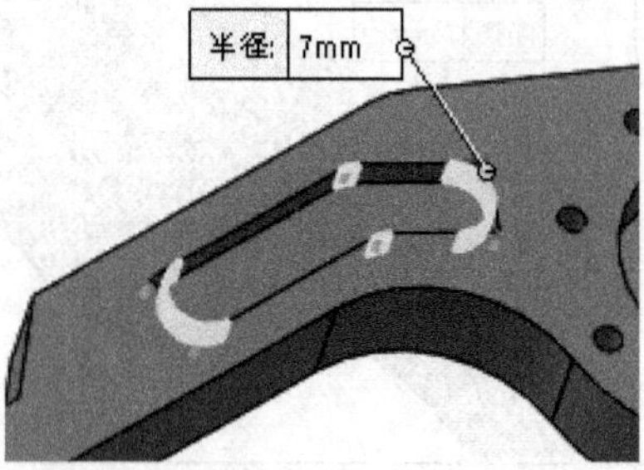

续表三

步骤	17. 轴架底端面绘制草图	18. 拉伸切除，深度 50 mm，反侧切除
图示	15	切除-拉伸4　从(F)：草图基准面　方向1(1)：给定深度　50.00mm　☑反侧切除(F)

步骤	19. 绘制草图，拉伸切除，完全贯穿	20. 镜像上一步创建的拉伸切除特征
图示	10	镜向2　镜向面/基准面(M)：基准面1　要镜向的特征(F)：切除-拉伸5

步骤	21. 添加孔特征，类型为直螺纹	22. 设置孔位置
图示	类型　位置　终止条件(C)：给定深度　26.25mm　螺纹线：给定深度 (2 * DIA)　18.00mm　恢复默认值　直螺纹孔　标准：GB　类型：螺纹孔　孔规格　大小：M8　选项　☑带螺纹标注	105

步骤	23. 插入孔特征并进行参数设置	24. 设置孔位置
图示	孔类型(T)　类型：钻孔大小　孔规格　大小：Ø9.0　☐显示自定义大小(Z)　终止条件(C)　标准：GB　成形到下一面	10

4.3.2　压具总成

压具与压紧气缸推杆相连接，用于码垛时压紧物品，防止松脱，其构成如图 4-19 所示。

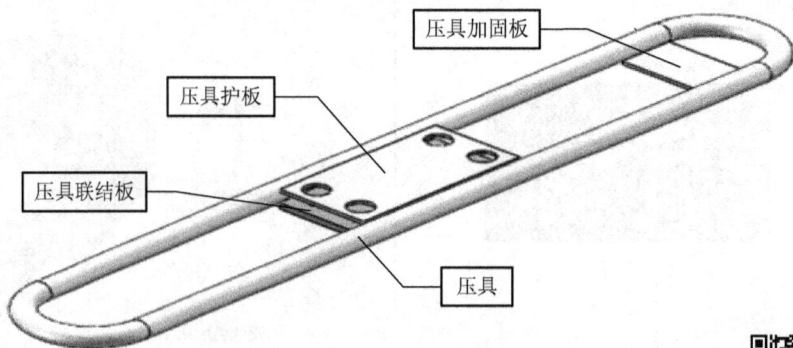

图 4-19　压具总成

视频：压具建模

压具建模过程如表 4-8 所示。

表 4-8　压具建模过程

步骤	1. 前视基准面绘制草图	2. 右视基准面绘制草图
图示	R30 400	Ø12

步骤	3. 以步骤 2 草图为轮廓，步骤 1 草图为路径进行扫描	
图示		

4.3.3 支架总成

支架用于连接2个手指机构、压具总成、缓冲器等，并安装固定了用于驱动手指、压具动作的气缸及相关附件，包括支板、摆动托架、气缸固定座等，支架总成如图4-20所示，具体如表4-9所示。

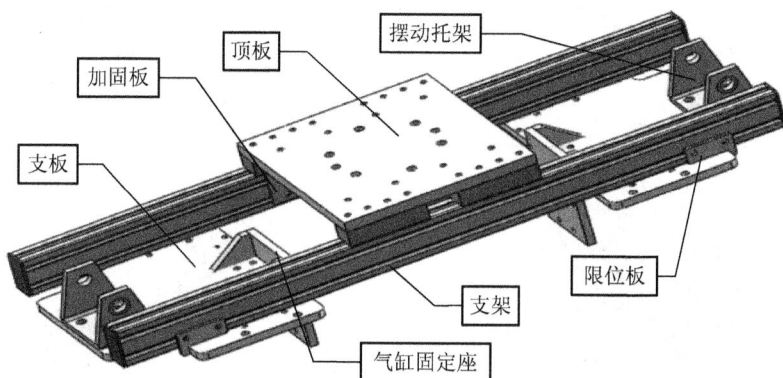

图 4-20 支架总成

表 4-9 支架总成零部件一览

名称	顶 板		加 固 板	
图示				
名称	连 接 板		限 位 板	
图示				
名称	支 板		气缸固定座水平板	
图示				

名称	气缸固定座竖直板	气缸固定座筋板
图示	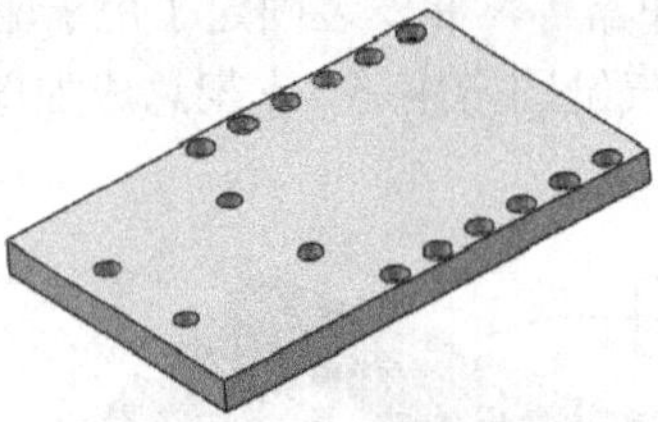	
名称	预装螺帽	型材端盖
图示	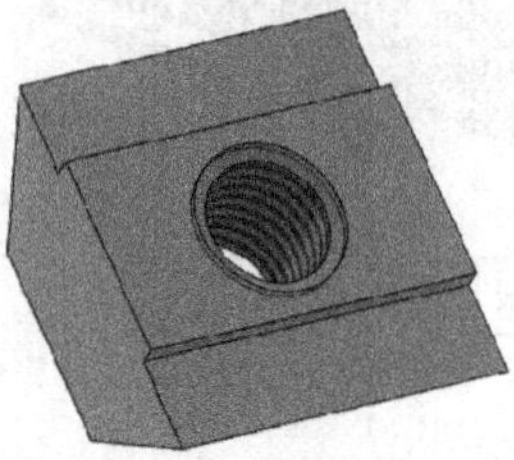	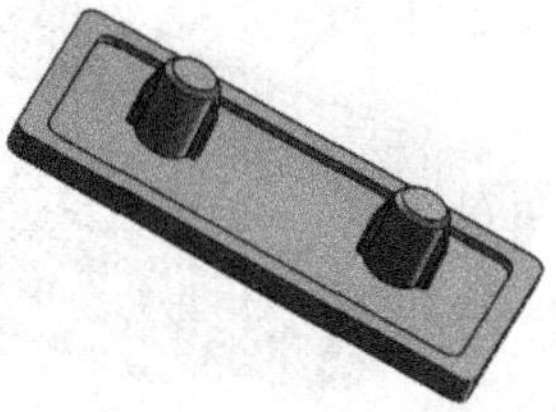

加固板建模过程如表 4-10 所示。

表 4-10　加固板建模过程　　　　　　　　　　　　视频：加固板建模

步骤	1. 前视基准面绘制草图	2. 单击菜单栏【插入】→【钣金】→【基本法兰】，并设置参数
图示	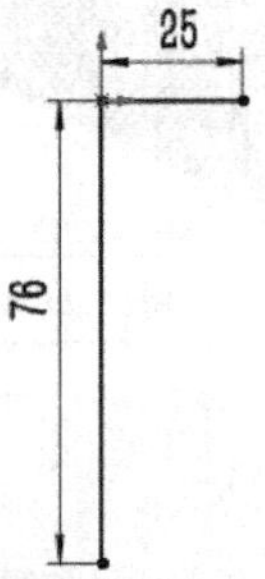	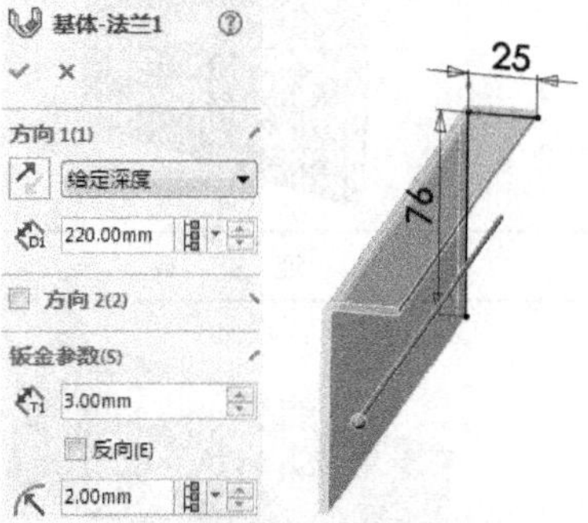
步骤	3. 顶部中间位置绘制草图	4. 拉伸切除
图示	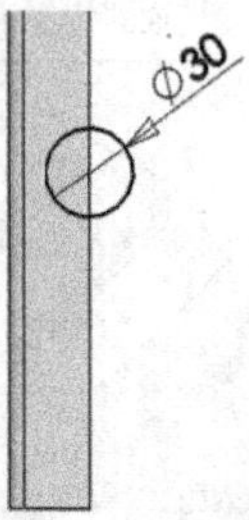	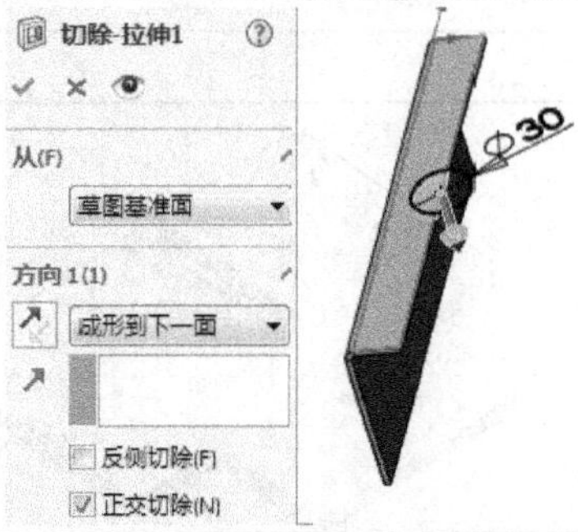

续表

步骤	5. 顶部添加孔特征，$\phi 7$，给定深度 10 mm	6. 设置孔位置
图示	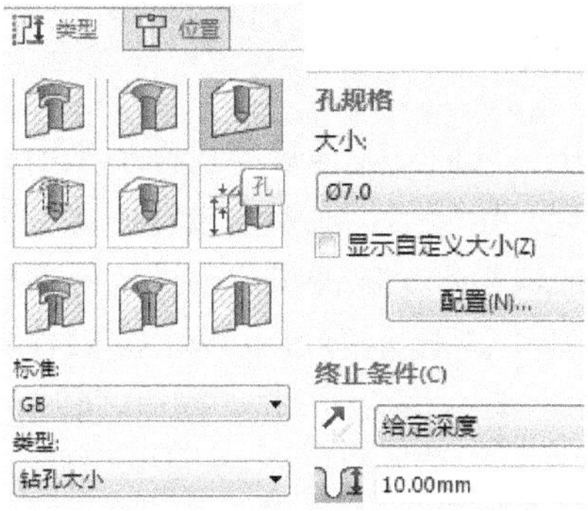	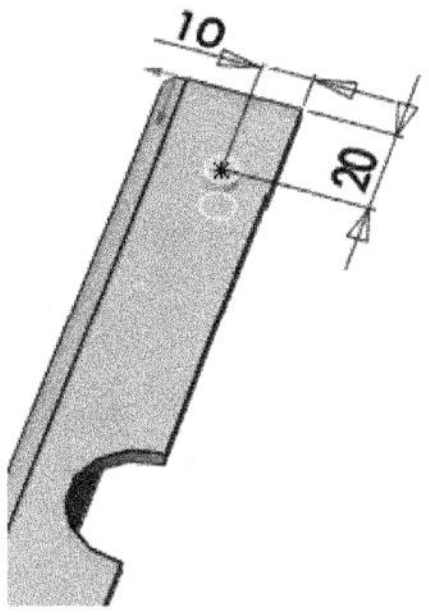

步骤	7. 线性阵列孔特征，间距 60 mm，数量 4 个	8. 侧面添加 2 个 $\phi 7$ 的孔，终止条件：成型到下一面
图示	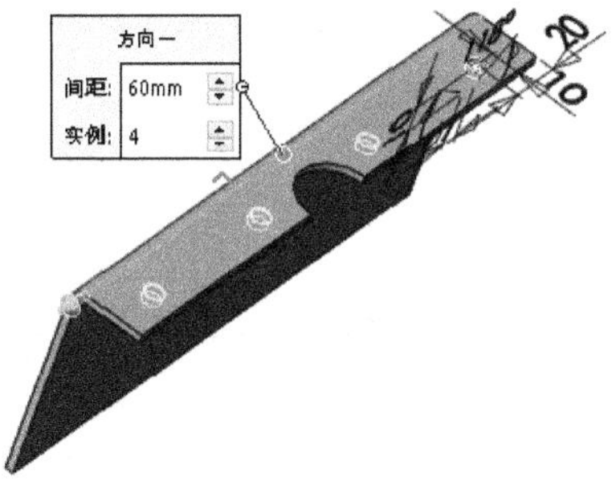	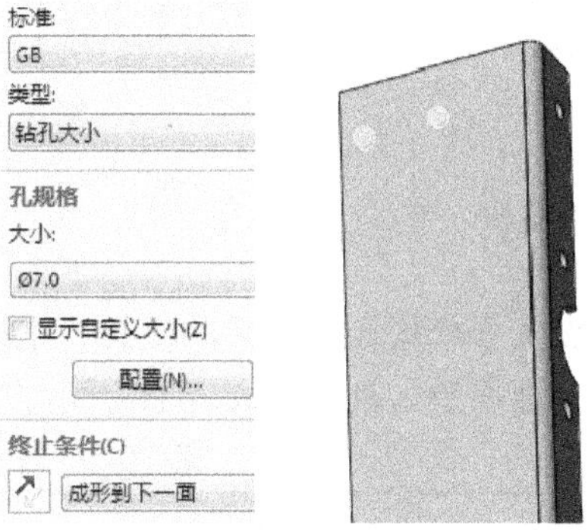

步骤	9. 设置孔位置	10. 线性阵列孔特征，数量 4，距离 60 mm
图示	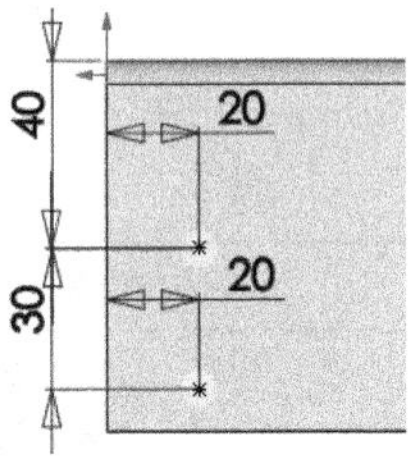	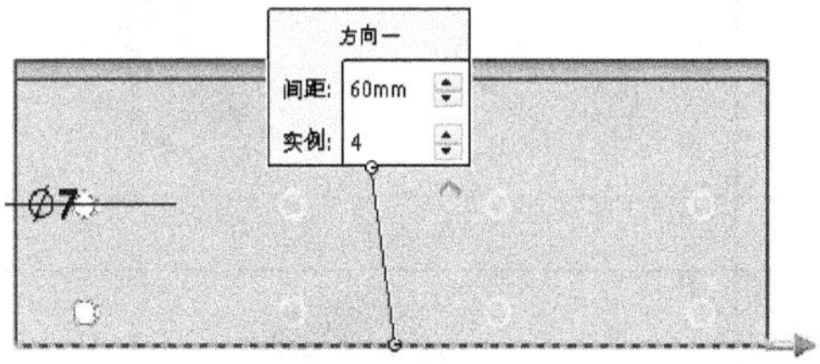

步骤	11. 边线圆角，半径 10 mm	
图示	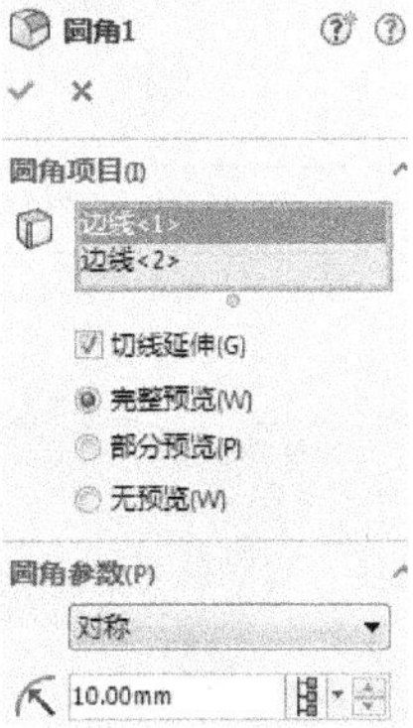 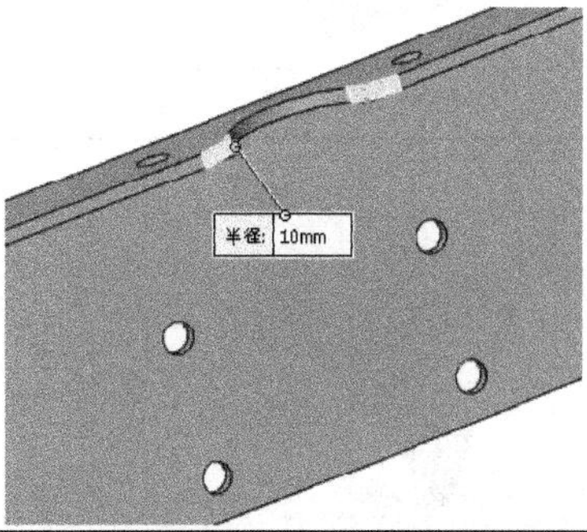	

📹 **知识扩展**

钣 金 成 型

钣金件就是薄板五金件，也就是可以通过冲压、弯曲、拉伸等手段来加工的零件。钣金冲压加工种类繁多，常用的有冲裁、弯曲、成型、拉伸等。在钣金设计中，成型工具的使用必不可少，成型工具是可以用作折弯、伸展或成型钣金的冲模的零件，能够生成一些成型特征，例如百叶窗、矛状器具、法兰和筋。图 4-21 所示为 SolidWorks 软件钣金成型工具，主要包括基本法兰/薄片、转化到钣金、边线法兰、斜接法兰、褶边、转折、边角、折叠、展开、切口等。

图 4-21　钣金成型工具

4.3.4　附件

码垛执行机构还包括缓冲机构、电磁阀固定架、气缸、气缸推杆、轴承、丝杆、轴承座、预装螺帽等，具体如表 4-11 所示。

表 4-11　码垛执行机构附件一览

名称	左、右缓冲器支架	缓冲器顶杆
图示		
名称	缓冲器定位螺母	缓冲器圆筒
图示		
名称	缓冲器支架筋板	气缸 1
图示		

续表一

名称	气缸 1 推杆	气 缸 2
图示		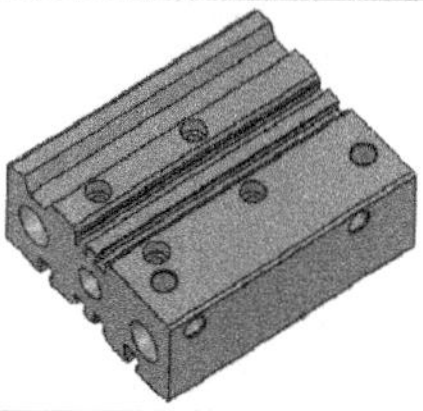
名称	气缸 2 推杆	气缸连接件
图示	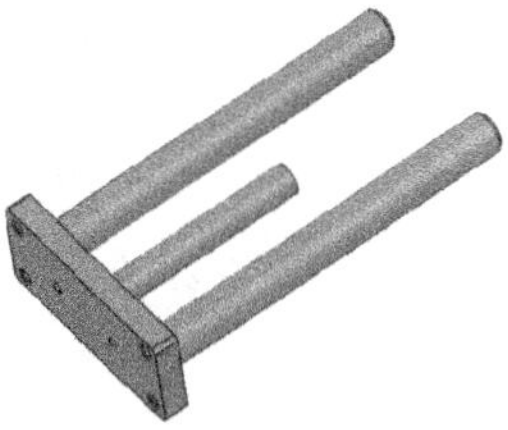	
名称	球　轴　承	双肘接头
图示		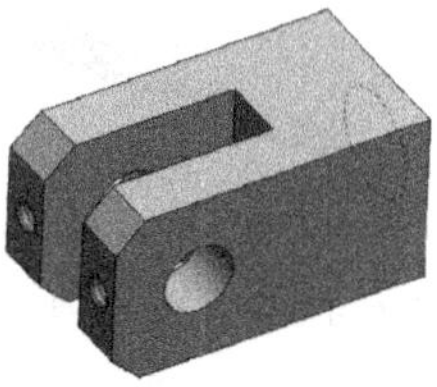
名称	双肘接头销轴	丝杆螺母安装座
图示	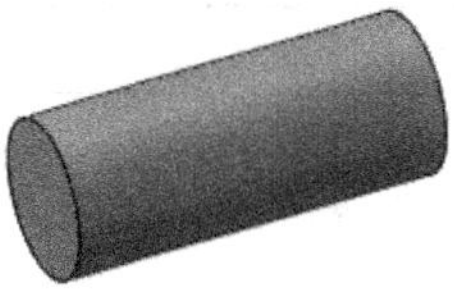	
名称	丝　杆　套	丝杆轴承座
图示	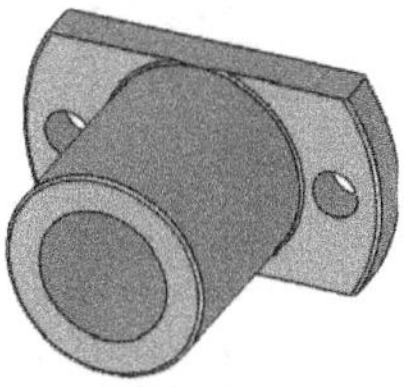	
名称	丝杆轴承座 2	铜　套
图示		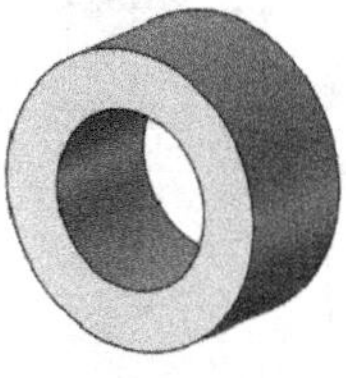

续表二

名称	轴	轴　承　座
图示	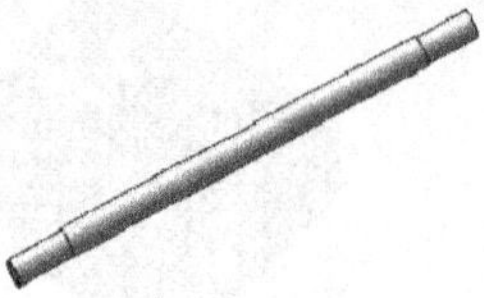	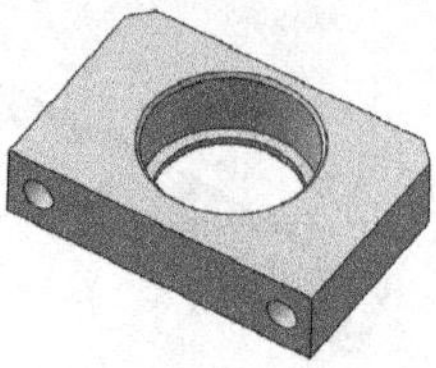
名称	轴承座加强筋	摆动托架
图示	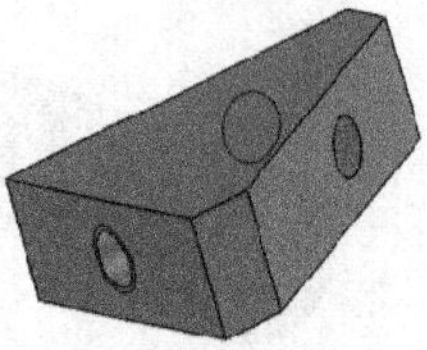	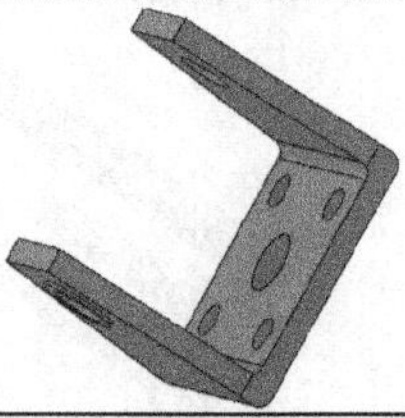
名称	丝　杆	杆端螺母
图示		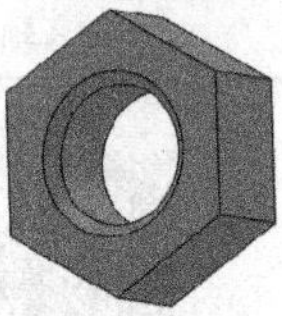

其中，球轴承建模过程如表 4-12 所示。

表 4-12　球轴承建模过程

视频：球轴承建模

步骤	1. 前视基准面绘制草图	2. 旋转凸台
图示	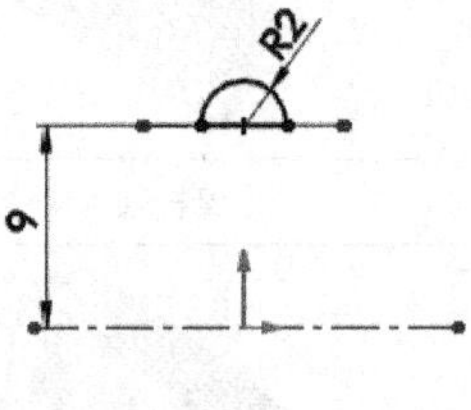	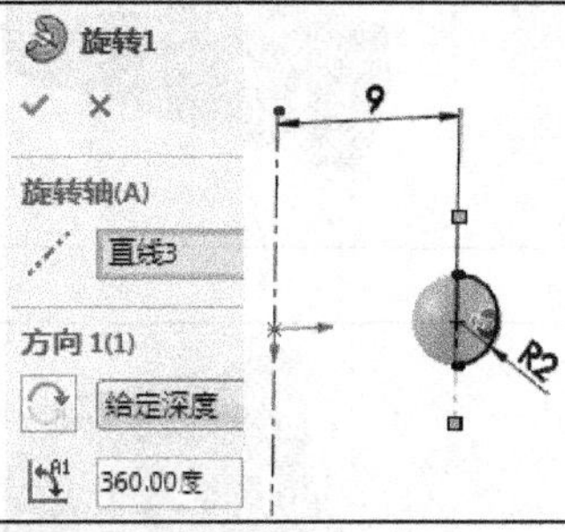
步骤	3. 前视基准面绘制草图	4. 旋转凸台，合并结果
图示	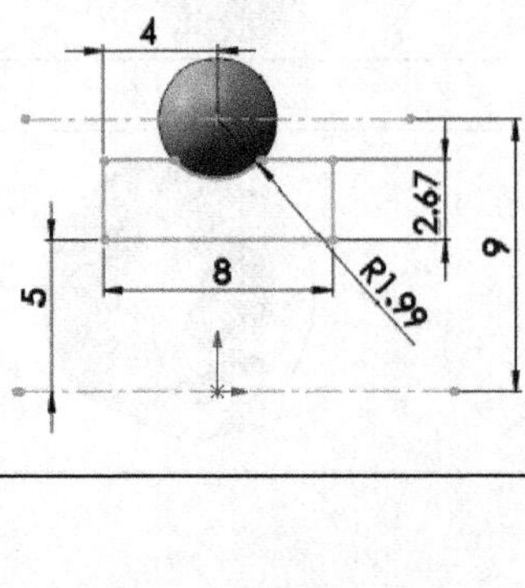	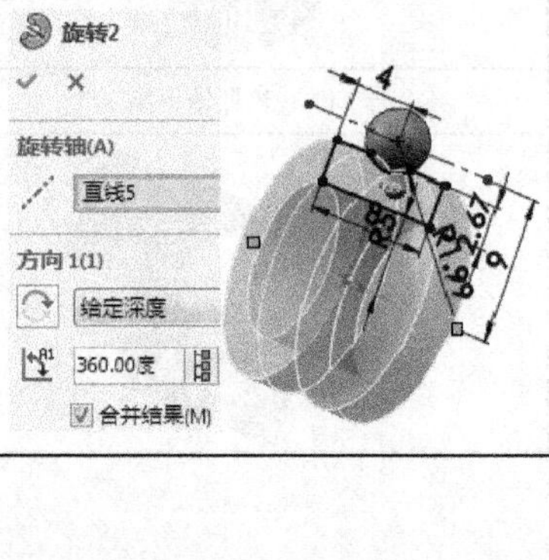

续表

步骤	5. 前视基准面绘制草图	6. 旋转凸台，合并结果
图示		
步骤	7. 圆周阵列滚珠，实例数 13	8. 圆角，半径 0.5 mm
图示		

本模块小结

执行机构是机器人的"手"，能根据控制系统发出的"命令"执行相应的动作，用在工业上的机器人的手一般称为末端操作器。由于被握工件、工具的形状、尺寸、重量、材质及表面状态等不同，因此工业机器人末端操作器是多种多样的。

上下料工业机器人执行机构多采用夹钳式取料手，包括气缸、固定支板、固定支架、驱动块、连接条板、卡爪等零部件。码垛作业对象为规范容器如箱、袋、桶等，其执行机构形式多为夹板、托架式或真空吸盘式。

本模块针对夹钳式取料手及托架式码垛机械手的主要零部件建模进行了详细介绍，通过学习，读者应掌握旋转、扫描、镜像、向导孔特征、法兰、装饰螺纹线的应用。

模块五

工业机器人执行机构的装配

装配体设计是 SolidWorks 软件的三大功能之一，是将零件在软件环境中进行虚拟，并可进行相关的分析。装配体设计可以生成由许多零部件所组成的复杂装配体，这些零部件可以是零件或者其他装配体(子装配体)。对于大多数操作而言，零件和装配体的行为方式是相同的。

建立装配体的方法有两种：自下而上设计法和自上而下设计法。

1. 自下而上设计法

"自下而上"设计法是较传统的方法，通过先设计并造型零部件，然后将其插入到装配体中，使用配合定位零部件。如果需要更改零部件，必须单独编辑零部件，更改可以反映在装配体中。

"自下而上"设计法对于先前制造、销售的零部件，或者标准零部件而言属于优先技术。这些零部件不根据设计的改变而更改其形状和大小，除非选择不同的零部件。

2. 自上而下设计法

在"自上而下"设计法中，零部件的形状、大小及位置可以在装配中进行设计。"自上而下"设计法的优点是在设计更改发生时变动较少，零部件根据所生成的方法而自动更新。

可以在零部件的某些特征、完整零部件或装配体中使用"自上而下"设计法。通常，设计人员在设计中采用"自上而下"设计法对装配体进行整体布局，并捕捉装配体特定的自定义零部件的关键环节。

任务一 装配过程

产品装配建模是一个能完整、正确地传递不同装配体设计参数、装配层次和装配信息的产品模型。产品装配建模不仅描述了产品零部件之间的层次关系、装配关系，而且描述了不同层次的装配体中的装配设计参数约束和传递关系。

下面以码垛机器人执行机构为例进行装配操作，具体包括手指机构装配、压具装配、支架装配、缓冲器装配和总装配。

5.1.1 手指机构装配

手指机构装配过程见表 5-1。

表 5-1 手指机构装配过程

步骤	1. 新建"装配体"文件，插入零部件"手指"	2. 线性阵列手指零件，距离 80 mm，实例数 8
图示		
步骤	3. 插入零部件"上固定杆"和"下固定杆"	4. 添加配合，上固定杆与手指孔同心，面与手指侧平面重合
图示		
步骤	5. 添加配合，下固定杆与手指侧面重合，上表面距离上固定杆下表面 75 mm，上、下固定杆端面重合	6. 插入"手指连接块"，添加配合，孔与下固定杆孔同心，上表面与下固定杆下表面重合
图示		
步骤	7. 线性阵列手指连接块	8. 插入"左轴架"和"右轴架"，并添加配合
图示		

步骤	9. 插入 2 个"胀紧联结套"，并添加装配，分别装入左、右轴架的轴孔内	10. 插入 2 个"轴架端盖"，添加配合。完成后保存文件为"手指机构.sldasm"
图示	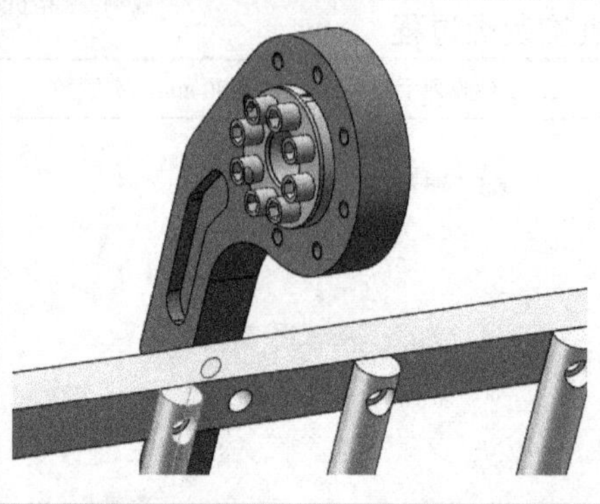	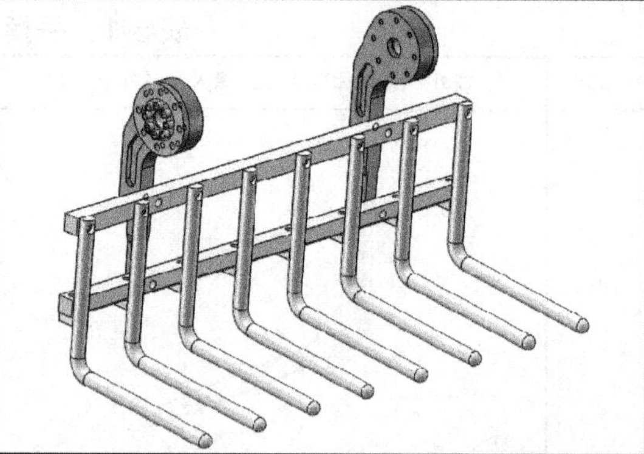

5.1.2 压具装配

压具装配过程见表 5-2。

表 5-2　压具装配过程

视频：压具装配

步骤	1. 新建"装配体"文件，插入零部件"压具""压具护板""压具联结板"和"压具加固板"	2. 创建两个基准轴
图示	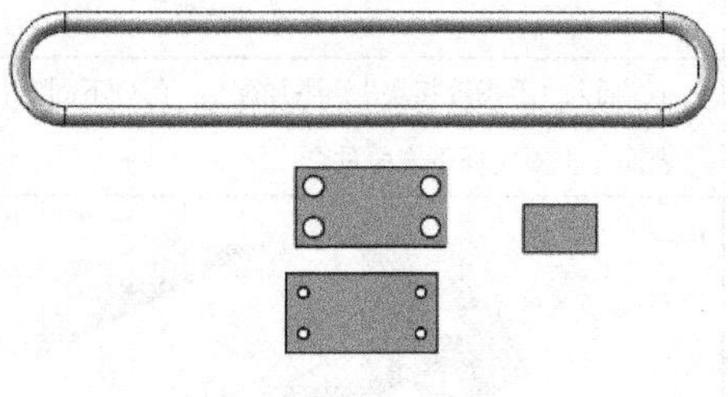	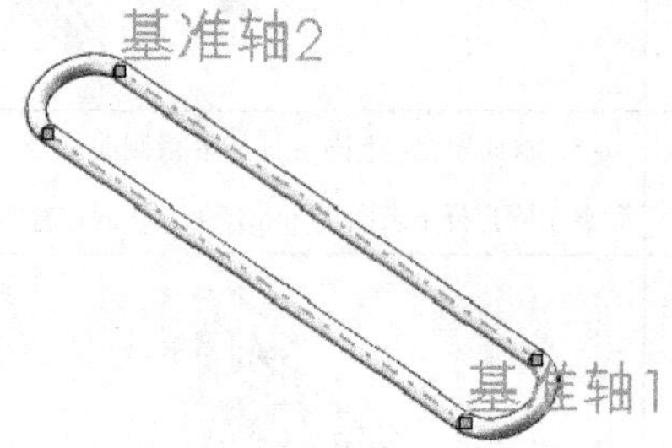
步骤	3. 创建经过两个基准轴的基准面	4. 添加配合，压具联结板上表面与基准面距离为 2 mm
图示	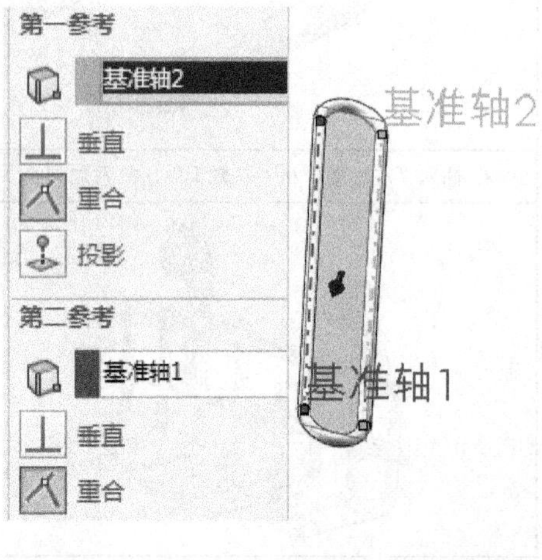	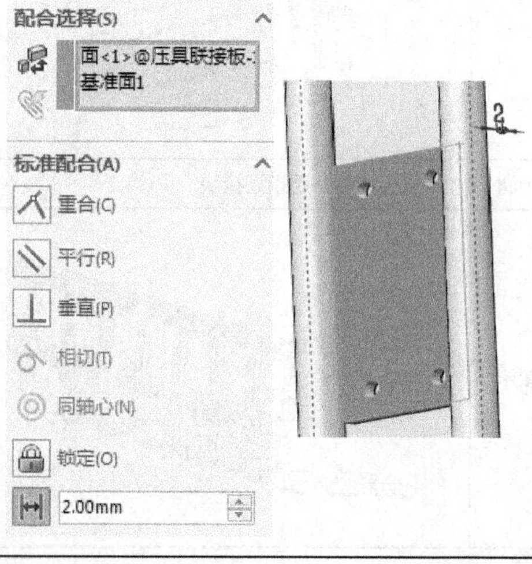

步骤	5. 添加配合,压具护板下表面与压具联结板上表面相距 4 mm,侧面与压具联结板侧面重合	6. 添加配合,压具加固板侧面与压具圆柱面相切,另一侧面与压具圆环部分端面重合
图示	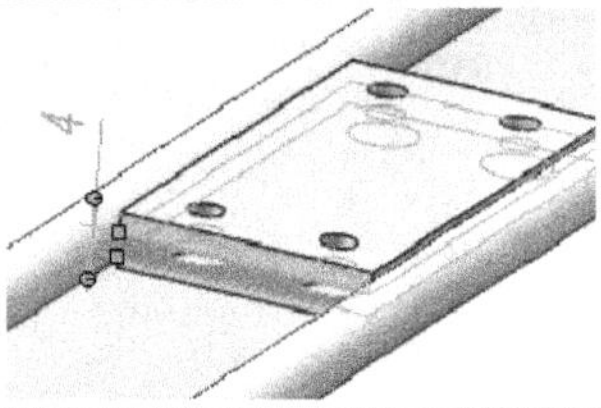	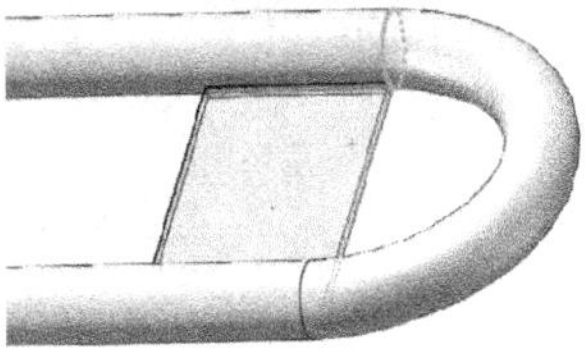
步骤	7. 添加配合,压具护板侧面与压具联结板侧面重合	8. 添加配合,压具加固板侧面与压具联结板侧面距离 120 mm,保存文件为"压具总成.sldasm"
图示	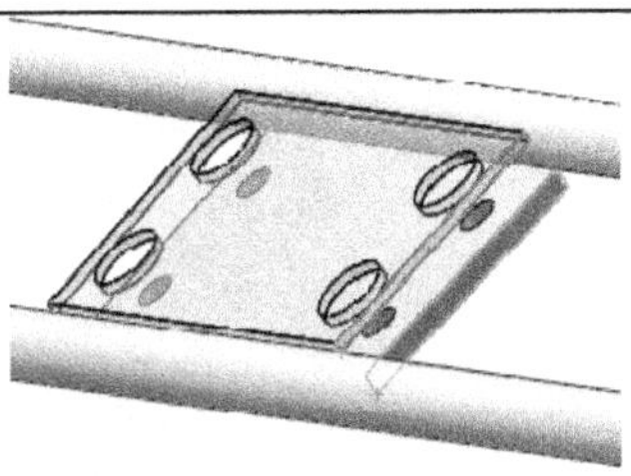	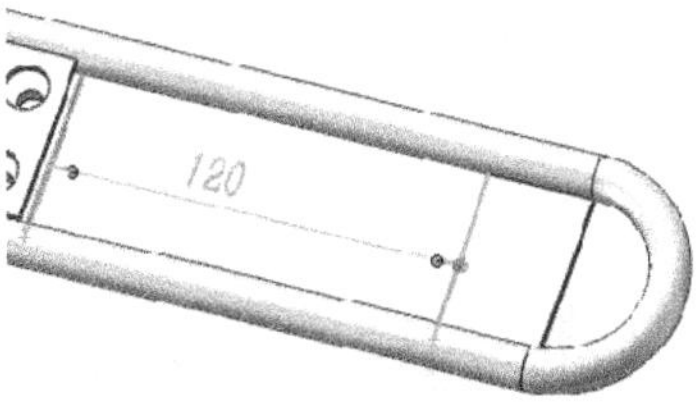

5.1.3 支架装配

支架装配过程如表 5-3 所示。

表 5-3 支架装配过程

视频:支架装配

步骤	1. 新建装配体,在前视基准面插入零部件"顶板",并添加距离配合,顶板侧面与上视基准面相距 127 mm	2. 添加配合,顶板侧面与右视基准面相距 120 mm
图示	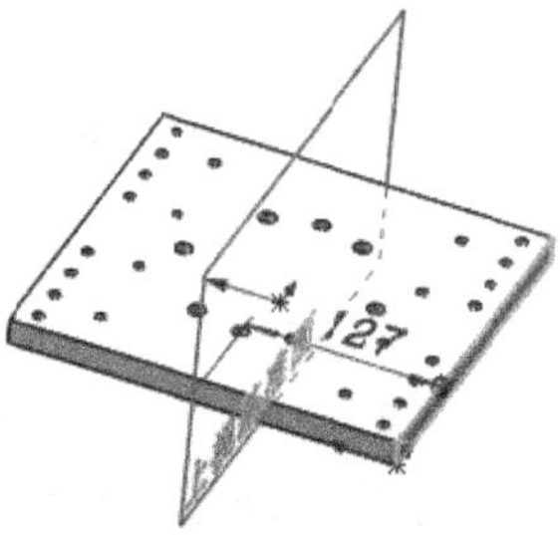	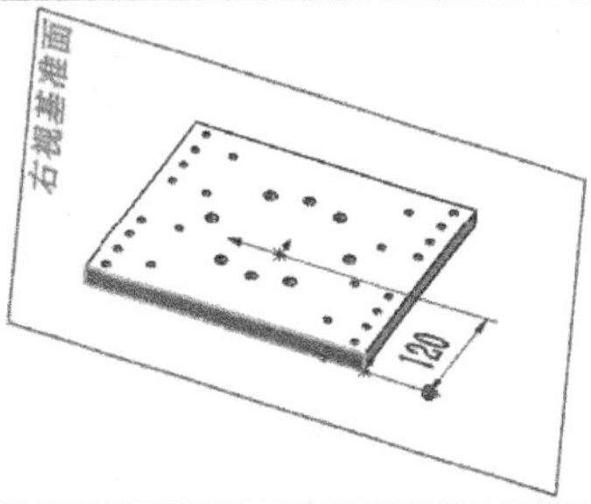
步骤	3. 插入"连接块",添加配合	4. 分别以上视和右视基准面为参考,镜像连接块
图示	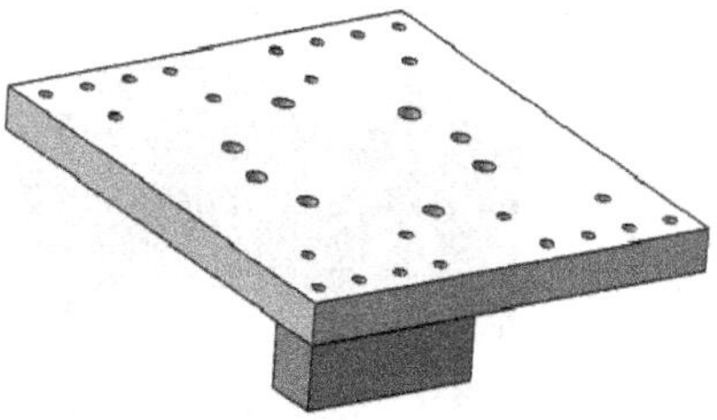	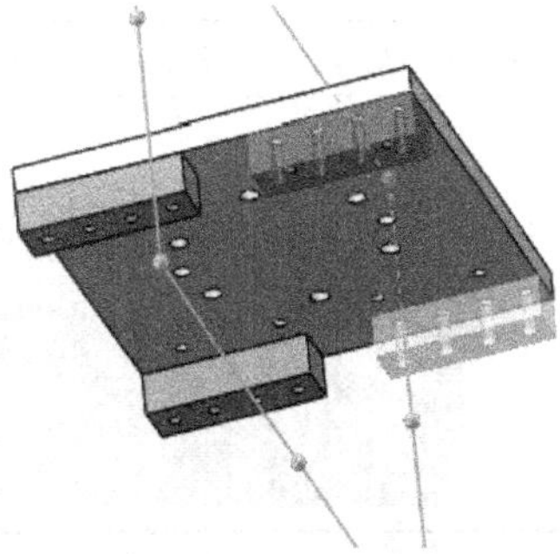

续表一

步骤	5. 插入零件"加固板"，添加配合	6. 以上视基准面为参考，镜像加固板
图示	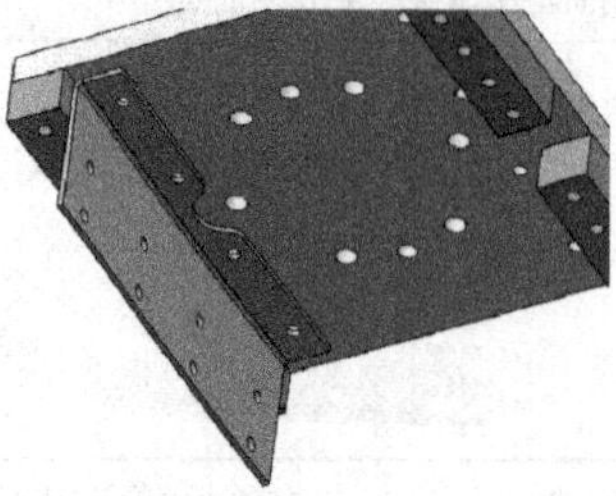	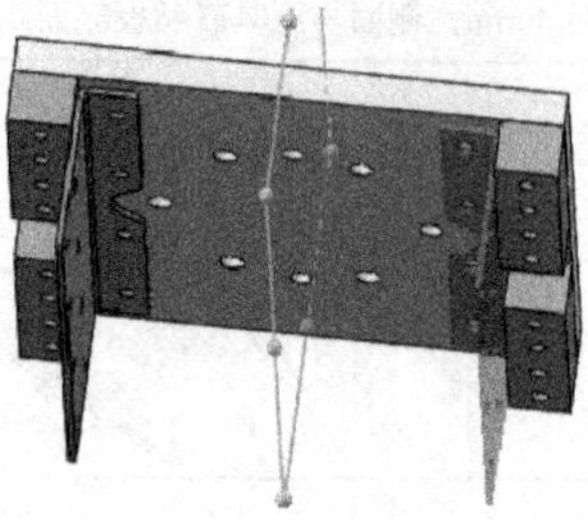
步骤	7. 插入零件"铝型材支架"，添加配合，一端与右视基准面距离为 385 mm	8. 插入 2 个"预装螺帽"，添加配合，与支架内侧面重合并与安装孔同心
图示	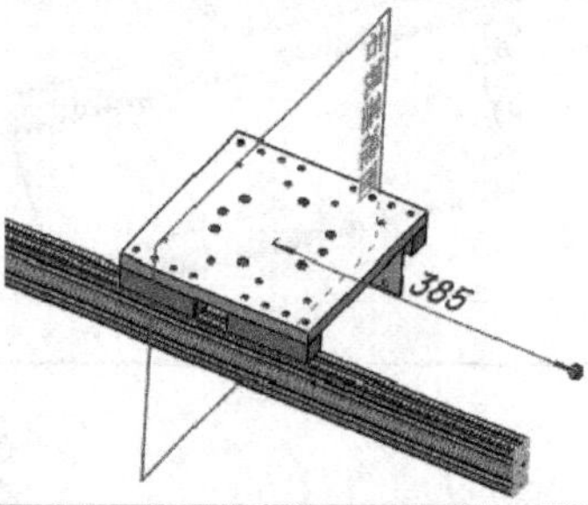	
步骤	9. 隐藏支架，线性阵列预装螺帽	10. 线性阵列另一预装螺帽
图示	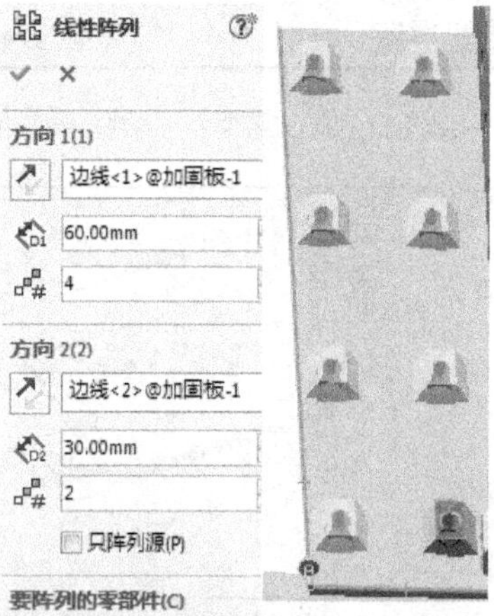	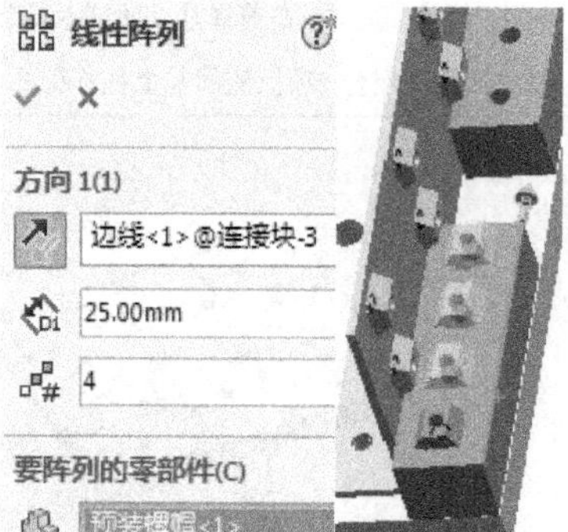
步骤	11. 以右视基准面镜像上步阵列的 4 个预装螺帽	12. 以上视基准面为参考镜像所有预装螺帽
图示		

续表二

步骤	13. 显示支架，插入 2 个 "型材端盖" 并配合至两端面	14. 以上视基准面为参考镜像端盖和支架
图示	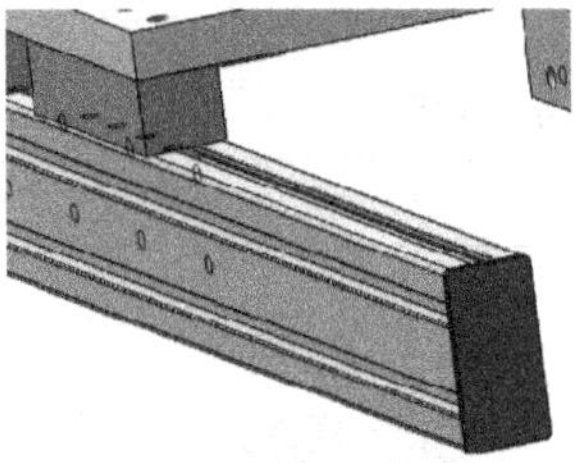	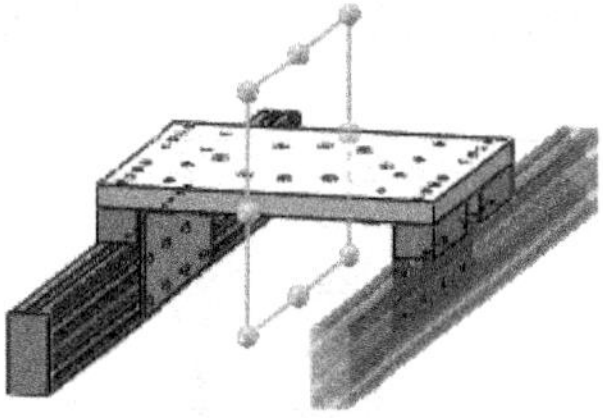
步骤	15. 插入 "支板"，侧面距离 30 mm，端面距离 2 mm	16. 插入 "限位板"，进行装配
图示	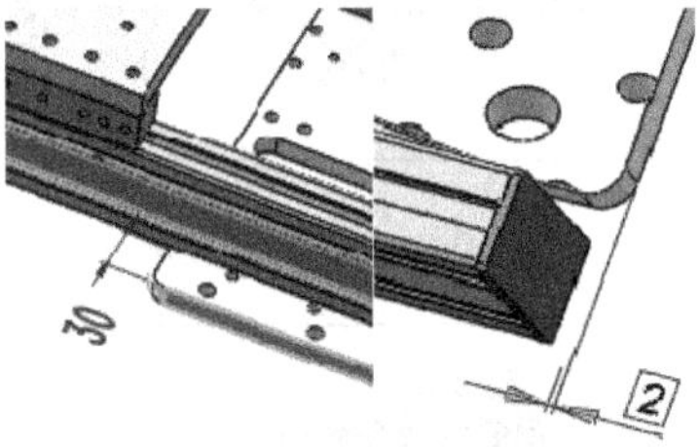	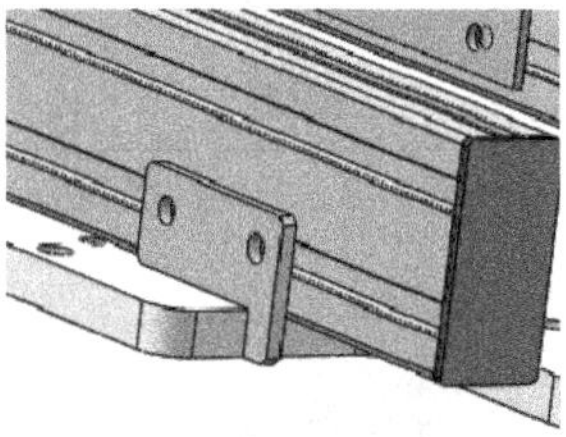
步骤	17. 插入 2 个预装螺帽，与限位板及支架进行装配	18. 镜像限位板和预装螺帽至另一侧支架
图示	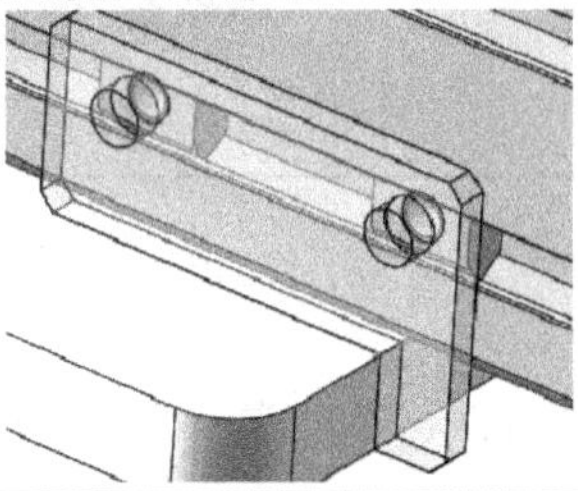	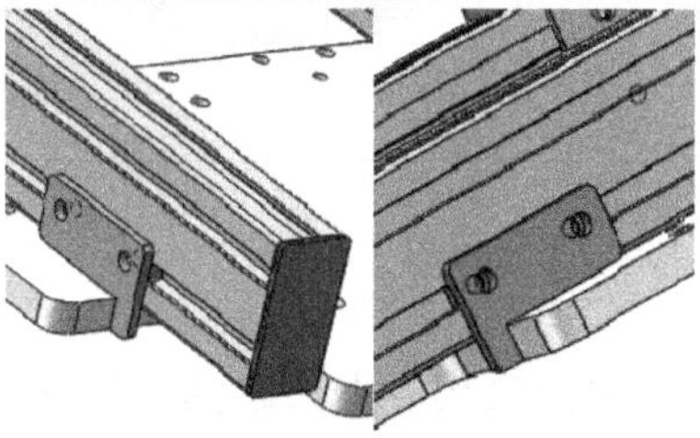
步骤	19. 插入气缸固定座水平板和竖直板并装配	20. 插入 2 个气缸固定座筋板并装配
图示	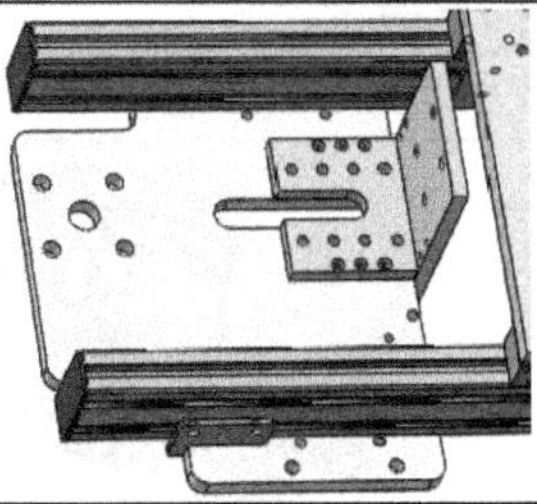	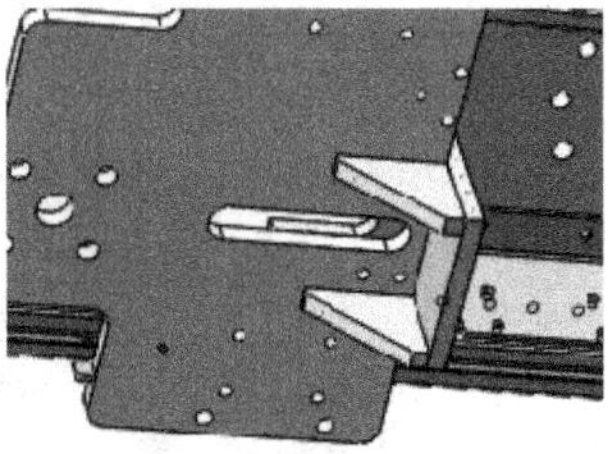
步骤	21. 插入摆动托架并装配	22. 以右视基准面为参考，镜像限位板、摆动托架、固定板、支板、筋板等，保存文件为 "支架总成.sldasm"
图示	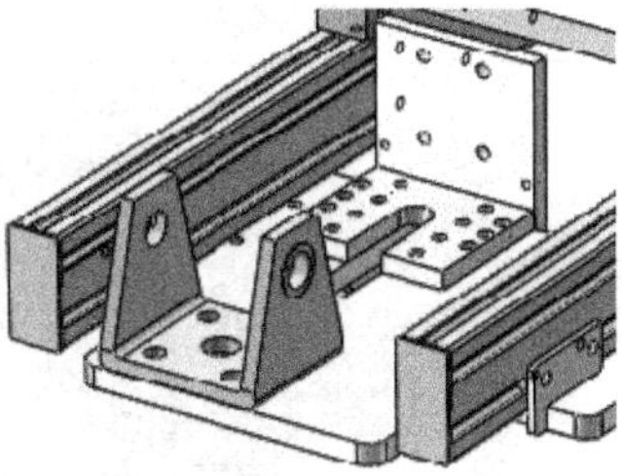	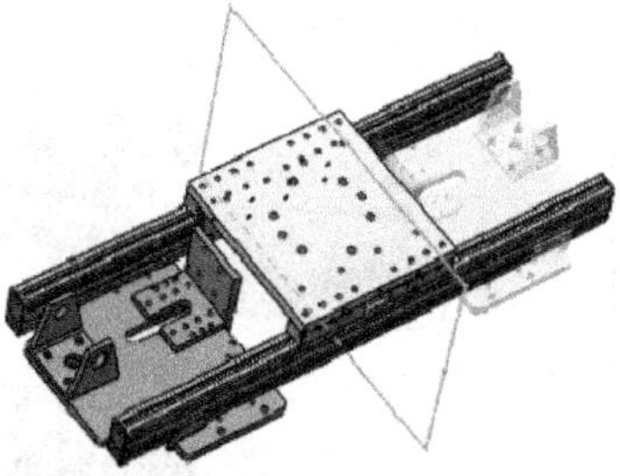

5.1.4 缓冲器装配

缓冲器装配过程如表 5-4 所示。

视频：缓冲器装配

表 5-4 缓冲器装配过程

步骤	1. 新建装配体，插入缓冲器圆筒、定位螺母、顶杆	2. 添加配合，圆筒与螺母同心，距离分别为 15 mm 和 3 mm
图示		
步骤	3. 添加配合，顶杆与圆筒同心，端面与一螺母端面重合	4. 保存文件为"缓冲器.sldasm"
图示		

5.1.5 总装配

将手指机构、支架总成、压具、缓冲器及其他附件再次组装，最终形成完整码垛执行机构，其过程如表 5-5 所示。

视频：总装配

表 5-5 码垛执行机构总装配

步骤	1. 新建装配体，插入支架总成、气缸 1、气缸 1 推杆	2. 添加配合，装配气缸 1
图示		
步骤	3. 装配气缸 1 推杆	4. 插入杆端螺母并装配
图示		

续表一

步骤	5. 插入双肘接头和双肘接头销轴，并装配	6. 插入气缸连接件和铜套，进行装配
图示	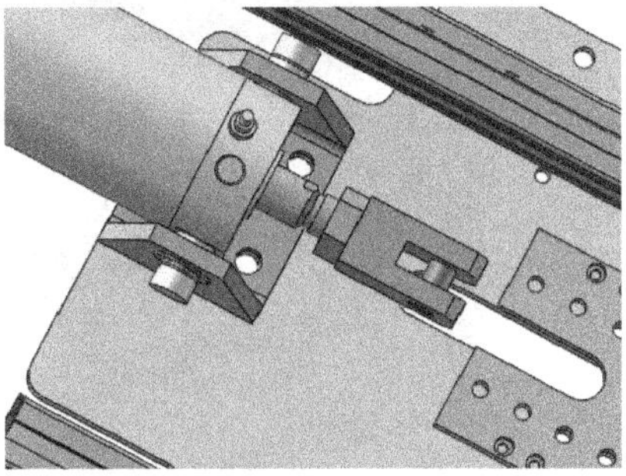	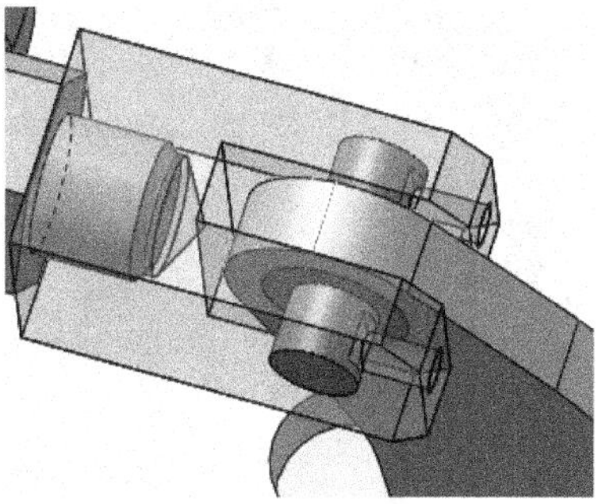
步骤	7. 插入 2 个轴承座，进行装配，孔与气缸连接件同心	8. 插入球轴承，进行装配
图示	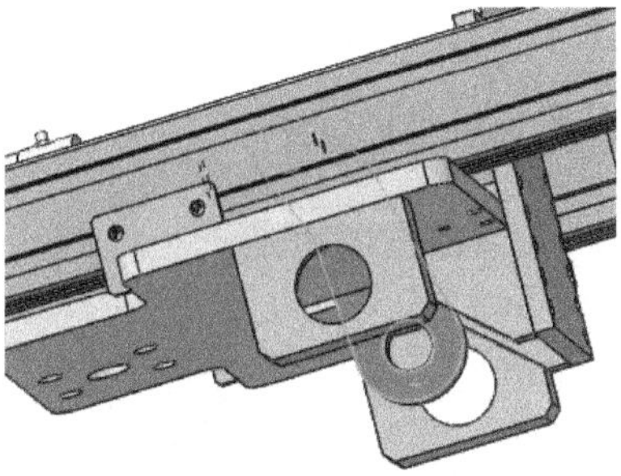	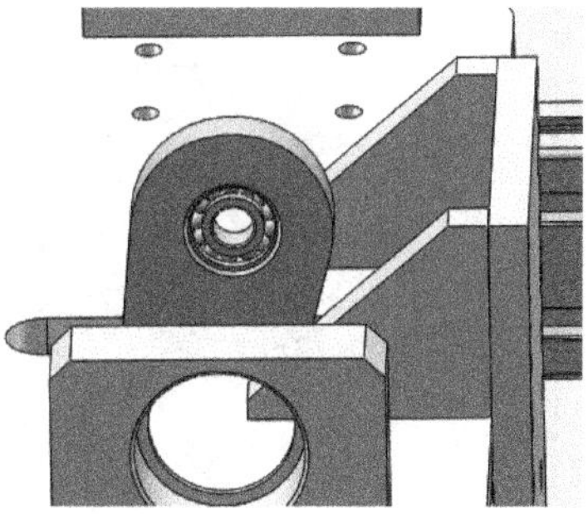
步骤	9. 插入 2 个球轴承 2，进行装配	10. 插入轴，进行装配
图示	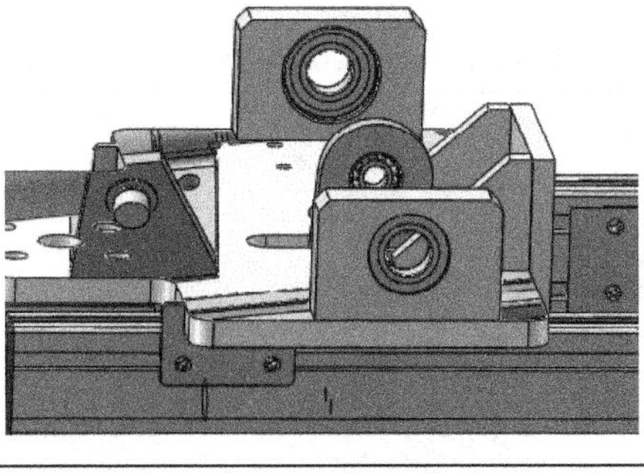	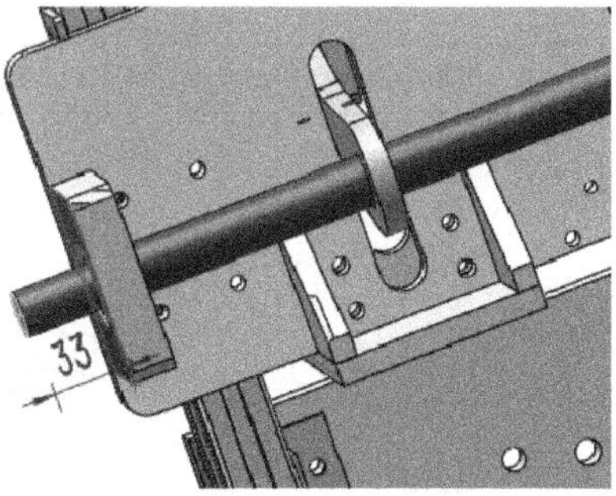
步骤	11. 插入手指机构，进行装配	12. 插入左、右缓冲器支架，进行装配
图示	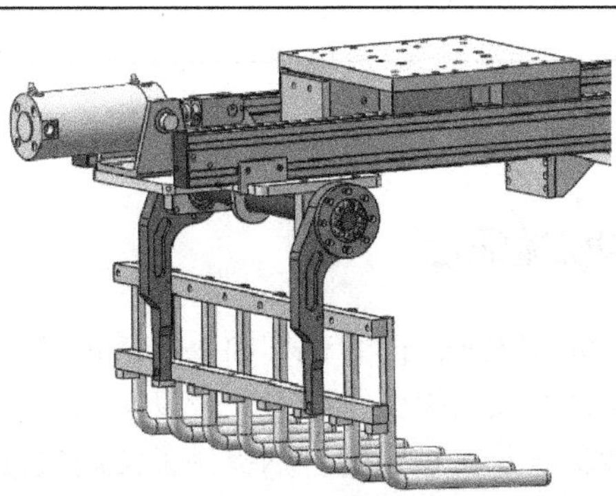	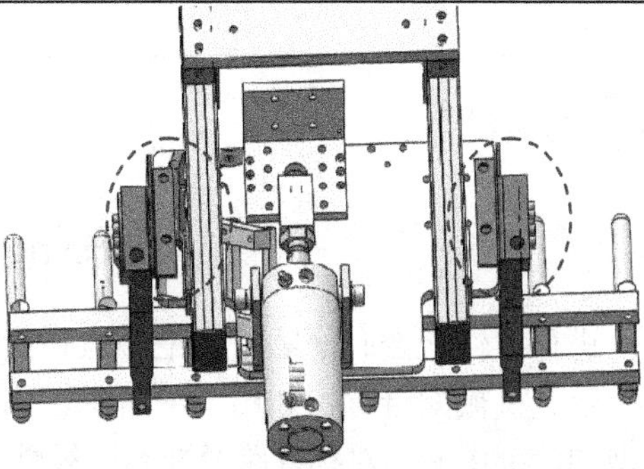

步骤	13. 插入 2 个缓冲器装配体，进行装配	14. 插入气缸 2 和气缸 2 推杆并装配
图示		
步骤	15. 插入压具固定板，与气缸 2 推杆进行装配	16. 创建基准面，距离 120 mm
图示	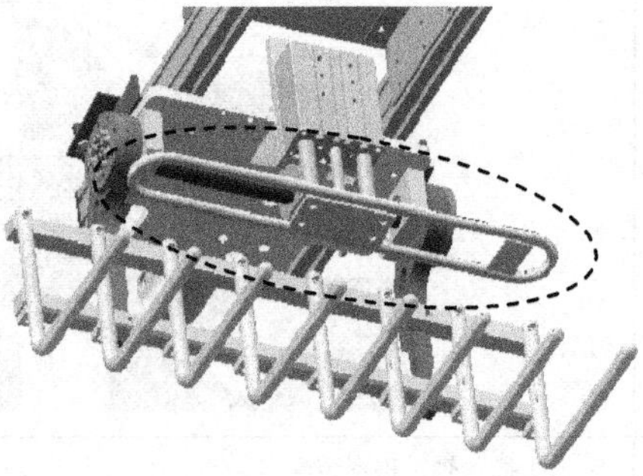	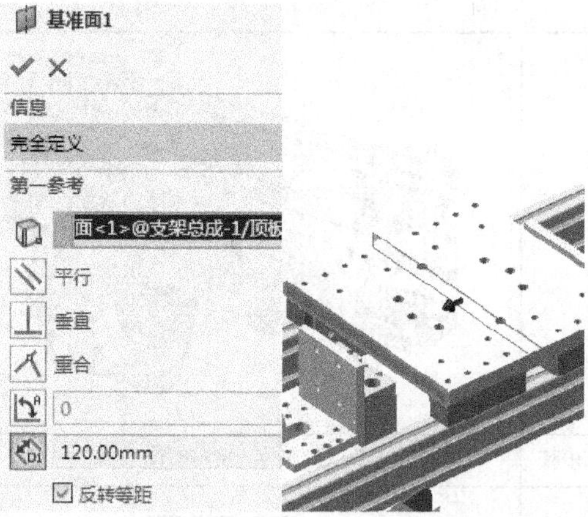
步骤	17. 以新建基准面镜像手指、压具、气缸等前面步骤所装配的附件。完成后保存文件为"码垛机械手.sldasm"。	
图示	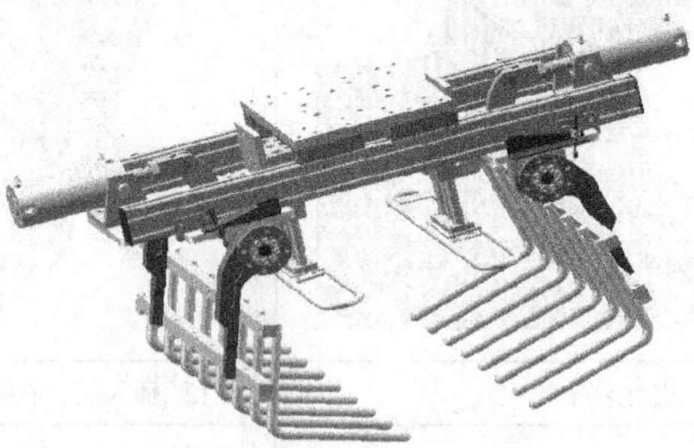	

知识扩展

高级配合和机械配合

进行零件配合时，需使用配合操作面板，SolidWorks 配合操作面板包括标准配合、高级配合、机械配合等，如图 5-1 所示。高级配合选项区提供了相对比较复杂的零部件配合类型如轮廓中心、对称、路径配合、线性/线性耦合等；机械配合则提供了常用机械零部件装配的配合类型：凸轮、槽口、齿轮、铰链、齿条小齿轮、螺旋及万向节。

图 5-1　配合操作面板

任务二　爆 炸 视 图

为了便于直观地观察装配体之中零部件之间的关系，经常需要分离装配体中零部件，以便形象地分析它们之间的关系。装配爆炸视图是在装配模型中组件按装配关系偏离原来位置的拆分图形。

5.2.1　爆炸视图简介

1. 爆炸视图操作面板

在【装配体】工具栏中单击【爆炸视图】按钮 ，或在菜单栏中选择【插入】→【爆炸视图】命令，属性管理器中显示【爆炸】操作面板，如图 5-2 所示。

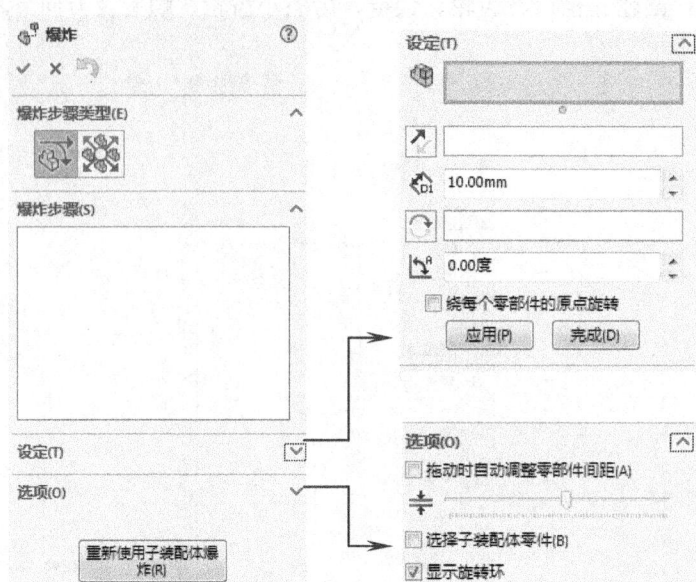

图 5-2　【爆炸】操作面板

【爆炸】操作面板中各选项区及选项含义如下：

(1) 爆炸步骤。该选项区用以收集爆炸到单一位置的一个或多个所选零部件。要删除爆炸视图，可以删除爆炸步骤中的零部件。

(2) 设定。【设定】选项区用于设置爆炸视图的参数，包括爆炸方向、爆炸距离等。

除了在面板中设定爆炸参数来生成爆炸视图外，用户在图形区选择要爆炸的零部件后图形区会显示三重轴，此时可以自由拖动三重轴的轴来改变零部件在装配体中的位置。

2. 爆炸视图的编辑

在制作过程中，如果对生成的爆炸视图不满意，可以对其进行修改。爆炸视图编辑的操作方法如下：

(1) 在【爆炸】面板下的【爆炸步骤】选项区中，选中需要编辑的爆炸步骤，单击鼠标右键在弹出的快捷菜单中选择【编辑步骤】命令，如图 5-3 所示。此时在视图中，爆炸步骤中要编辑的零部件为高亮显示，爆炸方向及三重轴出现。

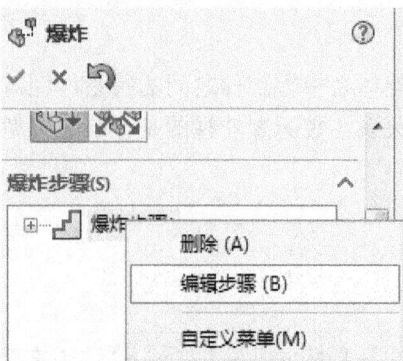

图 5-3　快捷菜单

(2) 在【爆炸】面板中编辑相应的参数，或拖动三重轴来改变距离参数，直到零部件达到想要的位置为止。

(3) 改变要爆炸的零部件或要爆炸的方向，单击相应的方框，然后选择或取消选择相应的项目。

(4) 要消除所爆炸的零部件并重新选择零部件，只需在图形区域选择零部件后单击鼠标右键，在弹出的快捷菜单中选择【消除选择】命令即可。

(5) 撤销对上一步骤的编辑，单击【撤销】按钮↰。

(6) 编辑每一个步骤之后，单击【应用】按钮。

(7) 要删除一个爆炸步骤，在【操作步骤】中单击鼠标右键，在快捷菜单中选择【删除】命令即可。

(8) 单击【爆炸】面板上的【确定】按钮，即可完成爆炸视图的修改。

5.2.2　创建爆炸视图

以上下料机械手为例，进行爆炸视图的制作，具体操作过程见表 5-6。

表 5-6　上下料机械手爆炸视图制作过程　　动画：上下料机械手爆炸视图

步骤	1. 打开"上下料机械手"装配体文件	2. 进入爆炸面板，选择 WRIST 部件，添加爆炸步骤
图示		
步骤	3. 选择内六角螺钉，添加爆炸步骤	4. 选择固定板零件，添加爆炸步骤
图示		

步骤	5. 选择气缸主体，添加爆炸步骤	6. 选择塞打螺栓，添加爆炸步骤
图示	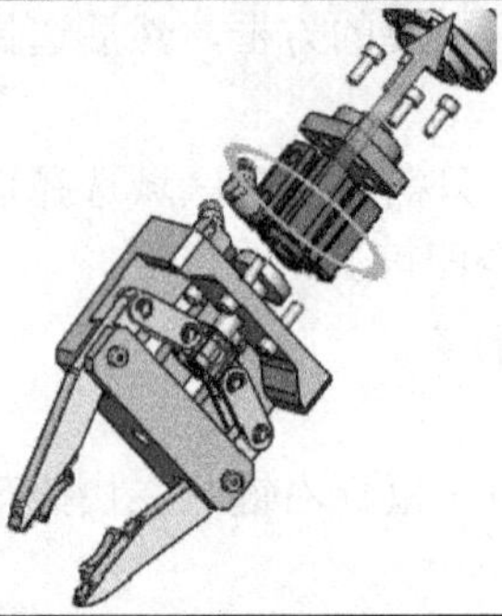	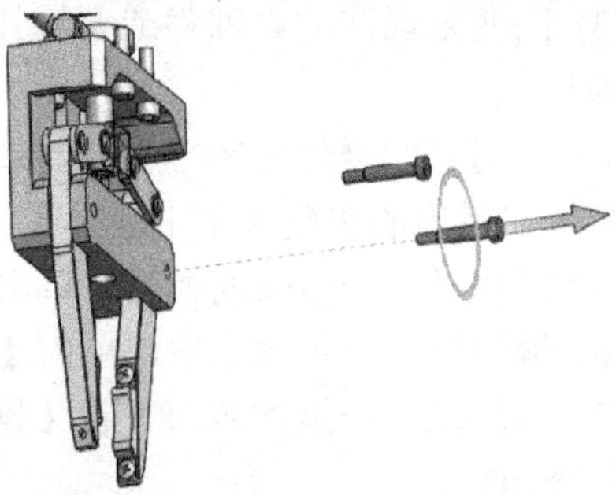
步骤	7. 选择开口挡圈，添加爆炸步骤	8. 选择销轴，添加爆炸步骤
图示	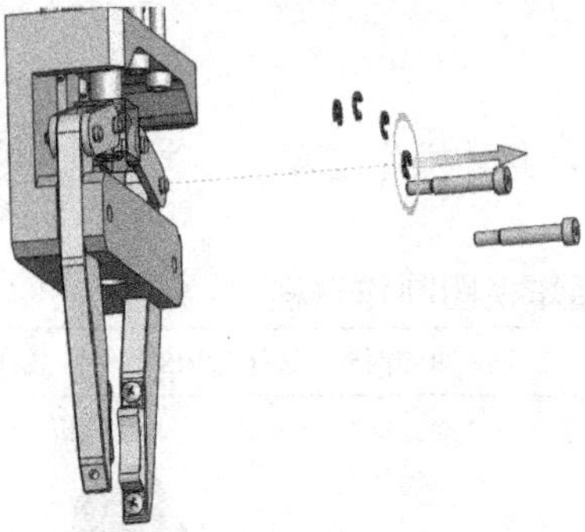	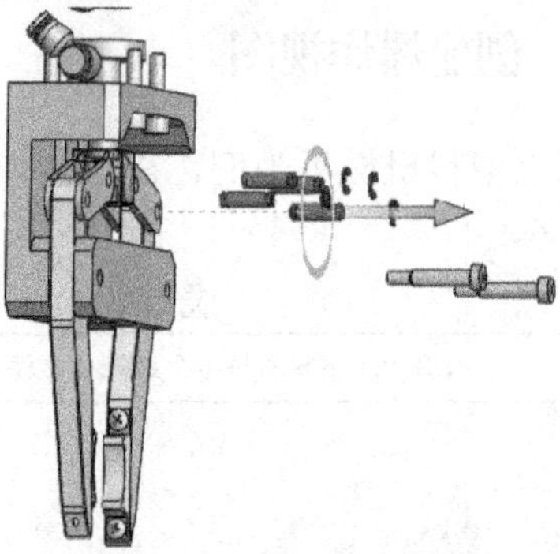
步骤	9. 选择条板，添加爆炸步骤	10. 选择一侧卡爪，添加爆炸步骤
图示	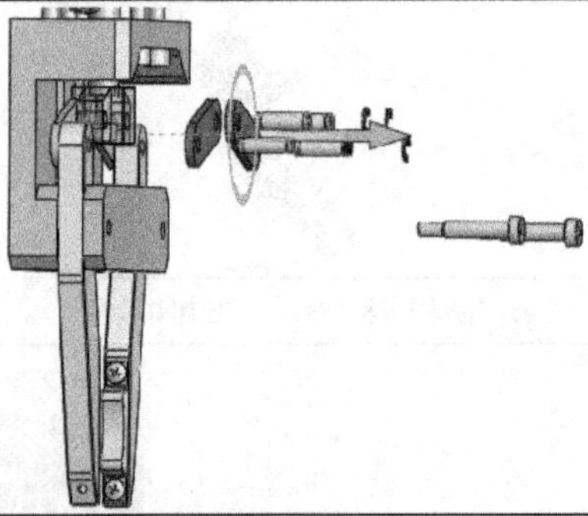	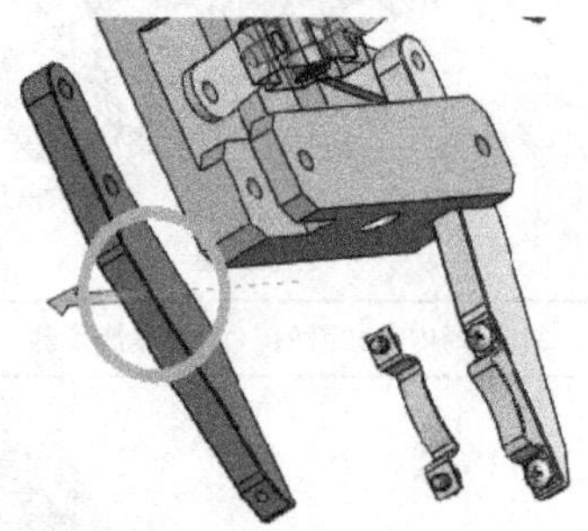
步骤	11. 选择另一侧卡爪，添加爆炸步骤	12. 选择驱动块，添加爆炸步骤
图示	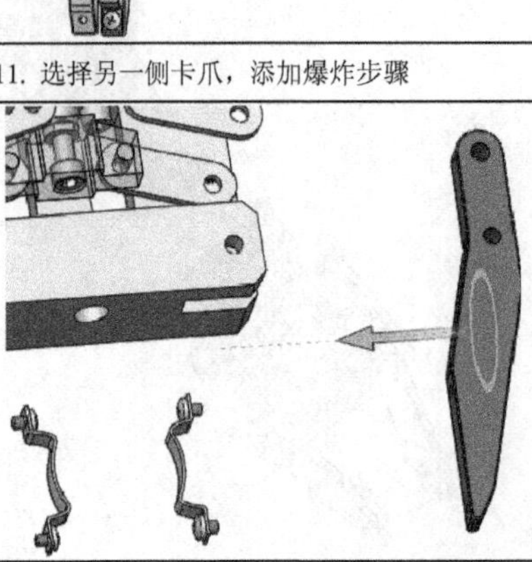	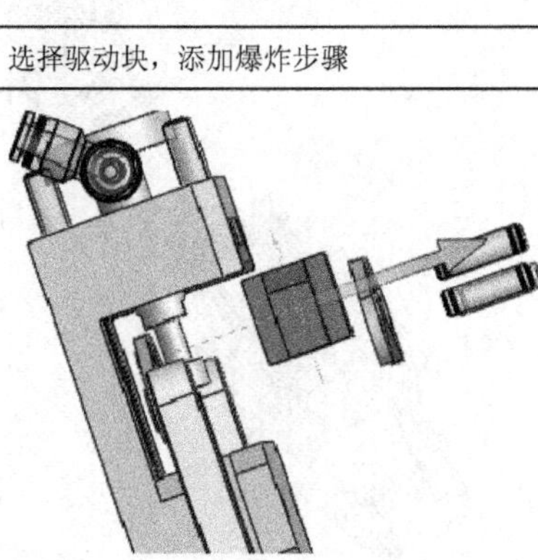

步骤	13. 选择气缸管接头，添加爆炸步骤	14. 选择气缸底部螺栓，添加爆炸步骤
图示		
步骤	15. 选择固定板，添加爆炸步骤	16. 完成后另存文件，并解除爆炸
图示		
步骤	17. 右击并选择【动画爆炸】	18. 在【动画控制器】中进行动画播放、保存动画等操作
图示		

本 模 块 小 结

　　产品装配建模描述了产品零部件之间的层次关系、装配关系，以及不同层次的装配体中的装配设计参数约束和传递关系。本模块以码垛机器人执行机构为例进行装配操作，以上下料机械手为例进行爆炸视图的创建。

　　通过学习，读者应掌握：产品装配设计的两种方法、装配模块应用基础、装配方案设计、约束配合方法的使用、爆炸视图命令启动、爆炸属性设置和生成爆炸视图的一般操作步骤。综合应用上述命令，完成产品的虚拟装配，以及爆炸视图的创建。

模块六

工程图创建

在实际中用来指导生产的主要技术文件并不是前面介绍的三维零件模型和装配体，而是二维工程图。SolidWorks 可以为三维实体零件和装配体创建二维工程图。零件、装配体和工程图是互相关联的文件，通过对零件或装配体所作的任何更改会导致工程图文件的相应变更。

任务一　认识工程图

SolidWorks 工程图由相对独立的两部分组成，即图纸格式和图纸。图纸格式在底层，图纸在上层。图纸格式通常用于设置图纸中固定的内容，如图纸的大小、图框格式、标题栏，也可以加入注释文字。图纸是用来建立工程视图、绘制几何关系元素、添加注释文字的。

6.1.1　工程图环境设置

不同系统选项和文件属性设置将使生成的工程图文件内容不同，因此，在工程图绘制前首先要进行系统选项和文件属性的相关设置，以符合工程图设计要求。

1. 系统选项设置

在菜单栏中选择【工具】→【选项】命令，弹出【系统选项(S)-工程图】对话框，如图 6-1 所示。工程图的其他选项可在【显示类型】、【区域剖面线/填充】主题中设置。

显示类型用于设置工程图视图显示和相切边线显示模式设置，如图 6-2 所示。区域剖面线/填充选项则用于进行区域剖面线的剖面线或实体填充、阵列、比例及角度设置，如图 6-3 所示。

系统选项(S) - 工程图

系统选项(S)　文档属性(D)　　　　　　　　　　　　　　　　　　　　　　　　　　　🔍 搜索选项

普通	☑ 在插入时消除复制模型尺寸(E)
工程图	☑ 在插入时消除重复模型注释(E)
显示类型	☑ 默认标注所有零件/装配体尺寸以输入到工程图中(M)
区域剖面线/填充	☑ 自动缩放新工程视图比例(A)
性能	☑ 添加新修订时激活符号(E)
颜色	☑ 显示新的局部视图标为圆(D)
草图	☐ 选取隐藏的实体(N)
几何关系/捕捉	☐ 禁用注释/尺寸推理
显示/选择	☑ 在拖动时禁用注释合并
性能	☑ 打印不同步水印(O)
装配体	☐ 在工程图中显示参考几何体名称(G)
外部参考	☐ 生成视图时自动隐藏零部件(H)
默认模板	☐ 显示草图圆弧中心点(P)
文件位置	☐ 显示草图实体点(S)
FeatureManager	☐ 在几何体后面显示草图剖面线
选值框增量值	☐ 在图纸上几何体后面显示草图图片
视图	☑ 在断裂视图中打印折断线(B)
备份/恢复	☑ 折断线与投影视图的父视图对齐
触摸	☑ 自动以视图增殖视图调色板(I)
异型孔向导/Toolbox	☐ 在添加新图纸时显示图纸格式对话(F)
文件探索器	☑ 在尺寸被删除或编辑(添加或更改公差、文本等...)时减少间距
搜索	☐ 重新使用所删除的辅助、局部、及剖面视图中的视图字母
协作	☑ 启用段落自动编号
信息/错误/警告	☐ 在材料明细表中覆盖数量列名称
	要使用的名称： [　　　　　　]
	局部视图比例缩放： 　2　 X
	自定义用为修订的属性： [修订　　　　　▼]
	键盘移动增量： 　10mm

[重设(R)...]　　　　　　　　　　　　　　　　　[确定] [取消] [帮助]

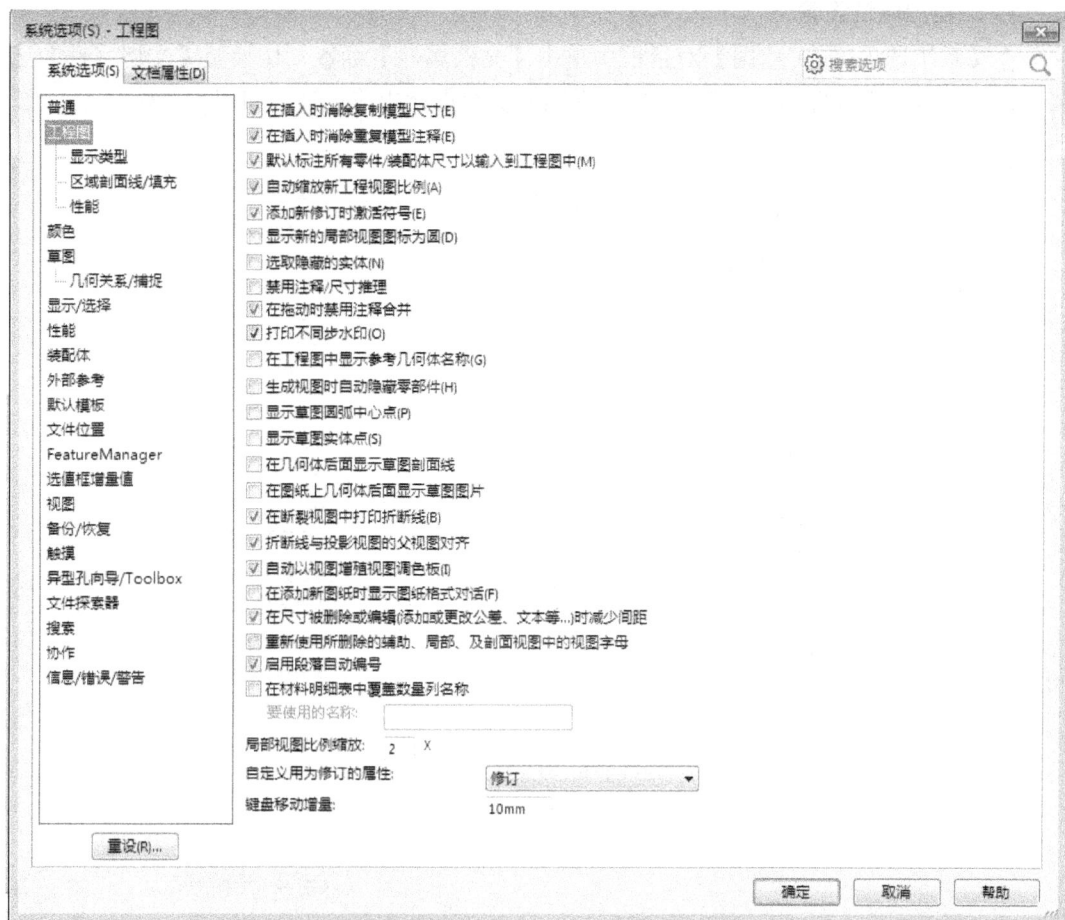

图 6-1 　【系统选项(S)-工程图】对话框

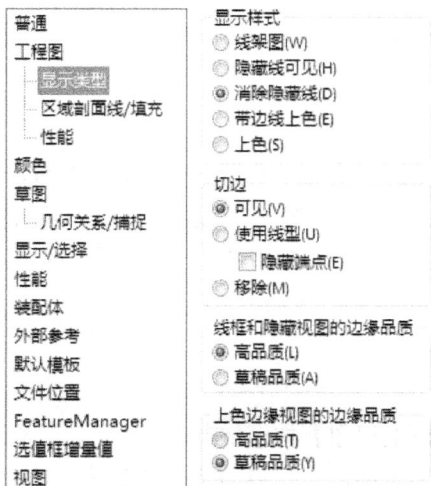

普通	**显示样式**
工程图	○ 线架图(W)
显示类型	○ 隐藏线可见(H)
区域剖面线/填充	● 消除隐藏线(D)
性能	○ 带边线上色(E)
颜色	○ 上色(S)
草图	**切边**
几何关系/捕捉	● 可见(V)
显示/选择	○ 使用线型(U)
性能	☐ 隐藏端点(E)
装配体	○ 移除(M)
外部参考	**线框和隐藏视图的边缘品质**
默认模板	● 高品质(L)
文件位置	○ 草稿品质(A)
FeatureManager	**上色边缘视图的边缘品质**
选值框增量值	● 高品质(T)
视图	○ 草稿品质(Y)

图 6-2 　工程图显示类型选项

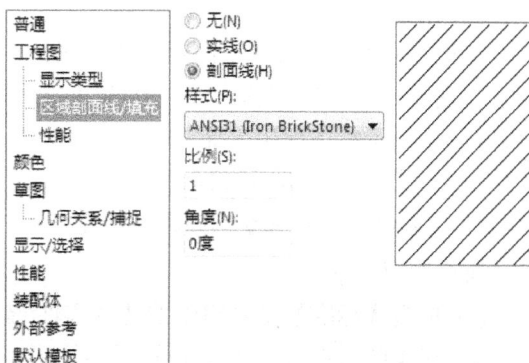

普通	○ 无(N)
工程图	○ 实线(O)
显示类型	● 剖面线(H)
区域剖面线/填充	**样式(P):**
性能	[ANSI31 (Iron BrickStone) ▼]
颜色	**比例(S):**
草图	1
几何关系/捕捉	**角度(N):**
显示/选择	0度
性能	
装配体	
外部参考	
默认模板	

图 6-3 　工程图区域剖面线/填充选项

2. 工程图属性设置

在【系统选项(S)-工程图】对话框中单击【文档属性】标签，切换至【文档属性】选项卡，再单击【出详图】，可进行工程图视图显示及更新相关设置，如图6-4所示。

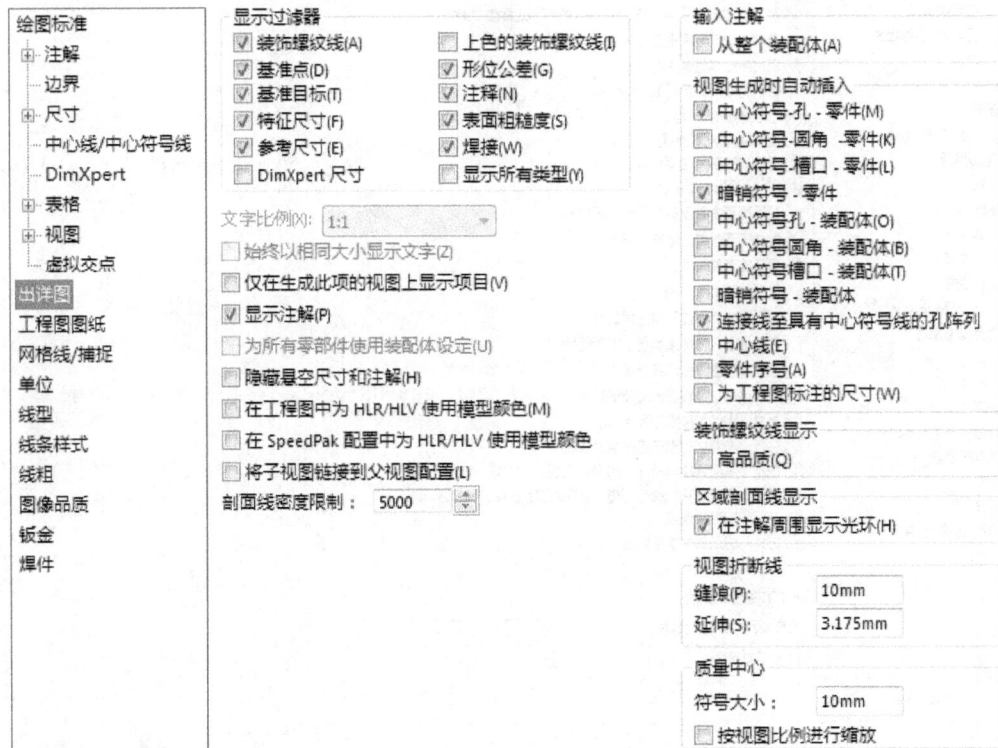

图 6-4　工程图显示与更新设置项

工程图的其他文件属性可在 DimXpert、尺寸、注解、表格、视图标号、箭头、注解显示等主题中进行设置。

6.1.2　工程图的创建

工程图包含一个或多个由零件或装配体生成的视图。在生成工程图之前，必须先保存与它有关的零件或装配体。可以从零件或装配体文件生成工程图。工程图文件的扩展名为.slddrw。新工程图使用所插入的第一个模型的名称将作为默认文件名，出现在标题栏中，可使用【另存为】修改其名称。

1. 从零件或装配体文件创建工程图

操作过程如下：

(1) 单击【标准】工具栏中的【从零件/装配体制作工程图】按钮。

(2) 在【图纸格式/大小】对话框中设置图纸格式和大小，然后单击【确定】按钮，如图6-5所示。

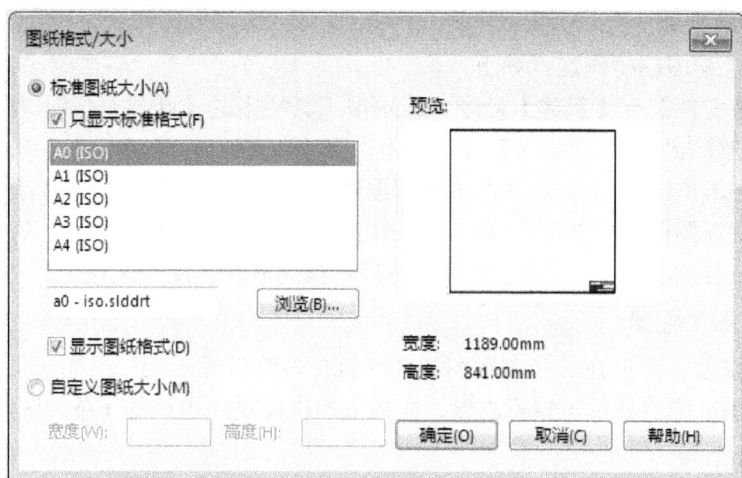

图 6-5　【图纸格式/大小】对话框

(3) 从【视图调色板】(见图 6-6)中将选定的视图拖放到工程图纸中，然后在设计树
(PropertyManager)中的【投影视图】面板中设定选项，如图 6-7 所示。

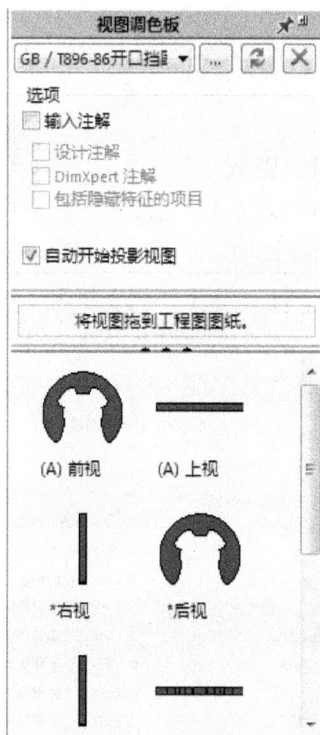

图 6-6　视图调色板

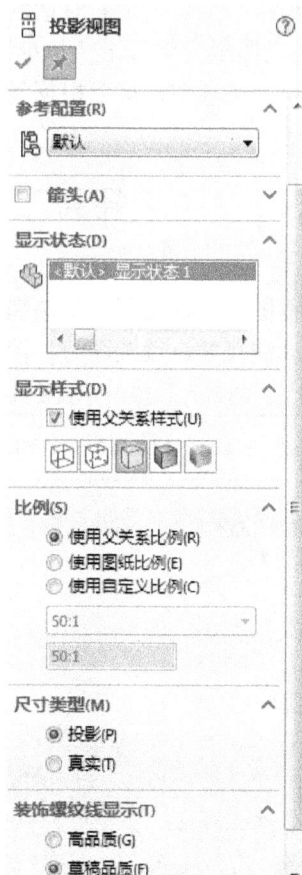

图 6-7　【投影视图】面板

2. 新工程图创建

生成新的工程图的操作过程如下：

(1) 选择【文件】→【新建】命令，或单击工具栏中的【新建】按钮 。

(2) 在【新建 SOLIDWORKS】对话框中选择工程图 ，然后单击【确定】按钮。

(3) 在【图纸格式/大小】对话框中设置图纸格式和大小，然后单击【确定】按钮。

(4) 在模型视图中从打开的文件中选择所需模型，或装配体文件。

(5) 在 PropertyManager 中指定选项，然后将视图放置在图形区域中。

3. 建立多张工程图

根据设计需要，可以在一个工程图文件中包含多张工程图纸。添加一张图纸的方法很简单，只需在图纸空白处单击鼠标右键，在弹出的快捷菜单中选择【添加图纸】命令即可。

4. 图纸格式

工程图图纸格式包括图幅大小、标题栏设置、零件明细表定位点在内的工程图中保持相对不变的文件。

(1) 选择【文件】→【新建】命令，或单击工具栏中的【新建】按钮 。

(2) 在【新建 SOLIDWORKS】对话框中选择工程图 ，然后单击【确定】按钮。

(3) 在【图纸格式/大小】对话框中提供了两个选项供选择图纸格式，即"标准图纸大小"和"自定义图纸大小"，在"标准图纸大小"选项中系统提供了所有图纸的大小，在"自定义图纸大小"选项中，可以根据设计需要自行设计图纸的宽度和高度(见图 6-5)。

任务二　基座的工程图创建

基座工程图的创建过程包括新建工程图文件，设置图纸，创建工程视图，标注尺寸，设置图号、图名等，具体步骤如表 6-1 所示。

表 6-1　基座工程图创建过程　　　　视频：基座工程图创建

步骤	1. 新建工程图，单击【高级】，选择图纸格式 gb_a3	2. 单击【模型视图】，浏览选择"箱体底座"零件文件
图示		

续表一

步骤	3. 加入右视图、前视图、左视图和后视图	4. 设置后视图隐藏线可见
图示		显示状态(D) <默认>显示状态1 显示样式(S) 比例(A)　隐藏线可见 ◉ 使用图纸比例(E) ◯ 使用自定义比例(C)
步骤	5. 选择工具栏智能尺寸按钮，标注右视图	6. 前视图上绘制中心线，进行尺寸标注
图示	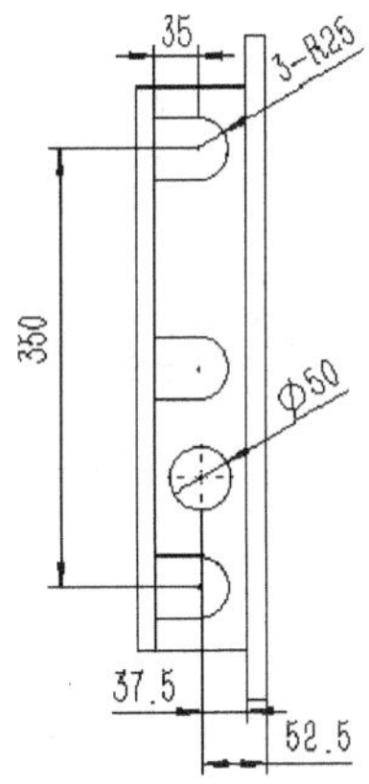	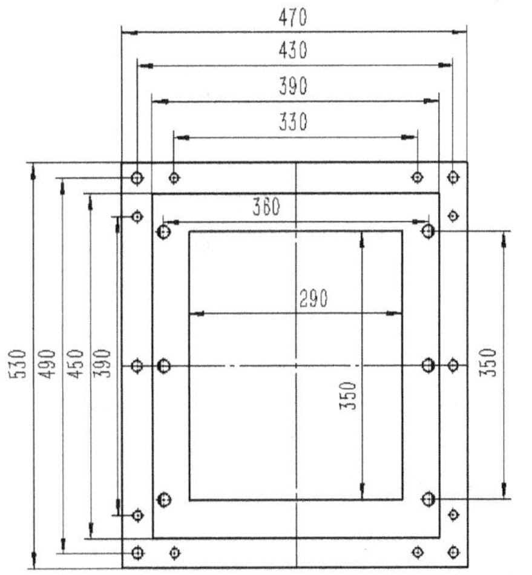
步骤	7. 单击工具栏【注释】按钮，选择引线方式及符号	8. 注释前视图圆孔和螺纹孔
图示	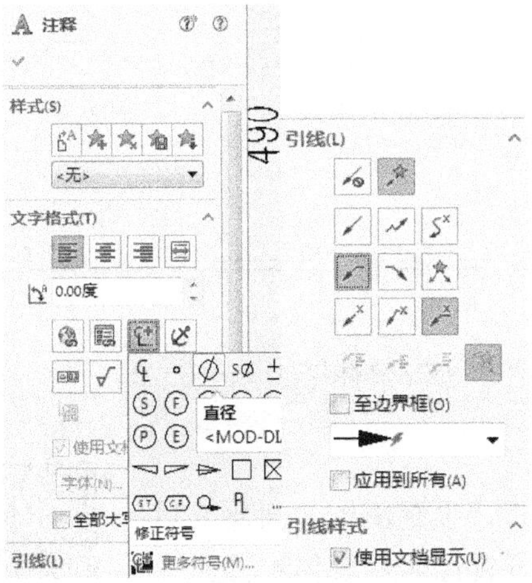	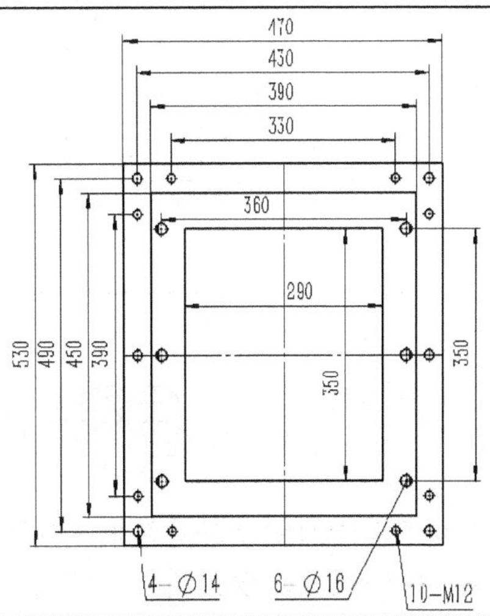

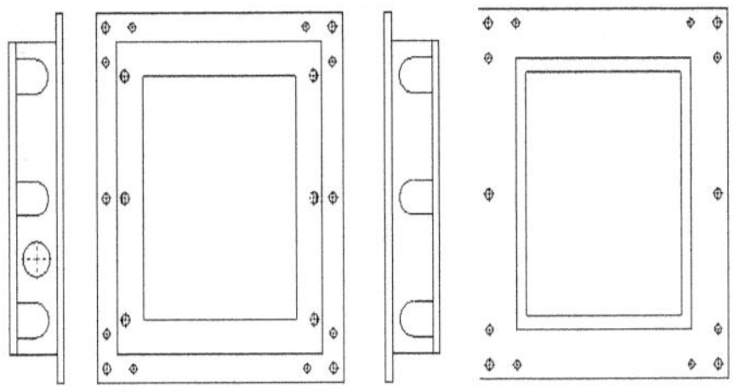

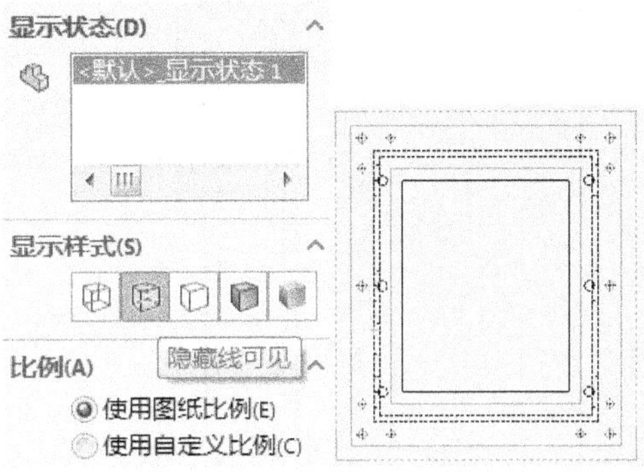

步骤	9. 标注左视图尺寸	10. 标注后视图尺寸
图示	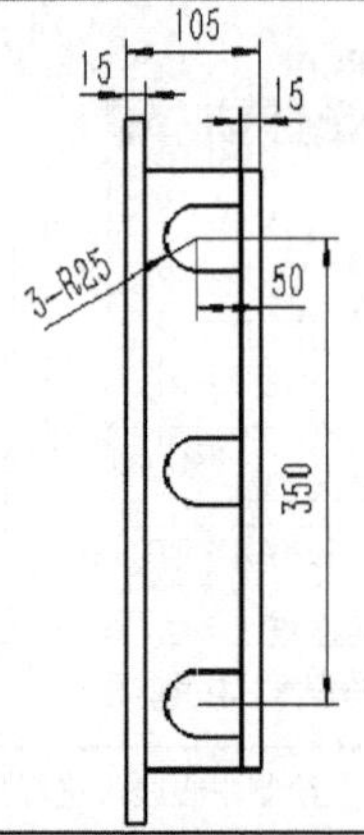	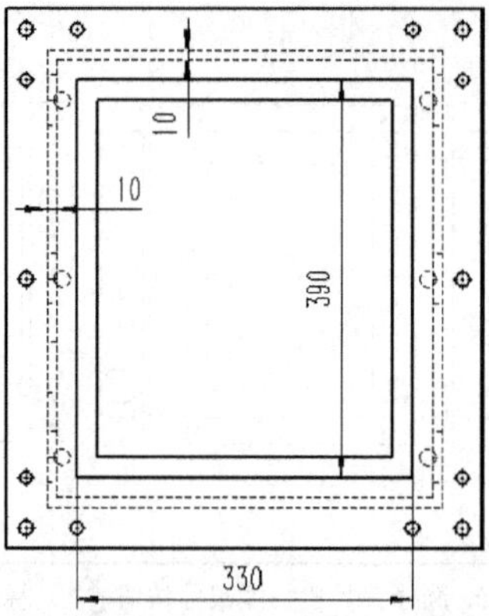
步骤	11. 用注释在适当位置添加技术要求说明	12. 右击设计树中"图纸格式1"，选择【编辑图纸格式】
图示	技术要求: 1、未注倒角0.5×45°。	
步骤	13. 输入材料、图名和图号，完成后单击右上角按钮完成设置	14. 保存文件
图示	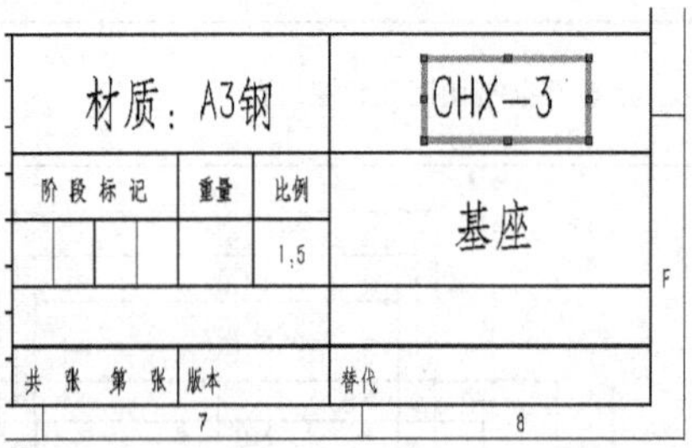	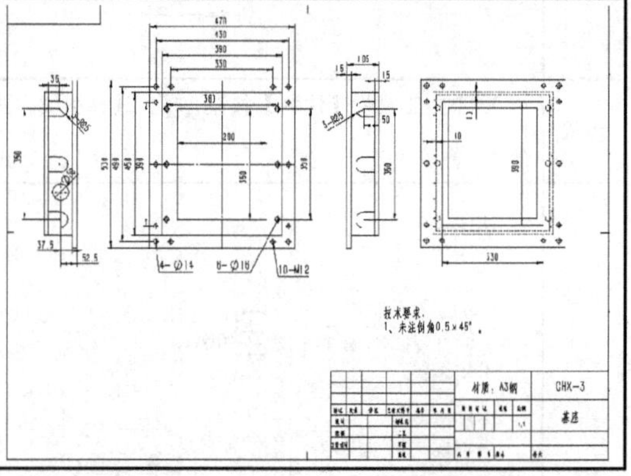

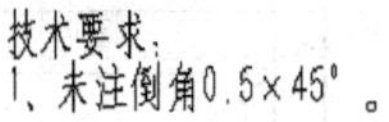

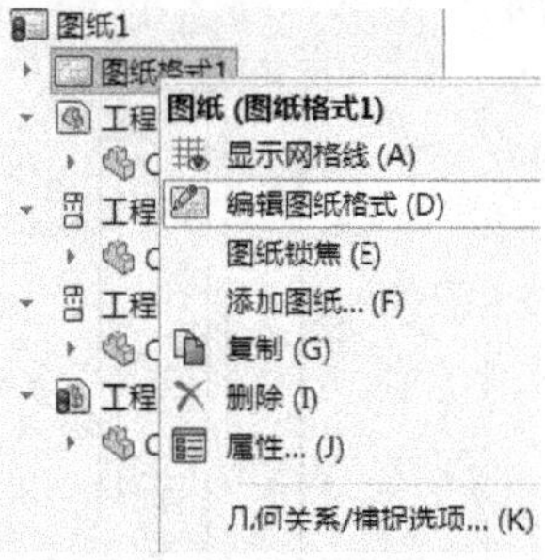

任务三　大臂的工程图创建

大臂工程图的创建过程包括新建工程图文件，设置图纸，创建工程视图，标注尺寸，设置图号、图名，创建剖视视图等，具体步骤如表6-2所示。

视频：大臂工程图创建

表 6-2 大臂工程图创建过程

步骤	1. 新建工程图，单击【高级】，选择图纸格式 gb_a3	2. 单击【模型视图】，浏览选择"大手臂 2"零件文件
图示	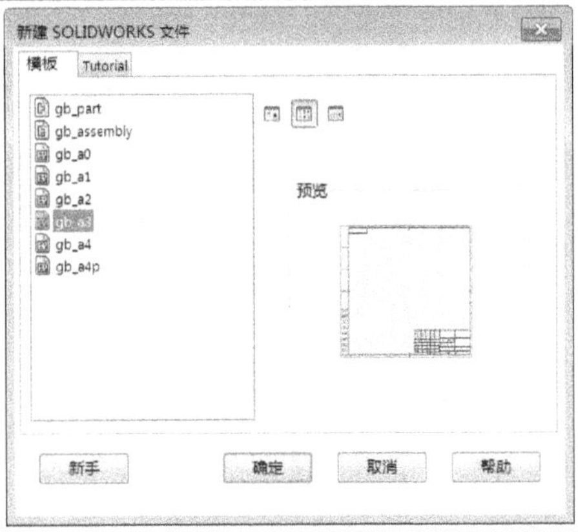	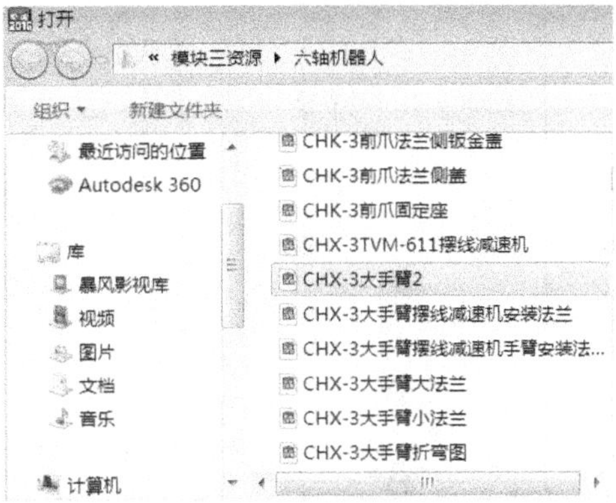
步骤	3. 右击设计树中"图纸格式 1"，选择【属性…】	4. 设置图纸比例为 1∶6
图示	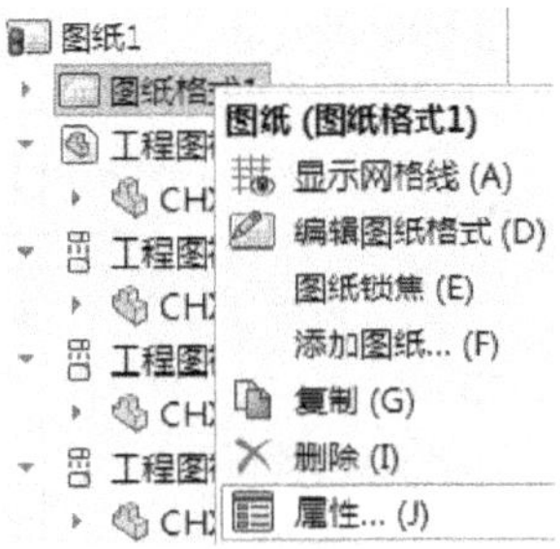	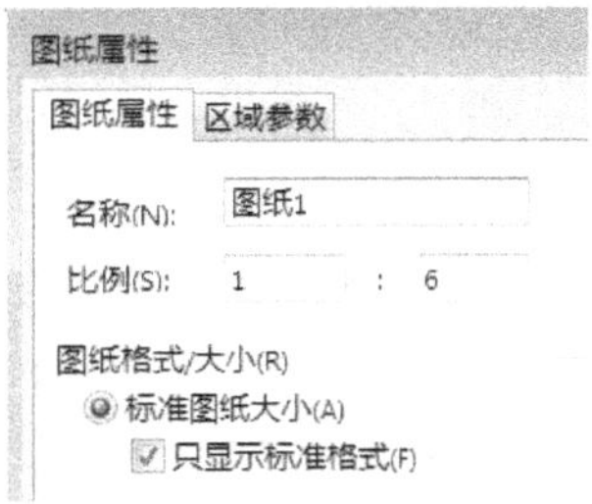
步骤	5. 添加后视图、右视图和等轴侧视图	6. 右击后视图，选择【缩放/平移/旋转】→【旋转视图】
图示	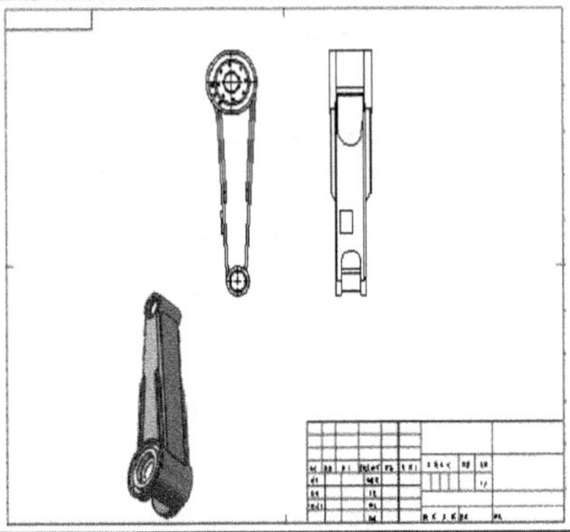	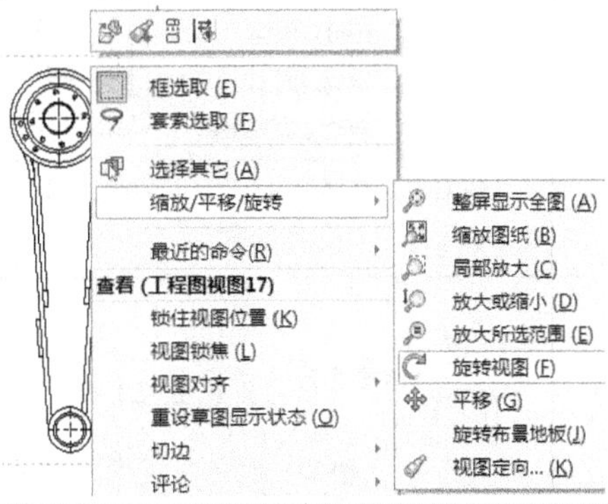
步骤	7. 在旋转工程视图中输入旋转角度 180 度，单击【应用】	8. 在弹出的对话框中单击【是】
图示	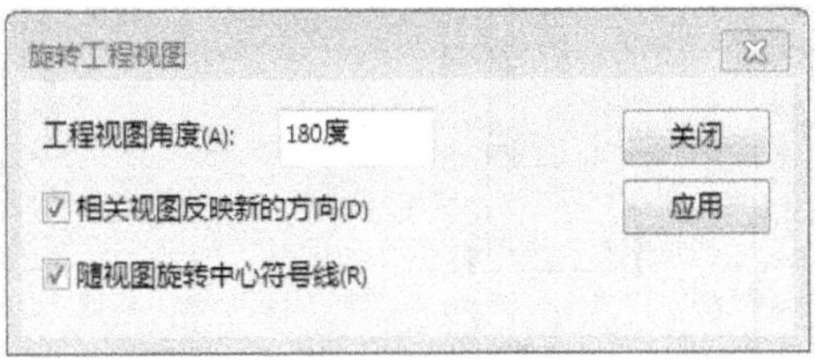	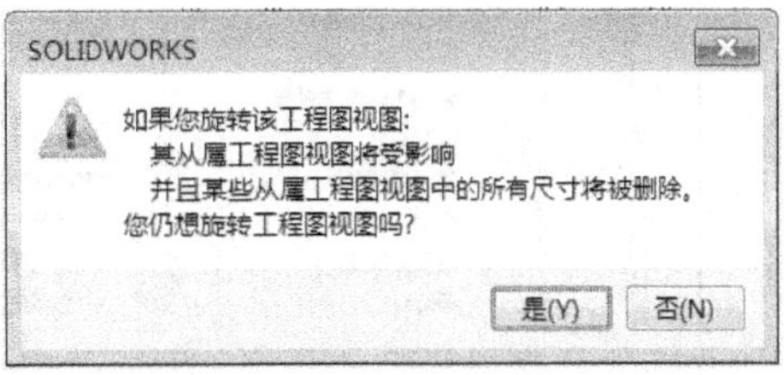

步骤	9. 关闭旋转工程视图对话框	10. 单击工具栏【剖面视图】按钮，添加剖面视图 A-A
图示	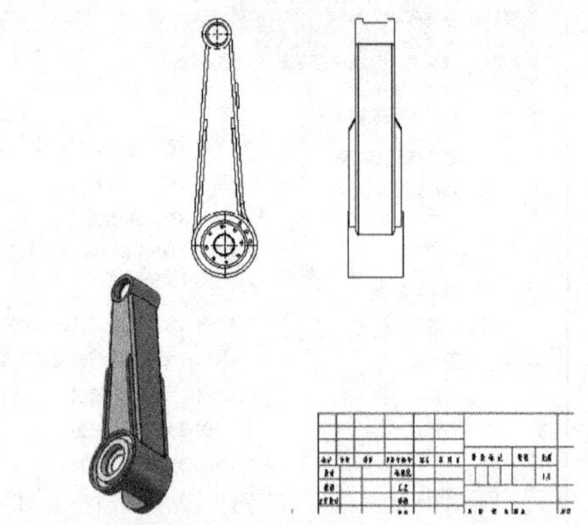	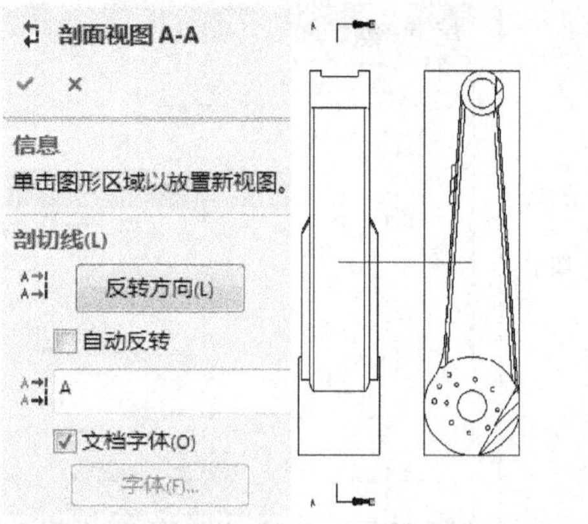
步骤	11. 添加剖面视图 B-B	12. 添加剖面视图 C-C
图示	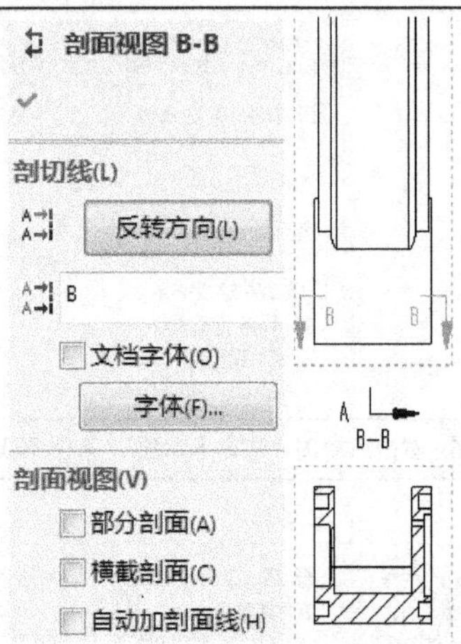	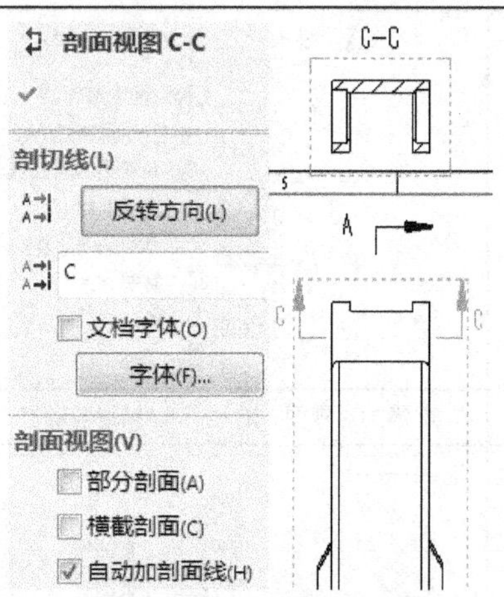
步骤	13. 右击 C-C 剖视图，选择【视图对齐】→【解除对齐关系(A)】	14. 移动 C-C 剖视图至合适位置
图示	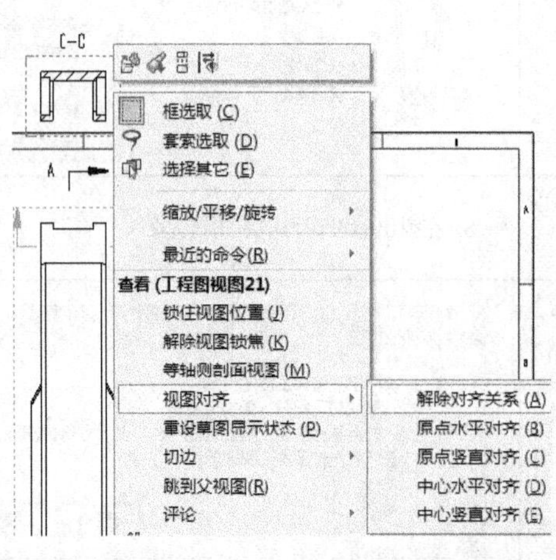	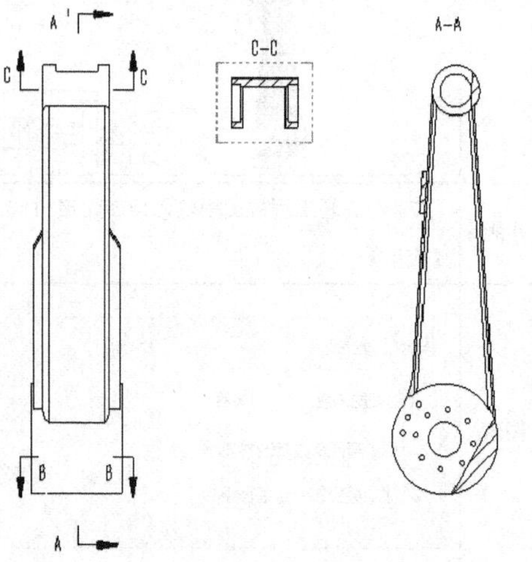

续表二

步骤	15. 单击工具栏【辅助视图】按钮，添加辅助视图 D	16. 辅助视图 D 尺寸标注
图示	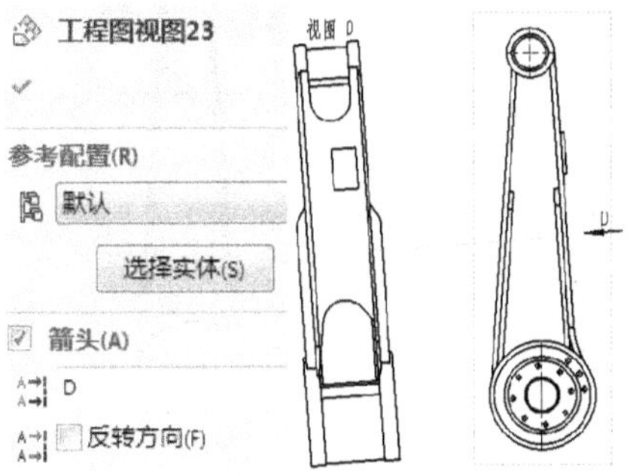	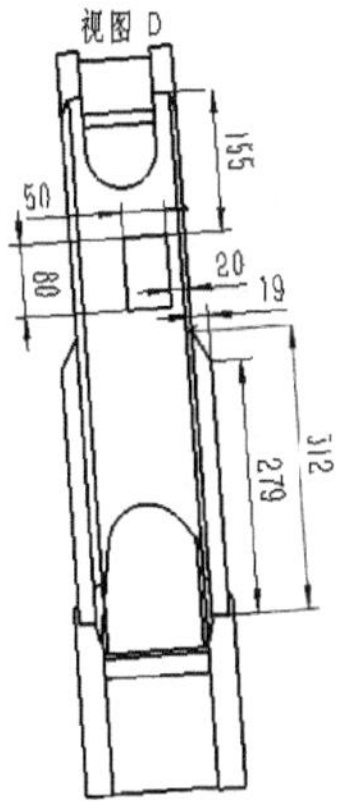
步骤	17. 标注后视图	18. 标注右视图、剖面视图 B-B
图示	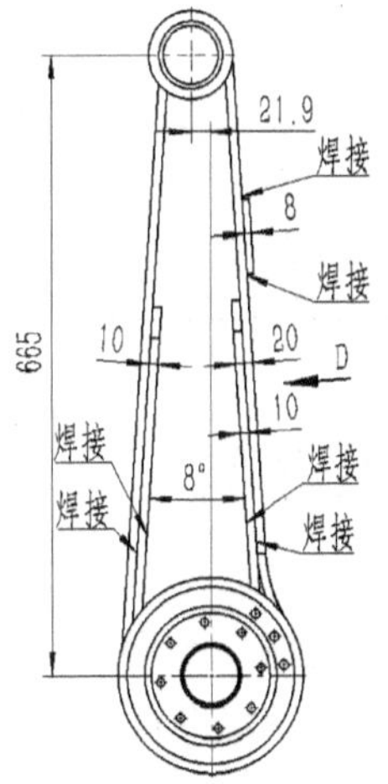	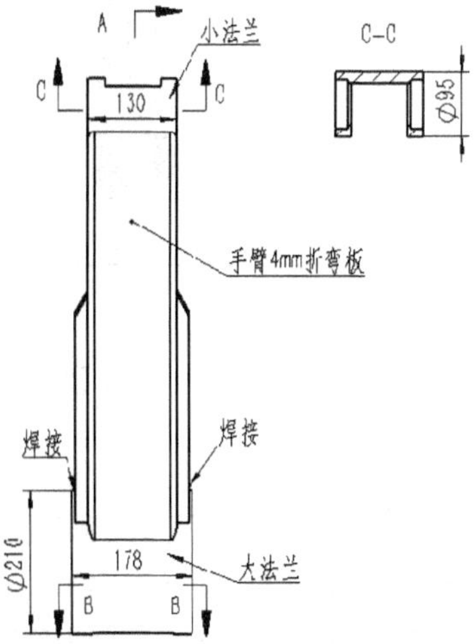
步骤	19. 标注剖面图 A-A	20. 编辑图纸格式，输入材料、图名和图号
图示	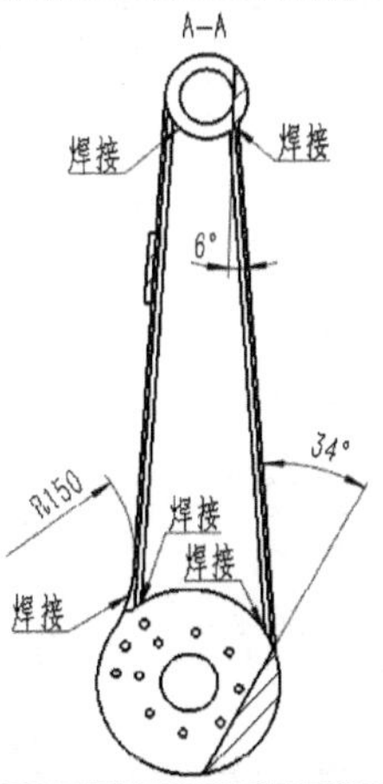	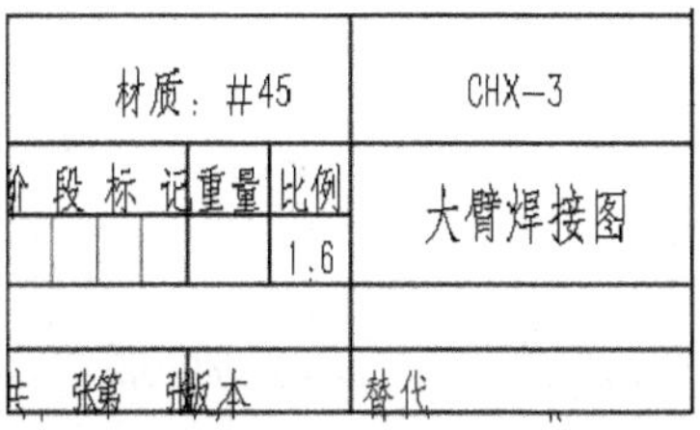

续表三

步骤	21. 完成后保存工程图文件为"大臂.slddrw"		
图示			

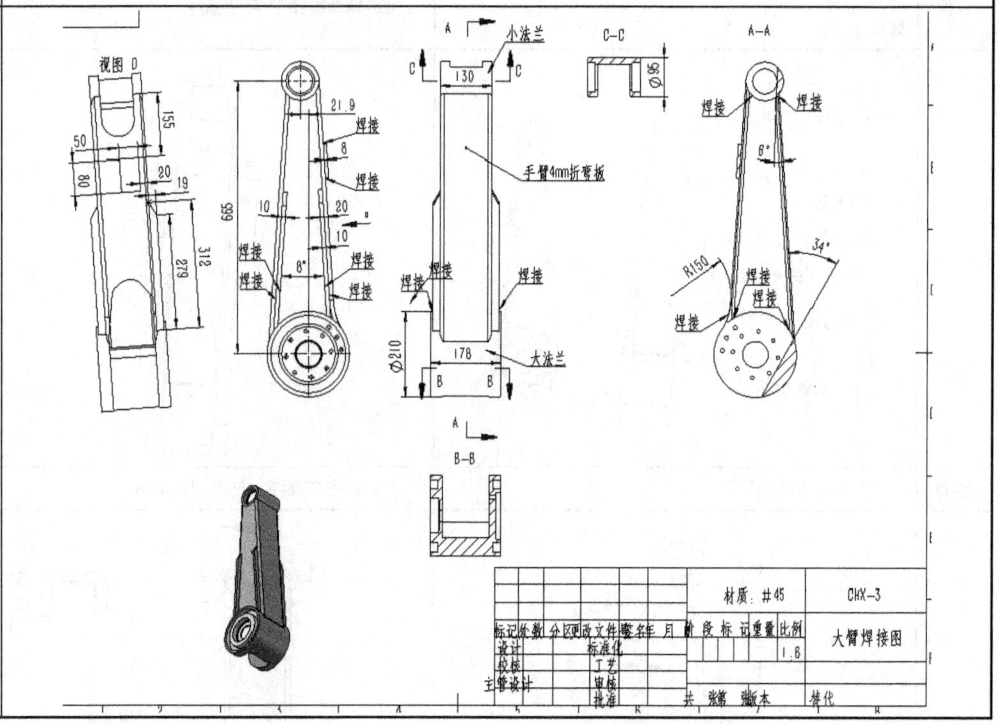

任务四　小臂的工程图创建

以小臂座为例，工程图的创建过程包括新建工程图文件，设置图纸，创建工程视图，形位公差标注，设置图号、图名，创建剖视视图，添加零件序号、材料明细表等，具体步骤如表 6-3 所示。

视频：小臂座工程图创建

表 6-3　小臂座工程图创建过程

步骤	1. 新建工程图，单击【工程图】	2. 右击"图纸1"，选择【属性…】，设置图纸大小及比例
图示	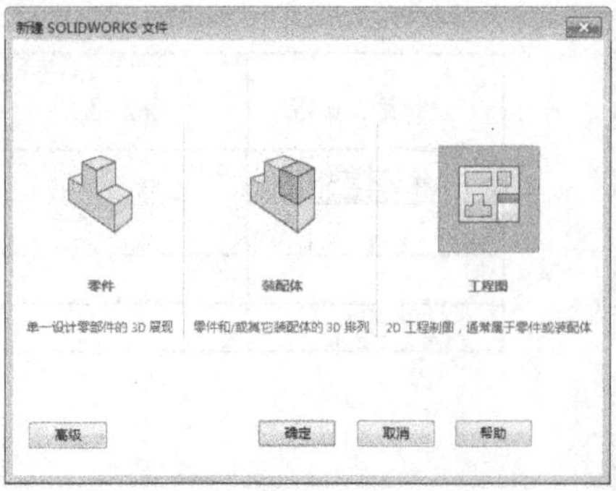	

步骤	3. 单击【模型视图】，浏览选择"小手臂座"文件	4. 打开调色板，加入前视、后视、左视、右视、等轴侧视图
图示	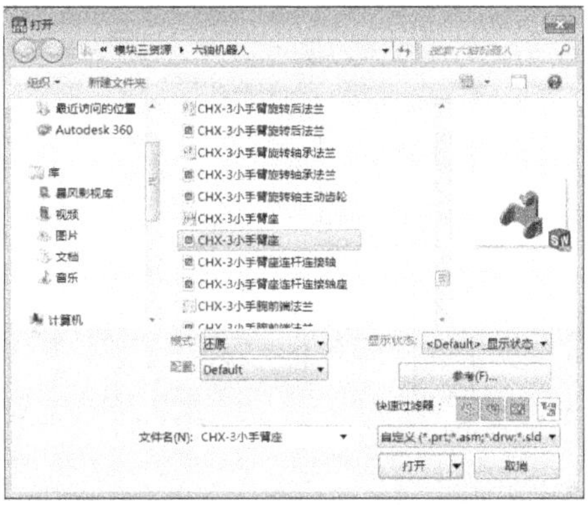	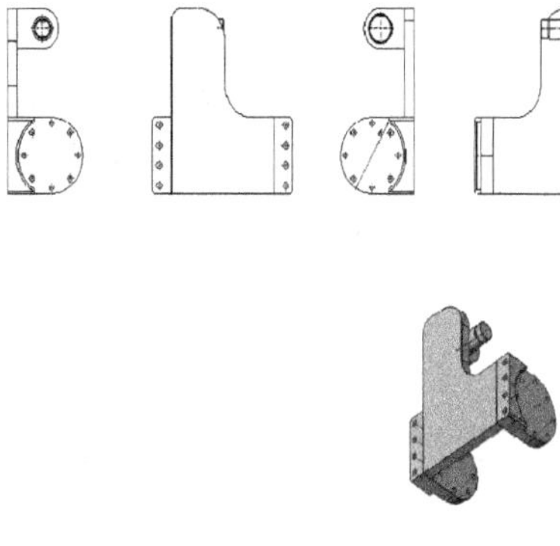
步骤	5. 右击后视图，在弹出的菜单中选择【显示/隐藏】→【显示隐藏的边线】	6. 显示隐藏线
图示	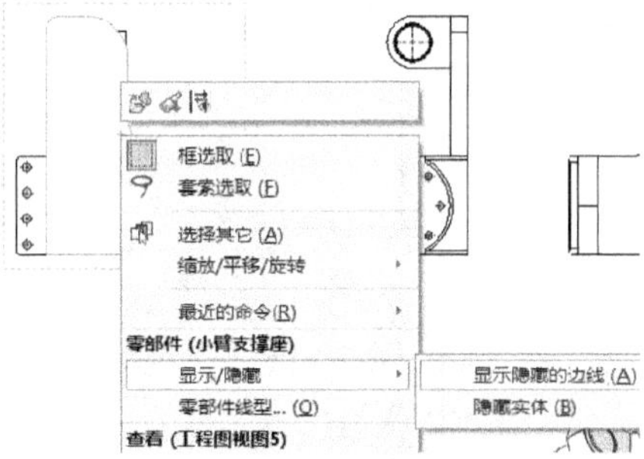	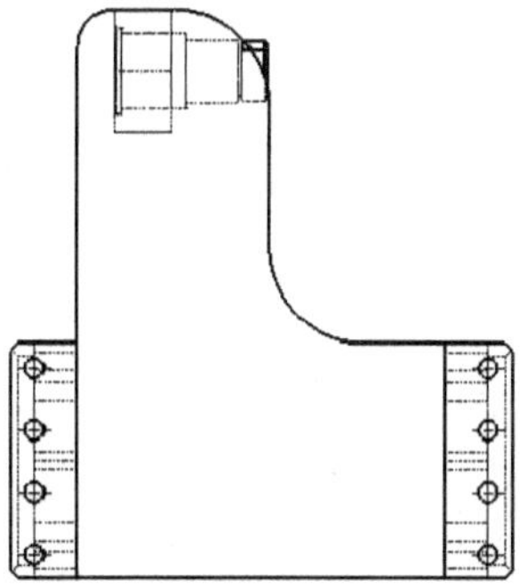
步骤	7. 添加剖面视图 A-A	8. 选择剖面视图，在左侧窗口设置剖面线比例为 0.3
图示	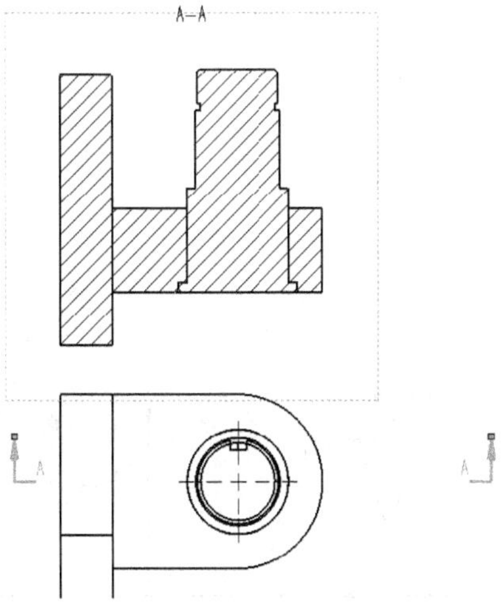	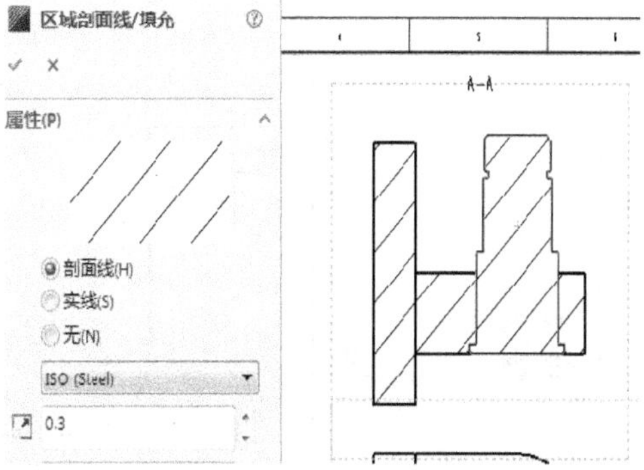

续表二

<table>
<tr><td>步骤</td><td>9. 改变局部范围内剖面线角度为 90°</td><td>10. 标注剖面视图 A-A</td></tr>
<tr><td>图示</td><td>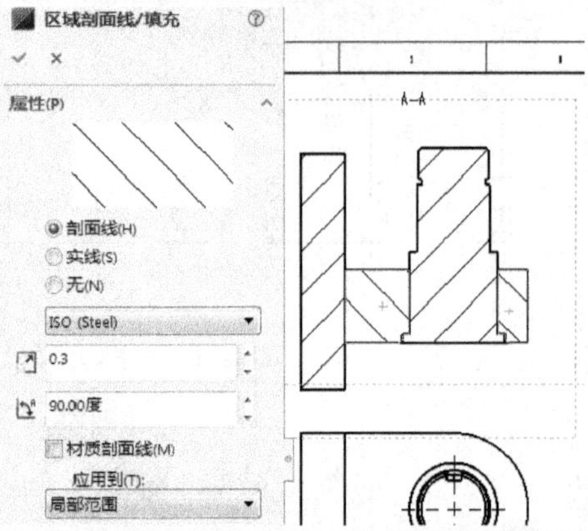
</td><td>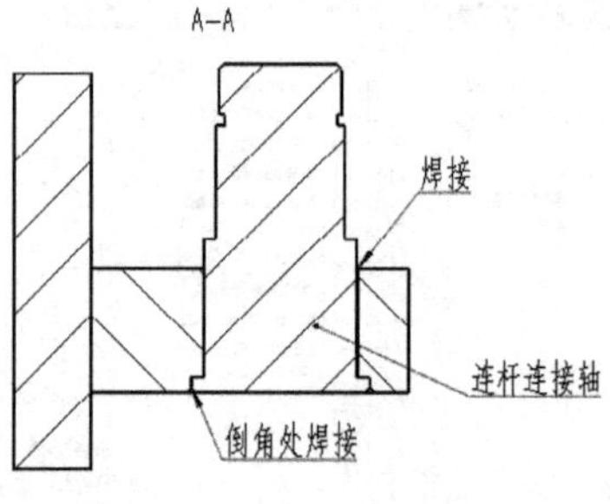
</td></tr>
<tr><td>步骤</td><td>11. 在左视图绘制构造线并标注、注释</td><td>12. 完成左视图标注</td></tr>
<tr><td>图示</td><td>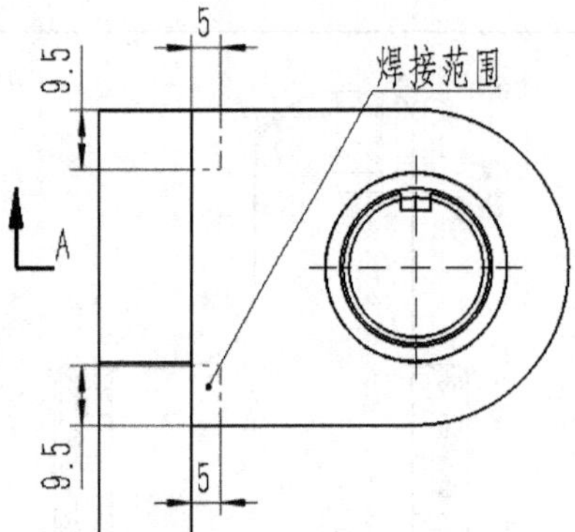
</td><td>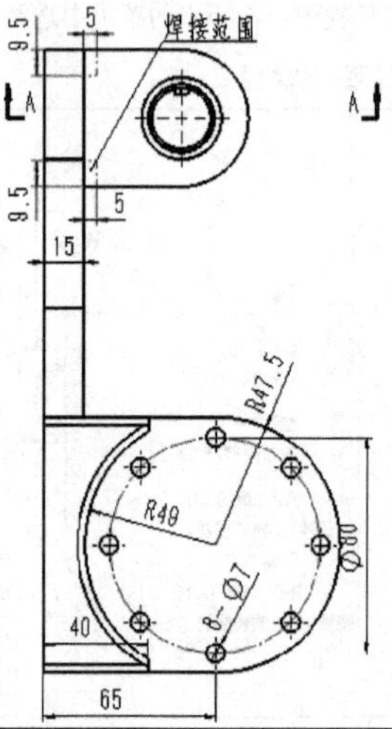
</td></tr>
<tr><td>步骤</td><td>13. 在后视图标注尺寸，并设置尺寸公差</td><td>14. 单击工具栏【表面粗糙度】按钮√，标注粗糙度</td></tr>
<tr><td>图示</td><td>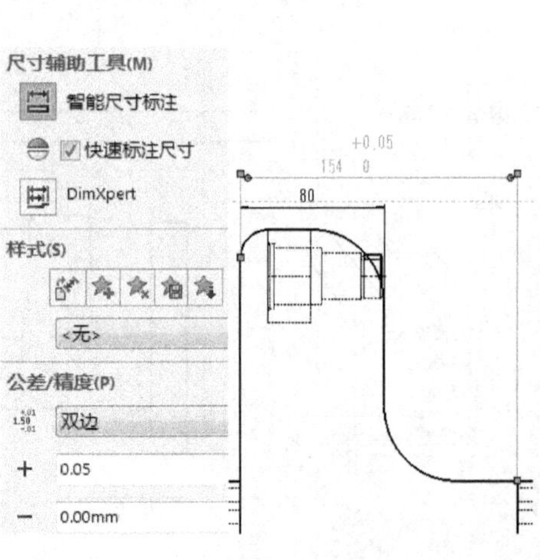
</td><td>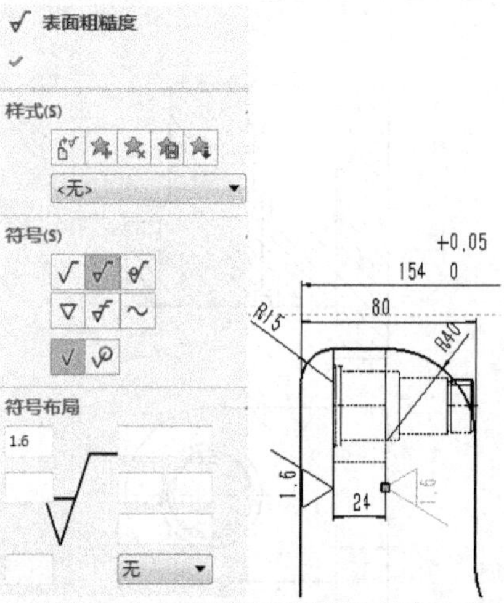
</td></tr>
</table>

续表三

步骤	15. 完成后视图尺寸及注释标注	16. 标注前视图
图示	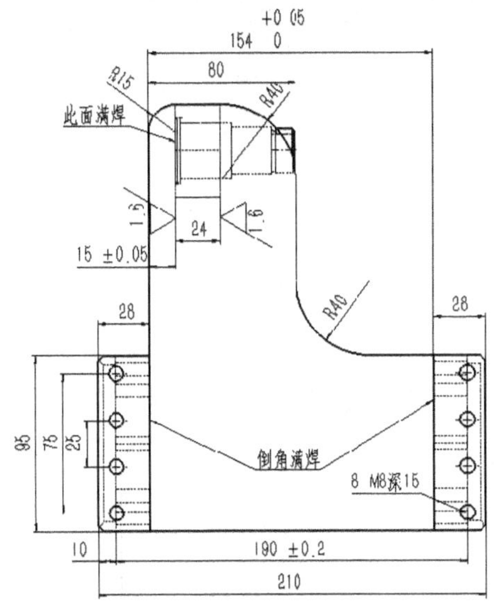	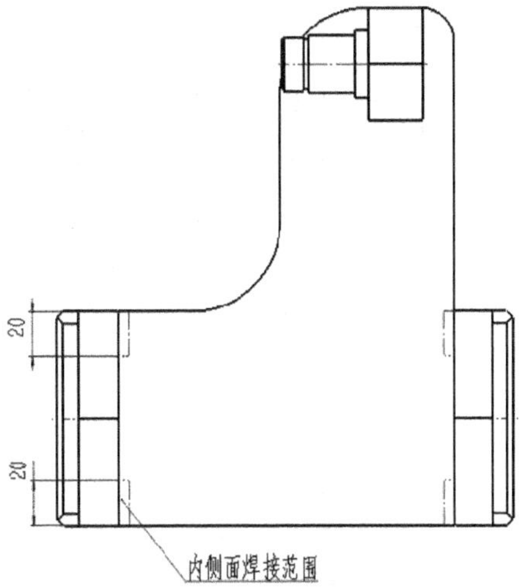
步骤	17. 添加俯视图，并进行标注	18. 打开视图调色板，浏览并加入小手臂座连杆连接轴
图示	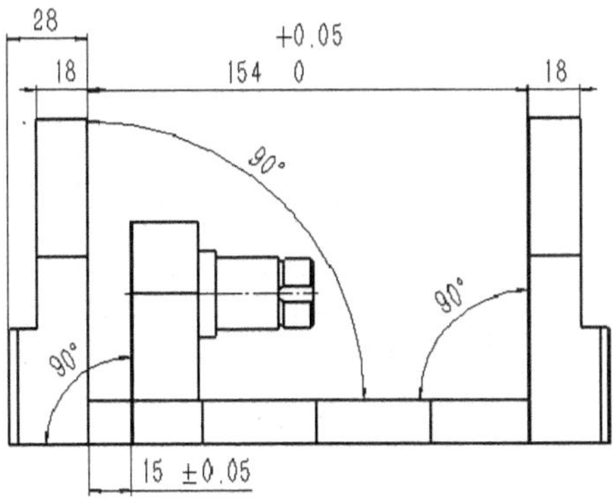	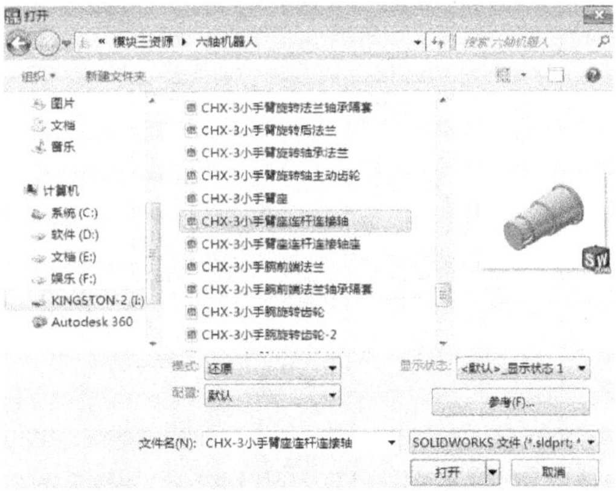
步骤	19. 加入右视图和前视图	20. 设置图纸比例为 2∶1
图示	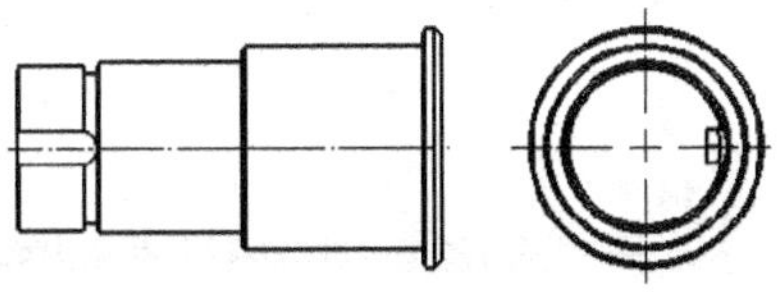	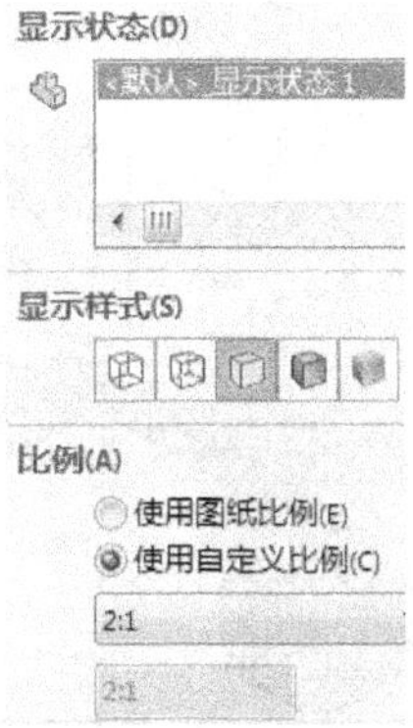

步骤	21. 添加尺寸标注和注释	22. 打开视图调色板，浏览并加入小手臂座连杆连接轴座
图示	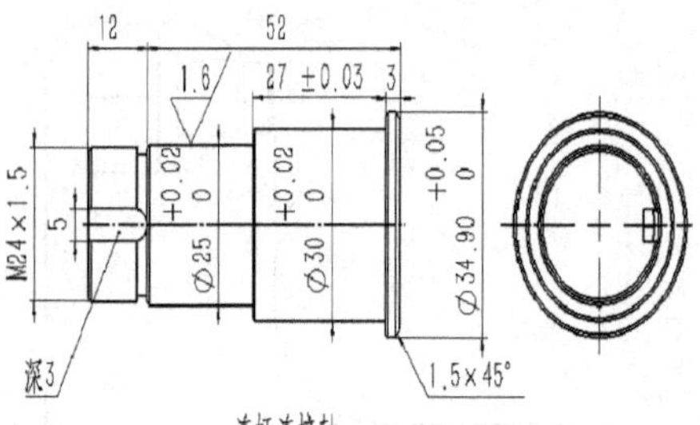 连杆连接轴	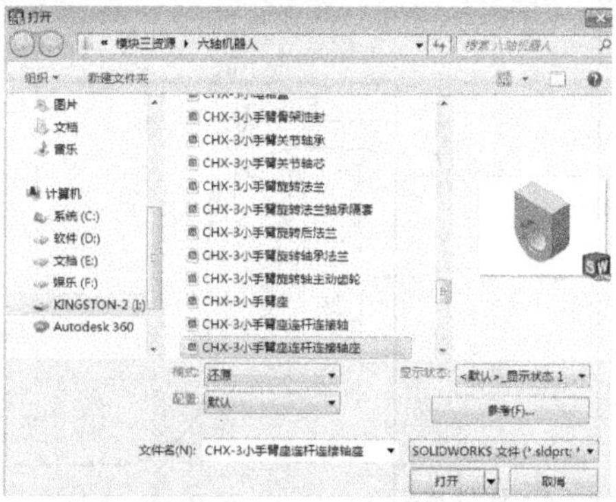
步骤	23. 加入小手臂座连杆连接轴座前视图	24. 添加剖面视图 B-B
图示	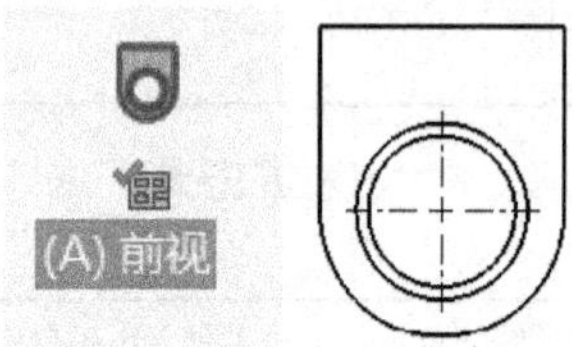	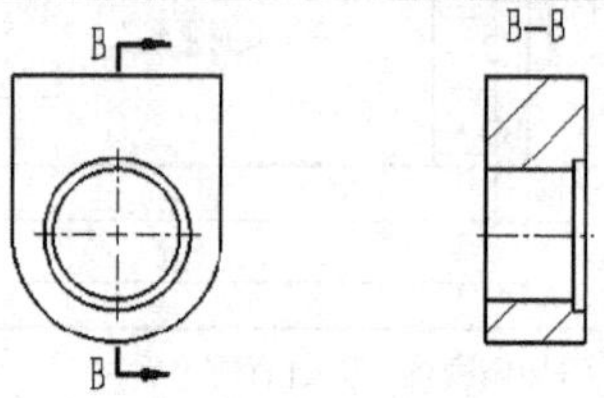
步骤	25. 标注尺寸，添加注释	26. 编辑图纸格式，添加图名、图号和材质
图示	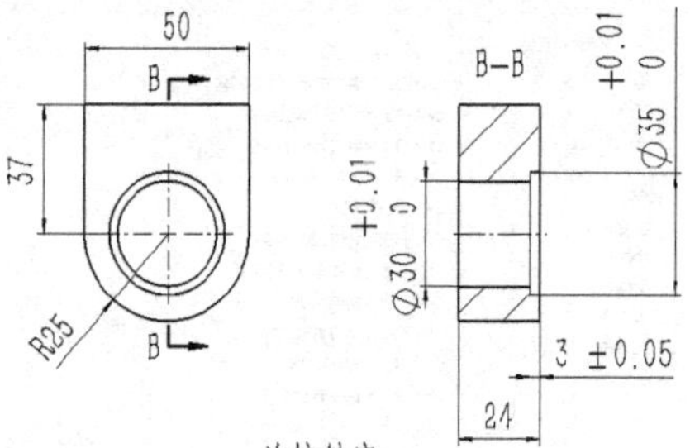 连接轴座	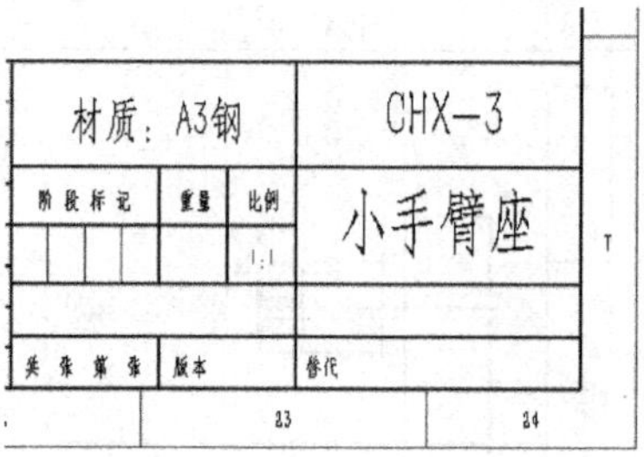
步骤	27. 单击工具栏【零件序号】按钮，添加零件序号	28. 单击工具栏 表格 下拉按钮，选择 材料明细表 命令
图示	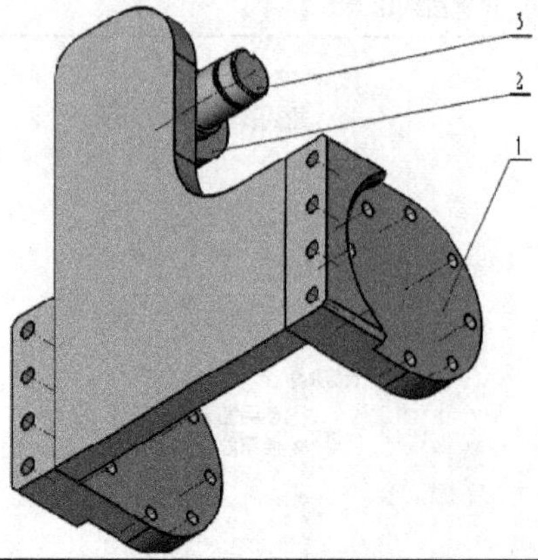	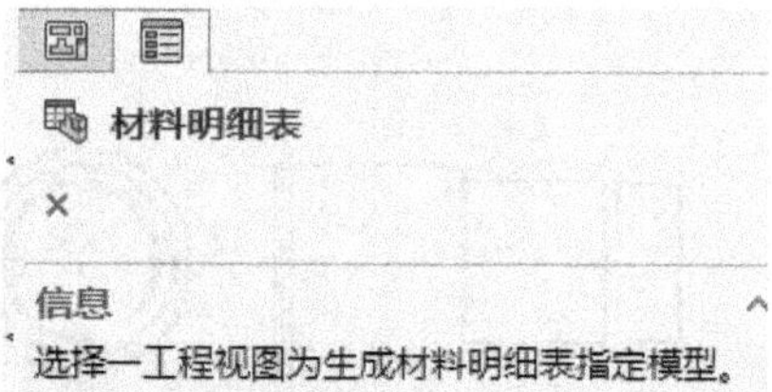

续表五

<table>
<tr><td>步骤</td><td>29. 鼠标点击小臂座，设置材料明细</td><td>30. 将材料明细表添加到图纸左下角相应位置</td></tr>
<tr><td>图示</td><td>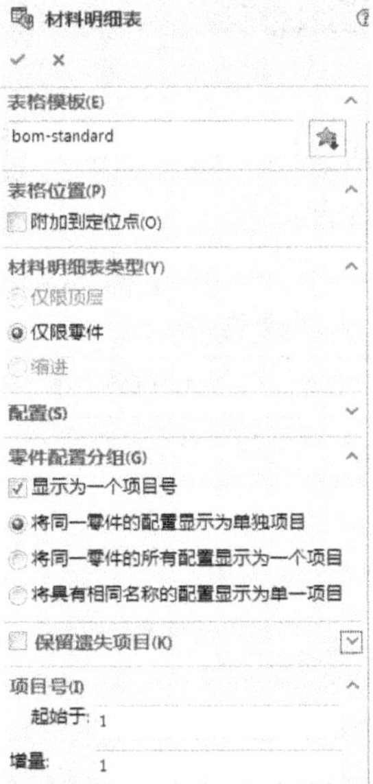
</td><td>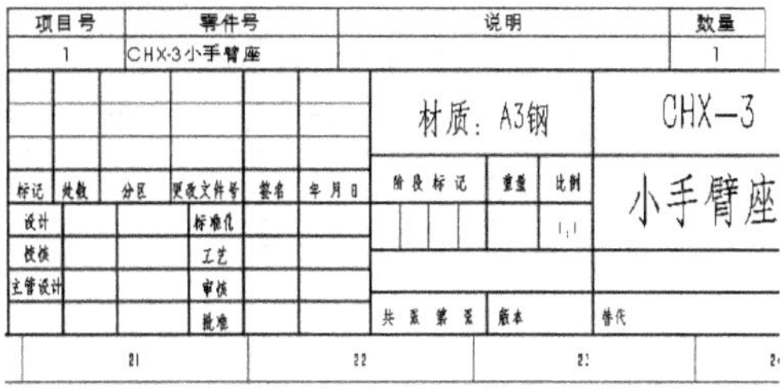
</td></tr>
<tr><td>步骤</td><td>31. 在材料明细表中插入 2 行</td><td>32. 编辑材料明细表，添加小臂连接轴及轴座</td></tr>
<tr><td>图示</td><td>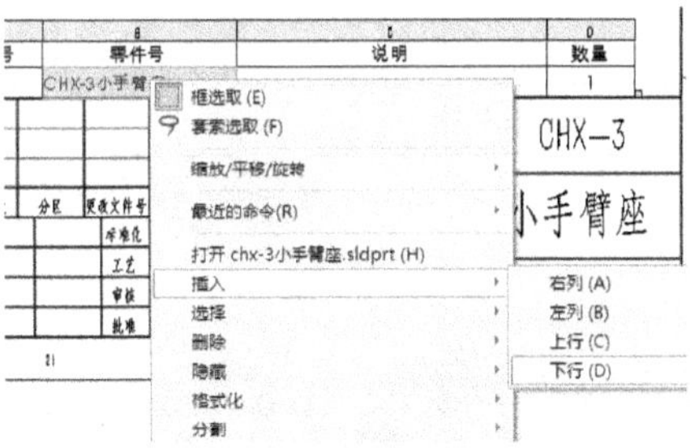
</td><td>

项目号	零件号	说明	数量
1	CHX-3小手臂座		1
2	CHX-3小手臂座连杆连接轴座		1
3	CHX-3小手臂座连杆连接轴		1

</td></tr>
<tr><td>步骤</td><td colspan="2">33. 保存文件为“小手臂座.slddrw”</td></tr>
<tr><td>图示</td><td colspan="2">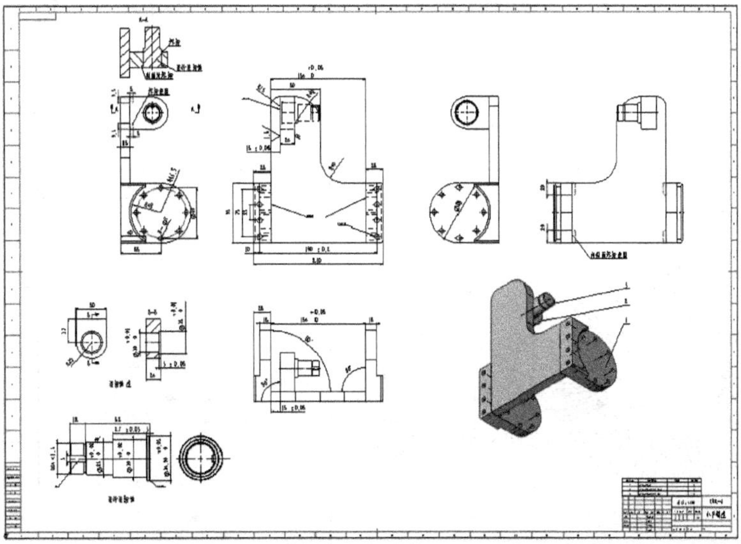</td></tr>
</table>

任务五 手腕的工程图创建

以手腕前端锥齿 1 工程图创建为例，创建过程包括新建工程图文件，设置图纸，创建工程视图，形位公差标注，设置图号、图名，创建剖视视图等，具体步骤如表 6-4 所示。

视频：手腕前端锥齿 1 工程图创建

表 6-4 手腕前端锥齿 1 工程图创建过程

步骤	1. 新建工程图	2. 右击"图纸 1"，选择【属性…】，设置图纸大小及比例
图示	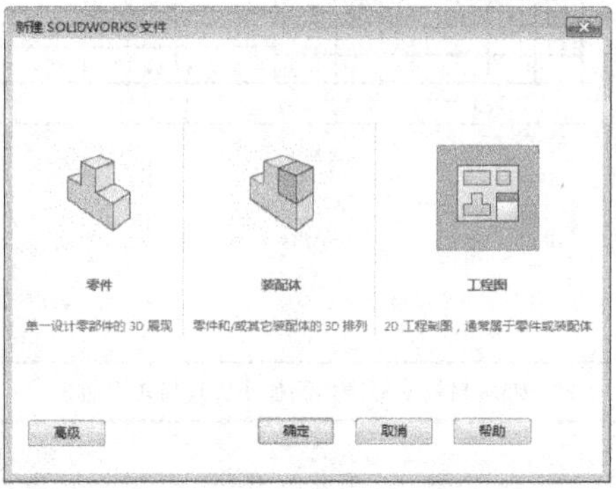	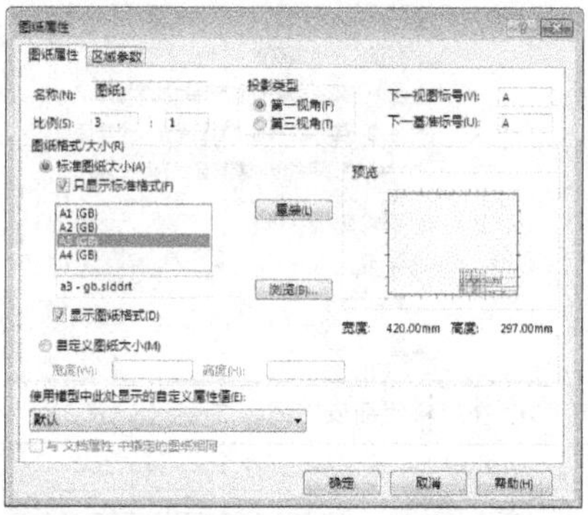
步骤	3. 打开调色板，浏览 ⊡ 选择"手腕前端锥齿 1"文件	4. 加入前视视图
图示	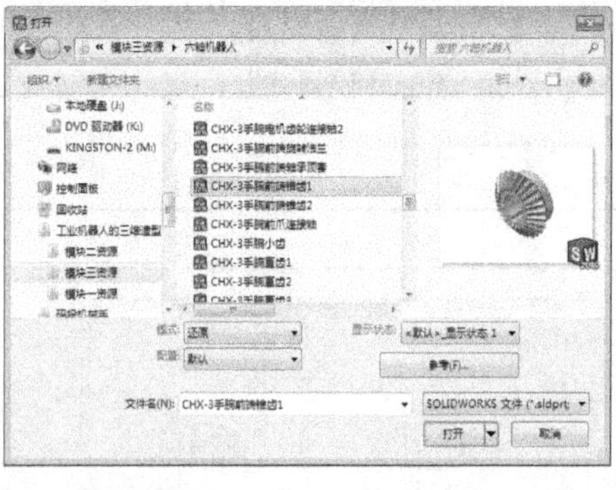	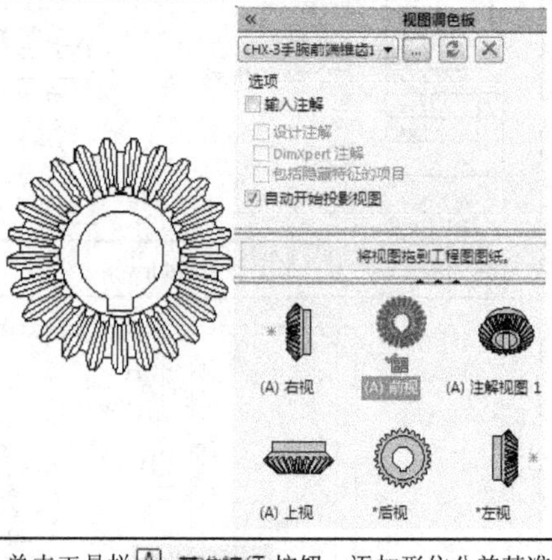
步骤	5. 添加剖视视图 A-A	6. 单击工具栏 Ⓐ 基准特征 按钮，添加形位公差基准
图示	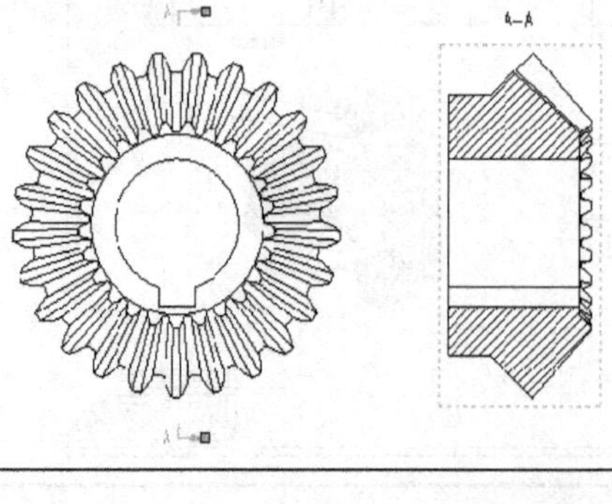	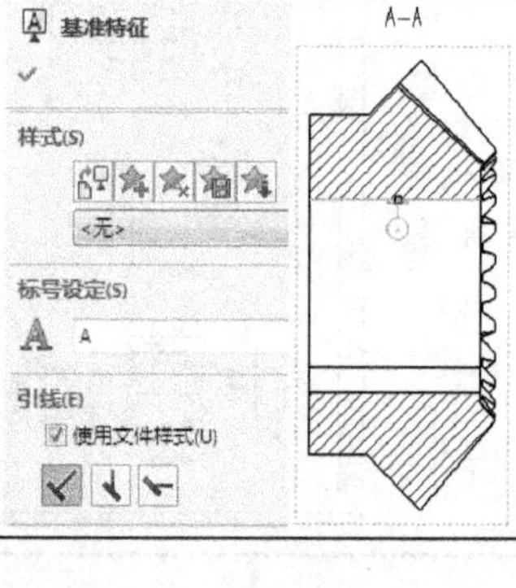

续表一

<table>
<tr><td>步骤</td><td>7. 单击工具栏 形位公差 按钮，公差符号选择跳动↗，公差大小 0.015，主要基准 A，标注齿轮端面相对于基准 A 的跳动</td><td>8. 绘制中心线</td></tr>
<tr><td>图示</td><td>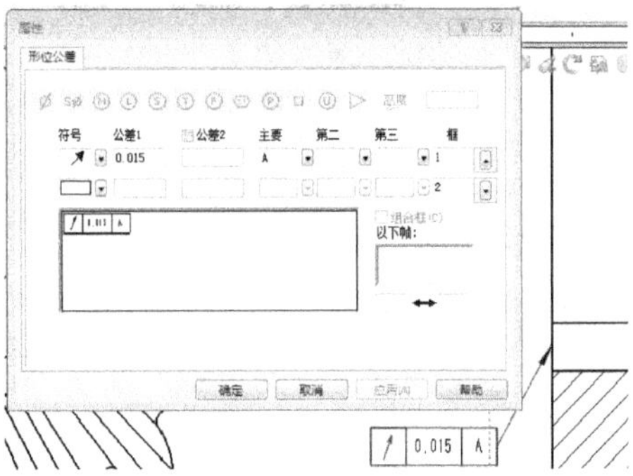
</td><td>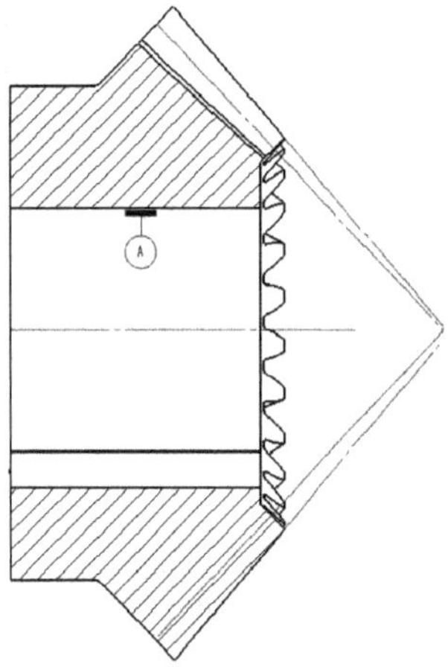
</td></tr>
<tr><td>步骤</td><td>9. 剖面视图 A-A 标注尺寸及粗糙度等</td><td>10. 前视视图标注尺寸及公差</td></tr>
<tr><td>图示</td><td>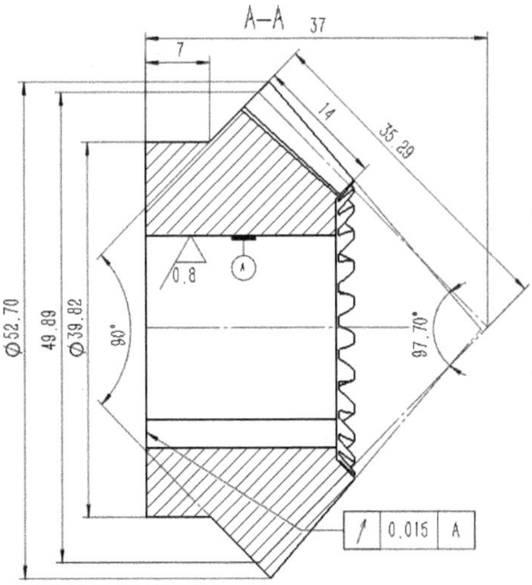
</td><td>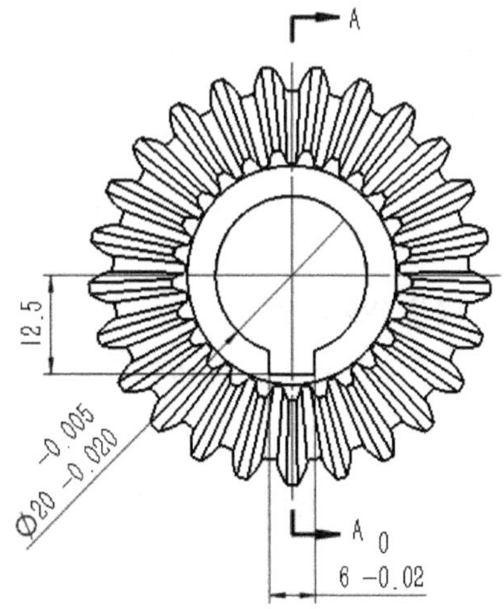
</td></tr>
<tr><td>步骤</td><td>11. 添加技术要求注释</td><td>12. 编辑图纸格式，添加图名、图号和材质</td></tr>
<tr><td>图示</td><td>技术要求:
1、未注倒角0.5×45°
2、调质：HRC28°－30°
3、齿部表面氮化HRC55°－58°，齿部表面 1.6
4、锐角去毛刺
5、未注公差按精度等级3级</td><td><table>
<tr><td colspan="3">材质：ELMAX/铬钼钒合金钢</td><td>CHX—3</td></tr>
<tr><td>阶段标记</td><td>重量</td><td>比例</td><td rowspan="2">手腕前端锥齿1</td></tr>
<tr><td></td><td></td><td>3:1</td></tr>
<tr><td colspan="3"></td><td></td></tr>
<tr><td>共　张　第　张</td><td colspan="2">版本</td><td>替代</td></tr>
</table></td></tr>
</table>

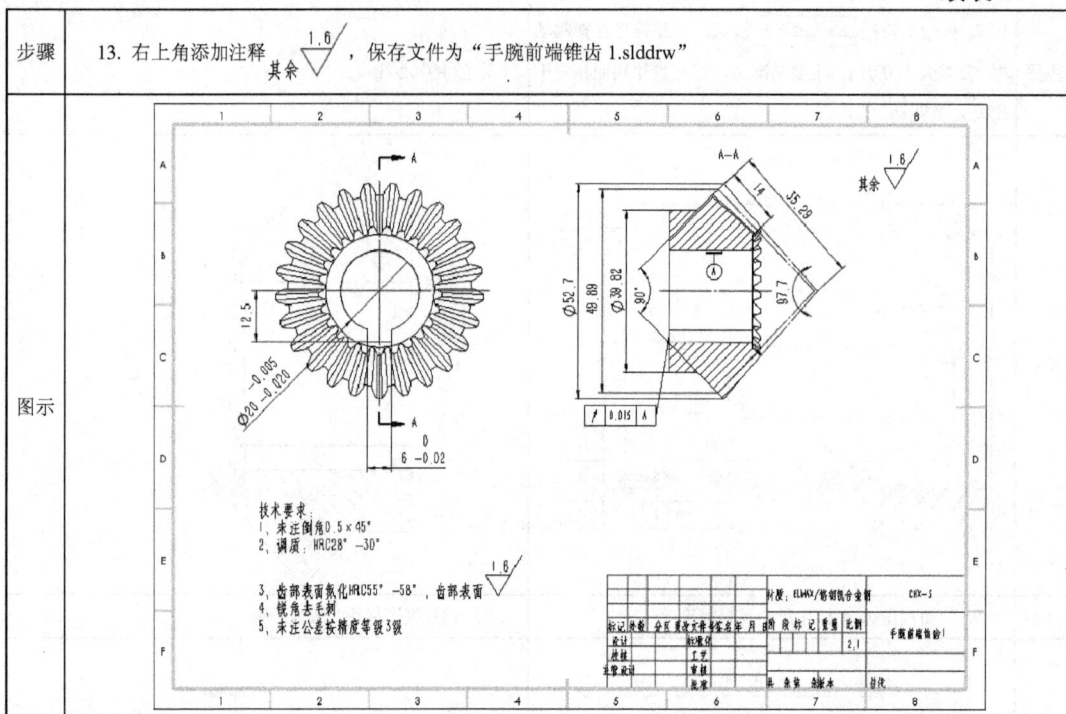

步骤	13. 右上角添加注释 其余 $\sqrt{}$ 1.6 ，保存文件为"手腕前端锥齿 1.slddrw"
图示	

知识扩展

形位公差及粗糙度标注

1. 形位公差标注

标注形位公差需先添加基准特征，然后标注形位公差。形位公差标注属性设置窗口如图 6-8 所示。

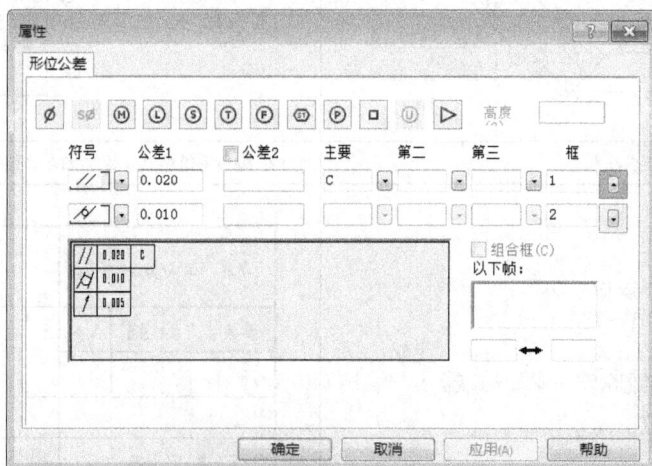

图 6-8　形位公差属性设置

属性设置内容如下：

(1) 选择形位公差符号。

(2) 在"公差1"文本框中输入公差值。如所标注处还有相对于同一基准的形位公差需标注，可增加第二、第三等行添加相应的公差符号及公差值。

(3) 在"主要"文本框中输入形位公差的主要基准。如有需要，可在"第二""第三"文本框继续输入第二、第三基准。

(4) 在设计树中形位公差管理器中选择形位公差引线样式、设置文档字体等，如图6-9所示。

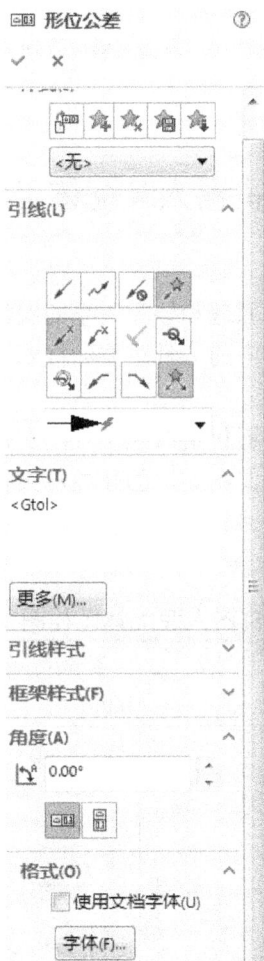

图6-9　形位公差管理器

2. 粗糙度标注

单击工具栏中【表面粗糙度符号】按钮，将会在设计树窗口中出现表面粗糙度管理器，如图6-10所示，按照需要进行设定及标注即可。在进行技术要求注释时，也可将表面粗糙度符号加入技术要求文字中。

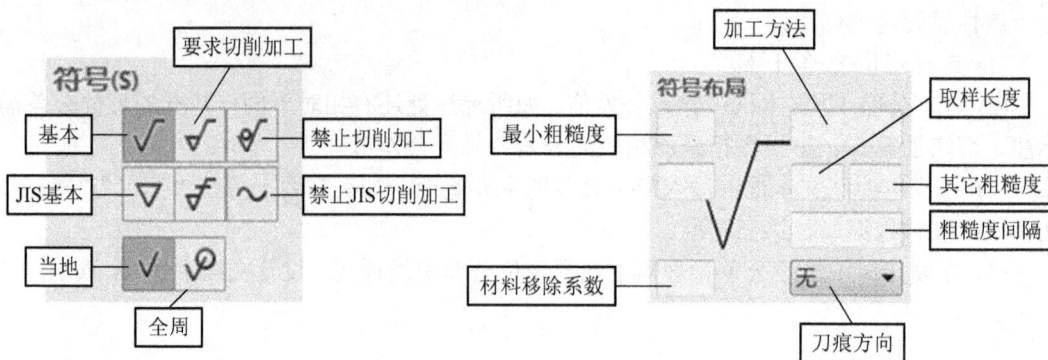

图 6-10 表面粗糙度管理器

任务六 机器人装配体工程图创建

装配图是表达设备或部件工作原理和装配关系的图样，主要用于设备或部件的装配、调试、安装、维修等场合，是生产中的一种重要的技术文件。装配图反映了设备或部件的工作原理及构造、配合关系。

机器人装配体工程图的创建过程包括新建工程图文件，设置图纸，创建工程视图，设置图号、图名，创建局部剖视图，局部放大视图，添加零件序号，创建材料明细表等，具体步骤如表 6-5 所示。

视频：机器人装配体工程图创建

表 6-5 机器人装配体工程图创建过程

步骤	1. 新建工程图	2. 右击"图纸 1"，选择【属性…】，设置图纸大小及比例
图示		

续表一

步骤	3. 打开调色板，浏览 ⬚ 选择"CHX-3 装配图"文件	4. 加入下视视图
图示		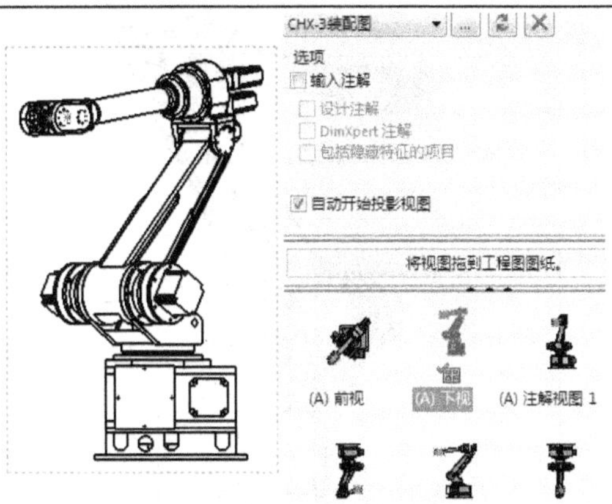

步骤	5. 单击工具栏【局部视图】按钮 ⒶＧ，创建局部视图 V	6. 单击工具栏【剖面视图】按钮 ⇕，创建半剖视图 A-A
图示	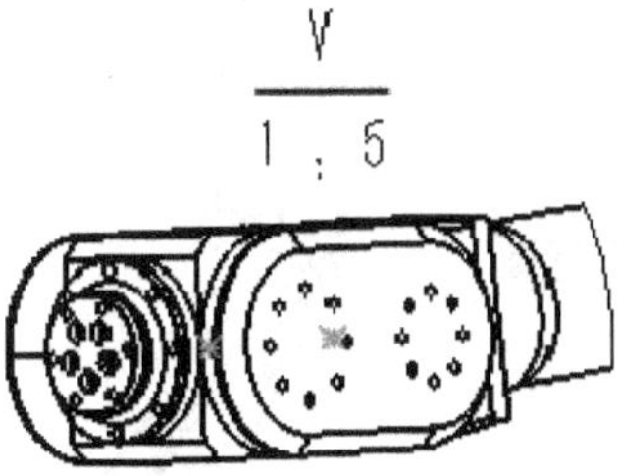	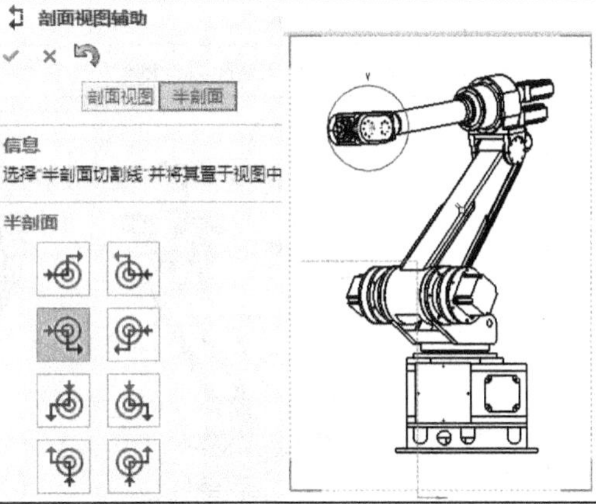

步骤	7. 创建半剖视图 B-B	8. 加入材料明细表并修改
图示		（见下表）

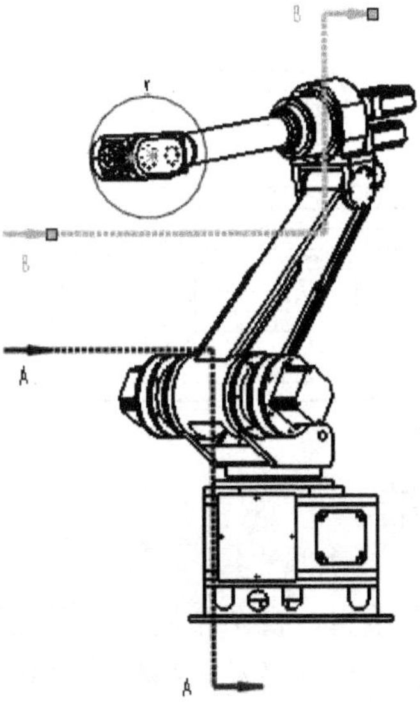

项目号	零件号	说明	数量
1	基座		1
2	底盘旋转涡轮箱		1
3	驱动臂座		1
4	摆线减速机		2
5	伺服电机		2
6	大手臂		1
7	小臂旋转臂电机		3
8	中心轴1		1
9	腕部总成		1

续表二

步骤	9. 添加零件序号，按材料明细表序号进行标注	10. 编辑图纸格式，添加图名、图号
图示		

步骤	11. 保存文件为"机器人装配图.slddrw"	
图示		

本 模 块 小 结

通过本模块学习，读者应掌握二维图纸的创建及编辑、视图布局、模型视图和其他视图的添加、剖视视图的应用、尺寸及形位公差的标注、标题栏及明细栏的建立，熟练掌握工程图制作的一般过程。

模块七

工业机器人零部件运动仿真

在 SolidWorks 软件中完成虚拟装配后，用户可以让机器人运动起来，真实地模拟机器人工作过程。

打开装配体模型，即可使用装配体中的干涉检查、碰撞检查、物理学动力模拟功能。可以使用"干涉检查"功能检查整个装配体或部分零件之间的静态干涉，也可以使用"移动零部件"或"旋转零部件"来实现零件在运动过程之间的碰撞。

任务一　干涉检查

7.1.1　底盘蜗轮蜗杆干涉检查

底盘蜗轮蜗杆干涉检查操作步骤如表 7-1 所示。

视频：底盘蜗轮蜗杆干涉检查

表 7-1　底盘蜗轮蜗杆干涉检查操作步骤

步骤	1. 打开机器人装配体模型	2. 隐藏底盘旋转蜗轮箱、侧面小电箱等
图示		

续表

步骤	3. 选择菜单栏【工具】→【评估】→【干涉检查…】，或单击【装配体】工具栏干涉检查按钮	4. 选择蜗轮和蜗杆，单击【计算】，计算干涉位置、体积等
图示		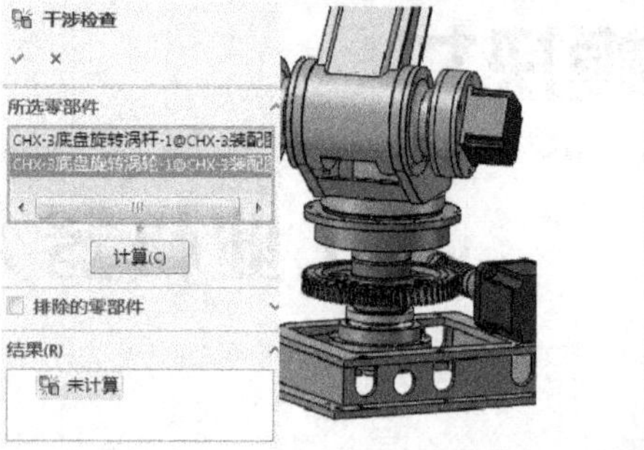

步骤	5. 计算完成，属性窗口显示计算结果。同时，SolidWorks 将干涉的零件进行透明化处理，未干涉的零件进行线框化显示，干涉位置高亮显示	
图示	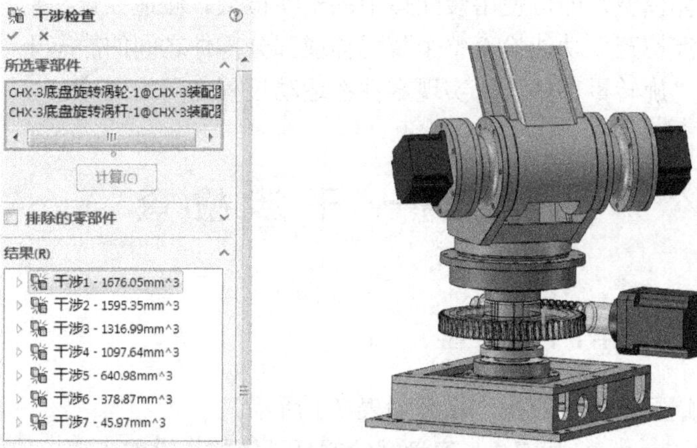	

7.1.2 上下料机械手干涉检查

上下料机械手干涉检查操作步骤如表 7-2 所示。

视频：上下料机械手干涉检查

表 7-2 上下料机械手干涉检查操作步骤

步骤	1. 打开上下料机械手装配体模型	2. 选择菜单栏【工具】→【评估】→【干涉检查…】，或单击【装配体】工具栏干涉检查按钮
图示	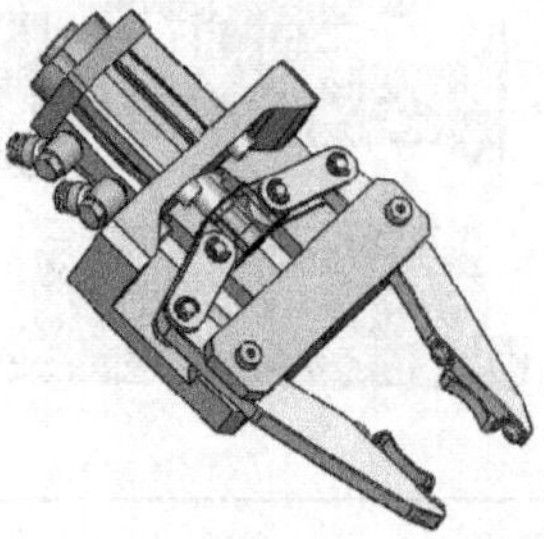	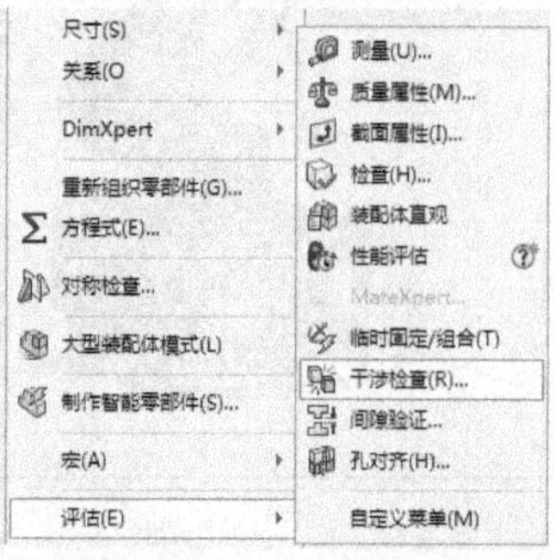

续表

步骤	3. 选中整个装配体，单击【计算】	4. 计算完成，属性窗口显示计算结果
图示	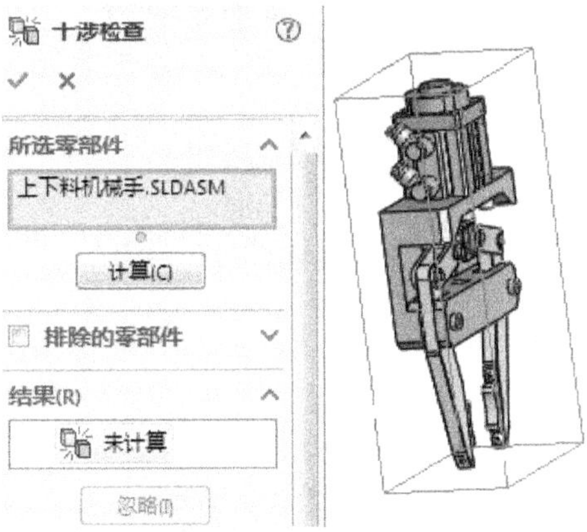	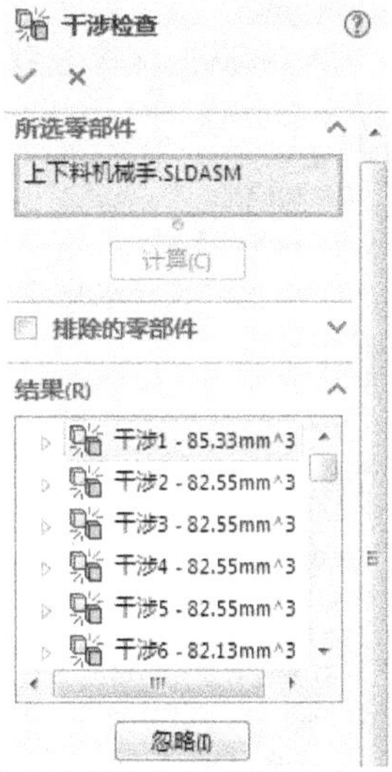

步骤	5. 未干涉的零件进行线框化显示，干涉位置高亮显示
图示	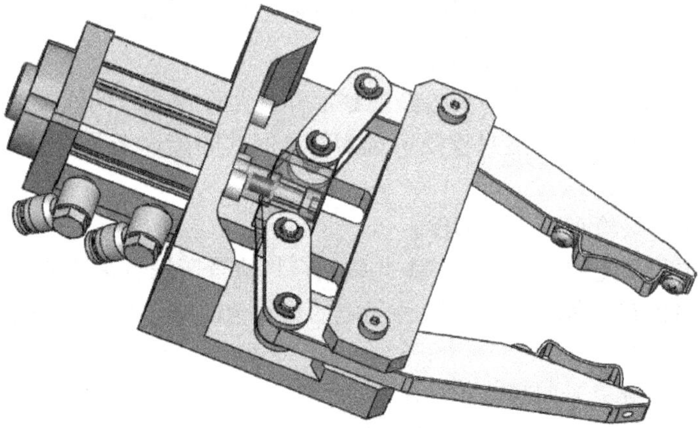

知识扩展

配 合 属 性

装配体配合情况除了干涉检查外，还有配合属性检查，常见的配合属性有"间隙验证"和"孔对齐"两种。

1. 间隙验证

"间隙验证"工具用来检查装配体中所选零部件之间的间隙。使用该工具可以检查零部件之间的最小距离，并报告不满足指定的"可接受的最小间隙"。

在【装配体】工具栏中单击【间隙验证】按钮，或选择菜单栏【工具】→【评估】→【间隙验证…】命令，设计树中出现"间隙验证"属性管理器窗口，如图 7-1 所示。

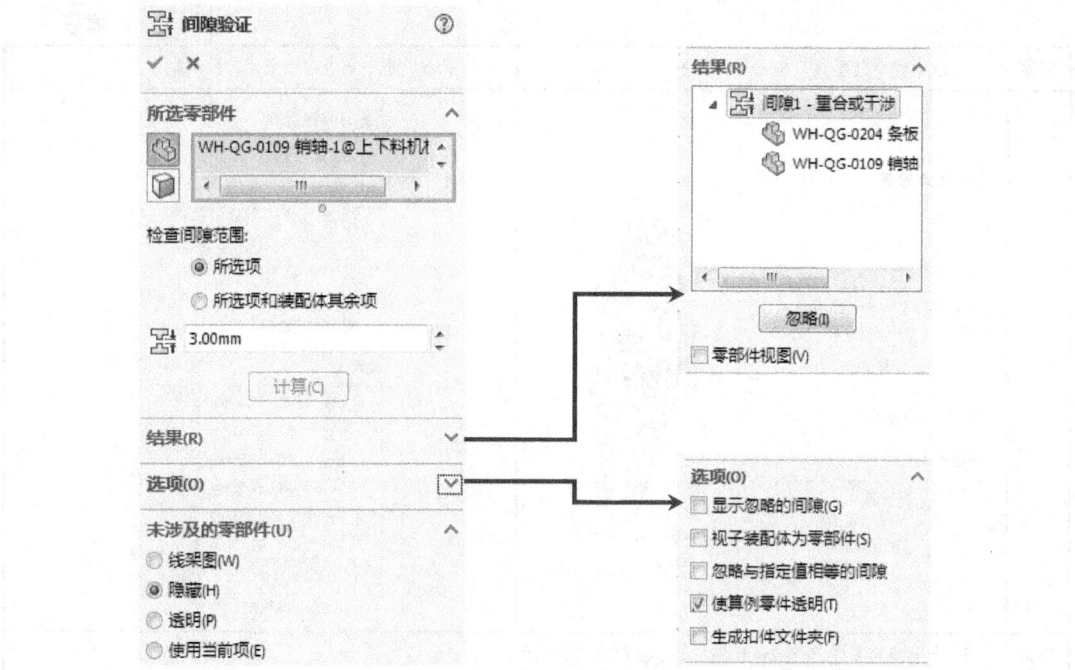

图 7-1　"间隙验证"属性管理器

间隙验证属性各选项含义如下：

(1) 所选零部件：用来选择要检查的零部件，并设定检查的间隙值。

(2) 检查间隙范围：指定只检查所选实体之间的间隙，还是检查所选实体和装配体其余实体之间的间隙。

① 所选项：只检查所选零部件。

② 所选项和装配体其余项：单击此按钮，将检查所选及未选的零部件。

(3) 可接受的最小间隙：设定检测间隙的最小值。小于或等于该值时将在【结果】选项区列出报告。

(4) 结果：用来显示间隙检查的结果。

① 忽略：单击此按钮，将忽略检查结果。

② 零部件视图：勾选此复选框，按零部件名称和间隙编号列出间隙。

(5) 选项：用来设置间隙检查的选项。

① 显示忽略的间隙：勾选此复选框，可在结果清单中以灰色图标显示忽略的间隙。

② 视子装配体为零部件：勾选此复选框，将子装配体作为一个零部件，而不会检查子装配体下的零部件间隙。

③ 忽略与指定值相等的间隙：勾选此复选框，将忽略与设定值相等的间隙。

④ 使算例零件透明：以透明模式显示正在验证其间隙的零部件。

⑤ 生成扣件文件夹：将扣件(如螺母和螺栓)之间的间隙隔离为单独文件夹。

(6) 未涉及的零部件：使用选定模式来显示间隙检查中未涉及的所有零部件。

2. 孔对齐

在装配过程中，使用"孔对齐"工具可以检查所选零部件之间的孔是否对齐。在【装配体】工具栏中单击【孔对齐】 按钮，或选择菜单栏【工具】→【评估】→【孔对齐…】命令，设计树中出现"孔对齐"属性管理器窗口，如图7-2所示。

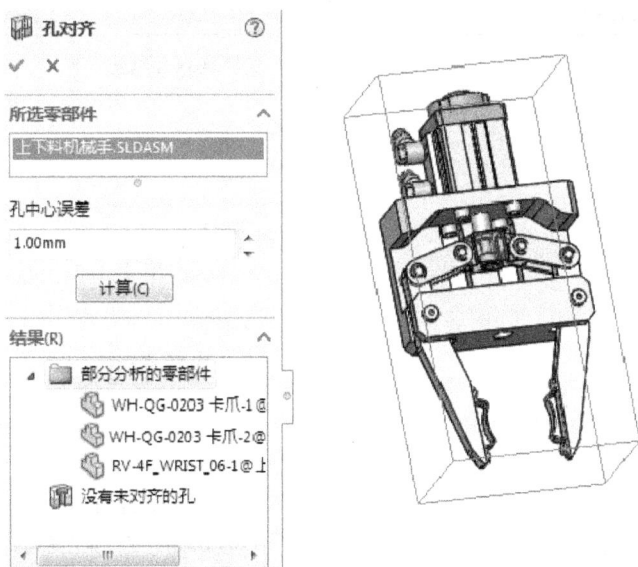

图7-2　装配体的孔对齐

任务二　碰 撞 检 查

与静态干涉检查不同，碰撞检查可以模拟零件在运动过程中产生的碰撞。碰撞发生以后，零件停止运动，并且碰撞面高亮显示，SolidWorks软件同时发出提示音。和干涉检查一样，碰撞检查也可以选择计算部分零件之间的碰撞或整个装配体的碰撞。

7.2.1　腕部齿轮组碰撞检查

腕部齿轮组碰撞检查步骤如表7-3所示。

表7-3　腕部齿轮组碰撞检查操作步骤　　　　视频：腕部齿轮组碰撞检查

步骤	1. 打开机器人装配体模型	2. 隐藏前爪法兰侧盖、手腕前端旋转法兰等
图示		

步骤	3. 单击工具栏【移动零部件】按钮下方的下拉箭头，选择【旋转零部件】	4. 在属性设置窗口中，选择选项"碰撞检查"，勾选"碰撞时停止"选项，单击【确定】按钮 ✔
图示	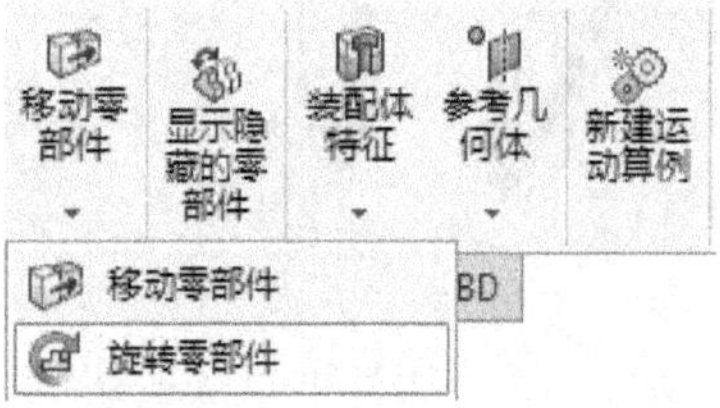	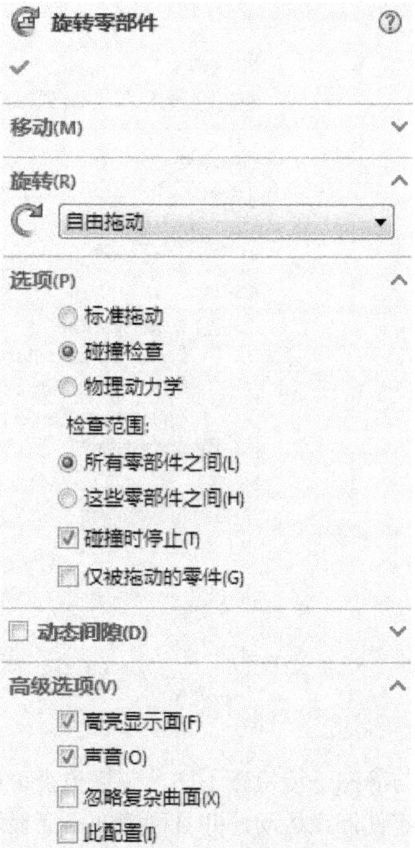
步骤	5. 选择一个齿轮，鼠标按下并保持不松开，小范围内拖动齿轮旋转，遇到碰撞时齿轮运动将停止，齿轮面高亮显示	
图示		

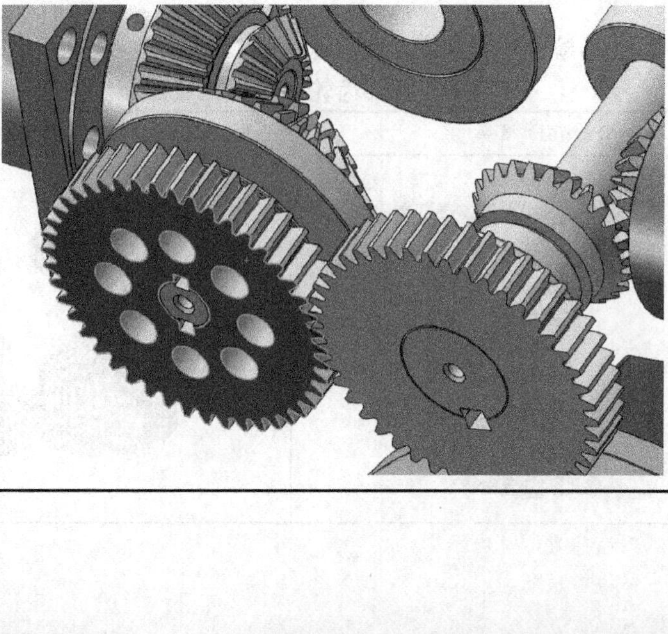

7.2.2　小臂齿轮组碰撞检查

小臂齿轮组碰撞检查步骤如表 7-4 所示。

表 7-4　小臂齿轮组碰撞检查操作步骤
视频：小臂齿轮组碰撞检查

步骤	1. 打开机器人装配体模型	2. 隐藏腕部电机齿轮箱
图示	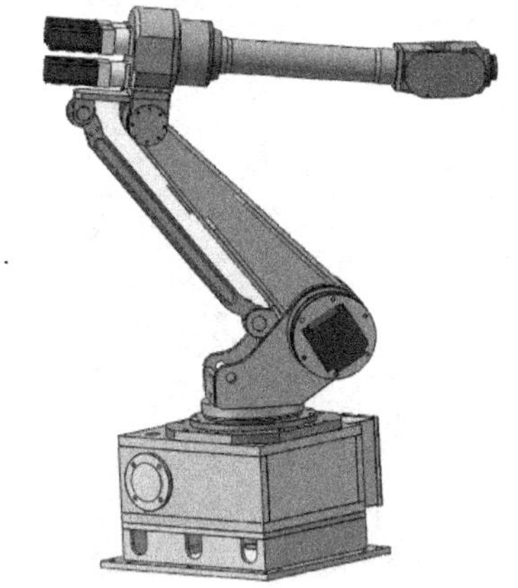	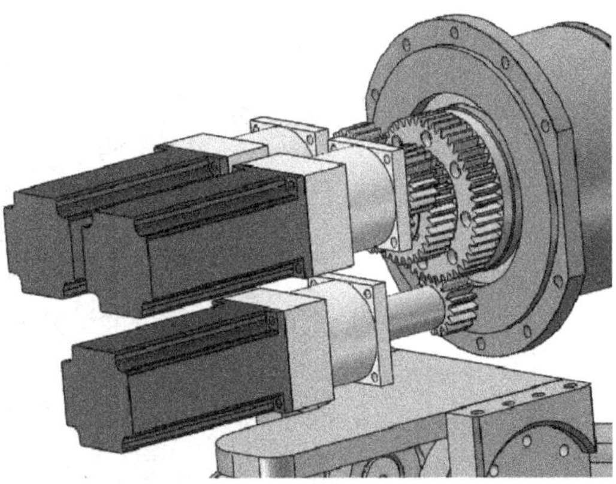
步骤	3. 单击工具栏【移动零部件】按钮下方的下拉箭头，选择【旋转零部件】	4. 在属性设置窗口中，选择选项"碰撞检查"，勾选"碰撞时停止"选项
图示	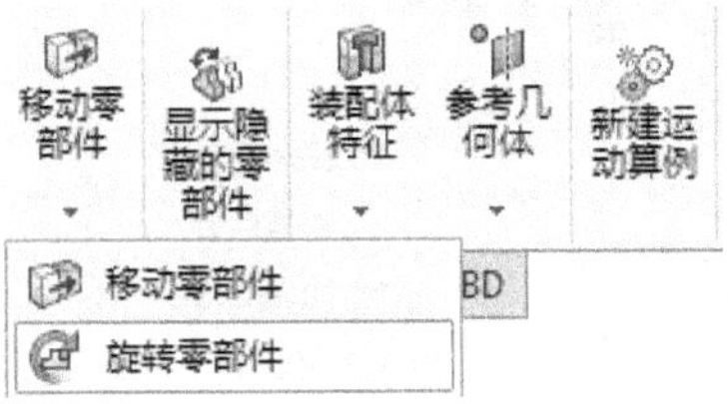	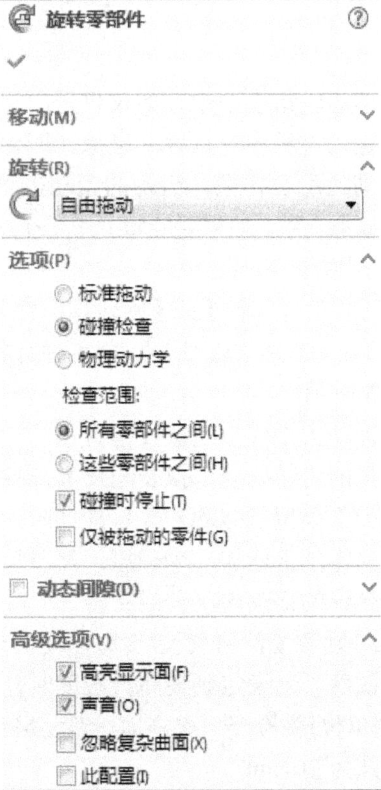

步骤	5. 选择一个齿轮，鼠标按下并保持不松开，小范围内拖动齿轮旋转，遇到碰撞时齿轮运动将停止，齿轮面高亮显示
图示	

任务三　物理学动力模拟

前述齿轮组模型中，如仅仅采用运动模拟，各齿轮可以自由旋转。但在碰撞检查中，齿轮在运动过程中一旦发生碰撞，即便配对的齿轮没有阻碍运动的配合存在，齿轮的运动也将停止，这和现实情况明显不一致。如果要旋转其中一个齿轮，配对的尺寸也会随之运动。

在【移动零部件】或【旋转零部件】中，将选项"碰撞检查"改为"物理动力学"，即可进行物理动力学模拟，如图 7-3 所示。

物理动力学模拟是碰撞检查中的一个选项，物理动力学模拟能更精确地模拟装配体零部件的运动。当启用物理动力学模拟且拖动一个零部件时，此零部件就会向其接触的零部件施加一个碰撞，其碰撞的结果为该零部件在所允许的范围内移动或旋转。

移动灵敏度滑杆可更改物理动力学检查碰撞所使用的灵敏度。当设定到最高灵敏度时，软件每 0.02 mm (以模型单位)就检查一次碰撞。当设定到最低灵敏度时，检查间隙为 20 mm。

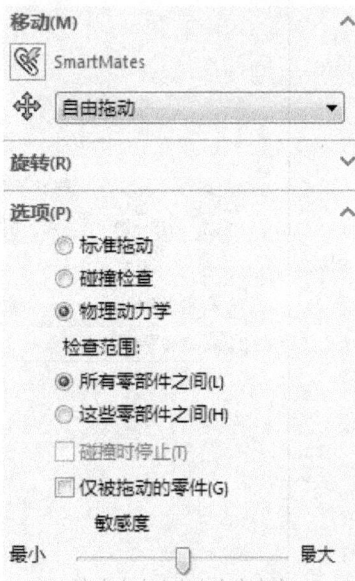

图 7-3　物理动力学模拟

最高灵敏度仅用于很小的零部件的碰撞，或用于在碰撞区域中具有复杂几何体的零部件。当用户检查大型零部件之间的碰撞时，如使用较高的灵敏度，计算时间会大为增加。

动画：齿轮机构

7.3.1　齿轮机构运动模拟

利用 SolidWorks 软件进行物理动力学模拟，可以让力在装配体零件之间进行传递，但是需要用户手动拖曳零件才能实现。实际上使用软件的运算算例功能可以轻松地实现装配体的运动模拟动画。

下面以腕部齿轮机构运动模拟为例进行运动模拟，其具体操作步骤如表 7-5 所示。

视频：齿轮机构运动模拟

表 7-5　齿轮机构运动模拟操作步骤

步骤	1. 打开腕部齿轮机构装配体模型	2. 单击【装配体】工具栏【新建运动算例】图标，或选择菜单栏【插入】→【新建运动算例】命令
图示		
步骤	3. 运动形式设为"基本运动"	4. 单击运动算例上边栏【接触】按钮，进入接触设定，选择两个齿轮为接触，单击确定按钮
图示		

步骤	5. 单击运动算例上边栏【马达】按钮，设置旋转方向为右齿轮反转，转速为 100 RPM(转/分钟)并确定	6. 单击运动算例上边栏【计算】按钮，进行齿轮机构运动模拟
图示		

步骤	7. 计算完成后，单击【播放】按钮，即可播放运动模拟动画。也可以单击【保存动画】按钮，将动画保存	
图示		

📽 知识扩展

SolidWorks 运动仿真

运动仿真是指利用计算机模拟运动机构的运动学状态和动力学状态。任何系统的运动均由下列要素决定：连接构件的配合、部件的质量和惯性属性、对系统添加的力(动力学)、驱动("马达")及时间。

使用 SolidWorks 运动算例，可以使装配体按配合约束进行模拟运动。运动算例有三种类型，分别是动画、基本运动和 Motion 分析，具体区别如下：

(1) 动画：用途最广泛的运动模拟，可以使用"马达"来驱动零件的运动，也可以使用配合尺寸来驱动零件位置的变化。使用关键帧在不同时间定义装配体零件的位置或配合尺寸的数值，动画使用插值来定义关键帧之间的零部件运动。

(2) 基本运动：可以在装配体运动过程中加入更多的模拟元素，比如弹簧、接触、引力等。基本运动的模拟过程中，软件也会将质量考虑到运动中去。

(3) Motion 分析：Motion 分析能在装配体上精确地模拟和分析零部件运动的过程，在运动分析的过程中可以考虑作用力、弹簧、阻尼、摩擦等。Motion 分析使用专门的动力学求解器来进行分析，在计算的过程中需考虑材料的属性和质量、惯性等。在 Motion 分析后，还可以对结果进行后处理，求解运动的轨迹等。

使用 Motion 分析需要启动相关插件，具体做法是在插件管理器中启动 Motion 插件，如图 7-4 所示。

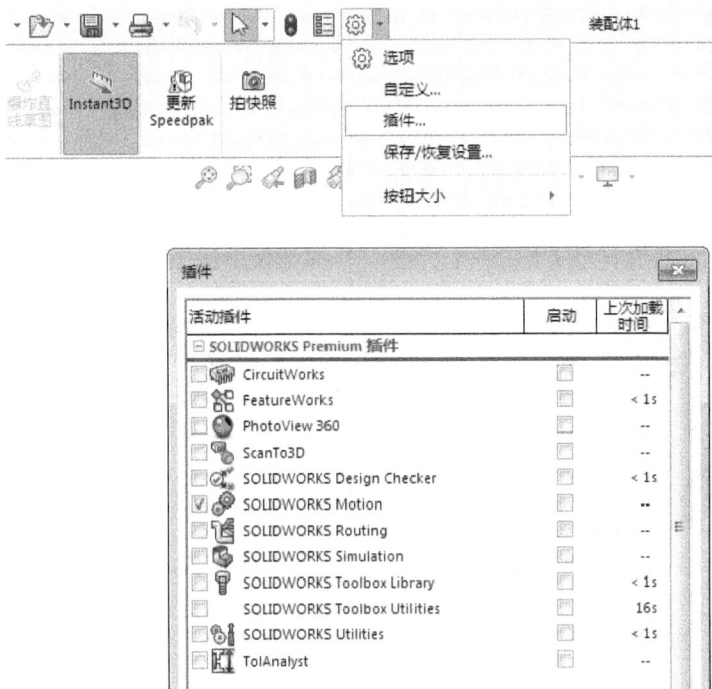

图 7-4　启动 Motion 插件

7.3.2　连杆机构运动模拟

动画：连杆机构　视频：机械手连杆机构运动模拟

利用软件模拟机械手在气缸作用下的夹紧、松开动作，具体操作步骤如表 7-6 所示。

表 7-6　机械手连杆机构运动模拟操作步骤

步骤	1. 打开上下料机械手装配体文件	2. 新建运动算例，选择运动形式为"动画"
图示		

步骤	3. 鼠标移至"0秒"关键帧位置处，指针变成左右箭头时按住左键不放，将时间线拖动至"2秒"位置处	4. 确保【自动键码】按钮被按下
图示		
步骤	5. 选择驱动块并拖动，使夹爪张开一定范围	6. 将时间线从"2秒"位置处拖动至"4秒"位置处
图示		
步骤	7. 选择驱动块并拖动，使夹爪合并至原来位置	8. 单击【计算】按钮，夹爪随之张开，2秒后闭合
图示		

7.3.3 凸轮机构运动模拟

与动画和基本运动不同，Motion 分析不但可以进行运动模拟，还可以进行位移、速度、力、力矩等分析。仿真完毕后，用户可以很方便地查看运动的零部件中某个模型点的运动轨迹。下面以凸轮机构的运动模拟为例简要介绍 Motion 分析的应用，操作步骤如表 7-7 所示。

动画：凸轮机构　　视频：凸轮机构运动模拟

表 7-7　凸轮机构运动模拟操作步骤

步骤	1. 打开凸轮机构装配体文件	2. 在插件管理器中启动 Motion 插件
图示	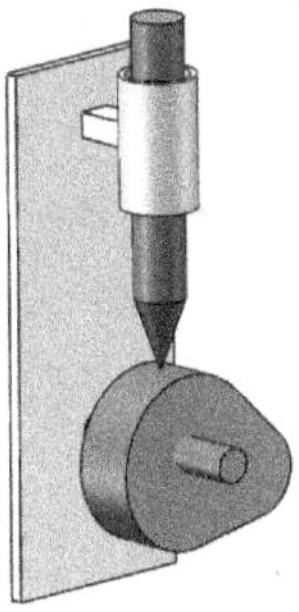	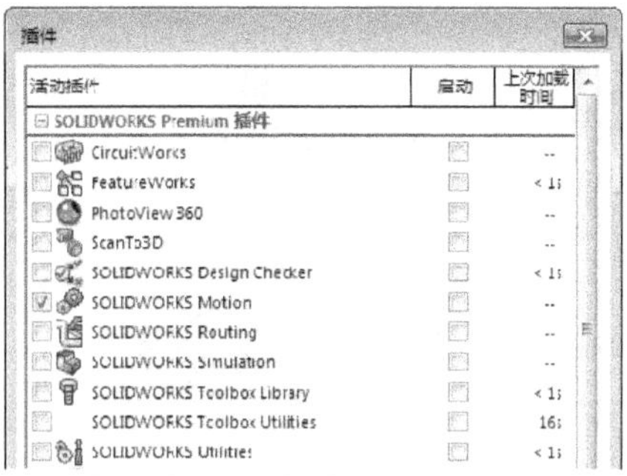
步骤	3. 新建运动算例，运动形式为"Motion 分析"	4. 在时间帧上右击鼠标，选择"编辑关键点时间"
图示	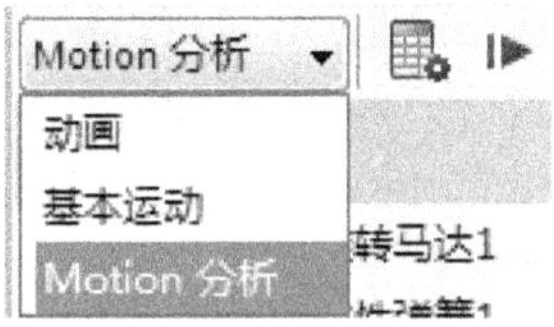	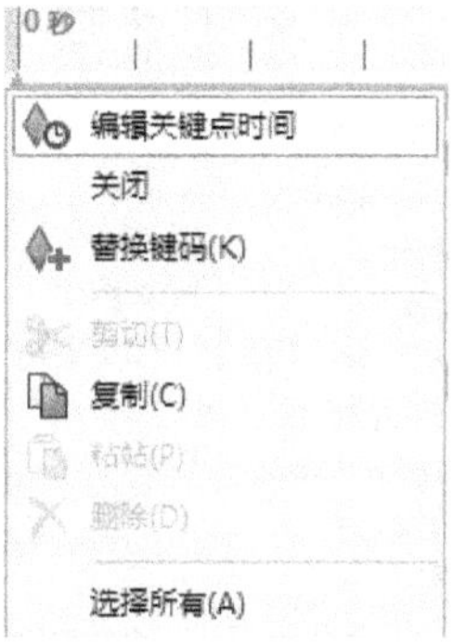
步骤	5. 关键点时间设置为 0.2 秒	6. 单击【马达】按钮，并设置方向、转速
图示	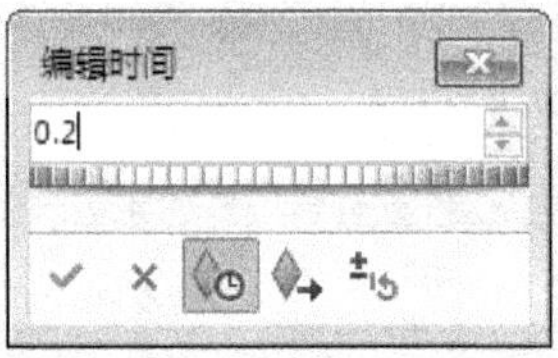	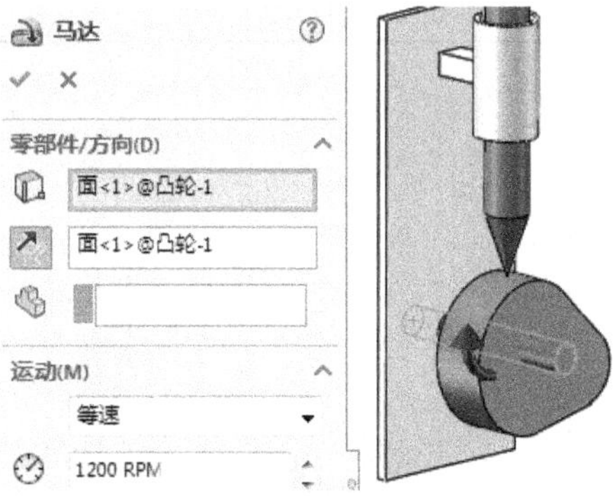
步骤	7. 单击【弹簧】按钮，并设置	8. 单击【整屏显示全图】按钮，展开时间轴
图示	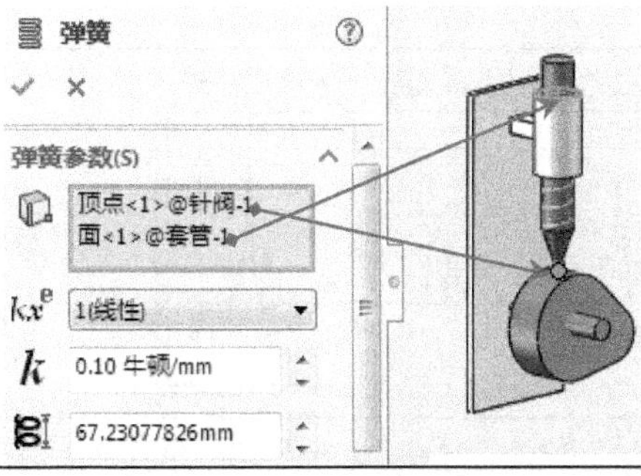	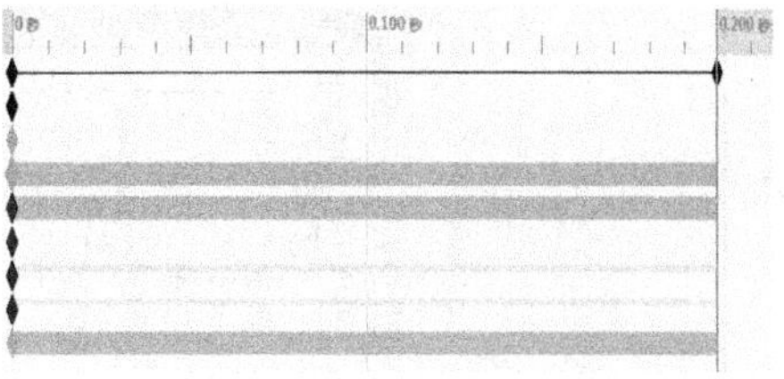

步骤	9. 单击【计算】按钮 ，进行凸轮机构运动模拟	10. 单击【结果和图解】按钮 ，并设置
图示	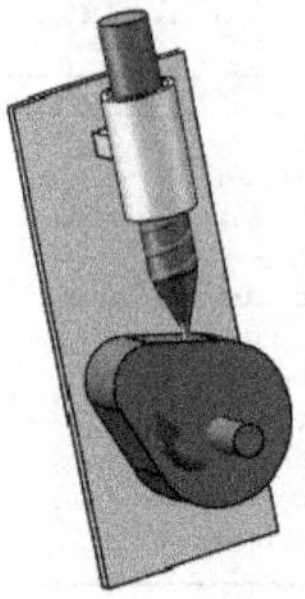	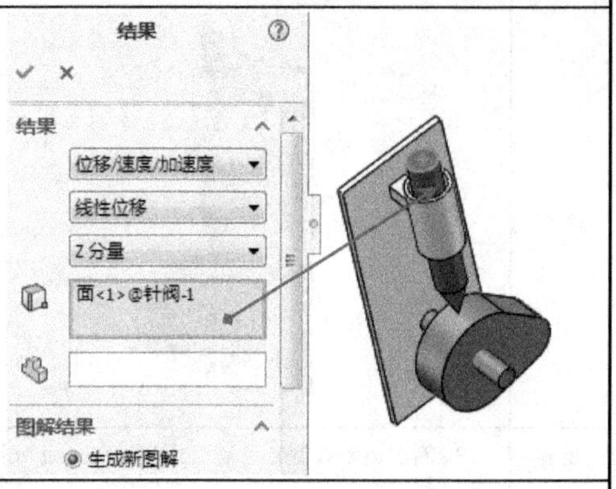
步骤	11. 右击生成的线性位移图解，选择【显示图解】命令	12. 线性位移图解显示
图示	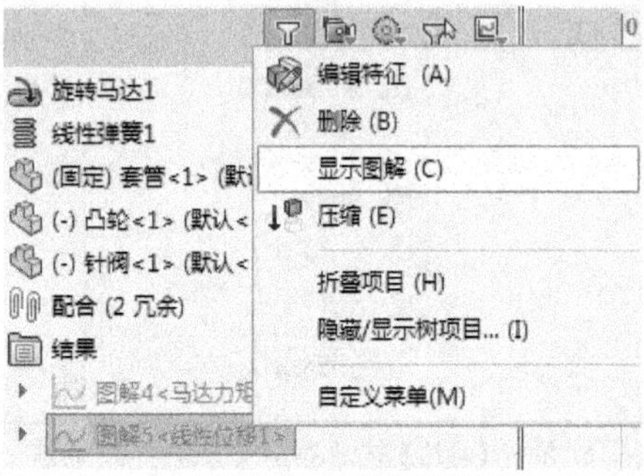	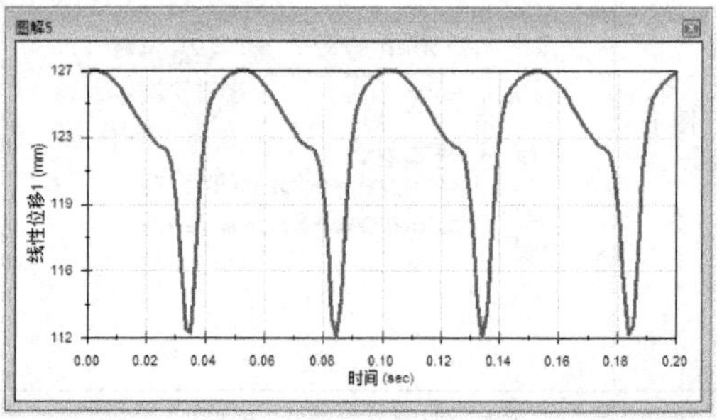
步骤	13. 单击【结果和图解】按钮 ，并设置	14. 右击生成的马达力矩图解，选择【显示图解】命令
图示		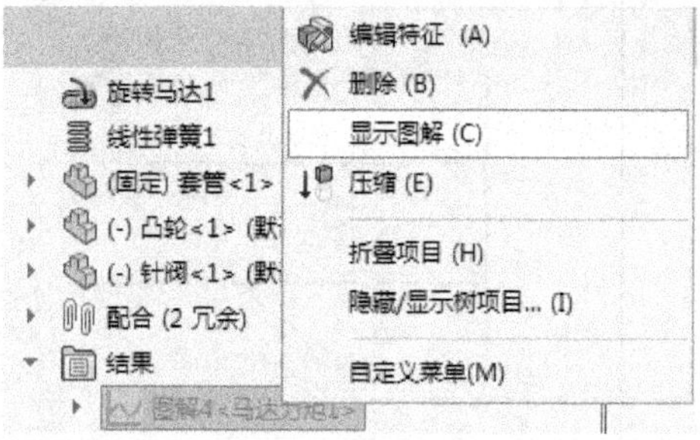
步骤	15. 马达力矩图解显示	
图示	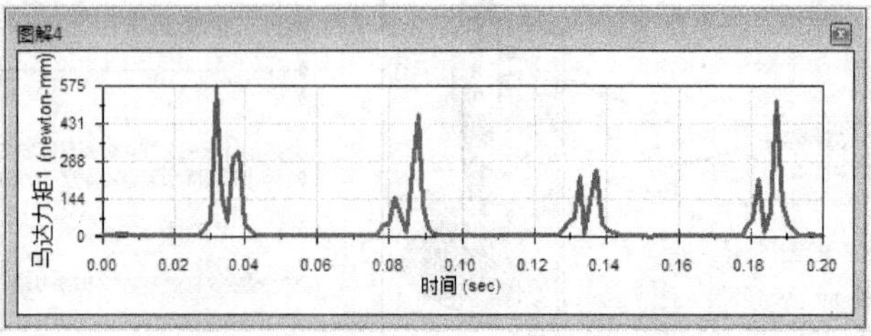	

本例中，时间设置为 0.2 秒，马达转速为 1200RPM(转/分钟)，实际模拟马达旋转 4 转 (0.2 s × 1200 转/分 = 0.2 s × 20 转/s = 4 转)，可根据实际需要修改时间及转速。图解分析中还可以查看速度、加速度等图，读者可自行进行操作，此处不再赘述。

本模块小结

零件装配好以后要进行装配体的干涉检查。在一个复杂的装配体中，如果想用视觉来检查零部件之间是否有干涉的情况是件困难的事。而利用干涉检查以后便可以确定零部件之间是否干涉。

碰撞检查则是检查与整个装配体或所选的零部件组之间的碰撞。通过碰撞检查可以发现与所选的零部件的碰撞，或与由于和所选的零部件有配合关系而移动的所有零部件的碰撞。

物理动力学是碰撞检查中的一个选项，允许以逼真方式查看装配体零部件的移动。物理模拟可以允许模拟马达、弹簧及引力等作用在装配体上的效果。物理模拟包括引力、线性或旋转马达、线性弹簧等。启用物理动力后，当拖动一个零部件时，此零部件就会向其接触的零部件施加一个力。如果零部件可自由移动，将移动这些零部件。

通过本模块的学习，读者可掌握齿轮组、连杆机构、凸轮机构等典型机构的干涉检查、碰撞检查及物理学动力模拟。

参 考 文 献

[1]　何成平. 工业机器人建模[M]. 北京：电子工业出版社，2018

[2]　蒋正炎，郑秀丽. 工业机器人工作站的安装与调试[M]. 北京：机械工业出版社，2018

[3]　何成平，董诗绘. 工业机器人操作与编程[M]. 北京：机械工业出版社，2016

[4]　郭洪红. 工业机器人技术[M]. 3 版. 西安：西安电子科技大学出版社，2016

[5]　吴芬，张一心. 工业机器人三维建模[M]. 北京：机械工业出版社，2018

[6]　王全景，尚新娟. SolidWorks 2012 装配建模设计[M]. 北京：电子工业出版社，2012

[7]　王冰. 工程制图[M]. 北京：高等教育出版社，2015